Craftsman **Energy Management**

에너지관리기능사 필기
기출문제 (기출 + 적중모의고사)

최근 보일러는 취급이 간편해진 반면, 구조가 복잡하여 시공·정비·보수에 있어서 고도의 기술을 필요로 하고 있습니다. 또한 보일러의 취급에 수반되는 부대시설 및 연료에 대하여 효과적인 열관리가 중요해지고 있는 실정입니다. 이에 따라 산업현장에서 필요로 하는 보일러 시공 및 취급 분야의 기능 인력을 양성하고자 보일러시공기능사와 보일러취급기능사 자격을 제정한 것이며, 2012년 보일러기능사로 통합된 후 현재는 에너지관리기능사 자격시험으로 변경되어 운영되고 있습니다.

에너지관리기능사 자격을 취득할 경우 설비업체, 보일러 시공업체, 보일러 검사 및 품질관리업체, 보일러 설비조립 및 보수업체, 보일러 취급 기업체, 에너지관리진단기관 등으로 진출할 수 있습니다. 또한, 보일러는 쾌적한 업무 및 주거환경을 위해 필수적이기 때문에 경제가 발전함에 따라 새로운 공장이나 아파트, 관공서 건설 등이 증가하면 보일러 취급 인력도 덩달아 증가하고 있습니다.

이 교재는 한국산업인력공단의 새롭게 통합된 출제기준에 따라 에너지관리기능사 자격시험을 손쉽게 대비할 수 있도록 수험생들의 입장에서 구성되고 집필하였습니다.

보일러 관련 자격시험을 다년간 연구하고 분석해 온 저자들이 심혈을 기울여 집필한 교재인 만큼 이 교재를 선택한 여러분들에게 큰 도움이 있을 것으로 확신합니다. 끝으로, 이 교재의 발간을 위해 도움을 주신 많은 교육 현장의 선생님들과 도서출판 책과상상의 임직원 여러분들에게 감사의 말씀을 드립니다.

출제기준
Questions Standard

- **시 행 처** : 한국산업인력공단
- **자격종목** : 에너지관리기능사
- **직무내용** : – 공장이나 아파트 또는 빌딩에 설치된 대형 보일러에 대하여 보일러 연료와 열을 효율적이고 경제적으로 사용하기 위한 관리·운전·수리 등의 업무를 수행
  – 사무실이나 주거용 건물의 난방용 소형 보일러와 부대설비의 설치 및 정비작업을 위하여 기기의 설치·배관·용접 등의 작업을 수행
- **시험방법** : 필기_ 전과목 혼합, 객관식 60문항(60분)
  실기_ 작업형[적산+종합응용배관작업](3시간 정도)
- **합격기준** : (필기·실기) 100점을 만점으로 하여 60점 이상

필기과목 : 열설비 설치, 운전 및 관리

주요항목	세부항목
1. 보일러 설비 운영	1. 열의 기초 / 2. 증기의 기초 / 3. 보일러 관리
2. 보일러 부대설비 설치 및 관리	1. 급수설비와 급탕설비 설치 및 관리 / 2. 증기설비와 온수설비 설치 및 관리 3. 압력용기 설치 및 관리 / 4. 열교환장치 설치 및 관리
3. 보일러 부속설비 설치 및 관리	1. 보일러 계측기기 설치 및 관리 / 2. 보일러 환경설비 설치 3. 기타 부속장치
4. 보일러 안전장치 정비	1. 보일러 안전장치 정비
5. 보일러 열효율 및 열정산	1. 보일러 열효율 / 2. 보일러 열정산 / 3. 보일러 용량
6. 보일러 설비 설치	1. 연료의 종류와 특성 / 2. 연료설비 설치 / 3. 연소의 계산 4. 통풍장치와 송기장치 설치 / 5. 부하의 계산 / 6. 난방설비 설치 및 관리 7. 난방기기 설치 및 관리 / 8. 에너지절약장치 설치 및 관리
7. 보일러 제어설비 설치	1. 제어의 개요 / 2. 보일러 제어설비 설치 / 3. 보일러 원격제어장치 설치
8. 보일러 배관설비 설치 및 관리	1. 배관도면 파악 / 2. 배관재료 준비 / 3. 배관 설치 및 검사 4. 보온 및 단열재 시공 및 점검
9. 보일러 운전	1. 설비 파악 / 2. 보일러가동 준비 / 3. 보일러 운전 4. 보일러 가동후 점검하기 / 5. 보일러 고장시 조치하기
10. 보일러 수질 관리	1. 수처리설비 운영 / 2. 보일러수 관리
11. 보일러 안전관리	1. 공사 안전관리
12. 에너지 관계법규	1. 에너지법 / 2. 에너지이용 합리화법 3. 열사용기자재의 검사 및 검사면제에 관한 기준 4. 보일러 설치시공 및 검사기준 5. 기계설비법

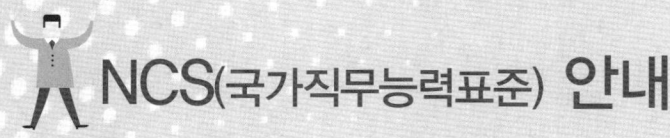

NCS(국가직무능력표준) 안내

NCS(국가직무능력표준)와 NCS 학습모듈

- 국가직무능력표준(NCS, National Competency Standards)이란 산업현장에서 직무를 수행하기 위해 요구되는 지식·기술·소양 등의 내용을 국가가 산업부문별·수준별로 체계화한 것으로 국가적 차원에서 표준화한 것을 의미합니다.
- NCS 학습모듈은 NCS 능력단위를 교육 및 직업훈련 시 활용할 수 있도록 구성한 교수·학습자료입니다. 즉, NCS 학습모듈은 학습자의 직무능력 제고를 위해 요구되는 학습 요소(학습 내용)를 NCS에서 규정한 업무 프로세스나 세부 지식, 기술을 토대로 재구성한 것입니다.

NCS 개념도

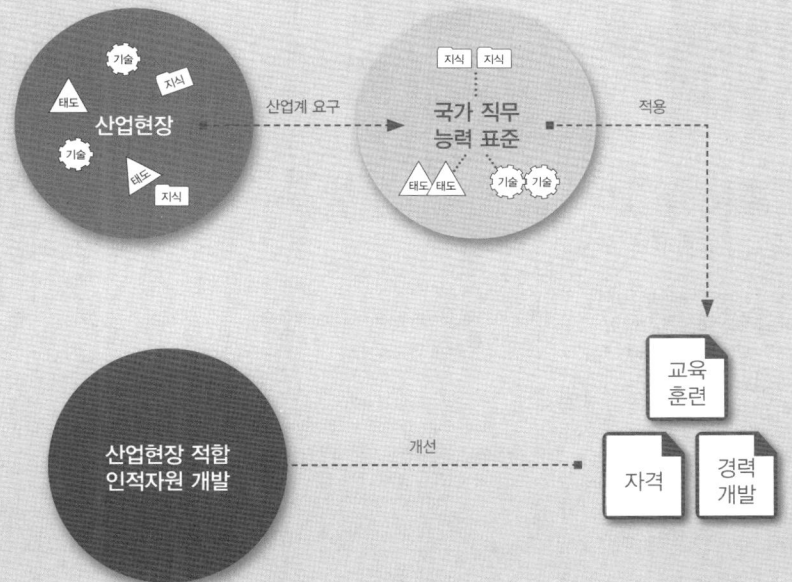

NCS의 활용영역

구분		활용 콘텐츠
산업현장	근로자	평생경력개발경로, 자가진단도구
	기업	현장수요 기반의 인력채용 및 인사관리기준, 직무기술서
교육훈련기관		직업교육 훈련과정 개발, 교수계획 및 매체·교재개발, 훈련기준 개발
자격시험기관		자격종목설계, 출제기준, 시험문항, 시험방법

NCS 학습모듈의 특징

- NCS 학습모듈은 산업계에서 요구하는 직무능력을 교육훈련 현장에 활용할 수 있도록 성취목표와 학습의 방향을 명확히 제시하는 가이드라인의 역할을 합니다.
- NCS 학습모듈은 특성화고, 마이스터고, 전문대학, 4년제 대학교의 교육기관 및 훈련기관, 직장 교육기관 등에서 표준교재로 활용할 수 있으며 교육과정 개편 시에도 유용하게 참고할 수 있습니다.

NCS와 NCS 학습모듈의 연결 체제

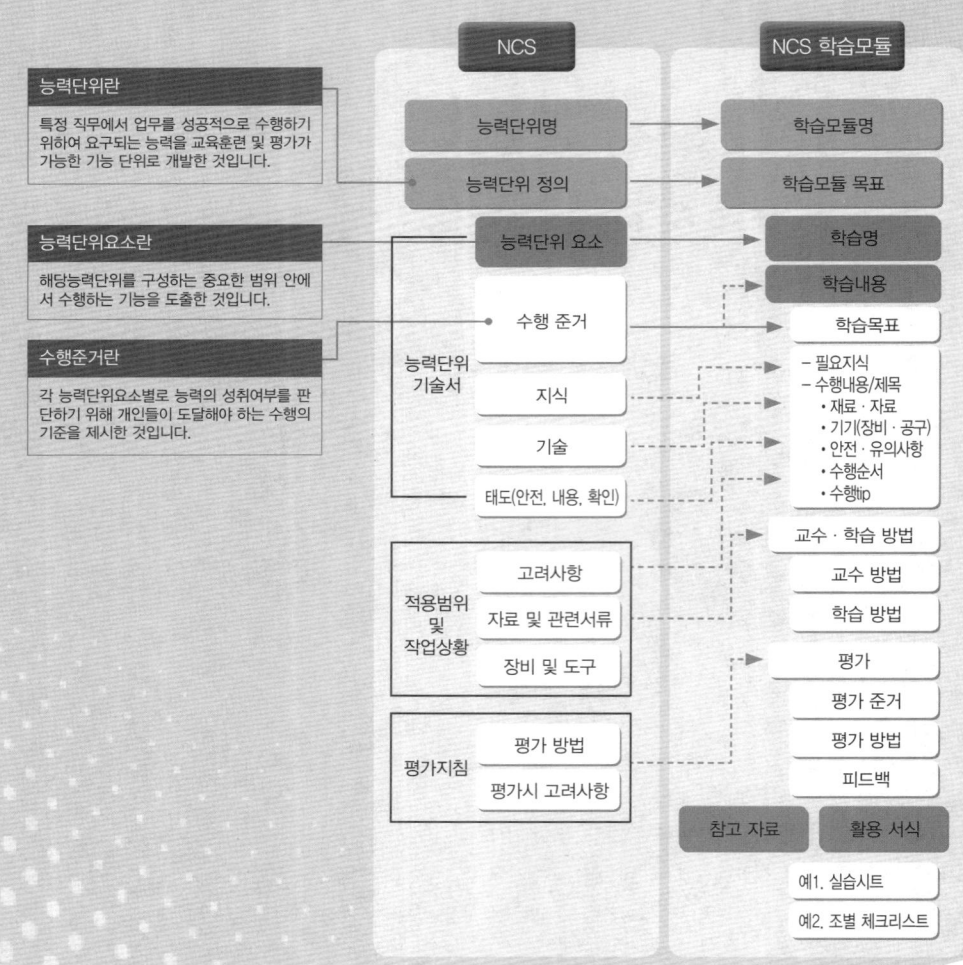

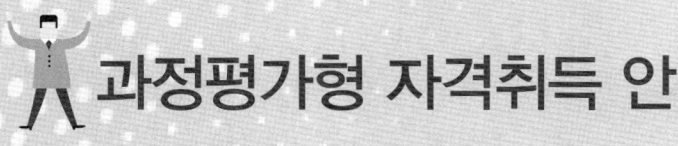

과정평가형 자격취득 안내

과정평가형 자격

과정평가형 자격은 국가기술자격법에 근거하여 국가직무능력표준(NCS)에 따라 설계된 교육·훈련과정을 체계적으로 이수한 교육·훈련생에게 내·외부 평가를 통해 국가기술자격증을 부여하는 새로운 개념의 국가기술자격 취득 제도로서 2015년부터 시행되고 있다.

과정평가형 자격 운영 절차

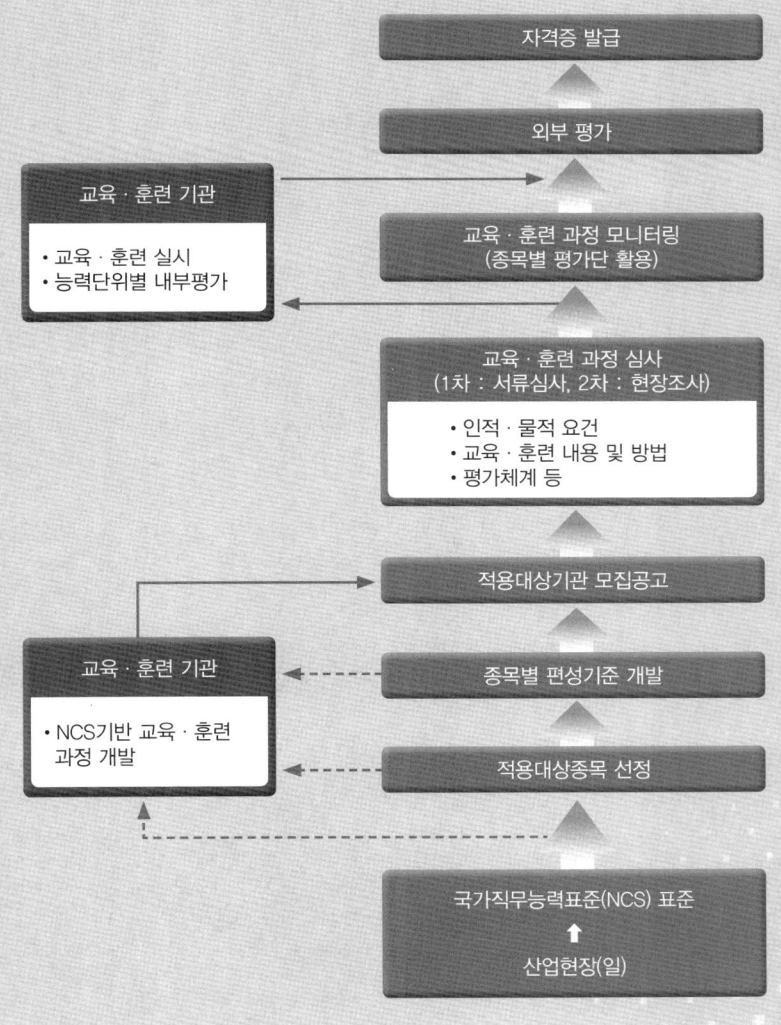

시행 대상
국가기술자격법의 과정평가형 자격 신청자격에 충족한 기관 중 공모를 통하여 지정된 교육·훈련기관의 단위과정별 교육·훈련을 이수하고 내부평가에 합격한 자

교육·훈련생 평가
① 내부평가(지정 교육·훈련기관)
  ㉮ 평가대상 : 능력단위별 교육·훈련과정의 75% 이상 출석한 교육·훈련생
  ㉯ 평가방법
    ㉠ 지정받은 교육·훈련과정의 능력단위별로 평가
    ㉡ 능력단위별 내부평가 계획에 따라 자체 시설·장비를 활용하여 실시
  ㉰ 평가시기
    ㉠ 해당 능력단위에 대한 교육·훈련이 종료된 시점에서 실시하고 공정성과 투명성이 확보되어야 함
    ㉡ 내부평가 결과 평가점수가 일정수준(40%) 미만인 경우에는 교육·훈련기관 자체적으로 재교육 후 능력단위별 1회에 한해 재평가 실시
② 외부평가(한국산업인력공단)
  ㉮ 평가대상 : 단위과정별 모든 능력단위의 내부평가 합격자
  ㉯ 평가방법 : 1차·2차 시험으로 구분 실시
    ㉠ 1차 시험 : 지필평가(주관식 및 객관식 시험)
    ㉡ 2차 시험 : 실무평가(작업형 및 면접 등)

합격자 결정 및 자격증 교부
① 합격자 결정 기준
  내부평가 및 외부평가 결과를 각각 100점을 만점으로 하여 평균 80점 이상 득점한 자
② 자격증 교부
  기업 등 산업현장에서 필요로 하는 능력보유 여부를 판단할 수 있도록 교육·훈련 기관명·기간·시간 및 NCS 능력단위 등을 기재하여 발급

> NCS 및 과정평가형 자격에 대한 내용은 NCS국가직무능력표준 홈페이지(www.ncs.go.kr)에서 보다 자세하게 살펴볼 수 있습니다.

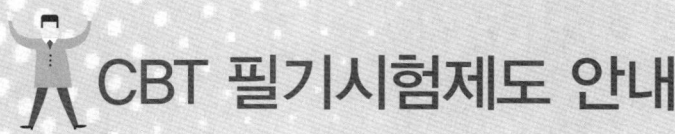 CBT 필기시험제도 안내

변경된 제도 개요

기능사 CBT(컴퓨터 기반 시험) 필기시험제도는 한국산업인력공단 상설시험장과 외부기관의 시설 및 장비를 임차하여 시행하기 때문에 시험장 사정에 따라 시험일자가 달라질 수 있으며, 수험생들이 선호하는 시험장은 조기 마감될 수 있으므로 주의하여야 합니다.

원서접수 기간 및 접수처

- 한국산업인력공단이 주관 및 시행하는 기능사 정기 CBT 필기시험 및 상시 CBT 필기시험과 관련한 정보는 큐넷 홈페이지(http://www.q-net.or.kr)를 방문하여 확인합니다.
- 기능사 필기시험의 원서접수는 인터넷으로만 가능하며 정기 및 상시시험 모두 큐넷 홈페이지(http://www.q-net.or.kr)에서 접수할 수 있습니다.
- 기능사 상시시험 종목 : 한식조리기능사, 양식조리기능사, 일식조리기능사, 중식조리기능사, 제과기능사, 제빵기능사, 미용사(일반), 미용사(피부), 미용사(네일), 미용사(메이크업), 굴착기운전기능사, 지게차운전기능사, 건축도장기능사, 방수기능사 [14종목]

※ 건축도장기능사, 방수기능사 2종목은 정기검정과 병행 시행

CBT 부별 시험시간 안내

구분	입실시간	시험시간	비고
1부	09:30	09:50~10:50	
2부	10:00	10:20~11:20	
3부	11:00	11:20~12:20	
4부	11:30	11:50~12:50	
5부	13:00	13:20~14:20	시험실 입실 시간은 시험 시작 20분 전
6부	13:30	13:50~14:50	
7부	14:30	14:50~15:50	
8부	15:00	15:20~16:20	
9부	16:00	16:20~17:20	
10부	16:30	16:50~17:50	

※ 지역별 접수인원에 따라 일일 시행횟수는 변동될 수 있으며, 원거리 시험장으로 이동할 수 있습니다.

합격자 발표

종이 시험과 달리 CBT 필기시험은 시험이 종료된 후 시험점수와 함께 합격 여부를 확인할 수 있으며, 이 결과는 시험일정 상의 합격자 발표일에 최종 확인할 수 있습니다.

CBT 필기시험 체험하기

01 CBT 필기시험 응시를 위해 지정된 좌석에 앉으면 해당 컴퓨터 단말기가 시험감독관 서버에 연결되었음을 알리는 연결 성공 메시지가 나타납니다.

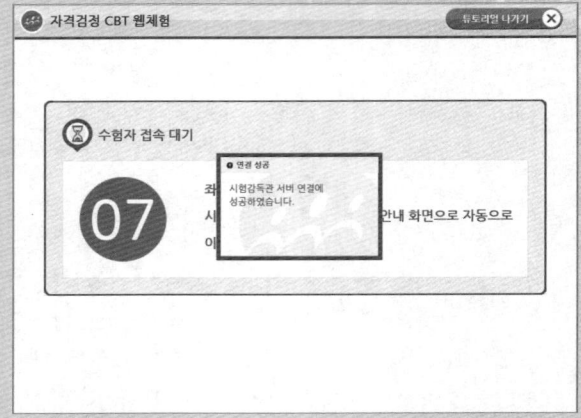

02 수험자 접속 대기 화면에서 좌석번호를 확인합니다. 좌석번호 확인이 끝나면 시험감독관의 지시에 따라 시험 안내 화면으로 자동으로 이동합니다.

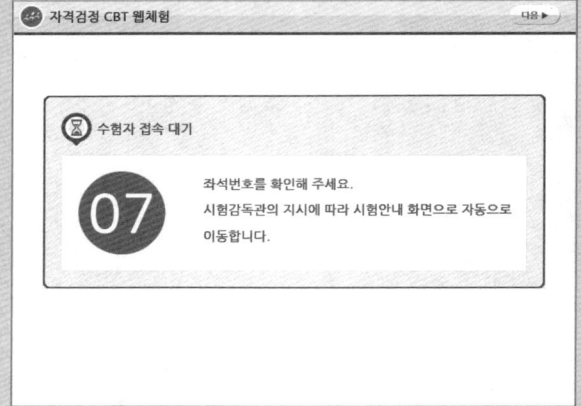

03 수험자 정보를 확인합니다. 감독관의 신분 확인 절차가 진행됩니다. 신분 확인이 모두 끝나면 시험을 시작할 수 있습니다.

04 CBT 필기시험에 대한 안내사항이 나타납니다. 화면은 예제이며, 실제 기능사 필기시험은 총 60문제로 구성되며, 60분간 진행됩니다.

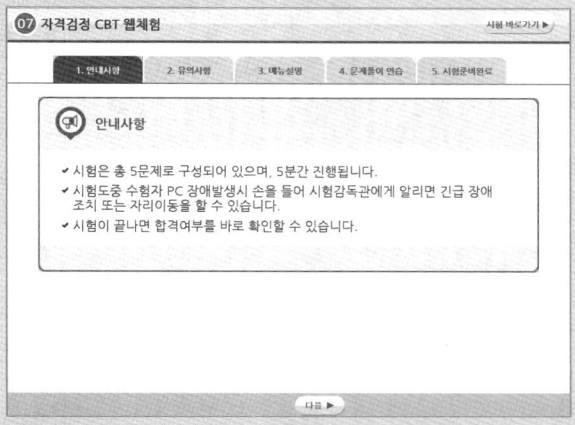

05 다음 항목에서 시험과 관련된 유의사항을 확인합니다. 특히, 시험과 관련한 부정행위 적발 시 퇴실과 함께 해당 시험은 무효처리되어 불합격 될 뿐만 아니라, 이후 3년간 국가기술자격검정에 응시할 수 있는 자격이 정지되므로 부정행위로 인정되는 내용을 꼼꼼히 확인하도록 합니다.

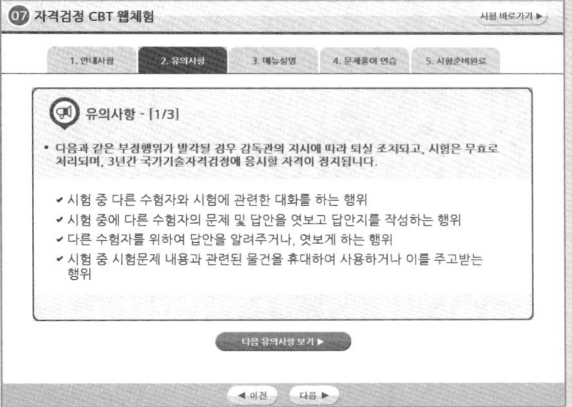

06 메뉴설명 항목에서는 문제풀이와 관련된 메뉴에 대한 설명을 확인할 수 있습니다. CBT 화면에서는 글자 크기를 크게 하거나 작게 할 수 있을 뿐 아니라, 화면 배치를 1단 또는 2단 화면 보기 혹은 한 문제씩 보기로 선택할 수 있습니다.

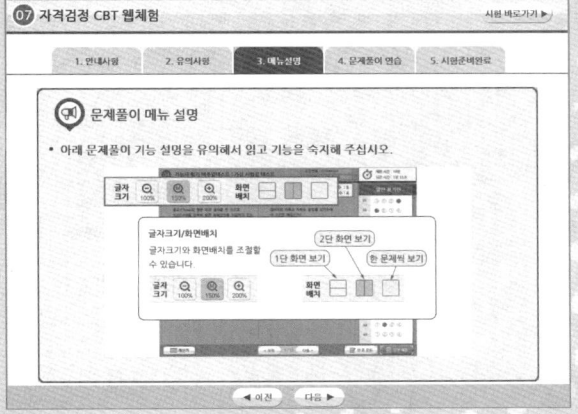

07 문제풀이 연습 항목에서는 실제 문제를 풀어보는 과정을 연습할 수 있습니다. 실제 시험에서 실수하지 않도록 하기 위해 [자격검정 CBT 문제풀이 연습] 버튼을 클릭합니다.

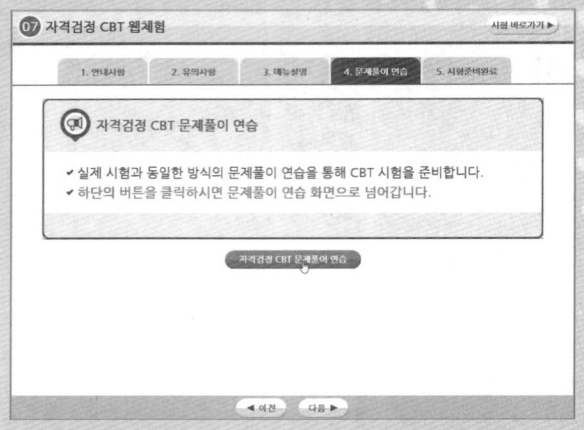

08 보기의 연습 문제는 국가기술자격시험의 정부 위탁기관인 한국산업인력공단의 본부 청사 소재지를 묻는 것입니다. 현재 한국산업인력공단 본부는 울산광역시에 소재하고 있습니다. 문제 아래의 보기에서 번호 항목을 클릭하거나 답안 표기란의 번호 항목에서 해당 답안을 클릭하여 답안을 체크합니다.

09 문제 아래의 보기를 클릭하거나 오른쪽 답안 표기란의 답안 항목을 클릭하면 화면과 같이 선택한 답안이 OMR 카드에 색칠한 것과 같이 색이 채워집니다.

> 답안을 수정할 때는 마찬가지 방법으로 수정하고자 하는 문제의 보기 항목이나 답안 표기란의 보기 항목에서 수정하고자 하는 답안을 클릭합니다.

10 문제를 풀고 나면 다음 문제를 풀기 위해 화면 하단의 [다음] 버튼을 클릭하여 문제를 계속 풀어나가면 됩니다. 참고로 하단 버튼 중 [계산기]를 클릭하면 간단한 공학용 계산기를 사용하여 계산 문제를 푸는 데 도움을 받을 수 있습니다.

> 계산이 끝나고 계산기를 화면에서 사라지게 하려면 계산기 창의 오른쪽 상단에 있는 닫기 ✕ 버튼을 클릭합니다.

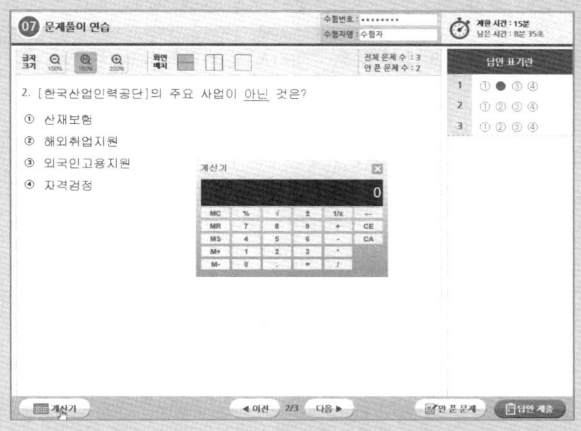

11 문제 풀이 연습이 끝나면 하단의 [답안 제출] 버튼을 클릭하여 답안을 제출합니다.

> 어려운 문제의 경우 하단의 [다음] 버튼을 클릭하여 다음 문제를 풀 수도 있습니다. 단, 이러한 경우 답안을 제출하기 전에 하단의 [안 푼 문제] 버튼을 클릭하여 혹시 풀지 않은 문제가 있는 지 최종적으로 확인하도록 합니다.

12 답안 제출을 클릭하면 나타나는 화면입니다. 수험생들이 실수로 답안을 모두 체크하지 않고 제출할 수 있는 실수를 방지하기 위해 2회에 걸쳐 주의 화면이 나타납니다. 답안을 제출하려면 [예] 버튼을 누릅니다.

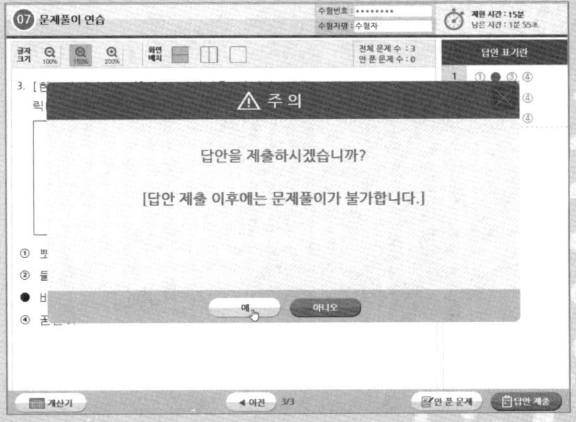

13 문제풀이 연습을 모두 마치면 나타나는 화면에서 [시험 준비 완료] 버튼을 클릭합니다. 이후 시험 시간이 되면 시험감독관의 지시에 따라 시험이 자동으로 시작됩니다.

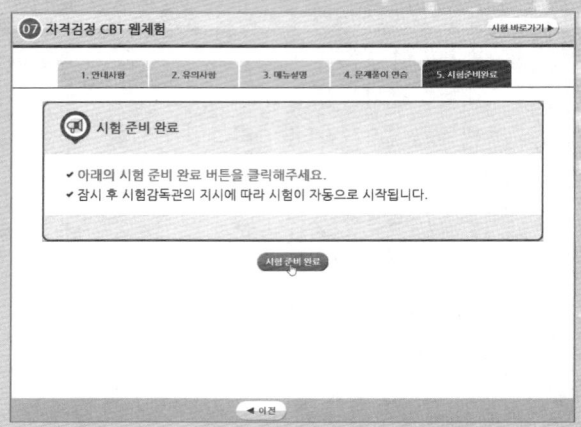

14 본 시험이 시작되면 첫 번째 문제가 화면에 나타납니다. 앞서 문제풀이 연습 때와 마찬가지 방법으로 문제의 보기에서 정답을 클릭하거나 답안 표기란에 해당 문제의 정답 항목을 클릭하여 답을 선택합니다.

15 화면 하단의 [다음] 버튼을 클릭하면 다음 문제를 풀 수 있습니다. 앞서와 마찬가지 방법으로 답안에 체크하고 모든 문제를 풀었다면 [답안 제출] 버튼을 클릭합니다.

> 화면의 상단 오른쪽에 제한 시간과 남은 시간이 표시됩니다. 본 예제는 체험을 위한 것으로 실제 시험시간은 60분이며, 이에 따라 남은 시간도 표시됩니다.

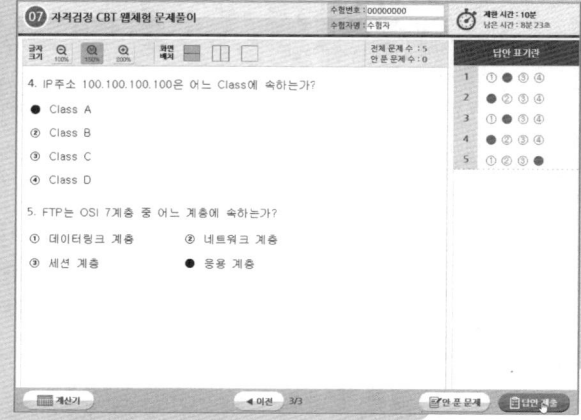

16 수험생의 실수를 방지하기 위해 2회에 걸쳐 주의 문구가 출력됩니다. 모든 문제를 이상없이 풀고 답안에 체크했다면 [예] 버튼을 클릭하여 답안을 제출하고 시험을 마무리합니다.

> 문제 화면으로 다시 돌아가고자 한다면 [아니오] 버튼을 클릭하여 이미 푼 문제들을 다시 확인하고 필요한 경우 답안을 수정할 수 있습니다.

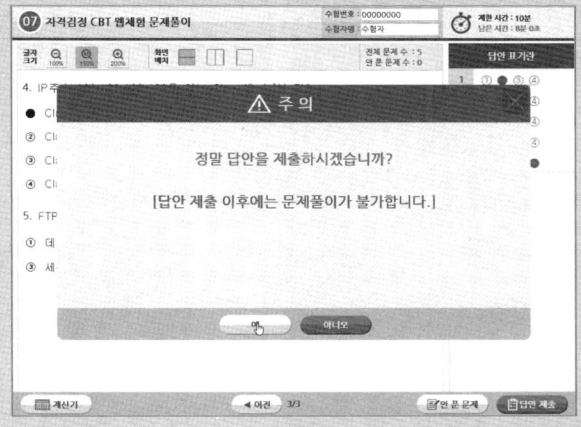

17 답안 제출 화면이 나타납니다. 잠시 기다립니다.

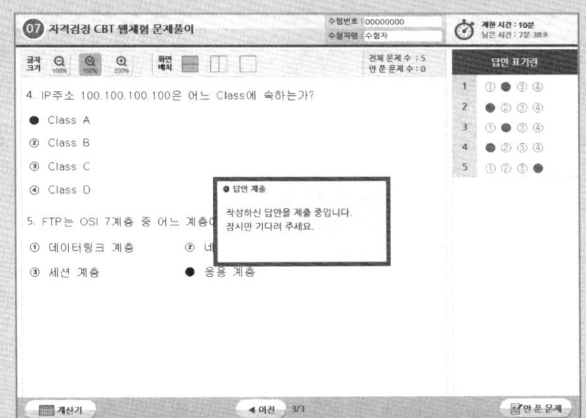

18 CBT 필기시험을 모두 끝내고 답안을 제출하면 곧바로 합격, 불합격 여부를 화면과 같이 확인할 수 있습니다. 독자분들은 꼭 화면과 같은 합격 축하 문구를 볼 수 있기를 기원합니다.

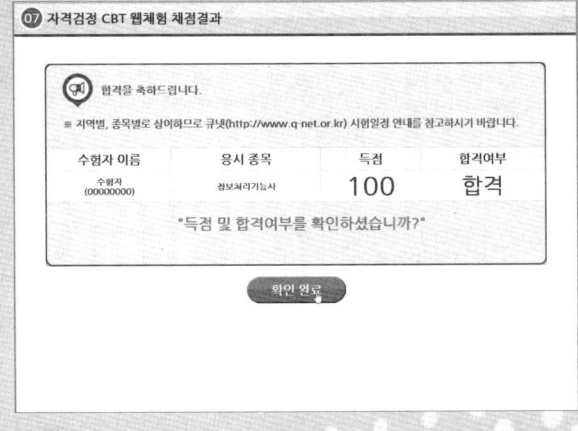

19 앞서의 합격 여부 화면에서 [확인 완료] 버튼을 클릭하면 CBT 필기시험이 종료됩니다. 고생하셨습니다.

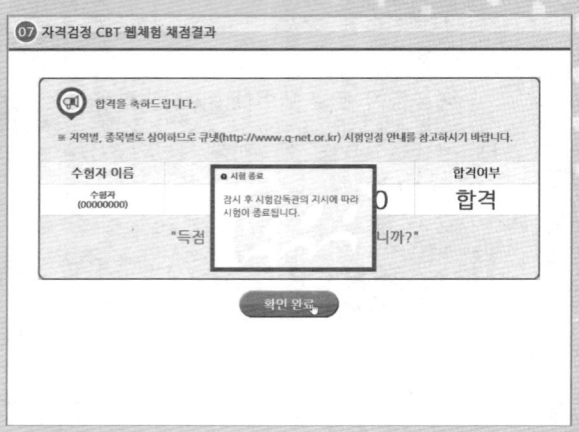

본 도서에 수록된 CBT 필기시험 체험하기 내용은 한국산업인력공단의 CBT 체험하기 과정을 인용하여 구성 및 정리한 것입니다. 직접 한국산업인력공단에서 제공하는 CBT 필기시험을 체험하고자 하는 독자께서는 한국산업인력공단이 운영하는 큐넷 홈페이지(www.q-net.or.kr)를 방문하시기 바랍니다.

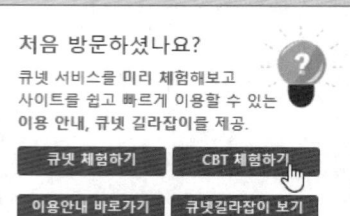

제1장 핵심 이론 요약

제1절 | 보일러 설비 및 구조   20
   01 기관 일반   20
   02 보일러의 종류 및 구조   24
   03 보일러의 부속장치   30
   04 보일러의 기타 부속장치   40
   05 연료 및 연소장치   46

제2절 | 보일러의 안전관리 및 시공   55
   01 보일러 안전관리   55
   02 보일러 시공   64

제3절 | 에너지관계법규   71

제2장 기출문제

2013년 1회 기출문제   94
2013년 2회 기출문제   103
2013년 3회 기출문제   112
2013년 4회 기출문제   122
2014년 1회 기출문제   131
2014년 2회 기출문제   140
2014년 3회 기출문제   148
2014년 4회 기출문제   156
2015년 1회 기출문제   164
2015년 2회 기출문제   173
2015년 3회 기출문제   181
2015년 4회 기출문제   189
2016년 1회 기출문제   197
2016년 2회 기출문제   205
2016년 3회 기출문제   213

제3장 CBT 대비 적중모의고사

제1회 적중모의고사   222
제2회 적중모의고사   230
제3회 적중모의고사   239
제4회 적중모의고사   247
제5회 적중모의고사   255
제6회 적중모의고사   263
제7회 적중모의고사   271

CHAPTER 01

Craftsman Energy Management

핵심이론 요약

Section 01 보일러 설비 및 구조
Section 02 보일러 안전관리 및 시공
Section 03 에너지관계법규

SECTION 01 보일러 설비 및 구조

Craftsman Energy Management

STEP 01 기관 일반

1. 온도

1) 섭씨온도(℃)

1기압(1atm : 0.1MPa) 상태에서 순수한 물의 빙점을 0℃, 비점을 100℃로 하여 두 점 사이를 100등분한 것

2) 화씨온도(℉)

1기압(1atm : 0.1MPa) 상태에서 순수한 물의 빙점을 32℉, 비점을 212℉로 하여 두 점 사이를 180등분한 것

> **참고** 섭씨온도와 화씨온도와의 관계
> - $℃ = \dfrac{5}{9} \times (℉-32)$
> - $℉ = \dfrac{9}{5} \times ℃+32$
> - $1℃ = 1.8℉$

3) 절대온도(absolute temperature)

① 캘빈온도(K) = t℃+273.15(섭씨온도의 절대온도)
② 랭킨온도(R) = t℉+459.67(화씨온도의 절대온도)

4) 각 온도의 관계

0℃ = 32℉ = 273.15K = 491.67R

2. 열량

어떤 물질의 열이동 과정에서 Gkg의 물질을 온도 △t만큼 상승시키는데 필요한 열량을 말한다.

1) 단위

① 1 kcal : 표준대기압(1atm:0.1MPa) 하에서 순수한 물 1kg을 14.5℃에서 15.5℃로 온도 1℃ 높이는데 필요한 열량
② 1 Btu : 표준대기압(1atm:0.1MPa) 상태에서 순수한 물 1lb를 1℉ 상승시키는데 필요한 열량
③ 1 Chu : 표준대기압(1atm:0.1MPa) 상태에서 순수한 물 1lb를 1℃ 상승시키는데 필요한 열량

2) 열량단위의 관계

kcal	Btu	Chu	kj
1	3.968	2.2046	4.187

3) 구분

① 현열 : 물질의 상태변화 없이 온도변화에 필요한 열

$$Q = m \cdot C \cdot \triangle T [kcal]$$

- m : 질량(kg)
- C : 비열(kcal/kg℃)
- △T : 온도차 (℃ : t_2-t_1)

② 잠열 : 물질의 온도변화 없이 상태변화에 필요한 열
  - ㉮ 융해잠열(r) : 0℃의 얼음 1kg을 0℃의 물로 변화시키는데 필요한 열량(80kcal/kg)
  - ㉯ 증발잠열(r) : 100℃의 포화수를 100℃의 건포화증기로 변화시키는데 필요한 열량(538.8kcal/kg)
  - ㉰ 계산식 : $Q = m \cdot r [kcal/kg]$

4) 비열과 열용량

① 비열
  - ㉮ 어떤 물질 1kg을 1℃ 상승시키는데 필요한 열량(kcal/kg℃)
  - ㉯ 비열은 물질마다 다르며, 온도에 따라 변한다.
    - 물 : 1kcal/kg℃, 얼음: 0.5kcal/kg℃
    - 중유 : 0.45kcal/kg℃, 공기: 0.31kcal/kg℃
    - 배기가스 : 0.33kcal/Nm³℃
  - ㉰ 비열비(K) = 정압비열(Cp)/정적비열(Cv) 〉 1

② 열용량 : 어떤 물질을 온도 1℃ 상승시키는데 필요한 열량(kcal/kg)

3. 증기

1) 구분

① 포화증기 : 포화온도 하에서 발생한 증기
  - ㉮ 습포화증기 : 증기가 발생하는 과정, 증기와 액체가 공존하는 상태
    건조도(χ) : 0 〈 χ 〈 1 범위의 증기
  - ㉯ 건포화증기 : 수분이 포함되지 않은 증기, 액체가 모두 증기가 된 상태
    건조도(χ) : χ = 1인 상태의 증기

② 과열증기 : 발생 포화증기의 압력변화없이 온도만 높인 증기
  - 과열도 : 과열증기온도와 포화증기온도와의 차

2) 임계점

액체와 기체의 상태구별이 없는 점으로, 액체가 증발현상 없이 기체로 변화하는 상태점

① 물의 임계압력 : $225.65 kg/cm^2$
② 물의 임계온도 : $374.15℃$
③ 증발잠열 : $0 kcal/kg$

3) 엔탈피(h)

어떤상태의 유체가 단위중량당(1kg) 보유하는 총열량(kcal/kg)

① 습 포화증기 엔탈피 : 포화수 엔탈피＋증발열×건조도
② 건 포화증기 엔탈피 : 포화수 엔탈피＋증발열
③ 과열증기 엔탈피 : 포화수 엔탈피＋증발열＋과열증기의 비열×과열도

> **참고**
>
> - 증기 전열량(엔탈피)
>   0℃의 물 1kg을 100℃의 건포화증기로 변화시키는데 소요되는 총열량(전열량) [kcal/kg]
>   ＝ 현 열＋잠 열
>   ＝ 포화수 엔탈피＋증발잠열
>
> - 증기압력이 높아지면
>   – 포화온도가 상승한다.
>   – 포화수 엔탈피가 증가한다.
>   – 증발잠열은 감소한다.
>   – 증기 엔탈피는 증가 후 감소한다.

4. 압력

- 압력(p)＝비중량(γ)×높이(h)
- 압력＝$F/A(kg/cm^2)$
  - F : 힘, 하중 (kg)
  - A : 면적(m^2, cm^2, mm^2 등)

1) 압력의 구분

① 표준대기압(1atm) : 대기에 의해 누르는 압력을 대기압이라 하고 0℃에서 수은주가 760mm 상승된 상태의 압력을 말한다.
  ＝ $1.0332 kg/cm^2$ ＝ $760 mmHg$ ＝ $10.332 mH_2O$ ＝ $14.7 psi$
  ＝ $101325 N/m^2$ ＝ $101325 Pa$

② 공학기압(1at) : 공학적으로 사용상 편리성을 도모한 압력
  ＝ $1 kg/cm^2$ ＝ $735.6 mmHg$ ＝ $10 mH_2O$ ＝ $14.2 psi$
  ＝$98067 N/m^2$＝$98067 Pa$

③ 게이지 압력(atg) : 압력계에 나타난 압력으로 대기압 이상을 측정한 압력
④ 진공압력 : 대기압보다 낮은 압력으로, 절대압력 $0 kg/cm^2$ 지점으로 진행(상승)한다.
⑤ 절대압력(ata) : 절대압력 $0 kg/cm^2$ 지점, 즉, 완전 진공을 기준으로 한 압력
  - 절대압력 ＝ 게이지 압력＋대기압
            ＝ 대기압－진공압

> **참고**
> - 비중량(specific weight) : 단위체적당 중량으로 정의한다.
>   비중량(γ) = $\dfrac{G}{V}$ (G=중량, V=체적)
> - 비중(specific gravity) : 대기압 하에서 어떤 물질의 밀도와 4℃에서 물의 밀도와의 비로 정의한다.
>   비중 = 어떤 물질의 밀도/4℃ 물의 밀도
>   = 어떤 물질의 비중량/4℃ 물의 비중량

5. 열역학 법칙

1) 열역학 제0법칙

각기 다른 온도를 지닌 두 물체가 열평형(온도차가 없어짐, $\Delta t = 0$℃)이 된 상태
= 열은 고온에서 저온으로 서로 평형상태가 될 때까지 열 이동이 계속된다.

$$G_1 \cdot C_1 \cdot (t_1-t) = G_2 \cdot C_2 \cdot (t-t_2)$$

- t_1 : 고온물질의 온도(℃)
- t_2 : 저온물질의 온도(℃)
- t : 평균온도 (℃)

2) 열역학 제1법칙

열과 일은 에너지의 한 형태이며 열은 일로, 일은 열로 변환시킬 수 있다는 것으로 에너지보존법칙이 성립함을 의미한다.(가역변화)
① 열 ⇒ 일 : 열의 일당량 $1\text{kcal} = 427\text{kg} \cdot \text{m}$
② 일 ⇒ 열 : 일의 열당량 $1\text{kg} \cdot \text{m} = \dfrac{1}{427}\text{kcal}$

6. 열전달

물질과 물질의 온도차로 인하여 열이 이동하는 현상으로 전도, 대류, 복사 등으로 분류된다.
① 전도 : 어떤 물질을 통해 열이 전달되는 현상
② 대류 : 밀도(비중량)차에 의한 열이동
③ 복사 : 대류나 전도는 물질이 있는 경우에만 열 이동이 가능하지만 복사는 물질이 없는 상태에서 열이 전달된다.

>
> - 보온재 : 독립기포의 다공질성으로 가볍고, 열전도율이 적은 재질을 말한다.
> - 보온재의 열전도율은
>   - 표면온도가 높아질 때
>   - 보온재의 비중이 증가할 때
>   - 흡습성이나 흡수성이 클 때 증가한다.

STEP 02 보일러의 종류 및 구조

1. 보일러 개론

1) 보일러 3대 구성요소

① 기관본체 : 물을 저장하여 증기로 발생하는 동(드럼) 또는 수관군을 말하며 구조에 따라 원통형 보일러와 수관식 보일러로 구분된다.

㉮ 원통형보일러 : 동체가 큰 원통형으로 구성되어 구조상 고압, 대용량 보일러로 부적당하고 대부분 내분식이다.

㉯ 수관식보일러 : 작은 드럼과 다수의 수관으로 구성되어 구조상 고압, 대용량에 적합하며 외분식 보일러이다.

② 연소장치

㉮ 연료를 연소하는 장치로 버너, 화격자, 연소실 등으로 구성된다.

㉯ 연소실의 위치에 따라 내분식 보일러와 외분식 보일러로 구분된다.

내분식 보일러	외분식 보일러
• 연소실이 동체 내부에 설치된 보일러 • 복사열의 흡수가 좋다. • 노내 온도가 낮다. • 연료의 완전연소가 어렵다. • 역화의 위험이 크다.	• 연소실이 동체 외부에 설치된 보일러 • 연소실의 설계 및 개조가 용이하다. • 노내 온도가 높다. • 연료의 선택범위가 넓다. • 방산열이 크다.

③ 부속장치

보일러를 안전하고 효율적으로 운전할 수 있는 장치로, 급수장치, 송기장치, 연소보조장치, 폐열회수장치, 계측장치, 안전장치, 분출장치, 통풍장치, 매연처리장치, 자동제어장치 등으로 구성된다.

2) 보일러 용량

① 보일러 용량 표시방법

㉮ 증기 보일러 : 시간당 증발량(kg/h)(=상당증발량)

㉯ 온수 보일러 : 시간당 발생열량(kcal/h)

② 상당증발량

100℃의 포화수를 100℃의 건 포화증기로 발생할 때의 증기로 보일러 용량으로도 표시한다.

$$상당증발량 = \frac{G \times (h_1 - h_2)}{539} \ (kg/h)$$

여기서, G : 실제증발량(kg/h)
h_1 : 증기엔탈피(kcal/kg)
h_2 : 급수엔탈피(kcal/kg)

③ 보일러 효율

$$\text{보일러 효율}(\eta) = \frac{\text{유효열}}{\text{입열}} = \frac{G \times (h_1 - h_2)}{G_f \times H_\ell} \times 100(\%)$$

여기서, G_f : 시간당 연료사용량(kg/h)
H_ℓ : 연료의 저위발열량(kcal/kg)

④ 보일러 효율을 높이려면
　㉮ 전열면적(연소가스가 닿는 면적)을 넓게 한다.
　㉯ 증발량을 많게 한다.(전열을 좋게 한다)
　㉰ 연소에 적은 과잉공기를 사용한다.
　㉱ 물의 순환을 좋게(빠르게)한다.

2. 보일러의 종류

대분류	중분류	소분류
원통형	입형	입형횡관, 입형다관, 코크란보일러
	횡형	노통 보일러(코르니시, 랭커셔)
		연관보일러(횡연관식, 기관차, 케와니)
		노통연관 보일러(스코치, 하우덴 죤슨)
수관식	자연순환식	바브콕, 쓰네기찌, 다꾸마, 2동D형
	강제순환식	베록스 보일러, 라몬트 보일러
	관류	벤슨 보일러, 술저 보일러,
주철제	주철제 섹셔널 보일러	
특수보일러	특수 열매체	열매체 : 수은, 다우삼, 모빌섬, 카네크롤
	폐열	리히 보일러, 하이네 보일러
	간접가열	슈미트 보일러, 레프러 보일러

3. 원통형 보일러

1) 특징
① 보유수량이 많다.(동체안 지름의 2/3~4/5가 수부)
　㉮ 장점 : 부하변동에 적응이 쉽다(압력이나 수위변화가 적다).
　㉯ 단점 : 증발이 느리다, 열효율이 낮다, 급수요에 적응이 곤란, 사고시에 피해가 크다.
② 동체가 크므로 구조상 고압에 부적당
③ 구조가 간단하여 청소, 점검이 용이

④ 내분식이다.
　㉮ 장점 : 복사열의 흡수가 좋다.
　㉯ 단점 : 노내 온도가 낮다.

> **참고** 타원형 맨홀을 설치 : 장축은 원주방향, 단축은 길이방향으로 설치

2) 입형 보일러
① 특징
　㉮ 설치면적이 적으며 소용량에 적합하다.
　㉯ 소형으로 운반이 용이
　㉰ 수각부가 있어 청소가 곤란하다.
　㉱ 전열면적이 적고 효율이 낮다.
　㉲ 증발량이 적으며 습증기가 발생한다.
② 종류 : 입형 횡관식, 입형 연관식, 코크란식
③ 횡관(겔로웨이관)
　㉮ 장점
　　• 관수의 순환을 좋게
　　• 전열면적의 증가
　　• 화실벽의 보강
　㉯ 단점 : 통풍저항이 증가한다.

3) 횡형 보일러
① 노통 보일러
　㉮ 종류
　　• 노통 1개 : 코르니시 보일러
　　• 노통 2개 : 랭커셔 보일러
　㉯ 노통의 종류
　　• 평형 노통
　　　- 제작이 용이하다.
　　　- 청소가 쉽다.
　　　- 통풍저항이 적다.
　　• 파형 노통
　　　- 열에 대한 신축조절이 용이하다.
　　　- 전열면적이 넓다.
　　　- 외압에 대한 강도가 높다.
　㉰ 아담슨조인트 : 평형노통에 설치하여 열에 의한 신축을 조절하기 위한 이음
　㉱ 브리징 스페이스(탄성공간) : 경판 스스로 탄성을 하여 강도를 증가시키기 위해 버팀의 하단부와 노통 사이에 설치한 약 230mm 정도의 간격(공간)

- ⑮ 버팀(stay : 보강재) : 압력이 약한 부분을 보강하여 변형방지
  - 종류 : 가제트 버팀, 나사 버팀, 관 버팀, 막대 버팀, 행거 버팀, 도그 버팀 등
  - 가젯트 버팀 : 동판과 경판을 연결하여 경판을 보강하기 위한 버팀
- ⑯ 안전저수면 : 보일러운전 중 유지해야 되는 최저수면(수면계 하단부-노통상부에서 100mm 높이)
- ⑰ 전열면적(F) : 연소가스가 접촉되는 면적
  - 코르니시(F)=D ℓ (m²)
  - 랭커셔(F)=4D ℓ (m²)
  ※D : 동체의 외경(m), ℓ : 동체의 길이(m)
- ⑱ 노통의 설치 : 편심부착(이유 : 관수의 순환을 좋게 하기 위해)
② 연관식보일러
  - ㉮ 관 내부 연소가스로, 관 외부의 물을 가열하는 연관을 노통 대신 동체 내부에 설치한 형식으로 전열면적이 넓고 열효율이 높으며 동일용량의 경우 설치면적이 적다.
  - ㉯ 종류 : 횡연관식(외분식 보일러), 기관차, 케와니 등
③ 노통연관식보일러 : 노통과 연관을 조합한 혼식보일러
  - ㉮ 종류
    - 스코치 : 선박용 보일러(습식보일러)
    - 하우덴존슨 : 스코치의 개량형으로 육지용 보일러(건식보일러)
    - 노통연관식 팩케이지 보일러
  - ㉯ 노통연관식 팩케이지 보일러의 특징
    - 10t/h, 10kg/cm²(1MPa) 이하의 보일러로 고압, 대용량에 부적당하다.
    - 전열면적이 넓어 열효율이 높다.(80~85%)
    - 부하변동에 대한 적응이 쉽고, 사고시 피해가 크다.
    - 통풍저항이 크고, 역화의 위험이 크다.
    - 구조가 복잡하여 청소가 곤란하다.

4. 수관식 보일러

작은 다수의 관과 드럼으로 구성된 고압 대용량 보일러

1) 수관식 보일러의 특징

구 분	장 점	단 점
다수의 작은 관과 드럼으로 구성	• 고압 대용량	• 제작이 어렵다. • 가격이 고가이다. • 수 처리 철저 • 청소가 어렵다.
전열면적이 넓다.	• 증기발생이 빠르다. • 열효율이 높다.	
보유수량이 적다.	• 증기발생이 빠르다. • 파열시 재해가 적다.	• 부하변동에 적응이 어렵다. • 수위변동이 심하다. • 관수 오염이 심하다. • 기수공발현상이 심하다.

2) 자연순환식 수관식보일러
　① 원리 : 순환펌프 없이 대류현상(비중량 차)을 이용한 중력 순환방식
　② 자연순환식 보일러의 물(관수)순환을 좋게 하는 방법
　　㉮ 수관을 경사지게 설치
　　㉯ 수관의 관경을 크게
　　㉰ 이중 강수관을 설치(연소가스가 강수관에 직접 닿지 않게 하기 위해)
　③ 경사관식보일러(=직관식보일러=버어티컬보일러)
　　㉮ 바브코크 : 단동형 관모음식보일러, 경사각도 15°
　　㉯ 쓰네끼찌 : 경사각도 30°
　　㉰ 다쿠마 : 2동형 보일러, 경사각도 45°
　④ 2동D형수관식(=곡관식보일러=스터어링보일러)
　　㉮ 구성 : 상부드럼(기수드럼), 하부드럼(물드럼), 강수관, 승수관, 수냉로벽 등으로 구성
　　㉯ 수냉로벽
　　　• 종류 : 나수관, 탄젠트관, 휀패널식관
　　　• 설치이점 : 복사열의 흡수가 좋다, 전열면적을 넓게, 노벽의 보호

3) 강제순환식 수관식보일러(⇒ 순환펌프를 이용한 순환방식)
　① 종류 : 베록스, 라몽트
　② 원리 : 증기압력이 높아지면(180kg/cm² 이상) 포화수와 포화증기의 비중차가 감소하여(대류현상 감소) 관수의 순환이 저하되고 전열면이 과열된다.
　③ 베록스 보일러
　　㉮ 가압연소(연소압력 2~3kg/cm²)
　　㉯ 연소가스속도 빠르다.(200~300m/sec)
　　㉰ 전열이 매우 좋다.

4) 관류보일러
　① 기능 : 드럼 없이 관만으로 구성되어 급수-예열-증발-과열의 과정을 순차적으로 거쳐 증기를 발생하는 보일러
　② 종류 : 벤슨, 슬저
　③ 특징
　　㉮ 초고압용 보일러(드럼 없음)
　　㉯ 순환비가 1인 보일러
　　　• 장점 : 증발이 빠르다(기동시간이 짧다, 5~7분) → 열효율이 높다.
　　　• 단점 : 부하변동에 적응이 곤란하다.(수위 및 압력변화가 크다)

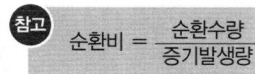

참고　순환비 = $\dfrac{순환수량}{증기발생량}$

㉢ 수질이 좋을 것(급수처리 까다롭다)
㉣ 자동 연소제어장치가 필요하다.
④ 소형 관류보일러 : 전자동 보일러로 난방용 보일러에 주로 사용된다.

5. 주철제보일러(섹션보일러)

1) 용도 : 난방용 보일러(저압용)

2) 장점
① 조립식보일러(운반·반입이 용이, 용량조절이 쉽다)
② 사고시 피해가 적다.
③ 내식성(내열성)이 우수

3) 단점
① 고압에 부적당
② 청소곤란
③ 부동팽창으로 균열발생
④ 충격에 약하다.

4) 방열기(열을 방출하는 기기)
① 증기방열기 : 방열량 – 650kcal/m²h
② 온수방열기 : 방열량 – 450kcal/m²h
③ 종류 : 주형, 벽걸이형, 길드형, 관형, 대류형
 ㉮ 주형 : 2주형(Ⅱ), 3주형(Ⅲ), 3세주형(3C), 5세주형(5C)
 ㉯ 벽걸이형 : 가로형(V), 세로형(H)
④ 설치위치 : 외기와 접한 창문아래(벽과의 간격50~60mm)

6. 특수보일러

종류 : 열매체 보일러, 간접가열 보일러, 특수연료보일러, 폐열보일러

1) 열매체보일러
① 기능 : 물 대신 다른 액체를 공급, 가열하는 형식
② 열매체의 종류 : 다우삼, 카네크롤, 모빌썸, 수은, 세큐리티
③ 용도 : 낮은 압력에서 고온을 얻기 위해(압력 1kg/cm² 내외, 열매온도 200℃)
④ 특징: 밀폐식구조의 안전밸브를 사용(이유 : 인화성증기가 분출하기 때문)

2) 간접가열(이중증발)보일러
① 종류 : 슈미트, 레푸러
② 원리 : 불순물이 많은 물을 수처리 하지 않고 공급하여 불순물로 인한 장애를 방지하는 형식

STEP 03 보일러의 부속장치

1. 급수 장치

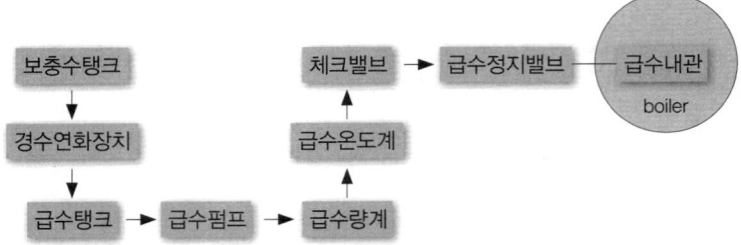

1) 급수펌프

① 급수펌프 설치일반 : 보일러에는 2세트(주펌프, 보조펌프) 이상의 급수장치가 있어야 한다.(단, 다음의 경우에는 보조펌프를 생략할 수 있다)
   ㉮ 전열면적 12m² 이하의 증기보일러
   ㉯ 전열면적 14m² 이하의 가스용 온수보일러
   ㉰ 전열면적 100m² 이하의 관류보일러

② 급수펌프의 종류
   ㉮ 원심펌프 : 볼류트, 터어빈
   ㉯ 왕복펌프 : 워싱턴, 웨어, 플런저
   ㉰ 기타 : 인젝터, 환원기

③ 급수펌프의 특징
   ㉮ 원심펌프(centrifugal pump) : 임펠러의 회전운동에너지를 압력에너지로 바꾸어 급수
      • 볼류트펌프(volute pump)
        – 저양정, 순환펌프
        – 임펠러에 가이드 베인(안내깃)이 없음
      • 터빈펌프(turbine pump)
        – 임펠러와 케이싱 사이에 가이드 베인 설치
        – 고압, 고양정용
        – 보일러 급수펌프용
      • 급수펌프의 소요동력

      $$X(ps) = \frac{r \cdot Q \cdot H}{75 \cdot \eta} \qquad X(kW) = \frac{r \cdot Q \cdot H}{102 \cdot \eta}$$

      여기서, r : 유체의 비중량[kgf/m³]
      Q : 송수량[m³/sec]
      H : 전양정[m], η : 펌프의 효율[%]

   ㉯ 펌프의 이상 현상
      • 공동현상(cavitation) : 펌프의 흡입압력이 관내유체의 온도에 상당하는 포화증기압보다 낮아지면 액체는 증발을 일으키며 기포를 발생하는 현상으로 소음과 진동을 수반하고, 임펠러가 침식된다.

- 원인
  - 흡입양정이 클 때
  - 유체 온도 상승
  - 유속이 빠른 경우
  - 흡입관 저항이 큰 경우(흡입양정 크거나 흡입관 굴곡이 많은 경우)
- 맥동현상(surging)

  펌프의 송출압력과 송출량이 주기적으로 변화하여 압력계 지침 등이 흔들리는 현상(캐비테이션 이후 발생)

㈐ 인젝터(injector)

인젝터는 급수펌프 고장시 증기의 열에너지를 최종 압력에너지로 변화하여 급수하는 비동력 급수장치(비상시 급수장치)

㉠ 에너지변환 : 열 ⇒ 속도(진공) ⇒ 속도(혼합) ⇒ 압력(토출)
㉡ 노즐 구성 : 증기노즐, 혼합노즐, 토출노즐
㉢ 작동순서 : 토출밸브 – 급수밸브 – 증기밸브 – 인젝터 핸들

- 장점
  - 구조가 간단하며 취급 용이
  - 동력이 불필요
  - 설치장치가 적다.
  - 급수 예열효과
  - 가격 저렴
- 단점
  - 급수조절이 곤란(증기압력 및 에너지, 급수온도에 따라 상이함)
  - 양정이 낮음
  - 양수효율이 낮다.
- 인젝터 작동불량원인
  - 급수온도가 높은 경우(50℃ 이상)
  - 증기압이 너무 낮거나(0.2MPa 이하)
  - 흡입관 공기누입
  - 인젝터 과열 및 노즐 마모

㈑ 환원기 : 보일러 수면에서 탱크까지의 수두압과 보일러 증기압에 의한 급수장치

2) 급수량계

보일러 급수량을 계측하는 장치로 용량 1T/h 이상의 보일러에 설치한다.(급수량 = 증기발생량)

3) 급수온도계

보일러 급수입구에 급수온도계를 설치하여 열정산시 이용(형식 : 바이메탈 온도계)

4) 체크밸브(check valve)

① 보일러수의 역류방지용밸브로 보일러 최고사용압력이 0.1MPa 미만의 보일러인 경우 생략할 수 있다.

② 종류
　　㉮ 스윙식(swing type) : 수평 및 수직배관에 설치가능
　　㉯ 리프트식(lift type) : 수평배관만 설치가능

5) 급수정지밸브(feed water stop valve)
　급수라인에 있어 보일러 인접부에 설치(형식 : 앵글밸브)

> **참고** 관경 : 20mm 이상(전열면적 10m² 이하의 경우 : 15mm 이상)

6) 급수내관(distributing pipe)
　① 보일러수와 급수와 혼합을 좋게 하여 보일러 동판에 열응력 생성을 방지하기 위한 장치
　② 설치이점 : 동판에 열응력에 의한 부동팽창을 방지 및 급수가 예열되는 효과가 있다.
　③ 설치위치 : 보일러 안전저수면보다 약간 낮게(50mm 정도)

2. 송기장치
보일러에서 급수된 물이 연료의 연소열에 의해 발생된 증기가 사용처까지 이송하는데 필요한 장치

1) 송기계통

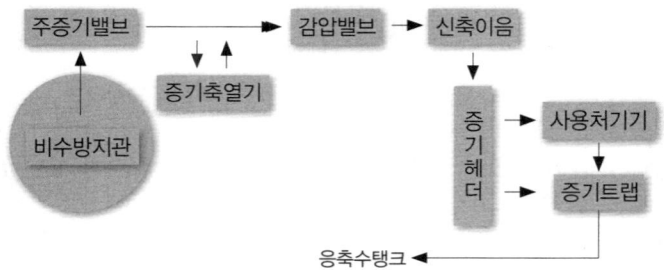

2) 비수방지관(증기내관 : antipriming pipe)
　① 송기시 증기의 급격한 이동으로 인한 부압현상으로 수면수가 비산되어 증기와 함께 송기관에 흐르는 것을 방지하는 장치(원통형 보일러에 설치)
　② 송기시 이상 현상
　　㉮ 프라이밍(priming) : 관수의 농축, 유지분 등에 의해 송기시 물방울이 수면위로 비산하는 현상
　　㉯ 포오밍(foaming) : 관수의 농축, 유지분 등에 의해 수면상부에 거품을 형성하는 현상
　　㉰ 기수공발(carry over) : 프라이밍, 포오밍 등에 의해 증기 중에 물방울이 포함되어 송기관내에 흐르는 현상
　　㉱ 수격작용(water hammer) : 관내의 응축수가 유속이 급격히 변화되었을 때에 생기는 압력변화로 인한 관 굴곡부를 타격하는 현상

3) 기수분리기(steam separator)
　증기 내에 포함되어 있는 수분을 분리하여 양질의 증기를 얻기 위한 장치(수관식 보일러에 설치-비수방지관과 본질은 동일함)

① 종류
- ㉮ 사이크론식 : 원심력을 이용
- ㉯ 배플식 : 증기의 방향전환을 이용
- ㉰ 건조스크린식 : 여러겹의 금속망 이용
- ㉱ 스크레버식 : 파도형 장애판이용

② 설치 이점
- ㉮ 수격작용 방지
- ㉯ 관내 부식방지
- ㉰ 증기 마찰저항 감소

4) 주증기 밸브(main steam valve)
보일러에서 발생된 증기를 사용처로 송기 및 차단하는 밸브

① 종류
- ㉮ 글로브 밸브 : 수평및 수직배관에 설치(유량조절용 밸브)
- ㉯ 앵글밸브 : 증기흐름이 90° 방향으로 흐르며 대형보일러의 주증기 밸브로 설치된다.

② 사용압력 : 보일러 최고사용압력 이상이어야 하고 최소한 0.7MPa 이상에 사용이 가능할 것

③ 작동 : 수격작용을 방지하기 위해 서서히 연다.

5) 증기 축열기(steam accumulator)
보일러 운전 중 사용처 부하가 감소하는 경우 여유분의 증기를 축열기에 저장한 후 최대부하시 공급하여 부하에 대응하는 장치(저장매체 : 물)

6) 감압밸브(pressure reducing valve)
고압의 증기를 저압으로 낮추어 부하(사용처)측 압력을 일정하게 유지하기 위한 장치

① 설치 이점
- ㉮ 에너지의 절감효과
- ㉯ 배관비용의 절감효과
- ㉰ 증기의 건조도 향상 효과

② 종류
- ㉮ 작동방법에 따라 : 벨로즈형, 다이어프램형, 피스톤형
- ㉯ 구조에 따라 : 스프링식, 추식

③ 설치방법
- ㉮ 바이패스 배관으로 설치
- ㉯ 입구에 여과기 설치
- ㉰ 감압밸브 전후 압력계설치
- ㉱ 출구에 안전밸브 설치
- ㉲ 감압밸브 전후 밸브(슬루스) 설치

7) 신축이음(expansion joint)
관의 팽창과 수축을 흡수하는 장치

① 미끄럼형(sleeve type) : 슬리브의 미끄럼에 의해 흡수, 온수 또는 저압배관용, 누수의 우려가 있다.
② 벨로즈형(bellows type) : 벨로즈의 변형에 의해 흡수, 고압에 부적합하다.
③ 루프형(loop type)
　㉮ 만곡관의 휨에 의해 흡수, 옥외 고압배관
　㉯ 설치공간이 크며 신축에 따른 자체 응력이 생긴다.
　㉰ 곡률반경은 관 지름의 6배 이상이 좋다.
④ 스위블형(swivel type) : 2개 이상의 엘보를 연결하여 비틀림에 의해 흡수, 방열기배관용

> **참고** 흡수량의 크기 : 루프형 〉 슬리브형 〉 벨로즈형 〉 스위블형

8) 증기헤더(steam header)
① 보일러에서 발생한 증기를 한 곳에 모아 각 사용처로 분배하기 위한 장치
② 설치이점
　㉮ 보일러증발량을 조절할 수 있다.
　㉯ 증기의 송기 및 정지가 쉽다.
　㉰ 급수요에 적응이 쉽다.
　㉱ 증기의 손실을 방지할 수 있다.

9) 증기트랩(steam trap)
① 증기관 내의 응축수 만을 자동 배출하는 장치
② 증기트랩의 구비조건
　㉮ 동작이 확실하고 내구력이 있을 것
　㉯ 응축수 제거능력이 뛰어날 것
　㉰ 공기를 자동배출 할 수 있을 것
　㉱ 마찰저항이 적을 것
③ 설치이점
　㉮ 수격작용 방지
　㉯ 증기열손실방지
　㉰ 관내 부식 방지
　㉱ 증기 마찰저항 감소
④ 증기트랩의 종류
　㉮ 기계식 트랩 : 증기와 응축수 사이의 밀도차, 즉 부력차를 이용
　　• 플로우트식(float type) : 다량의 드레인을 처리
　　• 버켓식(bucket type) : 상향식과 하향식으로 구분, 관말 트랩용
　㉯ 온도조절식트랩 : 온도차를 이용한 것으로 방열기트랩으로 이용
　　• 압력평형식 (벨로우즈식, 다이아프램식)
　　• 바이메탈식
　㉰ 열역학적 트랩 : 증기와 응축수의 속도차에 의한 작동
　　• 디스크식　　　　　　• 오리피스식

⑤ 트랩의 고장 탐지방법
  ㉮ 가열 및 냉각 상태로 판단
  ㉯ 작동음으로 판단
  ㉰ 점검용 청진기를 사용

3. 연소 보조장치(급유장치)

급유장치의 구성 : 연료저장탱크(메인탱크) – 이송펌프 – 서비스탱크 – 오일프리히터 – 급유량계 – 급유온도계 – 급유펌프 – 전자밸브

1) 이송펌프
① 메인탱크에서 서비스탱크로 연료 운반용 펌프
② 종류 : 기어펌프, 스크류펌프, 플린저펌프

2) 서비스탱크
① 기능 : 중유를 60~70℃ 예열하여 점도를 낮추어 유동성을 좋게 하여 연료공급을 쉽게 하기 위해
② 위치
  ㉮ 보일러 외측에서 2m 이상 거리
  ㉯ 버너 중심에서 1.5m 이상 높게
③ 용량 : 보일러 연료사용량의 3~5시간 분량을 저장하는 보조탱크

3) 오일프리히터
① 설치목적 : 중유의 점도를 낮추어 무화를 양호하게 하여 연료의 완전연소를 위해
② 종류 : 전기식(온도제어가 용이), 증기식(대용량에 사용), 온수식
③ 예열온도 : 80~90℃
  ㉮ 낮으면
   • 점도 높음   • 무화불량   • 불완전연소
   • 매연(그으름, 분진) 발생   • 카본(탄화물) 생성
  ㉯ 높으면
   • 기름이 분해   • 분사각도 불량   • 탄화물(카본) 생성
  ㉰ 오일프리히터의 용량(kWH) = $\dfrac{G \cdot C \cdot \Delta T}{860 \cdot \eta}$
    여기서, G : 연료사용량(kg/h), C : 연료의 비열
        ΔT : 온도차 (예열온도−입구온도), η : 히터의 효율

4) 전자밸브(솔레로이드밸브)
① 기능 : 보일러 운전 중 이상이 발생하였을 경우 연료공급을 자동으로 차단하는 장치
② 연결장치
  ㉮ 화염검출기(불착화시)
  ㉯ 증기압력제한기(압력초과시)
  ㉰ 저수위경보기(저수위시)

4. 폐열회수 장치(배열회수장치)

연돌로 버려지는 폐열을 회수하는 장치로 연료절약 및 열효율 향상을 위한 장치
[종류 및 설치순서] : 과열기 – 재열기 – 절탄기 – 공기예열기

1) 과열기(super heater)
① 포화증기를 압력 변화없이 가열하여 고온의 과열증기를 만드는 장치
② 과열증기 사용시
    ㉮ 장점
        • 같은 압력의 포화 증기에 비해 엔탈피가 크므로 열기관의 열효율이 높다.
        • 수격작용이 방지된다.
        • 증기의 마찰저항이 감소된다.
        • 관내 부식이 방지된다.
    ㉯ 단점
        • 온도제어 곤란
        • 화상 등 안전사고 발생
        • 열손실 증가
        • 열응력 발생
③ 과열증기 온도조절방법
    ㉮ 연소가스량을 증감하는 방법
    ㉯ 연소가스열을 재순환하는 방법
    ㉰ 화염의 위치를 바꾸는 방법
    ㉱ 과열저감기를 사용하는 방법
④ 과열기의 종류

전열방식에따라(설치위치)	열가스흐름에 따라(증기와 가스흐름)
• 복사(방사) : 연소실또는 노벽에 설치 • 대류(접촉) : 연도에 설치 • 복사·대류 : 연소실과 연도의 중간	• 병류 : 동일흐름 • 향류 : 반대흐름 • 혼류 : 병류와 향류의 조합형

2) 재열기
고압터빈출구에서 저압의 습증기를 저압의 과열증기로 만드는 장치

3) 절탄기(economizer)
① 배기가스의 손실열(폐열)을 이용하여 급수를 예열하는 장치
② 절탄기 설치시 장점
    ㉮ 연료가 절감되고, 보일러 효율을 향상시킬 수 있다.
    ㉯ 보일러 동 또는 관수의 온도차가 적어 열응력 생성이 적다.
    ㉰ 수중의 불순물을 일부 제거 할 수 있다.
    ㉱ 증기발생이 빠르다.

4) 공기 예열기(air preheater)
① 배기가스의 손실열(폐열)을 이용하여 연소용 공기(2차 공기)를 예열하는 장치
② 공기예열기의 종류
 ㉮ 전열식(전도식) : 강관식, 강판식
 ㉯ 재생식 (융그스트륨식)
③ 공기예열기 설치시 장점
 ㉮ 적은공기비로 연소 가능
 ㉯ 연소효율의 향상으로 보일러 효율 증가
 ㉰ 저질연료의 연소가 가능
 ㉱ 연소실 용적을 적게 할 수 있다.

절탄기와 공기예열기 설치시 단점
- 통풍저항 증가(통풍력 저하)
- 저온부식 발생
- 연도 청소 곤란

5. 안전장치 및 부속품

1) 안전밸브(safety valve)
① 보일러 운전시 증기압력이 규정압력을 초과하는 경우 자동으로 증기를 외부로 분출하여 압력초과로 인한 보일러 파열방지
② 설치기준 : 증기보일러는 2개 이상의 안전밸브를 증기부에 수직으로 직접 부착한다.(관경 : 25A 이상)(단, 전열면적 50m² 이하의 경우 1개 이상 설치 가능)

분출압력조정 : 먼저 최고사용압력 이하로 조정하고, 나머지 1개는 최고사용압력의 3% 초과 범위 내로 조정(최고사용압력 × 1.03배)

③ 안전밸브의 종류 : 스프링식, 중추식, 지렛대식
④ 안전밸브의 누설원인
 ㉮ 스프링의 장력 감소
 ㉯ 밸브의 조정압력이 낮은 경우
 ㉰ 밸브 시트에 이물질이 있는 경우
 ㉱ 밸브 시트의 가공불량
⑤ 안전밸브의 분출시험 : 분출압력의 75% 이상일 때 수동 레버를 이용 분출시험을 한다.
⑥ 방출밸브(relief valve) : 온수발생보일러의 경우 압력이 보일러의 최고사용압력에 달하면 즉시 작동하는 압력 릴리프밸브 또는 안전밸브를 1개 이상 갖추어야 한다.
 ㉮ 온수발생보일러 및 액상식 열매체 보일러의 방출밸브 또는 안전밸브
  • 온수온도 120℃ 초과 : 안전밸브 부착(관경 20A 이상)
  • 온수온도 120℃ 이하 : 방출밸브 부착(관경 20A 이상)

㉯ 온수발생보일러의 방출관의 크기

전열면적 [m²]	방출관의 안지름 [mm]
10 미만	25 이상
10이상 ~ 15 미만	30 이상
15이상 ~ 20 미만	40 이상
20 이상	50 이상

2) 화염검출기(flame detector)
① 가동 중 화염의 유무를 감지하여 불착화 또는 실화시 연료차단 하도록 전자밸브에 신호를 보내는 장치, 미연가스로 인한 노내 폭발을 방지한다.
② 종류
 ㉮ 플레임 아이(flame eye) : 화염에서 발생하는 빛(방사선)을 검출(발광체)
 ㉯ 플레임 로드(flame rod) : 화염이 가지는 전기전도성을 이용(이온화)
 ㉰ 스택스위치(stack switch) : 화염의 열을 이용(바이메탈)(발열체)

3) 저수위 경보장치(water level detector)
① 보일러운전 중 수위를 검출하여 저수위 경보 및 연료차단, 자동급수조절 등의 기능(경보발생 50~100초 후에 연료공급을 차단한다.)
② 설치기준 : 최고사용압력 0.1MPa 이상의 보일러
③ 종류 : 플로우트식(float type), 전극식(electrode type), 열팽창식(코프스식), 차압식
 ㉮ 코프스식 : 금속관의 열팽창을 이용한 자동수위제어장치
 ㉯ 코프스식 종류
  • 1 요소식 : 수위에 의해 조절
  • 2 요소식 : 수위와 증기량에 의해 조절
  • 3 요소식 : 수위, 증기량 및 급수량에 의해 조절

4) 증기압력 제한기
보일러 운전시 압력초과를 방지하기 위해 연료공급을 차단하는 장치

5) 방폭문
연소실내 미연가스 폭발시 폭발압력을 외부로 배출시켜 역화 및 노내 폭발을 대비하여 보일러 파열을 방지하는 장치(연소실 후부에 설치)

6) 가용전(fusible plug)
전열면 상부에 설치, 운전 중 저수위일 때 과열을 방지하는 장치로 납과 주석의 합금을 사용한다.

6. 계측장치
1) 압력계
① 압력계의 눈금 및 크기

㉮ 압력계의 눈금판의 바깥지름은 100mm 이상으로 한다.
㉯ 압력계의 최고눈금은 보일러의 최고사용압력의 3배 이하로 하되 1.5배보다 작아서는 안된다.
② 종류 : 브로돈관식(보일러에 주로 사용), 벨로우즈식, 다이어프램식 등
③ 압력계와 연결된 증기관(사이폰관)
㉮ 기능 : 증기가 브로돈관내에 직접 들어가는 것을 방지하여 압력계를 보호한다.
㉯ 종류
- 동관 또는 황동관 : 6.5mm 이상
- 강관 : 12.7mm 이상
- 증기온도 210℃ 이상의 경우 황동관 또는 동관사용 불가

2) 수면계

① 수면계 설치개수
㉮ 증기보일러에는 2개 이상의 유리수면계를 부착하여야 한다.
㉯ 다음의 경우엔 1개 이상으로 할 수 있다.
- 최고사용압력 1MPa 이하로 동체 안지름 750mm 미만의 경우
- 원격지시 수면계를 2개 설치할 경우
- 소용량보일러
- 소형관류보일러

② 수면계 부착위치
유리수면계는 안전한 보일러 운전을 위하여 수면계 하단부가 안전저수면 위치와 같게 하여 수주관에 부착한다.

[보일러 종류에 따른 수면계유리하단의 위치]

보일러 종류	수면계 유리 하단부 위치(안전저수면)
수평 연관 보일러	연관의 최고부 위 75mm
노통 보일러	노통 최고부 위 100mm
노통연관 보일러	연관의 최고부 위 75mm, 다만 연관 최고부분 보다 노통 윗면이 높은 경우 노통 최고부 위 100mm

※ 상용수위 : 수면계의 1/2 위치

③ 수면계 종류
유리수면계, 평형반사식 수면계, 평형투시식 수면계, 2색 수면계, 멀티포트식 등

④ 수면계 점검시기
㉮ 보일러 가동 전
㉯ 2개의 수면계수위가 서로 다를 때
㉰ 운전중 수면계 수위가 의심스러울 때
㉱ 플라이밍, 포오밍 발생시

STEP 04 보일러의 기타 부속장치

1. 슈트블로워 장치(soot blower system)
전열면에 부착되어 있는 그을음이나 재를 증기, 공기 등을 분사하여 제거하여 전열을 좋게 하는 장치

1) 슈트블로워 작동 시기 및 효과

슈트블로워 시기	슈트블로워 효과
• 전열면 매연 부착시 • 배기가스 온도 상승시 • 보일러 능률 저하시 • 연료소비량 증가시 • 통풍저항 증가시	• 적정배기가스 온도 유지 • 보일러 능률 회복(향상) • 연료소비량 감소 • 통풍저항 감소

2) 슈트블로워 작동시 주의 사항
① 그을음을 제거하는 시기는 부하가 가벼운 시기를 선택한다.
② 그을음 제거시 흡출 통풍을 증가시킨 후 실시한다.
③ 증기를 이용하는 경우 드레인을 충분히 한다.
④ 전열면에 국부적으로 장시간 청소하지 않는다.

3) 종류 및 용도
① 롱레트랙터블형 : 과열기 등 보일러 고온 전열면에 사용한다.
② 쇼트레트랙터블형 : 보일러 연소 노벽등에 사용한다.
③ 건타입형 : 보일러 전열면에 부착된 그을음 등의 제거에 사용한다.
④ 로터리형(회전형) : 절탄기 등 저온 전열면에 사용한다.
⑤ 공기예열기 크리너형 : 공기예열기에 사용한다.

2. 분출장치(blow down system)
보일러 내 농축수 또는 부유물과 유지분등 불순물을 배출하기 위한 장치

1) 분출의 종류
① 수저(간헐,단속,bottom)분출 : 동저부에 침전되어 있는 슬러지, 농축수를 배출 및 제거
② 수면(연속, surface)분출 : 수면위의 부유물, 유지분 등을 배출 및 제거

2) 분출의 목적
① 슬러지를 배출하여 스케일 생성방지
② pH조절 및 고수위방지
③ 불순물의 농도를 한계치 이하로 유지
④ 플라이밍 · 포밍 방지

3) 분출시기
① 보일러 가동 전

② 플라이밍, 포밍 발생시
③ 고수위로 가동될 때
④ 보일러 수가 농축되었다고 생각될 때

 연속가동중인 보일러의 경우 부하가 가벼울 때 실시

4) 분출시 주의 사항
① 1일 1회 이상 분출
② 2대 이상의 보일러를 동시에 분출하여서는 안 된다.
③ 분출시 다른 작업을 행하지 않을 것
④ 분출은 2인 1조로 한다.
⑤ 밸브 시이트에 이물질의 부착을 방지하기 위해 빠르게 분출한다.

5) 관경

구 분		급수정지밸브크기[A]	분출밸브 크기[A]
전열면적 [10m²]	이하	15	20
	초과	20	25

3. 통풍장치

1) **자연통풍** : 배기가스와 외기의 온도(비중)차에 의한 자연 대류현성을 이용한 통풍방식(연돌에 의한 통풍)

2) **강제통풍** : 동력(송풍기)을 이용한 통풍방식
① 압입통풍 : 버너 또는 연소실 입구에 송풍기를 설치 연소용 공기를 밀어 넣는 방식
 ※ 노내압 : 정압(+) 유지
② 흡입통풍 : 연도에 대형송풍기 설치, 연소가스를 흡입 배출하는 형식
 ※ 노내압 : 부압(-) 유지
③ 평형통풍 : 압입통풍방식과 흡입통풍방식이 조합된 구조
 ※ 노내압 : 대기압 유지. 대형보일러에 적합

3) **송풍기의 종류**
① 원심형 송풍기 : 시로코형(다익형 : 전향날개), 터보형(후행날개), 플래이트형(방사형 날개)
② 축류형 송풍기 : 프로팰러형, 디스크형

4) **송풍기소요동력**

$$X[PS] = \frac{P \times Q}{75 \times \eta \times 60} \qquad X[kW] = \frac{P \times Q}{102 \times \eta \times 60}$$

여기서, P : 송풍기 정압[mmAq], Q : 송풍량[m³/min], η : 송풍기 효율

5) 통풍력을 증가하는 방법
   ① 배기가스 온도를 높게 한다.
   ② 연도와 연돌의 단면적을 넓게 한다.
   ③ 연도의 길이는 짧고 굴곡을 최소로 하며 보온한다.
   ④ 굴뚝을 높게 한다.
   ⑤ 통풍력은 외기온도가 낮을 때 증가한다.

6) 댐퍼(damper)의 기능
   ① 유체 흐름을 차단 또는 공급
   ② 통풍력 조절
   ③ 대형보일러의 경우 주연도와 부연도의 교체
   ④ 운전 정지 시 외기 침입방지
   ⑤ 종류
      ㉮ 1차공기 댐퍼 : 무화용 공기를 조절
      ㉯ 2차공기 댐퍼 : 연소용 공기를 조절
      ㉰ 배기가스 댐퍼 : 배기가스량 및 통풍력 조절

4. 집진장치

1) 배기가스에 포함되어 있는 오염물질을 제거하여 대기오염을 방지

2) 집진장치의 종류
   ① 건식 : 중력식, 관성력식, 원심력식(사이크론식, 멀티크론식), 여과식(백필터)
   ② 세정식(습식) : 처리가스를 세정액(물)에 충돌 또는 접촉하여 분진을 제거하는 형식
      ㉮ 유수식
      ㉯ 가압수식 : 사이크론 스크레버, 벤튜리 스크레버, 충진탑
   ③ 전기식(코트렐식) : 방전(−)극에 의하여 매연을 음이온화하여 집진(+)극판에 부착시켜 제거하는 형식으로 집진능력이 가장 우수하고 미세입자 제거에 적합

5. 급수 처리

보일러용수에 포함된 불순물을 처리하여 여러 가지의 장애를 방지하고, 효율적인 보일러의 운전관리를 위해 필요한 수 처리방법으로 기계적 방법, 화학적 방법, 전기적 방법 등이 있다.

1) 급수처리 목적
   ① 내부부식방지
   ② 스케일생성방지
   ③ 프라이밍, 포밍 방지
   ④ 경수를 연수화
   ⑤ pH 조절
   ⑥ 가성취화방지

2) 구분
   ① 관(동)외 처리(1차 처리)
      ㉮ 보충수로 사용하는 지하수, 하천수, 공업용수 등에 포함된 불순물을 처리하기 위한 1차 급수 처리 방법
      ㉯ 현탁성 물질 : 침강법, 여과법, 응집법
      ㉰ 용존고형분 : 이온교환법, 증류법, 약품첨가법
      ㉱ 용존가스(O_2, CO_2) : 기폭법(공기접촉), 탈기법
   ② 관(동)내 처리(2차 처리 : 청관제탱크, 약주입탱크)
      ㉮ pH 조정제 : 알카리도 조정(가성소다, 탄산소다, 인산소다)
      ㉯ 관수연화제 : 경도성분을 슬러지화(가성소다, 탄산소다, 인산소다)
      ㉰ 슬러지조정제 : 슬러지가 전열면에 고착되는 것을 방지(전분, 탄닌, 리그린)
      ㉱ 탈산소제 : 용존산소제거(아황산소다, 히드라진, 탄닌)
      ㉲ 가성취화 억제제 : 알카리부식방지(질산나트륨)

3) 수질에 관한 용어
   ① 단위
      • ppb(중량의 100만분의 1) : 물 1ℓ 중에 불순물이 1mg 함유되었을 때
   ② pH(수소이온농도지수)
      ㉮ pH7 : 중성
      ㉯ pH7 이하 : 산성
      ㉰ pH7 이상 : 알칼리성

    • 보일러 급수 : pH 8~9
   • 관수 : pH 10.5~11.8
   • 가성취하 : pH12 이상 알칼리도가 농축되어 보일러 동판에 미세한 균열(=헤어크랙 현상)이 발생하는 현상(수산화나트륨이 원인)

   ③ 경도 : 수중의 $CaCO_3$량을 수치로 표시
      ㉮ $CaCO_3$ 경도 : 물 1ℓ 중에 $CaCO_3$ 1mg 함유시 $CaCO_3$ 경도 1ppm이라 한다.
         ※ $MgCO_3$ 1mg 일 때 : 경도 1.4ppm
      ㉯ dH 경도 : 물 100cc 중에 CaO 1mg 함유시 경도 1도라 한다.
         ※ MgO 1mg 일 때 : 경도 1.4도
   ④ 스케일
      ㉮ 스케일 생성원인 : 스케일은 급수 중에 함유되어 있는 용해 고형물(Ca, Mg) 성분이 보일러수의 온도상승에 따른 용해도가 감소되어 석출된 것
      ㉯ 칼슘염 스케일
         • 황산염 스케일(주성분 : 황산칼슘)
         • 규산염 스케일(주성분 : 규산칼슘)
         • 탄산염 스케일(주성분 : 탄산칼슘)

㉣ 스케일의 장애
- 열전도가 저하되어 전열면이 과열된다.
- 연료사용량이 증가되어 열효율이 저하된다.
- 수관 내에 부착되어 물 순환이 나빠진다.
- 압력계, 수면계 등의 연락관에 부착하여 기능이 저하된다.

6. 자동 제어

1) 구분
   ① 시퀀스제어(sequence control) : 미리 정해진 순서에 의하여 제어의 각 단계를 실행하는 제어(점, 소화의 순서)
   ② 피드백제어(feed back control) : 목표치와 제어량의 편차가 0이 될 때까지 반복제어(폐회로 구성)

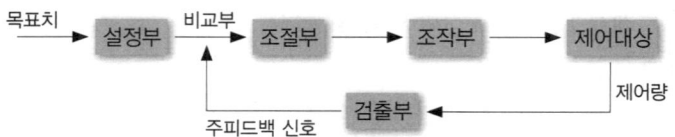

2) 제어 동작의 형태
   ① 불연속제어 : ON-OFF동작
   ② 연속제어
      ㉮ 비례(P) : 편차에 비례하는 제어(잔류편차)
      ㉯ 적분(I) : 편차의 시간적분에 비례하는 제어(잔류편차 제거, 진동발생)
      ㉰ 미분(D) : 편차가 변화하는 속도에 비례하는 제어(진동제어)
   ③ 신호전달방법 : 전기식, 유압식, 공기압식

3) 목표값 변화에 따른 분류(자동제어)
   ① 정치제어 : 목표값이 일정한 것
   ② 주치제어 : 목표값이 변화되는 것
      ㉮ 추종제어 : 목표값이 임의로 변화되는 것
      ㉯ 프로그램제어 : 목표값이 미리 정해진 순서에 따라 변화되는 것
      ㉰ 비율제어 : 2개의 동작이 연결되어 일정한 비율로 변화되는 것

4) 인터록
   ① 어떤 조건이 만족되지 않으면 다음동작을 정지시키는 자동제어
   ② 종류
      ㉮ 압력초과 인터록 : 제한 압력초과시 전자밸브 닫힘
      ㉯ 프리퍼지 인터록 : 송풍기의 정지시 전자밸브 닫힘
      ㉰ 불착화 인터록 : 버너에 불착화 또는 운전중 실화시 전자밸브 닫힘
      ㉱ 저연소 인터록 : 유량조절밸브가 저연소로 전환되지 않을 때 전자밸브 닫힘
      ㉲ 저수위 인터록 : 운전 중 이상감수시 전자밸브 닫힘

7. 열정산

보일러 내의 열 흐름(입열, 출열, 순환열 등)을 측정하여 보일러를 효율적으로 운전관리하기 위한 열수지 계산방법

1) 보일러의 열 흐름

입열(Q_1) = 출열(Q_2) = 유효열(Q_A)+손실열(Q_L)

① 입열(Q_1)
  ㉮ 연료의 저위발열량(H_ℓ)
  ㉯ 연료의 현열
  ㉰ 공기의 현열
  ㉱ 노내분입 증기열
  ㉲ 피열물의 보유열

② 출열(Q_2)
  ㉮ 유효열(Q_A) : 온수 또는 증기발생 열
  ㉯ 손실열(Q_L)
  - 미연소분에 의한 손실(Q_{L1})
  - 불완전연소에 의한 손실(Q_{L2})
  - 노벽 방사 전도 손실(Q_{L3})
  - 배기가스 손실(Q_{L4})

2) 열정산의 기준

① 입열 = 출열
② 기준온도 = 외기온도
③ 시험부하 = 정격부하
④ 연료의 발열량 = 고위발열량(H_h)
⑤ 압력변동 = ±7% 이내
⑥ 계산 = 사용연료 1kg(액체, 고체), 1Nm³(기체)당으로
⑦ 보일러가동시간 = (2시간) 이상,(측정시간 = 10분마다)

3) 보일러 성능계산

① 상당증발량 (G_e) : 1atm 포화수(100℃) X(kgf)을 1시간동안 포화증기(100℃)로 만드는 능력

$$G_e = \frac{G(h_2 - h_1)}{539} \text{ [kg/h]}$$

여기서, G : 증기발생량[kgf/h], h_2: 증기엔탈피[kcl/kgf], h_1 : 급수엔탈피[kcal/kgf]

② 보일러 1마력의 정의 : 1 포화수 15.65kgf을 1시간동안 상당증발량으로 만드는 능력 (G_e : 15.65kg/h, 열량 : 8435kcal/h)

$$\text{보일러 마력[XBHP]} = \frac{G_e}{15.65} = \frac{G(h_2 - h_1)}{539 \times 15.65}$$

③ 방열기 방열량

구분	q_e[kcal/m²h]	K[kcal/m²h℃]	t_R[℃]	t_r[℃]	(t_R-t_r)[℃]
온수	450	7.31	80	18.5	61.5
증기	650	7.78	102	18.5	83.5

④ 보일러 효율(η)

$$= \frac{\text{유효열}}{\text{입열(공급열)}} \times 100 = \frac{G(h_2 - h_1)}{H_\ell \times G_f} \times 100$$

$$= \frac{539 \times G_e}{H_\ell \times G_f} (\%)$$

$$= \text{연소 효율}(\eta_c) \times \text{전열효율}(\eta_T) \times 100$$

※ 온수보일러 효율 $= \dfrac{GC(t_2 - t_1)}{H_\ell \times G_f} \times 100$

⑤ 연소 효율(η_c)과 전열효율(η_T)

㉮ 연소효율(η_c) $= \dfrac{\text{실제연소열량}}{H_\ell} \times 100(\%)$

㉯ 전열효율(η_T) $= \dfrac{\text{유효열량}(Q_A)}{\text{실제연소열량}} \times 100(\%)$

⑥ 증발계수 $= \dfrac{(h_2 - h_1)}{539}$

⑦ 증발배수 $= \dfrac{\text{실제증기발생량}(G)}{\text{연료소비량}(G_f)}$ [kg/kg]

⑧ 전열면 증발률 $= \dfrac{\text{시간당증기발생량}(G)}{\text{전열면적}(A)}$ [kgf/m²h]

⑨ 보일러 부하율 $= \dfrac{\text{시간당증기발생량}(G)}{\text{보일러용량(최대증발량)}} \times 100(\%)$

STEP 05 연료 및 연소장치

1. 연료의 종류와 특징

1) 연료의 구비조건
   ① 공기 중에서 연소가 잘되고 발열량이 클 것
   ② 구입이 용이하고 가격이 저렴할 것
   ③ 운반, 저장, 취급이 용이할 것
   ④ 사용에 위험성이 적을 것
   ⑤ 연소시 유해성분이 적고 대기오염이 적을 것

2) 고체(석탄)연료의 특징

① 연료비 $= \dfrac{\text{고정탄소}}{\text{휘발분}}$

② 공업분석 : 고정탄소(%) = 100 − (휘발분 + 수분 + 회분)

   ㉮ 고정탄소가 많은 경우
- 파란 단염이 발생한다.
- 탄화도가 높아져 발열량이 커진다.
- 착화온도가 높아진다.
- 매연발생이 적다.

   ㉯ 휘발분이 많은 경우
- 붉은 장염이 발생한다.
- 점화는 쉬우나 매연이 발생한다.
- 발열량이 낮다.

③ 미분탄 연료 : 석탄을 분쇄기에 넣어 150mesh 이하의 크기로 만든 가루탄

   ㉮ 장점
- 적은공기로 완전연소가 가능하다.
- 연소 조절이 용이하고 부하변동에 응하기 쉽다.
- 노내온도를 고온으로 유지할 수 있다.
- 화력발전소 등 대규모 설비에 사용된다.
- 저질 연료탄의 연소가 가능하다.
- 자동연소제어에 유리하다.

   ㉯ 단점
- 미분화 공급설비로 인해 설비비가 고가이다.
- 연소실이 커야한다.
- 재(비산회)가 많아 대규모 집진설비가 필요하다.

3) 액체연료

① 액체연료의 특징

   ㉮ 장점
- 품질이 일정하고 단위중량당 발열량이 높다.
- 연소효율 및 전열효율이 높아 고온이 유지된다.
- 수송과 저장이 용이하고 취급이 쉽다.
- 연소조절 및 점, 소화 조절이 용이하다.

   ㉯ 단점
- 연소 온도가 높아 국부과열의 위험성이 있다.
- 버너에 따라 소음이 발생한다.
- 취급에 인화 및 역화의 위험성이 크다.
- 황분에 의한 저온부식 및 대기오염이 발생한다.

② 액체연료에 따른 특성
  ㉮ 인화점 : 가연성분이 점화원에 의해 불이 붙는 최저온도
  ㉯ 착화점 : 가연성분이 외부의 점화원없이 스스로 불이 붙는 최저온도
  ㉰ 유동점＝응고점＋2.5℃
  ㉱ 탄수소비($\frac{C}{H}$) : 원료의 원소성분 중 수소에 대한 탄소량의 비
    • 탄수소비가 큰 순서 : 중유 〉 경유 〉 등유 〉 휘발유
    • 탄수소비가 클수록
      - 이론공기비가 증가한다.
      - 발열량이 낮아진다.
      - 인화점, 착화점이 높아진다.
      - 비중 및 점도가 높아진다.
      - 화염의 방사율(복사율 : 휘도)이 커진다.
③ 중유연료의 특성
  ㉮ 중유 첨가제
    • 연소촉진제 : 분무를 순조롭게 한다.
    • 슬러지 분산제 : 슬러지의 생성을 방지
    • 회분개질제 : 회분의 융점을 높여 고온부식을 방지
    • 탈수제 : 연료중의 수분을 분리
    • 유동점강하제 : 유동점을 낮추어 흐름을 좋게 한다.
  ㉯ 중유의 비중표시

$$API도 = \frac{141.5}{비중(60/60°F)} - 131.5$$

  ㉰ 중유성분이 연소에 미치는 영향
    • 저온부식 : 연료 중의 황(S)성분이 원인
    • 발생온도 : 노점(150℃) 이하
    • 저온부식 방지책
      - 연료 중 황분을 제거
      - 적정공기 공급(과잉공기를 적게)
      - 배기가스온도를 황의 노점보다 높게 한다.
      - 첨가제를 사용 – 황산가스의 노점을 낮게 한다.
      - 저온 전열면에 내식성 재료 및 보호피막 사용한다.
    • 고온부식 : 중유 중에 포함되어 있는 바나듐(V)성분이 원인
    • 발생온도 : 융점(500~600℃) 이상
    • 고온부식 방지책
      - 연료 중 바나듐을 제거

- 바나듐의 융점을 올리기 위해 융점 강화제를 사용
- 전열면 온도를 높지않게 한다.
- 전열면에 보호막 및 내식재료 사용한다.
㉱ 중유의 종류
- 점도에 따라 : A 중유, B 중유, C 중유(예열이 필요)

4) 기체연료
① 기체연료의 특징
㉮ 장점
- 적은공기로 완전연소가 가능
- 연소효율이 높다.
- 점화·소화 및 연소조절이 간편하다.
- 연소가 균일하며 고온을 얻을 수 있다.
- 회분이나 매연이 거의 없어 대기오염이 적다.
- 연소실 용적을 적게 할 수 있다.

㉯ 단점
- 운반·저장 및 취급상 어려움이 있다.
- 연료비와 설비비가 고가이다.
- 누설되기 쉽고 폭발·화재의 위험이 있다.

② 기체연료에 따른 특성
㉮ 액화 천연가스(LNG) : 메탄(CH_4)으로 구성, $-162℃$에서 액화
- 발열량이 비교적 높다.(11000kcal/Nm^3)
- 공기보다 가볍다.(공기의 1/2)
- 적은 과잉공기로 완전연소가능하고 연소조절이 쉽다.

㉯ 액화석유가스(LPG) : 프로판(C_3H_8)이 주성분, 상온 강압에서 쉽게 액화
- 기체일 때 공기보다 무겁다(공기의 1.5~2배)
- 발열량은 20000~30000kcal/Nm^3으로 높다.
- 증발잠열이 크다.(90~100kcal/kg)
- 연소에 많은 공기를 필요로 하고 연소속도가 비교적 느리다.

③ 가스 공급시설
㉮ 가스홀더(Gas Holder) : 가스공급량을 조절하고 가스품질 및 압력을 일정하게 유지시키기 위해 저장하는 탱크
㉮ 종류 : 유수식, 무수식, 고압식

2. 연소 및 연소계산
1) 연소
연소란 가연성 물질(탄소, 수소, 황)이 공기 중 산소와 산화반응에 의하여 빛과 열을 수반하는 현상

① 발열량
  ㉮ 단위
    - 고체 및 액체의 경우 : kcal/kgf
    - 기체의 경우 : kcal/Nm³
  ㉯ 총발열량(고위발열량(H_h):higher heating value) : 수증기가 응축될 때 방출하는 증발열(응축열)을 포함한 발열량
  ㉰ 진발열량(저위발열량(H_ℓ):lower heating value) : 연소과정에서 생성되는 수증기 응축잠열을 배출하였을 때의 발열량
  ㉱ 관계식 : $H_\ell = H_h - 600 \times (9H+W)$ [kcal/kg]
② 연소의 종류
  ㉮ 표면연소 : 숯(목탄), 코오크스 등 고체연료의 연소형태
  ㉯ 분해연소 : 석탄, 목재 등 연료가 불꽃을 발생하는 연소형태
  ㉰ 증발연소 : 경유 등 액체연료가 액면에서 기화되면서 연소하는 형태
  ㉱ 확산연소 : 가스연료가 공기 중에 확산되면서 연소하는 형태
③ 연소 온도
  ㉮ 연소온도를 높이려면
    - 발열량이 높은 연료를 사용한다.
    - 연료와 공기를 예열하여 공급한다.
    - 과잉공기를 적게 공급한다.
    - 방사 열손실을 방지한다.
    - 연료를 완전 연소시킨다.
  ㉯ 완전연소의 구비조건
    - 연료와 공기의 온도를 높게 유지한다.
    - 연료와 공기의 혼합을 촉진하다.
    - 노내 온도를 높게 유지한다.
    - 연소실의 용적을 크게 한다.
    - 과잉공기를 적게 사용한다.

> **참고** 연소속도란 가연물과 산소와의 반응속도를 연소속도라 한다.

2) 연소 계산
① 연소의 3대조건
  ㉮ 가연성분 : C(탄소), H(수소), S(황)
  ㉯ 점화원
  ㉰ 산소공급원 (공기)

[연소계산에 필요한 원소의 물리량]

원소명	원소기호	원자량	분자식	분자량
수소	H	1	H_2	2

원소명	원소기호	원자량	분자식	분자량
탄소	C	12	C	12
질소	N	14	N_2	28
산소	O	16	O_2	32
황	S	32	S	32

[공기의 조성]

구분	산소	질소
중량비(1kgf 기준)	0.232	0.768
체적비($1Nm^3$ 기준)	0.21	0.79

② 연소반응식
  - 탄소(C)의 연소반응의 예

$$C + O_2 = CO_2 + 97,200 [kcal/kmol]$$

kg f   12   32   44

C → 1kgf   1   2.67   3.67   + 8,100[kcal/kg f]

③ 공기량
  ㉮ 이론공기량(A_O) : 연료를 완전연소하기 위한 이론적 최소 공기량

$$A_O = \frac{1}{0.232} \times \{2.667C + 8(H - \frac{O}{8}) + 1S\}$$

$$= 11.49C + 34.5(H - \frac{O}{8}) + 4.3S \ [kg/kg]$$

$$A_O = \frac{1}{0.21} \times \{1.867C + 5.6(H - \frac{O}{8}) + 0.7S\}$$

$$= 8.89C + 26.7(H - \frac{O}{8}) + 3.33S \ [kg/N]$$

  ㉯ 실제공기량(A_R) : 이론공기량만으로 실제 연소할 경우 완전연소가 불가능하기 때문에 이론공기량 이상의 공기를 공급하게 된다.

$$실제공기량(A_R) = 이론공기량(A_O) + 과잉공기량(A_A)$$

  ㉰ 과잉공기량 이론공기량 보다 과잉 공급된 공기로, 적을수록 열효율 좋아진다.
  ㉱ 공기비(m) : 이론공기량에 대한 실제공기량의 비로, 공기비에 따라 연소에 미치는 영향이 다르다.

$$m = \frac{실제공기량(A_R)}{이론공기량(A_O)} = \frac{21}{21 - O_2}$$

여기서, $A_R - A_O$을 과잉공기량이라 하며 완전연소과정에서 공기비(m)은 항상 1보다 커야한다.
- 공기비가 클 때
    - 과잉공기량 증가로 매연발생은 없으나, 연료소비량 증가 및 배기가스에 의한 열손실이 증가하여 열효율이 저하된다.
    - 배기가스량이 증가하여 배기가스 성분 중 CO_2와 CO는 감소하고 O_2는 증가한다.
- 공기비가 1 보다 작을 때
    공기부족으로 불완전연소가 되어 매연 발생과 미연소 연료에 의한 열손실이 증가한다.

3. 연소장치

1) 고체연료 연소장치

고체연료 연소장치를 "화격자"라 하며 연료 공급방법에 따라 수분과 기계분으로 구분된다.

① 수분(hand firing) : 고정 화격자에 연료를 직접 투탄하여 연소하는 방법으로 소규모 연소장치의 연료 공급방법이다.

② 기계분(stoker)
  ㉮ 석탄의 공급과 재의 처리를 기계적으로 자동화한 화격자(스토커 연소)
  ㉯ 종류 : 상입식(산포식) 스토커, 쇄상식(chain grate) 스토커, 하입식(under feed) 스토커, 계단식(step ladder)스토커

③ 미분탄 연소장치
  ㉮ 석탄을 150메쉬(mesh) 이하로 가공하여 연소시키는 연소장치. 연소실의 구조, 화염의 형상, 길이 등에 따라 U자형 연소, L자형 연소, 우각연소 등으로 구분된다.
  ㉯ 연소장치
    - 편평류 버너 : 화염이 길고 조절범위가 넓다.
    - 선회류 버너 : 화염이 짧고 중유와 겸용이 가능하다.
  ㉰ 장점
    - 공기와의 접촉이 양호하여 적은 공기비로 완전연소 한다.
    - 점화·소화가 양호하며 연소제어가 가능하다.
    - 연소속도가 빠르며 고연소가 가능하다.
    - 연료의 선택범위가 넓고 대용량에 적합하다.
    - 다른 연료와 혼합 연소가 가능하다.
  ㉱ 단점
    - 다량의 비산회 처리를 위한 집진장치 필요
    - 설비 유지비가 많이 든다.
    - 배관의 마모나 분진에 의한 폭발 우려가 있다.
    - 대형 연소실이 필요하다.

2) 액체 연소장치

액체연료는 고체연료와 비교하여 발열량이 크고 연소효율이 높은 연료로 비등점에 따라 증발식과 분무식으로 구분한다.

① 증발식
  ㉮ 비등점이 낮아 기화성이 양호한 연료에 적합
  ㉯ 종류 : 기화식, 포트식, 낙차식(심지식)
② 분무식 : 연료자체에 압력을 가하거나 공기 등의 무화매체를 이용하는 방식
  ㉮ 무화의 목적
    • 연료의 단위 중량당 표면적을 넓게 한다.
    • 공기와의 혼합을 양호하게 한다.
    • 연소효율을 높인다.
  ㉯ 무화방법 : 유압분무식, 이류체분무식, 회전분무식, 진동무화식, 정전기무화식, 충동무화식
    • 유압분무식 버너 : 유압펌프에 의하여 연료를 노즐로부터 고속 분출하는 방식
      – 유압은 5~20kg/cm²(0.5~2MPa)의 유압을 형성
      – 유량은 유압의 평방근에 비례한다.
      – 구조가 간단하며 유량조절범위(1:2)가 좁다.
      – 부하변동이 작은 보일러에 적합하다.
      – 고점도의 기름은 무화가 곤란하다.
    • 회전분무식 버너 : 무화컵을 고속회전시킬 때의 원심력으로 연료를 무화하는 방식
      – 자동제어가 편리하다.
      – 저압에서도 무화가 가능하다(0.13~0.15MPa)
      – 부하변동에 따른 유량조절(1:5)이 가능하다.
      – 고점도의 기름은 무화가 곤란하다.
    • 이류체분무식버너(기류식버너) : 공기나 증기 등의 기류를 이용하여 무화하는 방식으로 고압 기류식과 저압 기류식이 있다.
      – 저압기류식 : 저압(0.15~0.3kg/cm²)의 공기로 무화시키는 것으로 유량조절범위가 비교적 넓고(1:5) 연동식과 비연동식이 있다
      – 고압기류식 : 고압(1~5kg/cm²)의 공기로 무화시키는 방식으로 유량조절범위가 넓고 (1:10) 소음이 크다. 종류로 내부혼합식과 외부혼합식이 있다.
    • 건타입버너 : 유압식과 기류식을 병용한 버너
      – 유압은 보통 7kg/cm²(0.7MPa) 이상이다.
      – 버너와 송풍이가 일체형이며 소용량에 적합하다.
      – 액체 및 기체연료 버너로 자동화가 용이하다.
    • 초음파 버너 : 20000Hz 이상의 음파에너지로 오일을 무화
  ㉰ 버너선정 및 유량조절 방법

버너 선정기준	유량조절 방법
• 가열조건과 노의 구조와 관계 • 버너용령이 가열용량에 알맞을 것 • 부하변동에 따른 유량조절범위를 고려 • 버너형식과 자동제어와 관계	• 버너 수 가감 • 버너팁 교환 • 리턴식(환류식)버너 사용 • 플런저식 버너사용

3) 기체연료 연소장치
  ① 확산 연소(외부혼합식) : 기체연료와 공기를 별도로 공급하여 노즐 입구에서 혼합 연소하는 방식
    ㉮ 특징
      • 연소조절범위가 크다.
      • 역화의 위험성이 적다.
      • 화염이 길다.
      • 연료와 공기를 예열할 수 있다.
    ㉯ 종류 : 포트형, 버너형
      • 센터 화이어형(Center fire : 통형 가스버너)
        – 일명 건타입 버너라고도 하며 가스연료를 버너중심에 설치한 노즐에서 분출한다. 버너의 중심부는 2중관 구조로 되어있어 구조상 기름과 가스를 교체하여 사용하는 혼소버너에 적합한 형식이다.
        – 구조가 간단하고 사용가스 범위가 넓고, 가스공급 압력이 비교적 높은 특징이 있다.
  ② 예혼합 연소(내부혼합식) : 연소 전에 연료와 공기를 버너 내에서 혼합하여 연소하는 방식
    ㉮ 특징
      • 연소부하가 크고 고온의 화염을 얻을 수 있다.
      • 불꽃의 길이가 짧다.
      • 역화의 위험성이 있다.
    ㉯ 종류 : 고압식, 저압식, 송풍식
      • 파이럿 버너 : 주 버너에 점화를 하기위한 소형 점화버너로 노즐로 분사되는 가스압에 의해 1차공기를 흡입하여 혼합기에서 혼합하여 연소하는 버너
      • 적화식 버너 : 연소에 필요한 공기를 모두 2차 공기로 취하는 방식
      • 분젠식 버너 : 연소 한계범위 내에서 가스를 노즐로부터 분출시켜 1차공기를 흡인 후 혼합하는 방식으로 연소과정에서 부족공기(2차 공기)를 공급하는 방식

5) 보염장치
  ① 연소용공기와 연소실 내에 버너에서 분사된 연료와 혼합을 좋게 하여 점화의 안정과 화염의 형상을 조절하고, 화염이 꺼지지 않도록 보호하는 장치
  ② 종류 : 윈드박스, 버너타일, 컴버스터, 보염기(스테이 빌라이져)

SECTION 02 보일러 안전관리 및 시공

Craftsman Energy Management

STEP 01 보일러 안전관리

1. 보일러 취급관리

1) 자동 점화방법
   ① 가동스위치 작동 → 송풍기 가동 → 연료펌프 가동 → 프리퍼지 → 점화용 버너 점화 → 주버너 점화(시퀀스 제어)
   ② 정상점화가 되지 않았을 경우 불착화 경보가 울리고 포스트퍼지가 실시된다.

2) 보일러 정지

일상정지	비상정지
• 연료공급 차단 • 공기공급 차단 • 급수한 후 압력을 저하, 급수펌프 정지 • 주증기 밸브를 닫고, 드레인 밸브 연다. • 댐퍼 닫는다.	• 연료공급 차단 • 공기공급 차단 • 다른 보일러와 연락을 차단 • 자연냉각 • 변형유무 확인

3) 증기압력이 오르기 시작할 때
   ① 공기빼기 밸브를 닫는다.
   ② 증기공급시 유의점
      ㉮ 증기관의 드레인수 배출   ㉯ 소량의 증기를 공급 예열
      ㉰ 주증기 밸브 서서히 만개   ㉱ 주증기 밸브를 약간 되돌린다.

4) 보일러 사고
   ① 제작상 원인
      ㉮ 재료불량, 강도부족, 설계불량, 용접불량, 부속기기 설비미비
      ㉯ 재료불량
         • 래미네이션 : 강판 내부가 2장으로 분리
         • 브리스터 : 강판의 표면이 부풀어 오르는 현상
   ② 취급상 원인 : 압력초과, 저수위, 미연가스 폭발, 과열, 부식, 역화, 급수처리 불량
      ㉮ 과열
         • 원인
            - 보일러 수위가 저수위 일 때   - 관내의 스케일 부착
            - 관수의 농축 및 순환이 불량

- 사고발생
  - 압궤 : 노통이 외압에 의해 안으로 오그라드는 현상
  - 팽출 : 수관 또는 횡연관 보일러의 동저부가 내압에 의해 밖으로 부풀어 나오는 현상
- ㉯ 미연가스의 폭발 발생원인
  - 연소실내에 미연가스가 있을 때
  - 점화전에 통풍이 부족한 경우
  - 연소실내에 연료가 누입될 때
  - 착화가 늦어졌을 경우
- ㉰ 역화
  - 연소실내에서 폭발 등에 의해 화염이 연도로 나가지 못하고 연소실 입구로 분출되는 현상
  - 발생원인
    - 미연가스에 의한 노내폭발이 발생하였을 때
    - 착화가 늦어졌을 때
    - 공기보다 연료를 먼저 공급했을 경우
    - 연료의 인화점이 낮을 때
    - 압입통풍이 지나치게 강할 때
    - 흡입통풍이 지나치게 약할 때

5) 부속장치의 취급
① 수위 검출기
  - ㉮ 플루우트식 : 6개월마다 플루우트실을 분해 정비한다.(1일 1회 이상 분출, 설정위치 확인)
  - ㉯ 전극식 : 6개월마다 전극봉을 샌드페이퍼로 청소한다.
  - ㉰ 화염검출기
    - 광전관식 : 매주 1회 광전관 청소 및 6개월마다 광전관전류를 측정
    - 플레임로드 : 검출봉(플레임로드)은 1주에 1~2회 점검한다.
② 안전밸브
  - ㉮ 안전밸브는 매년 1회 계속사용 안전검사 때 분해·정비한다.
  - ㉯ 증기누설 원인 : 밸브 시이트의 가공 불량, 밸브 시이트에 이물질 부착, 스프링의 장력 불균형 등
  - ㉰ 작동불량 원인 : 밸브의 고착, 스프링의 장력이 강한 경우, 열팽창으로 밸브각의 밀착 등
  - ㉱ 수동 분출시험 : 최고사용압력의 75% 이상 압력일 때
③ 수면계
  - ㉮ 비교 측정하여 이상 유무를 판별하기 위해 2개 이상 설치한다.
  - ㉯ 수면계의 콕크 : 6개월 주기로 분해·정비한다.
  - ㉰ 기능시험
    - 보일러 가동하기 전
    - 프라이밍 포밍 발생시
    - 2개의 수면계 수위가 서로 다를 때

- 수위가 의심스러울 때
- 수면계 보수 및 교체를 한 경우

④ 압력계
㉮ 압력계의 시험
- 정지 중인 보일러 경우 : 표준 압력계와 비교 검사한다.
- 사용 중인 보일러 경우 : 심방콕을 이용. 지시값이 '0'이 되는지 확인한다.

㉯ 사이폰 관내에 물을 가득 채워 장착하여, 고온의 증기가 부로동관 내에 직접 들어가지 못하게 한다.

⑤ 분출장치
㉮ 분출의 시기는 침전물이 침전되어 있을 때(야간이나 휴지 보일러는 아침 조업직전에), 연속가동 중인 경우 부하가 가장 가벼울 때 시행하도록 한다.
㉯ 분출은 분출밸브와 코크를 준비하고 열 때는 코크를 먼저 열어 분출밸브로 조절작용을 하면서 만개시키며, 폐지할 경우에는 분출밸브를 먼저 닫고 코크를 나중에 닫는다.

⑥ 슈트 블로워
㉮ 블로워 작업 전에 관내에 응축수를 충분히 배제시킨다.
㉯ 슈트를 하는 시기는 부하가 가벼울 때 시행하며 소화한 직후의 고온 노내에서 해서는 안 된다.
㉰ 연소실과 연도의 통풍력을 증가시키고, 자동연소제어장치가 부착된 보일러는 수동으로 바꾼다.

⑦ 연소의 조절
㉮ 역화를 방지하기 위해 연소량을 늘릴 경우 먼저 공기량을 증가시킨 후 연료공급량을 늘려야 한다.
㉯ 부동팽창 및 벽돌이음부의 균열 발생을 방지하기 위해 급격한 연소를 피한다.
㉰ 연소 초 절탄기내의 물의 움직임을 확인한다.

6) 부식 및 청소
① 부식

구분	종류	원인	방지법
외부부식	저온부식	황(S)	• 연료 중 황(s)제거 • 황(s)의 노점을 강하 • 과잉공기 적게 • 배기가스온도 높게 • 전열면에 내식재료 및 보호피막 사용
	고온부식	바나듐(V)	• 연료 중 바나듐제거 • 바나듐의 융점을 상승 • 전열면에 내식재 및 피복제 사용
	일반부식	산소(O_2)	• 공기 중 산소(O_2)의 산화에 의해
내부부식	점식	용존가스(O_2, CO_2)	• 탈기법, 기폭법
	전면식	염화마그네슘	
	알칼리부식	pH12 이상	• 인산나트륨, 질산나트륨등 약품 사용

② 청소
　㉮ 외부청소방법 : 스팀쇼킹법, 워터쇼킹법, 워싱법, 스틸쇼트크리닝법, 샌드블로우법 등
　㉯ 내부청소
　　㉠ 기계적 방법 : 와이어브러시, 스케일해머, 스케일커터, 튜브크리너 등
　　㉡ 화학적 방법
　　　• 무기산 세관
　　　　- 물의 온도 : 60±5℃,
　　　　- 사용약품 : 염산, 인산, 황산, 질산 등
　　　　- 처리시간 : 4~6시간, 약품농도 : 5~10%
　　　• 유기산 세관
　　　　- 물의 온도 : 90±5℃,
　　　　- 사용약품 : 구연산, 옥살산, 설파민산
　　　　- 처리시간 : 4~6시간, 약품농도 : 2~5%
　㉰ 무기산 세관공정 : 전처리 → 수세 → 산액처리 → 수세 → 중화방청

7) 보일러 보존
　① 구분

장기보존법	건조보존법	석화 밀폐건조법
		질소가스 봉입법
	만수보존법	소다 만수보존법
단기보존법	건조보존법	가열 건조법
	만수보존법	보통 만수법

　② 만수보존
　　㉮ 2~3개월의 단기보존
　　㉯ 물을 충만 후 가열하여 용존가스 제거 후 pH12가 되도록 약제를 첨가하여 밀폐 보존
　　㉰ 겨울철 동결에 주의
　③ 건조보존
　　㉮ 6~8개월의 장기보존
　　㉯ 흡습제 : 실리카겔, 열화칼슘, 생석회, 활성알루미나 등 사용 밀폐 보존
　　㉰ 겨울철 보존에 적합(동결위험이 없음)
　　㉱ 질소가스(압력 $0.6 kg/cm^2$) 봉입, 밀폐 보존

2. 보일러 설치 검사

1) 설치장소
　① 옥내설치
　　㉮ 보일러는 불연성물질의 격벽으로 구분된 장소에 설치하여야 한다. 다만, 소형보일러는 반(半) 격벽으로 한다.

④ 보일러 동체 최상부로부터 천정, 배관 등 보일러 상부에 있는 구조물까지의 거리는 1.2m 이상이어야 한다. 다만, 소형 보일러 및 주철제 보일러의 경우에는 0.6m 이상으로 할 수 있다.
④ 보일러 동체에서 벽, 배관, 기타 보일러 측부에 있는 구조물까지 거리는 0.45m 이상이어야 한다. 다만, 소형보일러는 0.3m 이상으로 할 수 있다.
㉮ 금속제의 굴뚝 또는 연도의 외측으로부터 0.3m 이내에 있는 가연성 물체에 대하여는 금속 이외의 불연성 재료로 피복하여야 한다.
㉯ 연료를 저장할 때에는 보일러 외측으로부터 2m 이상 거리를 두거나 방화격벽을 설치하여야 한다. 다만, 소형보일러의 경우에는 1m 이상 거리를 두거나 반격벽으로 할 수 있다.
㉰ 보일러에 설치된 계기들을 육안으로 관찰하는데 지장이 없도록 충분한 조명시설이 있어야 한다.
㉱ 보일러실의 급기구는 보일러 배기가스 닥트의 유효단면적 이상이어야 하고 도시가스를 사용하는 경우에는 환기구를 가능한 한 높이 설치한다.
② 옥외설치
㉮ 보일러에 빗물이 스며들지 않도록 케이싱 등의 적절한 방지설비를 하여야 한다.
㉯ 노출된 절연재 또는 래깅 등에는 방수처리(금속커버 또는 페인트 포함)를 하여야 한다.
㉰ 보일러 외부에 있는 증기관 및 급수관 등이 얼지 않도록 적절한 보호조치를 하여야 한다.
㉱ 강제 통풍팬의 입구에는 빗물방지 보호판을 설치하여야 한다.

2) 가스용 보일러의 연료배관
① 배관의 설치
㉮ 배관은 외부에 노출하여 시공하여야 한다. 다만, 동관, 스테인리스 강관, 이음매 없는 내식관은 매몰하여 설치할 수 있다.
㉯ 배관의 이음부와 전기계량기 및 전기개폐기와의 거리는 60㎝ 이상, 굴뚝, 전기점멸기 및 전기접속기와의 거리는 30㎝ 이상, 절연전선과의 거리는 10㎝ 이상, 절연조치를 하지 아니한 전선과의 거리는 30㎝ 이상의 거리를 유지하여야 한다.
② 배관의 고정
㉮ 관경이 13mm 미만 : 1m 마다
㉯ 13mm 이상 33mm 미만 : 2m 마다
㉰ 33mm 이상 : 3m 마다
③ 배관의 접합 : 배관을 나사접합으로 하는 경우 관용 테이퍼나사로 한다.
④ 배관의 표시
㉮ 배관은 그 외부에 사용가스명・최고사용압력 및 가스흐름 방향을 표시하여야 한다.
㉯ 지상배관은 부식방지 도장 후 표면색상을 황색으로 도색한다.

3) 급수장치
① 급수장치의 종류
급수장치는 주펌프세트 및 보조펌프세트를 갖춘 2세트의 급수장치가 있어야 한다. 다만, 전열 면적 12m² 이하의 보일러, 전열면적 14m² 이하의 가스용 온수보일러, 전열면적 100m² 이하의 관류보일러에는 보조펌프를 생략할 수 있다.

② 2개 이상의 보일러에 대한 급수장치

1개의 급수장치로 2개 이상의 보일러에 물을 공급할 경우 이들 보일러를 1개의 보일러로 간주하여 적용한다.

③ 자동급수조절기

2개 이상의 보일러에 공통으로 사용하는 자동급수조절기를 설치하여서는 안된다.

④ 급수밸브의 크기

급수밸브 및 체크밸브의 크기는 전열면적 $10m^2$ 이하의 보일러에서는 호칭 15A 이상, 전열면적 $10m^2$를 초과하는 보일러에서는 호칭 20A 이상이어야 한다.

⑤ 급수처리

용량 1t/h 이상의 증기보일러에는 수질관리를 위한 급수처리 또는 스케일 부착방지나 제거를 위한 시설을 하여야 한다.

4) 안전밸브

① 안전밸브의 개수

증기보일러에는 2개 이상의 안전밸브를 설치하여야 한다. 다만, 전열면적 $50m^2$ 이하의 증기보일러에서는 1개 이상으로 한다.

② 안전밸브의 크기

안전밸브의 크기는 호칭지름 25A 이상으로 하여야 한다. 다만, 다음 보일러에서는 호칭지름 20A 이상으로 할 수 있다.

㉮ 최고사용압력 0.1MPa[1kgf/cm^2] 이하의 보일러

㉯ 최고사용압력 0.5MPa[5kgf/cm^2] 하의 보일러로 동체의 안지름이 500mm 이하이며 동체의 길이가 1,000mm 이하의 것

㉰ 최고사용압력 0.5MPa[5kgf/cm^2] 이하의 보일러로 전열면적 $2m^2$ 이하의 것

㉱ 최대증발량 5t/h 이하의 관류보일러

㉲ 소용량 강철제보일러, 소용량 주철제보일러

③ 밀폐식 안전밸브

인화성증기를 발생하는 열매체 보일러에서는 안전밸브를 밀폐식구조로 하든가 또는 안전밸브로부터의 배기를 보일러실 밖의 안전한 장소에 방출시키도록 한다.

5) 계측기

① 수면계

㉮ 수면계의 개수

- 증기보일러에는 2개(소용량 및 1종 관류보일러는 1개) 이상의 유리 수면계를 보일러내의 수위를 육안으로 확인할 수 있도록 동일한 높이에 나란히 부착하여야 한다. 다만, 단관식 관류보일러는 제외한다.
- 최고사용압력 1MPa[10kgf/cm^2] 이하로서 동체안지름이 750mm 미만인 경우에 있어서는 수면계중 1개는 다른 종류의 수면측정장치로 할 수 있다.
- 2개 이상의 원격지시 수면계를 시설하는 경우에 한하여 유리수면계를 1개 이상으로 할 수 있다.

㉯ 수면계의 구조 : 유리수면계는 상하에 밸브 또는 코크를 갖추어야 하며, 한눈에 그것의 개폐 여부를 알 수 있는 구조이어야 한다. 다만, 1종 관류보일러에서는 밸브 또는 코크를 갖추지 아니 할 수 있다.

② 압력계

㉮ 압력계의 크기와 눈금
- 증기보일러에 부착하는 압력계 눈금판의 바깥지름은 100mm 이상으로 한다. 다만, 다음의 보일러에 부착하는 압력계에 대하여는 60mm 이상으로 할 수 있다.
- 최고사용압력 0.5MPa[5kgf/cm^2] 이하이고, 동체의 안지름 500mm 이하 동체의 길이 1,000mm 이하인 보일러
- 최고사용압력 0.5MPa[5kgf/cm^2] 이하로서 전열면적 2m^2 이하인 보일러
- 최대증발량 5t/h 이하인 관류보일러
- 소용량 보일러

㉯ 압력계의 최고눈금 : 보일러의 최고사용압력의 3배 이하로 하되 1.5배보다 작아서는 안된다.

㉰ 수위계의 최고눈금 : 온수보일러의 최고사용압력의 1배 이상 3배 이하로 하여야 한다.

③ 온도계

보일러에는 아래의 곳에 온도계를 설치하여야 한다. 다만, 소용량 보일러 및 가스용 온수보일러는 배기가스 온도계만 설치하여도 좋다.

㉮ 급수 입구의 급수 온도계

㉯ 버너 급유입구의 급유온도계

㉰ 절탄기 또는 공기예열기가 설치된 경우에는 각 유체의 전후 온도를 측정할 수 있는 온도계. 다만, 포화증기의 경우에는 압력계로 대신할 수 있다.

㉱ 보일러 본체 배기가스온도계. 다만 (3)의 규정에 의한 온도계가 있는 경우에는 생략할 수 있다.

㉲ 과열기 또는 재열기가 있는 경우에는 그 출구 온도계

㉳ 유량계를 통과하는 온도를 측정할 수 있는 온도계

④ 유량계

용량 1t/h 이상의 보일러에는 다음의 유량계를 설치하여야 한다.

㉮ 2t/h 미만의 보일러로써 온수발생보일러 및 난방전용 보일러에는 CO_2 측정장치로 대신할 수 있다.

㉯ 가스용 보일러의 유량계는 화기와 2m 이상의 우회거리를 유지하는 곳에 설치한다.

㉰ 가스용 보일러의 유량계는
- 전기계량기 및 전기개폐기와의 거리는 60㎝ 이상 유지
- 굴뚝 · 전기점멸기 및 전기접속기와의 거리는 30㎝ 이상 유지
- 절연조치를 하지아니한 전선과의 거리는 15㎝ 이상 유지

⑤ 자동 연료차단장치

㉮ 최고사용압력 0.1MPa[1kgf/cm^2]를 초과하는 증기보일러에는 다음 각 호의 저수위 안전장치를 설치해야 한다.
- 보일러의 수위가 안전을 확보할 수 있는 안전수위까지 내려가기 직전에 자동적으로 경보가 울리는 장치

- 보일러의 수위가 안전수위까지 내려가는 즉시 연소실내에 공급하는 연료를 자동적으로 차단하는 장치
㉯ 열매체보일러 및 사용온도가 393K[120℃] 이상인 온수발생보일러 : 온도-연소제어장치를 설치
㉰ 최고사용압력이 0.1MPa[1kgf/cm²](수두압의 경우 10m)를 초과하는 주철제 온수보일러에는 온수온도가 388K[115℃]를 초과할 경우 : 연료공급을 차단하거나 파이로트 연소장치를 설치
㉱ 유류 및 가스용 보일러 : 압력차단 장치를 설치하여야 한다.
㉲ 동체의 과열을 방지하기 위하여 온도를 감지하여 자동적으로 연료공급을 차단할 수 있는 온도상한스위치를 보일러 본체에서 1m 이내인 배기가스출구 또는 동체에 설치하여야 한다.

⑥ 공기유량 자동조절기능
가스용 보일러 및 용량 5t/h(난방전용은 10t/h) 이상인 유류 보일러에는 공급연료량에 따라 연소용 공기를 자동 조절하는 기능이 있어야 한다.

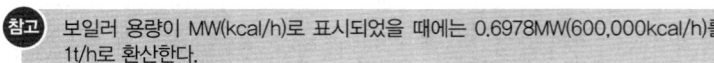
참고 보일러 용량이 MW(kcal/h)로 표시되었을 때에는 0.6978MW(600,000kcal/h)를 1t/h로 환산한다.

⑦ 연소가스 분석기
가스용 보일러 및 용량 5t/h(난방전용은 10t/h)이상인 유류보일러에는 배기가스성분(O_2, CO_2 중 1성분)을 연속적으로 자동 분석하여 지시하는 계기를 부착한다.

⑧ 가스누설 자동차단장치
가스용 보일러에는 누설되는 가스를 검지하여 경보하며 자동으로 가스의 공급을 차단하는 장치 또는 가스 누설자동차단기를 설치하여야 한다.

6) 스톱밸브 및 분출밸브
① 스톱밸브
㉮ 증기의 각 분출구에는 스톱밸브를 갖추어야 한다.
㉯ 스톱밸브의 호칭압력은 보일러의 최고사용압력 이상이어야 하며 적어도 0.7MPa[7kgf/cm²] 이상이어야 한다.
㉰ 65mm 이상의 증기스톱밸브는 밸브 몸체의 개폐를 한눈에 알 수 있는 것이어야 한다.

② 분출밸브
㉮ 보일러 아랫부분에는 분출관과 분출밸브 또는 분출코크를 설치해야한다.(관류보일러는 제외)
㉯ 분출밸브의 크기 : 호칭지름 25mm 이상(전열면적이 10m² 이하인 경우 호칭지름 20mm 이상)
㉰ 최고사용압력 0.7MPa[7kgf/cm²] 이상의 보일러의 분출관에는 분출밸브 2개 또는 분출밸브와 분출코크를 직렬로 갖추어야 한다.
㉱ 2개 이상의 보일러에서 분출관을 공동으로 하여서는 안된다.
㉲ 주철제는 최고사용압력 1.3MPa[13kgf/cm²] 이하, 흑심가단 주철제는 1.9MPa[19kgf/cm²] 이하에 사용

7) 운전성능
    ① 배기가스 온도
        ㉮ 유류용 및 가스용 보일러 출구에서의 배기가스 온도는 주위온도와의 차이가 정격용량에 따라 같아야 한다.

보일러 용량(t/h)	배기가스 온도차(K)(℃)
5 이하	300 이하
5 초과 20 이하	250 이하
20 초과	210 이하

        ㉯ 열매체 보일러의 배기가스 온도는 출구열매 온도와의 차이가 150K[℃] 이하이어야 한다.
    ② 외벽의 온도
        보일러의 외벽온도는 주위온도보다 30K[℃]를 초과하여서는 안된다.
    ③ 저수위안전장치
        저수위안전장치는 연료차단 전에 경보가 울려야 하며, 경보음은 70dB 이상이어야 한다.

8) 수압시험 압력
    ① 수압시험 압력
        ㉮ 강철제 보일러
            • 보일러의 최고사용압력이 0.43MPa[4.3kgf/cm^2] 이하 : 최고사용압력×2배
            • 보일러의 최고사용압력이 0.43MPa[4.3kgf/cm^2] 초과 1.5MPa[15kgf/cm^2] 이하 : 최고사용압력×1.3배+0.3MPa[3kgf/cm^2]
            • 보일러의 최고사용압력이 1.5MPa[15kgf/cm^2]를 초과 : 최고사용압력×1.5배
        ㉯ 주철제 보일러
            • 보일러의 최고사용압력이 0.43MPa[4.3kgf/cm^2] 이하 : 최고사용압력×2배
            • 보일러의 최고사용압력이 0.43MPa[4.3kgf/cm^2]를 초과 : 최고사용압력×1.3배+0.3MPa[3kgf/cm^2]
    ② 수압시험 방법
        ㉮ 규정된 시험 수압에 도달된 후 30분이 경과된 뒤에 검사를 실시한다.
        ㉯ 시험수압은 규정된 압력의 6% 이상을 초과하지 않도록 한다.

9) 운전성능검사기준
    ① 열효율
        유류용 증기보일러는 열효율이 다음을 만족하여야 한다.

용량(t/h)	1 이상 3.5 미만	3.5 이상 6 미만	6 이상 20 미만	20 이상
열효율(%)	75 이상	78 이상	81 이상	84 이상

    ② 가스용보일러
        가스용 보일러의 배기가스 중 일산화탄소(CO)의 이산화탄소(CO_2)에 대한 비는 0.002 이하이어야 한다.

10) 검사의 종류

검사의 종류		적용대상
제조 검사	용접검사	동체, 경판 및 이와 유사한 부분을 용접으로 제조하는 경우의 검사
	구조검사	강판, 관 또는 주물류를 용접, 확대, 조립, 주조 등에 의하여 제조하는 경우의 검사
설치검사		신설한 경우의 검사(사용연료의 변경에 의하여 검사대상이 아닌 보일러가 검사 대상으로 되는 경우의 검사를 포함한다)
개조검사		다음 경우의 경우 1. 증기보일러를 온수보일러로 개조 2. 보일러 섹션의 증감에 의한 용량의 변경 3. 동체, 돔, 노통, 연소실, 경판, 천장판, 관판, 관모음 또는 스테이의 변경으로 산업통상자원부 장관이 정하는 대수리 4. 연료 또는 연소방법의 변경 5. 철금속가열로 산업통상자원부 장관이 정하는 수리
설치장소 변경검사		설치장소를 변경할 경우의 검사, 다만, 이동식 검사대상 기기는 제외한다.
계속사용검사		1. 안전검사 : 설치검사, 개조검사 또는 설치장소변경검사 또는 재사용검사 후 안전부분에 대한 유효기간을 연장하고자 하는 경우의 검사 2. 운전성능검사 : 다음 각호의 1에 해당하는 기기에 대한 검사로서 설치검사 후 운전성능부분에 대한 유효기간을 연장하고자 하는 경우의 검사 　① 용량이 1t/h(난방용은 5t/h) 이상인 강철제 보일러 및 주철제 보일러 　② 철금속가열로 3. 재사용검사 : 사용중지후 재사용하고자 하는 경우의 검사

STEP 02 보일러 시공

1. 난방방식

① 개별난방
② 중앙난방
　㉠ 직접난방 : 방열기이용(열매에 따라 : 증기난방, 온수난방)
　㉡ 간접난방 : 온풍기 이용(공조기)
　㉢ 복사난방(패널히팅) : 패널의 위치에 따라 바닥, 벽, 천장
③ 지역난방

2. 난방의 특징

1) 증기난방과 온수난방의 비교

구분		증기난방	온수난방
표준 방열량[kcal/m²h]		650	450
특징	사용규모	대	소
	방열기면적	소	대
	난방 소요시간	빠르다.	느리다
	화상 위험성	크다.	적다.
	관경	작다	크다.
	수격작용	있다.	없다.
	방열량 조절	어렵다.	용이하다.
	실내 쾌적성	낮다.	높다.
	동결 위험성	크다.	적다.
배관방식		단관식, 복관식	
공급방식		상향식, 하향식	
응축수 환수방법		중력, 기계, 진공	–
온수순환방법		–	중력, 강제
환수관 접속방법		습식, 건식	–

 진공환수식의 특징
- 대규모난방방식
- 증기의 회전이 빠르다
- 방열량을 광범위하게 조절
- 공기빼기밸브 불필요
- 진공도(100~250mmHg)
- 환수관의 관경을 작게 할 수 있다.

2) 복사 난방의 특징

① 실내온도의 분포가 균일하다.
② 바닥이용 면적이 크다.
③ 쾌감도가 좋으며 동일방열량의 경우 열손실이 적다.
④ 시설비가 고가이다.(단열층시공)
⑤ 고장시 발견이 어려우며 보수·점검 불편하다.
⑥ 종류 : 바닥패널, 벽패널, 천장패널

 바닥패널의 종류 : 그리드식, 밴드식, 달팽이식

3) 지역난방

고압의 증기 또는 고온수 등을 열매로 하여 일정지역 내의 다수건물에 난방하는 방식

① 특징
- ㉮ 각 건물 내의 유효면적이 넓어진다.
- ㉯ 매연 등에 의한 대기오염이 감소된다.
- ㉰ 연료비가 절감되고, 열효율이 높다.
- ㉱ 대규모 설비가 필요하다.

② 난방 열매
- ㉮ 증기 : 1~15 kg/cm^2
- ㉯ 고 온수 : 120~140℃

3. 난방 시공방법

1) 증기난방

① 리프트 피팅
- ㉮ 진공환수식에서의 배관방식
- ㉯ 환수관이 진공펌프보다 낮은 위치에 설치된 경우 이음방법
- ㉰ 1단 높이 : 1.5m 이내(최대 3단까지 가능)

② 하트포드배관
- ㉮ 저압증기 난방의 배관방법
- ㉯ 방법 : 환수관을 보일러에 연결하지 않고 균형관(balance pipe)에 접속하는 방법
- ㉰ 목적 : 환수관 파손시 보일러 수의 역류를 방지하기 위해
- ㉱ 접속 위치 : 환수관은 표준수면보다 50mm 낮게 설치

> **참고** 증기헤더와 환수헤더에 균형관(balance pipe)이 설치된 구조

③ 냉각레그
- ㉮ 증기트랩 입구에서 1.5m 정도 보온피복을 제거한 나관부분
- ㉯ 이유 : 증기트랩을 통해 응축수를 배출하기 위해

④ 파일롯 관 : 감압밸브 출구 3m 이상 거리에서 피드백으로 설치한 배관(균압관)

2) 온수난방

① 팽창탱크 : 온수의 온도변화에 따른 체적 팽창량을 흡수
- ㉮ 개방형
  - 100℃ 이하 저온수 난방
  - 연결장치 : 통기관, 방출관, 팽창관, 급수관, 오버플로우관, 배수관
- ㉯ 밀폐형
  - 100℃ 이상 고온수 난방
  - 연결장치 : 압력계, 방출밸브, 수위계, 압축공기관, 배수관, 팽창관
- ㉰ 팽창탱크 높이는 최상부 방열면보다 1m 이상 높게 설치한다.(개방식)

㉣ 팽창관은 팽창탱크 저면보다 25mm 높게 설치한다.
② 연료배관
  ㉮ 보일러와 연료탱크 사이의 배관에는 유수분리기가 있어야 한다.
  ㉯ 연료탱크와 버너 사이의 배관에는 여과기가 있어야 한다.
  ㉰ 단관식 : 연료탱크 위치가 버너보다 높은 곳에 있는 낙차 급유방식.
  ㉱ 복관식 : 연료탱크 위치가 버너보다 높거나 낮은 곳에 설치한 방식.

4. 보일러 용량(H_m)

$$H_m = 난방부하(H_1) + 급탕부하(H_2) + 배관부하(H_3) + 예열부하(H_4)$$

■ 상용부하 : $H_1 + H_2 + H_3$

1) 방열기 방열량을 이용한 난방부하

$$난방부하(H_1) = 방열량 \times 방열면적 (kcal/h)$$

여기서, 증기방열량 : $650 kcal/m^2 h$, 온수방열량 : $450 kcal/m^2 h$

2) 벽체를 통한 손실열을 이용한 난방부하

$$난방부하(H_1) = K \cdot A \cdot \Delta T \cdot Z \; (kcal/h)$$

여기서, K : 열관류율($kcal/m^2 h℃$), A : 벽체의 면적(m^2)
  ΔT : 실내온도와 외기온도의 차(℃)
  Z : 방위에 따른 계수 1.00~1.20

5. 방열기

1) **기능** : 직접난방장치로 증기 또는 온수를 공급하여 복사와 대류작용에 의하여 난방
2) **종류** : 주형방열기, 벽걸이형방열기, 길드형방열기, 대류방열기
3) **방열기의 호칭**

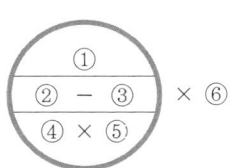

번호	의미	종별	표시
①	쪽수(섹션수)	2주형	II
②	종별	3주형	III
③	형(높이)	3세주형	3C
④	유입관경	5세주형	5C
⑤	유출관경	벽걸이(횡형)	W-H

4) 방열기의 설치
① 방열기는 외기가 접하는 창문 아래에 설치
② 벽으로부터 50~60mm, 바닥으로부터 150mm 정도 떨어지게 설치한다.

5) 방열기 쪽수(S)

$$S = \frac{A_t}{A_s} = \frac{\frac{H_1}{q}}{A_s}$$

여기서, A_t : 방열기 총 면적[m²]
A_s : 방열기 쪽당 면적[m²/쪽]
H_1 : 난방부하(손실부하)[kcal/h]
q : 방열기 방열량 [kcal/m²h]

6. 난방 시공재료

1) 보온재
① 보온재의 구비조건
㉮ 열전도율이 작을 것
㉯ 독립기포의 다공질성일 것
㉰ 비중이 작을 것
㉱ 장시간 사용시 변질되지 않을 것
㉲ 흡수성이 적을 것

참고 보온재의 열전도율은 비중, 흡습성, 온도상승에 비례하여 변화한다.

② 내화, 단열, 보온재
㉮ 내화재 : 1580℃ 이상에 사용
㉯ 내화단열재 : 1300℃ 이상에 사용
㉰ 단열재 : 800~1200℃에 사용
㉱ 무기질보온재 : 200~800℃에 사용

종 류	안전사용온도[℃]	종 류	안전사용온도[℃]
탄산마그네슘	250 이하	암면	400~600
유리섬유	300 이하	퍼얼라이트	650 이하
규조토	500 이하	실리카	1100 이하
석면	350~550	세라믹화이버	1300 이하

㉰ 유기질보온재 : 100~200℃에 사용

종류	안전사용온도[℃]	종류	안전사용온도[℃]
폼류	80 이하	텍스	120 이하
펠트	100 이하	탄화 콜크	130 이하

㉱ 보냉재 : 100℃ 이하에 사용

$$\text{보온효율} : \eta_i = \frac{Q_b - Q_i}{Q_b} \times 100$$

여기서, Q_b : 나관손실[kcal/h], Q_i : 보온후 손실[kcal/h]

2) 배관부속품

① 동일직경관의 직선연결 : 소켓, 니플, 유니언, 플랜지
② 유로의 변화 : 엘보우, 밴드
③ 관의 분기 : 티, 크로스, 가지관
④ 이경관의 연결 : 리듀셔, 부싱
⑤ 관끝을 막을 때 : 플러그, 캡

3) 배관 고정(지지기구)

① 행거(hanger) : 배관을 천장에 고정
  ㉮ 콘스턴트 행거(constant hanger) : 배관의 상하 이동을 허용하면서 관지지력을 일정하게 유지
  ㉯ 리지드 행거(rigid hanger) : 빔에 턴버클을 연결하여 파이프 아래를 받쳐 달아 올린 구조로 상하 변위가 없다.
  ㉰ 스프링 행거(spring hanger) : 배관에서 발생하는 소음과 진동을 흡수하기 위하여 턴버클 대신 스프링을 설치한 것
② 서포트(support) : 배관은 바닥에 고정
  ㉮ 롤러 서포트 : 배관의 축 방향 이동을 허용하는 지지대
  ㉯ 리지드 서포트 : 빔 등으로 만든 배관지지대
  ㉰ 스프링 서포트 : 파이프의 하중변화에 따라 상하 이동을 허용하는 지지대
  ㉱ 파이프슈 : 배관의 곡관부 지지
③ 리스트레인트(restraint) : 열팽창에 의한 배관의 움직임을 제한하거나 고정
  ㉮ 앵커(anchor) : 배관을 완전고정
  ㉯ 스토퍼(stopper) : 관의 회전허용, 직선운동 방지
  ㉰ 가이드(guide) : 배관의 휨을 방지하여 팽창을 바르게 유도, 관 회전구속

4) 배관용 강관

종류	기호	용도
배관용 탄소강관	SPP	10kgf/cm² 이하에 사용
압력배관용 탄소강관	SPPS	350℃, 10~100kgf/cm²

종류	기호	용도
고압배관용 탄소강관	SPPH	350℃, 100[kgf/cm²] 이상
고온배관용 탄소강관	SPPT	350℃ 이상
저온배관용 강관	SPLT	빙점이하의 저온도배관

$$\text{※ 스케줄번호(SCH)} = 100 \times \frac{\text{사용압력}[kg/cm^2]}{\text{허용인장강도}[kg/cm^2]}$$

5) 온돌 시공시 배관시공 형식
① 직렬식 : 소규모 난방 적합, 설비비가 적다.
② 병렬식(분리주관식, 인접주관식) : 배관저항이 작다. 1갈래당 15m 이내로 한다.
③ 사다리꼴 : 대량생산가능, 배관저항이 작다, 경사조정이 용이, 용접이음으로 시공

SECTION 03 에너지관계법규

STEP 01 에너지법

1. 목적

안정적이고 효율적이며 환경친화적인 에너지 수급(需給) 구조를 실현하기 위한 에너지정책 및 에너지 관련 계획의 수립·시행에 관한 기본적인 사항을 정함으로써 국민경제의 지속가능한 발전과 국민의 복리(福利) 향상에 이바지하는 것을 목적으로 한다.

2. 용어의 정의

1) **에너지** : 연료·열 및 전기를 말한다.

2) **연료** : 석유·가스·석탄, 그 밖에 열을 발생하는 열원(熱源)을 말한다.(단, 제품의 원료로 사용되는 것은 제외)

3) **신·재생에너지**
   ① 신에너지 : 석유·석탄·원자력 또는 천연가스가 아닌 에너지로 수소에너지, 연료전지, 석탄을 액화·가스화한 에너지 및 중질잔사유(重質殘渣油)를 가스화한 에너지 등이 해당된다.
   ② 재생에너지 : 햇빛·물·지열(地熱)·강수(降水)·생물유기체 등을 포함하는 재생 가능한 에너지를 변환시켜 이용하는 에너지로서 태양에너지, 풍력, 수력, 해양에너지, 지열에너지, 생물자원을 변환시켜 이용하는 바이오에너지 등이 해당된다.

4) **에너지사용시설** : 에너지를 사용하는 공장·사업장 등의 시설이나 에너지를 전환하여 사용하는 시설을 말한다.

5) **에너지사용자** : 에너지사용시설의 소유자 또는 관리자를 말한다.

6) **에너지공급설비** : 에너지를 생산·전환·수송 또는 저장하기 위하여 설치하는 설비를 말한다.

7) **에너지공급자** : 에너지를 생산·수입·전환·수송·저장 또는 판매하는 사업자를 말한다.

8) **에너지이용권** : 저소득층 등 에너지 이용에서 소외되기 쉬운 계층의 사람이 에너지공급자에게 제시하여 냉방 및 난방 등에 필요한 에너지를 공급받을 수 있도록 일정한 금액이 기재(전자적 또는 자기적 방법에 의한 기록을 포함)된 증표를 말한다.

9) **에너지사용기자재** : 열사용기자재나 그 밖에 에너지를 사용하는 기자재를 말한다.

10) **열사용기자재** : 연료 및 열을 사용하는 기기, 축열식 전기기기와 단열성(斷熱性) 자재로서 산업통상자원부령으로 정하는 것을 말한다.

11) **온실가스**
   ① 저탄소 녹색성장 기본법에 따른 온실가스를 말한다.
   ② 이산화탄소(CO_2), 메탄(CH_4), 아산화질소(N_2O), 수소불화탄소(HFCs), 과불화탄소(PFCs), 육불화황(SF_6) 등으로 적외선 복사열을 흡수하거나 재방출하여 온실효과를 유발하는 대기 중의 가스 상태의 물질을 말한다.

3. 지역에너지계획(지역계획)의 수립

1) **수립 및 시행** : 특별시장·광역시장·특별자치시장·도지사 또는 특별자치도지사(이하 "시·도지사"라 한다.)가 관할 구역의 지역적 특성을 고려하여 5년마다 5년 이상을 계획기간으로 하여 수립·시행

2) **지역계획에 포함될 사항**
   ① 에너지 수급의 추이와 전망에 관한 사항
   ② 에너지의 안정적 공급을 위한 대책에 관한 사항
   ③ 신·재생에너지 등 환경친화적 에너지 사용을 위한 대책에 관한 사항
   ④ 에너지 사용의 합리화와 이를 통한 온실가스의 배출감소를 위한 대책에 관한 사항
   ⑤ 집단에너지공급대상지역으로 지정된 지역의 경우 그 지역의 집단에너지 공급을 위한 대책에 관한 사항
   ⑥ 미활용 에너지원의 개발·사용을 위한 대책에 관한 사항
   ⑦ 그 밖에 에너지시책 및 관련 사업을 위하여 시·도지사가 필요하다고 인정하는 사항

3) **제출** : 지역계획을 수립한 시·도지사는 이를 산업통상자원부장관에게 제출하여야 하며 수립된 지역계획을 변경하였을 때에도 제출

4. 비상시 에너지수급계획(비상계획)의 수립

1) **수립** : 에너지 수급에 중대한 차질이 발생할 경우에 대비하여 산업통상자원부장관이 수립하여 에너지위원회의 심의를 거쳐 확정

2) **비상계획에 포함될 사항**
   ① 국내외 에너지 수급의 추이와 전망에 관한 사항
   ② 비상시 에너지 소비 절감을 위한 대책에 관한 사항
   ③ 비상시 비축(備蓄)에너지의 활용 대책에 관한 사항
   ④ 비상시 에너지의 할당·배급 등 수급조정 대책에 관한 사항
   ⑤ 비상시 에너지 수급 안정을 위한 국제협력 대책에 관한 사항
   ⑥ 비상계획의 효율적 시행을 위한 행정계획에 관한 사항

5. 에너지위원회

1) **구성** : 주요 에너지정책 및 에너지 관련 계획에 관한 사항을 심의하기 위하여 산업통상자원부장관 소속으로 위원장 1명을 포함한 25명 이내의 위원으로 구성(위원장은 산업통상자원부장관)

2) **위원회의 기능**
   ① 에너지기본계획 수립·변경의 사전심의에 관한 사항
   ② 비상계획에 관한 사항
   ③ 국내외 에너지개발에 관한 사항
   ④ 에너지와 관련된 교통 또는 물류에 관련된 계획에 관한 사항
   ⑤ 주요 에너지정책 및 에너지사업의 조정에 관한 사항
   ⑥ 에너지와 관련된 사회적 갈등의 예방 및 해소 방안에 관한 사항
   ⑦ 에너지 관련 예산의 효율적 사용 등에 관한 사항
   ⑧ 원자력 발전정책에 관한 사항
   ⑨ 「기후변화에 관한 국제연합 기본협약」에 대한 대책 중 에너지에 관한 사항
   ⑩ 다른 법률에서 위원회의 심의를 거치도록 한 사항
   ⑪ 그 밖에 에너지에 관련된 주요 정책사항에 관한 것으로서 위원장이 회의에 부치는 사항

6. 에너지기술개발계획

1) **수립 및 시행** : 정부는 10년 이상을 계획기간으로 하는 에너지기술개발계획을 5년마다 수립하고, 이에 따른 연차별 실행계획을 수립·시행(관계 중앙행정기관의 장의 협의와 국가과학기술자문회의의 심의를 거쳐서 수립)

2) **에너지기술개발계획에 포함될 사항**
   ① 에너지의 효율적 사용을 위한 기술개발에 관한 사항
   ② 신·재생에너지 등 환경친화적 에너지에 관련된 기술개발에 관한 사항
   ③ 에너지 사용에 따른 환경오염을 줄이기 위한 기술개발에 관한 사항
   ④ 온실가스 배출을 줄이기 위한 기술개발에 관한 사항
   ⑤ 개발된 에너지기술의 실용화의 촉진에 관한 사항
   ⑥ 국제 에너지기술 협력의 촉진에 관한 사항
   ⑦ 에너지기술에 관련된 인력·정보·시설 등 기술개발자원의 확대 및 효율적 활용에 관한 사항

7. 한국에너지기술평가원

1) **설립 목적** : 에너지기술 개발에 관한 사업의 기획·평가 및 관리 등을 효율적으로 지원하기 위하여 법인으로 설립

2) **평가원의 사업내용**
   ① 에너지기술개발사업의 기획, 평가 및 관리
   ② 에너지기술 분야 전문인력 양성사업의 지원
   ③ 에너지기술 분야의 국제협력 및 국제 공동연구사업의 지원

④ 그 밖에 에너지기술 개발과 관련하여 대통령령으로 정한 다음의 사업
㉮ 에너지기술개발사업의 중장기 기술 기획
㉯ 에너지기술의 수요조사, 동향분석 및 예측
㉰ 에너지기술에 관한 정보·자료의 수집, 분석, 보급 및 지도
㉱ 에너지기술에 관한 정책수립의 지원
㉲ 에너지기술개발사업비의 운용·관리(관계 중앙행정기관의 장이 그 업무를 담당하게 하는 경우만 해당)
㉳ 에너지기술개발사업 결과의 실증연구 및 시범적용
㉴ 에너지기술에 관한 학술, 전시, 교육 및 훈련
㉵ 그 밖에 산업통상자원부장관이 에너지기술 개발과 관련하여 필요하다고 인정하는 사업

8. 에너지이용권

1) 에너지이용권의 수급자
① 다음의 어느 하나에 해당하는 사람이 속한 세대의 세대원으로서 생계급여 수급자 또는 의료급여 수급자
㉮ 65세 이상의 사람
㉯ 영유아
㉰ 장애인
㉱ 임산부
② 그 밖에 경제적·사회적·지리적 제약 등으로 인하여 에너지 이용에 대한 지원이 필요하다고 산업통상자원부장관이 인정하여 고시하는 사람

2) 에너지이용권의 사용
① 에너지이용권을 발급받은 사람은 에너지공급자에게 에너지이용권을 제시하고, 에너지를 공급받을 수 있다.
② 에너지이용권을 제시받은 에너지공급자는 정당한 사유 없이 에너지 공급을 거부할 수 없다.
③ 누구든지 에너지이용권을 판매·대여하거나 부정한 방법으로 사용해서는 아니 된다.
④ 산업통상자원부장관은 이용자가 에너지이용권을 판매·대여하거나 부정한 방법으로 사용한 경우에는 그 에너지이용권을 회수하거나 에너지이용권 기재금액에 상당하는 금액의 전부 또는 일부를 환수할 수 있다.

9. 기타

1) 에너지복지 사업
① 정부는 모든 국민에게 에너지가 보편적으로 공급되도록 하기 위하여 지원사업을 할 수 있다.
② 지원사업 내용
㉮ 에너지이용 소외계층에 대한 에너지의 공급
㉯ 냉방·난방 장치의 보급 등 에너지이용 소외계층에 대한 에너지이용 효율의 개선
㉰ 그 밖에 에너지이용 소외계층의 에너지 이용 관련 복리의 향상에 관한 사항

2) 에너지 관련 통계의 관리·공표
　① 산업통상자원부장관은 기본계획 및 에너지 관련 시책의 효과적인 수립·시행을 위하여 국내외 에너지 수급에 관한 통계를 작성·분석·관리하며, 관련 법령에 저촉되지 아니하는 범위에서 이를 공표할 수 있다.
　② 산업통상자원부장관은 매년 다음 각 호에 따른 통계를 작성·분석하며, 그 결과를 공표할 수 있다.
　　㉮ 에너지 사용 및 산업 공정에서 발생하는 온실가스 배출량
　　㉯ 에너지이용 소외계층의 에너지 이용현황 등
　③ 산업통상자원부장관은 필요하다고 인정하면 다음에 따라 에너지 총조사를 할 수 있다.
　　㉮ 에너지 수급에 관한 통계를 작성하는 경우에는 산업통상자원부령으로 정하는 에너지열량 환산기준을 적용하여야 한다.
　③ 에너지 총조사는 3년마다 실시하되, 산업통상자원부장관이 필요하다고 인정할 때에는 간이조사를 실시할 수 있다.

STEP 02 에너지이용합리화법

1. 목적

에너지의 수급(需給)을 안정시키고 에너지의 합리적이고 효율적인 이용을 증진하며 에너지소비로 인한 환경피해를 줄임으로써 국민경제의 건전한 발전 및 국민복지의 증진과 지구온난화의 최소화에 이바지함을 목적으로 한다.

2. 정부와 에너지사용자·공급자 등의 책무

1) **정부** : 에너지의 수급안정과 합리적이고 효율적인 이용을 도모하고 이를 통한 온실가스의 배출을 줄이기 위한 기본적이고 종합적인 시책을 강구하고 시행할 책무를 진다.

2) **지방자치단체** : 관할 지역의 특성을 고려하여 국가에너지정책의 효과적인 수행과 지역경제의 발전을 도모하기 위한 지역에너지시책을 강구하고 시행할 책무를 진다.

3) **에너지사용자 및 에너지공급자** : 국가나 지방자치단체의 에너지시책에 적극 참여하고 협력하여야 하며, 에너지의 생산·전환·수송·저장·이용 등에서 그 효율을 극대화하고 온실가스의 배출을 줄이도록 노력하여야 한다.

4) **에너지사용기자재와 에너지공급설비를 생산하는 제조업자** : 해당 기자재와 설비의 에너지효율을 높이고 온실가스의 배출을 줄이기 위한 기술의 개발과 도입을 위하여 노력하여야 한다.

5) **국민** : 일상생활에서 에너지를 합리적으로 이용하여 온실가스의 배출을 줄이도록 노력하여야 한다.

3. 에너지이용 합리화를 위한 계획 및 조치

1) 에너지이용 합리화 기본계획
   ① 산업통상자원부장관은 에너지를 합리적으로 이용하게 하기 위하여 에너지이용 합리화에 관한 기본계획(이하 "기본계획"이라 한다)을 수립하여야 한다.
   ② 기본계획을 수립하려면 관계 행정기관의 장과 협의한 후 에너지위원회의 심의를 거쳐야 한다.
   ③ 기본계획에 포함될 사항
      ㉮ 에너지절약형 경제구조로의 전환
      ㉯ 에너지이용효율의 증대
      ㉰ 에너지이용 합리화를 위한 기술개발
      ㉱ 에너지이용 합리화를 위한 홍보 및 교육
      ㉲ 에너지원간 대체(代替)
      ㉳ 열사용기자재의 안전관리
      ㉴ 에너지이용 합리화를 위한 가격예시제(價格豫示制)의 시행에 관한 사항
      ㉵ 에너지의 합리적인 이용을 통한 온실가스의 배출을 줄이기 위한 대책
      ㉶ 그 밖에 에너지이용 합리화를 추진하기 위하여 필요한 사항으로서 산업통상자원부령으로 정하는 사항

2) 에너지이용 합리화 실시계획
   ① 관계 행정기관의 장과 특별시장·광역시장·도지사 또는 특별자치도지사(이하 "시·도지사"라 한다)는 기본계획에 따라 에너지이용 합리화에 관한 실시계획을 수립하고 시행하여야 한다.
   ② 관계 행정기관의 장 및 시·도지사는 실시계획과 그 시행 결과를 산업통상자원부장관에게 제출하여야 한다.
   ③ 산업통상자원부장관은 위원회의 심의를 거쳐 제출된 실시계획을 종합·조정하고 추진상황을 점검·평가하여야 한다.

4. 수급안정을 위한 조치

산업통상자원부장관은 국내외 에너지사정의 변동에 따른 에너지의 수급차질에 대비하기 위하여 대통령령으로 정하는 주요 에너지사용자와 에너지공급자에게 에너지저장시설을 보유하고 에너지를 저장하는 의무를 부과할 수 있다.

1) 에너지저장의무 부과대상자
   ① 전기사업자
   ② 도시가스사업자
   ③ 석탄가공업자
   ④ 집단에너지사업자
   ⑤ 연간 2만 석유환산톤(티오이) 이상의 에너지를 사용하는 자

2) 에너지저장의무를 부과할 때 고시할 사항
   ① 대상자
   ② 저장시설의 종류 및 규모
   ③ 저장하여야 할 에너지의 종류 및 저장의무량
   ④ 그 밖에 필요한 사항

3) 수급안정을 위한 조정·명령, 그밖에 필요한 조치 내용
   ① 지역별·주요 수급자별 에너지 할당
   ② 에너지공급설비의 가동 및 조업
   ③ 에너지의 비축과 저장
   ④ 에너지의 도입·수출입 및 위탁가공
   ⑤ 에너지공급자 상호 간의 에너지의 교환 또는 분배 사용
   ⑥ 에너지의 유통시설과 그 사용 및 유통경로
   ⑦ 에너지의 배급
   ⑧ 에너지의 양도·양수의 제한 또는 금지
   ⑨ 에너지사용의 시기·방법 및 에너지사용기자재의 사용 제한 또는 금지 등 대통령령으로 정하는 사항
   ⑩ 그 밖에 에너지수급을 안정시키기 위하여 대통령령으로 정하는 사항

5. 에너지공급자의 수요관리 투자계획

에너지공급자 중 대통령령으로 정하는 에너지공급자는 해당 에너지의 생산·전환·수송·저장 및 이용상의 효율향상, 수요의 절감 및 온실가스배출의 감축 등을 도모하기 위한 연차별 수요관리투자계획(이하 "투자계획"이라 한다)을 수립·시행하여야 한다.

1) 대통령령으로 정하는 에너지공급자
   ① 한국전력공사
   ② 한국가스공사
   ③ 한국지역난방공사

2) 투자계획에 포함될 사항
   ① 장·단기 에너지 수요 전망
   ② 에너지절약 잠재량의 추정 내용
   ③ 수요관리의 목표 및 그 달성 방법
   ④ 그 밖에 수요관리의 촉진을 위하여 필요하다고 인정하는 사항

3) 투자계획의 제출 및 변경
   ① 투자계획은 해당 연도 개시 2개월 전까지, 그 시행 결과는 다음 연도 2월 말까지 산업통상자원부장관에 제출
   ② 제출된 투자계획을 변경하는 경우 그 변경한 날부터 15일 이내에 산업통상자원부장관에게 그 변경된 사항을 제출

6. 에너지사용계획의 협의

사업주관자(일정규모 이상의 에너지를 사용하는 사업을 실시하거나 시설을 설치하려는 자)는 그 사업의 실시와 시설의 설치로 에너지수급에 미칠 영향과 에너지소비로 인한 온실가스(이산화탄소만을 말한다)의 배출에 미칠 영향을 분석하고, 소요에너지의 공급계획 및 에너지의 합리적 사용과 그 평가에 관한 계획(이하 "에너지사용계획"이라 한다)을 수립하여, 그 사업의 실시 또는 시설의 설치 전에 산업통상자원부장관에게 제출하여야 한다.

1) 에너지사용계획을 제출하여야 하는 대상
① 다음의 사업을 실시하려는 사업주관자
  ㉮ 도시개발사업
  ㉯ 산업단지개발사업
  ㉰ 에너지개발사업
  ㉱ 항만건설사업
  ㉲ 철도건설사업
  ㉳ 공항건설사업
  ㉴ 관광단지개발사업
  ㉵ 개발촉진지구개발사업 또는 지역종합개발사업
② 공공사업주관자
  ㉮ 국가, 지방자치단체, 공공기관
  ㉯ 연간 2천5백 티오이(TOE) 이상의 연료 및 열을 사용하는 시설
  ㉰ 연간 1천만 킬로와트시(kWh) 이상의 전력을 사용하는 시설
③ 민간사업주관자
  ㉮ 연간 5천 티오이(TOE) 이상의 연료 및 열을 사용하는 시설
  ㉯ 연간 2천만 킬로와트시(kWh) 이상의 전력을 사용하는 시설

2) 에너지사용계획에 포함될 사항
① 사업의 개요
② 에너지 수요예측 및 공급계획
③ 에너지 수급에 미치게 될 영향 분석
④ 에너지 소비가 온실가스(이산화탄소만 해당)의 배출에 미치게 될 영향 분석
⑤ 에너지이용 효율 향상 방안
⑥ 에너지이용의 합리화를 통한 온실가스(이산화탄소만 해당)의 배출감소 방안
⑦ 사후관리계획
⑧ 그 밖에 에너지이용 효율 향상을 위하여 필요하다고 산업통상자원부장관이 정하는 사항

 의견의 청취 및 결과 통보
산업통상자원부장관은 에너지사용계획을 제출받은 경우에는 그날부터 30일 이내에 공공사업주관자에게는 그 협의 결과를, 민간사업주관자에게는 그 의견청취 결과를 통보하여야 한다. 다만, 산업통상자원부장관이 필요하다고 인정할 때에는 20일의 범위에서 통보를 연장할 수 있다.

7. 금융·세제상의 지원

정부는 에너지이용을 합리화하고 이를 통하여 온실가스의 배출을 줄이기 위하여 대통령령으로 정하는 에너지절약형 시설투자, 에너지절약형 기자재의 제조·설치·시공, 그 밖에 에너지이용 합리화와 이를 통한 온실가스배출의 감축에 관한 사업과 우수한 에너지절약 활동 및 성과에 대하여 금융상·세제상의 지원, 경제적 인센티브 제공 또는 보조금의 지급, 그 밖에 필요한 지원을 할 수 있다.

1) 에너지절약형 시설투자등
① 노후 보일러 및 산업용 요로(燎爐) 등 에너지다소비 설비의 대체
② 집단에너지사업, 열병합발전사업, 폐열이용사업과 대체연료사용을 위한 시설 및 기기류의 설치
③ 그 밖에 에너지절약 효과 및 보급 필요성이 있다고 산업통상자원부장관이 인정하는 에너지절약형 시설투자, 에너지절약형 기자재의 제조·설치·시공

2) 그 밖에 에너지이용 합리화와 이를 통한 온실가스배출의 감축에 관한 사업
① 에너지원의 연구개발사업
② 에너지이용 합리화 및 이를 통하여 온실가스배출을 줄이기 위한 에너지절약시설 설치 및 에너지기술개발사업
③ 기술용역 및 기술지도사업
④ 에너지 분야에 관한 신기술·지식집약형 기업의 발굴·육성을 위한 지원사업

8. 효율관리기자재의 지정

효율관리기자재란 상당량의 에너지를 소비하는 기자재 또는 에너지관련기자재(에너지를 사용하지 아니하나 그 구조 및 재질에 따라 열손실 방지 등으로 에너지절감에 기여하는 기자재)로서 산업통상자원부령으로 정하는 기자재를 말한다.

1) 효율관리기자재에 대한 고시 사항
① 에너지의 목표소비효율 또는 목표사용량의 기준
② 에너지의 최저소비효율 또는 최대사용량의 기준
③ 에너지의 소비효율 또는 사용량의 표시
④ 에너지의 소비효율 등급기준 및 등급표시
⑤ 에너지의 소비효율 또는 사용량의 측정방법
⑥ 그 밖에 효율관리기자재의 관리에 필요한 사항으로서 산업통상자원부령으로 정하는 사항

2) 제조업자 및 수입업자
① 효율관리시험기관에서 해당 효율관리기자재의 에너지 사용량을 측정받아 에너지소비효율등급 또는 에너지소비효율을 해당 효율관리기자재에 표시하여야 한다.
② 측정결과의 신고
  ㉮ 효율관리시험기관으로부터 에너지 사용량 측정 결과를 통보받은 날 또는 자체측정을 완료한 날부터 각각 90일 이내에 산업통상자원부장관(한국에너지공단에 위임)에게 신고하여야 한다.
  ㉯ 측정 결과 신고는 해당 효율관리기자재의 출고 또는 통관 전에 모델별로 하여야 한다.

③ 광고매체를 이용하여 효율관리기자재의 광고를 하는 경우에는 그 광고내용에 에너지소비효율등급 또는 에너지소비효율을 포함하여야 한다.

3) 효율관리기자재의 사후관리(산업통상자원부장관)
① 효율관리기자재가 고시한 내용에 적합하지 아니하면 그 효율관리기자재의 제조업자·수입업자 또는 판매업자에게 일정한 기간을 정하여 그 시정을 명할 수 있다.
② 효율관리기자재가 최저소비효율기준에 미달하거나 최대사용량기준을 초과하는 경우에는 해당 효율관리기자재의 제조업자·수입업자 또는 판매업자에게 그 생산이나 판매의 금지를 명할 수 있다.
③ 효율관리기자재가 고시한 내용에 적합하지 아니한 경우에는 그 사실을 공표할 수 있다.

9. 에너지절약 전문기업

1) 에너지절약 전문기업 : 제3자로부터 위탁을 받아 다음의 어느 하나에 해당하는 사업을 하는 자로서 산업통상자원부장관에게 등록을 한 자
① 에너지사용시설의 에너지절약을 위한 관리·용역사업
② 에너지절약형 시설투자에 관한 사업
③ 신에너지 및 재생에너지원의 개발 및 보급사업
④ 에너지절약형 시설 및 기자재의 연구개발사업

2) 등록 신청 및 기준
① 에너지절약전문기업으로 등록하려는 자는 장비, 자산 및 기술인력 등의 등록기준을 갖추어 산업통상자원부장관에게 등록을 신청하여야 한다.
② 등록신청 및 변경등록 시 제출서류
㉮ 등록신청서(등록사항 변경시에는 변경등록신청서)
㉯ 사업계획서
㉰ 보유장비명세서 및 기술인력명세서(자격증명서 사본 포함)
㉱ 감정평가업자가 평가한 자산에 대한 감정평가서(개인인 경우만 해당)
㉲ 세무사가 검증한 최근 1년 이내의 대차대조표(법인인 경우만 해당)

3) 에너지절약전문기업의 등록취소 및 지원중단 사유
① 거짓이나 그 밖의 부정한 방법으로 등록을 한 경우
② 거짓이나 그 밖의 부정한 방법으로 금융·세제상의 지원을 받거나 지원받은 자금을 다른 용도로 사용한 경우
③ 에너지절약전문기업으로 등록한 업체가 그 등록의 취소를 신청한 경우
④ 타인에게 자기의 성명이나 상호를 사용하여 사업을 수행하게 하거나 산업통상자원부장관이 에너지절약전문기업에 내준 등록증을 대여한 경우
⑤ 등록기준에 미달하게 된 경우
⑥ 업무에 관한 보고를 하지 아니하거나 거짓으로 보고한 경우 또는 같은 항에 따른 검사를 거부·방해 또는 기피한 경우

⑦ 정당한 사유 없이 등록한 후 3년 이내에 사업을 시작하지 아니하거나 3년 이상 계속하여 사업수행실적이 없는 경우

 에너지절약전문기업의 등록제한
등록이 취소된 에너지절약전문기업은 등록 취소일부터 2년간 에너지절약전문기업의 등록이 제한된다.

10. 에너지다소비사업자

1) 에너지다소비사업자 : 연료·열 및 전력의 연간 사용량의 합계(연간 에너지사용량)가 2천 티오이(TOE) 이상인 자

2) 에너지다소비사업자의 신고
   ① 에너지다소비사업자는 매년 1월 31일까지 그 에너지사용시설이 있는 지역을 관할하는 시·도지사에게 신고하여야 하며, 신고를 받은 시·도지사는 이를 매년 2월 말일까지 산업통상자원부장관에게 보고하여야 한다.
   ② 신고할 사항
      ㉮ 전년도의 분기별 에너지사용량·제품생산량
      ㉯ 해당 연도의 분기별 에너지사용예정량·제품생산예정량
      ㉰ 에너지사용기자재의 현황
      ㉱ 전년도의 분기별 에너지이용 합리화 실적 및 해당 연도의 분기별 계획
      ㉲ 에너지관리자의 현황

3) 에너지진단
   ① 에너지다소비사업자는 에너지진단전문기관으로부터 3년 이상의 범위에서 대통령령으로 정하는 기간마다 그 사업장에 대하여 에너지진단을 받아야 한다.
   ② 에너지진단주기

연간 에너지 사용량	에너지 진단 주기
20만 티오이(TOE) 이상	1. 전체진단 : 5년 / 부분진단 : 3년
20만 티오이(TOE) 미만	5년

   ③ 에너지진단 제외대상 사업장
      ㉮ 전기사업자가 설치하는 발전소
      ㉯ 아파트, 연립주택, 다세대주택
      ㉰ 판매시설 중 소유자가 2명 이상이며, 공동 에너지사용설비의 연간 에너지사용량이 2천 티오이(TOE) 미만인 사업장
      ㉱ 일반업무시설 중 오피스텔
      ㉲ 창고
      ㉳ 지식산업센터
      ㉴ 군사시설
      ㉵ 폐기물처리의 용도만으로 설치하는 폐기물처리시설

11. 냉난방온도제한건물

1) **냉난방온도제한건물의 지정**
   ① 지정권자 : 산업통상자원부장관
   ② 지정내용 : 냉난방온도의 온도 및 기간을 제한
   ③ 지정대상
      ㉮ 국가 · 지방자치단체 · 공공기관이 자가 업무용으로 사용하는 건물
      ㉯ 에너지다소비사업자의 에너지사용시설 연간 에너지사용량이 2천 티오이(TOE) 이상인 건물 (단, 공장과 공동주택은 제외)

2) **통지 및 고지**
   ① 통지 : 관리기관(관리기관의 장) 또는 에너지다소비사업자에게 통지
   ② 고시 : 해당 고시 내용을 고시예정일 7일 이전에 각 통지 대상자에게 예고

3) **냉난방온도의 제한온도 기준**
   ① 냉방 : 26℃ 이상(판매시설 및 공항의 경우는 25℃ 이상)
   ② 난방 : 20℃ 이하

4) **냉난방온도의 제한온도를 적용하지 않아도 되는 구역**
   ① 의료기관의 실내구역
   ② 식품 등의 품질관리를 위해 냉난방온도의 제한온도 적용이 적절하지 않은 구역
   ③ 숙박시설 중 객실 내부구역
   ④ 그 밖에 관련 법령 또는 국제기준에서 특수성을 인정하거나 건물의 용도상 냉난방온도의 제한온도를 적용하는 것이 적절하지 않다고 산업통상자원부장관이 고시하는 구역

12. 열사용기자재 및 특정열사용기자재의 관리

1) **열사용기자재**
   연료 및 열을 사용하는 기기, 축열식 전기기기와 단열성(斷熱性) 자재로서 산업통상자원부령으로 정하는 것

구분	품목명	적용범위
보일러	강철제보일러 주철제보일러	다음 각 호의 어느 하나에 해당하는 것을 말한다. 1. 1종관류보일러 : 강철제보일러중 헤더의 안지름이 150mm 이하이고, 전열면적이 5m² 초과 10m²이하이며, 최고사용압력이 1MPa 이하인 관류보일러(기수분리기를 장치한 경우에는 기수분리기의 안지름이 300mm 이하이고, 그 내용적이 0.07m³ 이하인 것에 한한다)를 말한다. 2. 2종관류보일러 : 강철제보일러중 헤더의 안지름이 150mm 이하이고, 전열면적이 5m² 이하이며, 최고사용압력이 1MPa 이하인 관류보일러(기수분리기를 장치한 경우에는 기수분리기의 안지름이 200mm 이하이고, 그 내용적이 0.02m³ 이하인 것에 한한다)를 말한다. 3. 제1호 및 제2호 외에 금속(주철을 포함한다)으로 만든 것. 다만, 소형온수보일러 · 구멍탄용온수보일러 및 축열식전기보일러를 제외한다.

구분	품목명	적용범위
보일러	소형 온수보일러	전열면적이 14m² 이하이며, 최고사용압력이 0.35MPa 이하의 온수를 발생하는 것. 다만, 구멍탄용온수보일러·축열식전기보일러 및 가스사용량이 17kg/h(도시가스는 232.6kW) 이하인 가스용온수보일러를 제외한다.
	구멍탄용 온수보일러	「석탄산업법 시행령」 제2조제2호의 규정에 의한 연탄을 연료로 사용하여 온수를 발생시키는 것으로서 금속제에 한한다.
	축열식 전기보일러	심야전력을 사용하여 온수를 발생시켜 축열조에 저장한 후 난방에 이용하는 것으로서 정격소비전력이 30kW 이하이며, 최고사용압력이 0.35MPa 이하인 것
	캐스케이드 보일러	최고사용압력이 대기압을 초과하는 온수보일러 또는 온수기 2대 이상이 단일 연통으로 연결되어 서로 연동되도록 설치되며, 최대 가스사용량의 합이 17kg/h(도시가스는 232.6kW)를 초과하는 것
	가정용 화목보일러	화목(火木) 등 목재연료를 사용하여 90℃ 이하의 난방수 또는 65℃ 이하의 온수를 발생하는 것으로서 표시 난방출력이 70kW 이하로서 옥외에 설치하는 것
태양열집열기		태양열집열기
압력용기	1종압력용기	최고사용압력(MPa)과 내용적(m³)을 곱한 수치가 0.004를 초과하는 다음 각 호의 1에 해당하는 것 1. 증기 그 밖의 열매체를 받아들이거나 증기를 발생시켜 고체 또는 액체를 가열하는 기기로서 용기안의 압력이 대기압을 넘는 것 2. 용기안의 화학반응에 의하여 증기를 발생하는 용기로서 용기안의 압력이 대기압을 넘는 것 3. 용기안의 액체의 성분을 분리하기 위하여 해당 액체를 가열하거나 증기를 발생시키는 용기로서 용기안의 압력이 대기압을 넘는 것 4. 용기안의 액체의 온도가 대기압에서의 비점을 넘는 것
	2종압력용기	최고사용압력이 0.2MPa를 초과하는 기체를 그 안에 보유하는 용기로서 다음 각호의 1에 해당하는 것 1. 내부 부피가 0.04m³ 이상인 것 2. 동체의 안지름이 200mm 이상(증기헤더의 경우에는 동체의 안지름이 300mm 초과)이고, 그 길이가 1천mm 이상인 것
요로	요업요로	연속식유리용융가마·불연속식유리용융가마·유리용융도가니가마·터널가마·도염식가마·셔틀가마·회전가마 및 석회용선가마
	금속요로	용선로·비철금속용융로·금속소둔로·철금속가열로 및 금속균열로

2) 특정열사용기자재

열사용기자재 중 제조, 설치·시공 및 사용에서의 안전관리, 위해방지 또는 에너지이용의 효율관리가 특히 필요하다고 인정되는 것으로서 산업통상자원부령으로 정하는 열사용기자재

구분	품목명	설치·시공범위
보일러	강철제 보일러, 주철제 보일러, 온수보일러, 구멍탄용 온수보일러, 축열식 전기보일러, 캐스케이드 보일러, 가정용 화목보일러	해당 기기의 설치·배관 및 세관
태양열 집열기	태양열 집열기	
압력용기	1종 압력용기, 2종 압력용기	
요업요로	연속식유리용융가마, 불연속식유리용융가마, 유리용융도가니가마, 터널가마, 도염식각가마, 셔틀가마, 회전가마, 석회용선가마	해당 기기의 설치를 위한 시공
금속요로	용선로, 비철금속용융로, 금속소둔로, 철금속가열로, 금속균열로	

13. 검사대상기기

1) 검사대상기기와 적용범위

다음의 검사대상기기 제조업자 또는 검사대상기기설치자는 제조 또는 설치에 관하여 한국에너지공단이사장에게 검사를 받아야 한다.(시·도지사 위임사항)

구분	검사대상기기	적용범위
보일러	강철제 보일러 주철제 보일러	다음의 어느 하나에 해당하는 것은 제외한다. 1. 최고사용압력이 0.1MPa 이하이고, 동체의 안지름이 300mm 이하이며, 길이가 600mm 이하인 것 2. 최고사용압력이 0.1MPa 이하이고, 전열면적이 $5m^2$ 이하인 것 3. 2종 관류보일러 4. 온수를 발생시키는 보일러로서 대기개방형인 것
	소형 온수보일러	가스를 사용하는 것으로서 가스사용량이 17kg/h(도시가스는 232.6kW)를 초과하는 것
	캐스케이드 보일러	83쪽의 표(열사용기자재)에 제시된 캐스케이드 보일러의 적용범위에 따른다.
압력용기	1종 압력용기 2종 압력용기	83쪽의 표(열사용기자재)에 제시된 압력용기의 적용범위에 따른다.
요로	철금속가열로	정격용량이 0.58MW를 초과하는 것

2) 검사대상기기설치자의 범위

① 검사대상기기를 설치하거나 개조하여 사용하려는 자
② 검사대상기기의 설치장소를 변경하여 사용하려는 자
③ 검사대상기기를 사용중지한 후 재사용하려는 자

14. 검사대상기기의 검사

검사대상기기설치자는 검사대상기기를 설치·개조 및 설치장소를 변경 또는 사용중지한 후 재사용하고자하는 자는 검사를 받아야 한다.

1) **검사권자** : 한국에너지공단이사장

2) **검사신청** : 유효기간 만료 10일 전

3) **검사연기** : 당해년도 말까지(9월 1일 이후인 경우 − 4개월 기간 내에)

4) **대상**
   ① 보일러 : 강철제 보일러, 주철제 보일러, 소형 온수보일러, 캐스케이드 보일러
   ② 압력용기 : 1종 압력용기, 2종 압력용기
   ③ 요로 : 철금속가열로(정격용량이 0.58MW를 초과하는 것)

5) 검사대상기기설치자는 다음 각 호에 해당하는 경우에는 15일 이내에 신고하여야 한다.
   ① 검사대상기기를 폐기한 경우
   ② 검사대상기기의 사용을 중지한 경우
   ③ 검사대상기기의 설치자가 변경된 경우

6) **검사에 필요한 조치**
   ① 기계적 시험준비
   ② 비파괴 검사준비
   ③ 검사대상기기 정비
   ④ 수압시험 준비
   ⑤ 안전밸브 및 수면측정장치의 분해·정비
   ⑥ 검사대상기기의 피복물 제거
   ⑦ 조립식인 검사대상기기의 조립·해체
   ⑧ 운전성능 측정준비

7) **공단의 검사실적** : 다음달 10일까지 시·도지사에게 보고

8) **재검사** : 검사에 불합격된 검사대상기기에 대하여 검사, 불합격한 날부터 6월 이내

9) **검사기준** : 한국산업표준에 따른다. 다만, 한국산업표준이 제정되지 아니한 경우에는 산업통상자원부 장관이 정하는 기준에 따른다.

검사의 종류 및 적용대상

검사의 종류		적용대상
제조검사	용접 검사	동체·경판 및 이와 유사한 부분을 용접으로 제조하는 경우의 검사
	구조검사	강판·관 또는 주물류를 용접·확대·조립·주조 등에 따라 제조하는 경우의 검사
설치검사		신설한 경우의 검사(사용연료의 변경에 의하여 검사대상이 아닌 보일러가 검사대상으로 되는 경우의 검사를 포함한다)
개조검사		다음 각 호의 어느 하나에 해당하는 경우의 검사 1. 증기보일러를 온수보일러로 개조하는 경우 2. 보일러 섹션의 증감에 의하여 용량을 변경하는 경우 3. 동체·돔·노통·연소실·경판·천정판·관판·관모음 또는 스테이의 변경으로서 산업산업통상부장관이 정하여 고시하는 대수리의 경우 4. 연료 또는 연소방법을 변경하는 경우 5. 철금속가열로로서 산업통상자원부장관이 정하여 고시하는 경우의 수리
설치장소 변경검사		설치장소를 변경한 경우의 검사. 다만, 이동식 검사대상기기를 제외한다.
재사용검사		사용중지 후 재사용하고자 하는 경우의 검사
계속사용 검사	안전 검사	설치검사·개조검사·설치장소 변경검사 또는 재사용검사 후 안전부문에 대한 유효기간을 연장하고자 하는 경우의 검사
	운전 성능 검사	다음 각 호의 어느 하나에 해당하는 기기에 대한 검사로서 설치검사 후 운전성능부문에 대한 유효기간을 연장하고자 하는 경우의 검사 1. 용량이 1t/h(난방용의 경우에는 5t/h)이상인 강철제보일러 및 주철제보일러 2. 철금속가열로

검사 대상기기의 검사 유효기간

검사의 종류		검사유효기간
설치검사		1. 보일러 : 1년. 다만, 운전성능 부문의 경우에는 3년 1개월로 한다. 2. 캐스케이드 보일러, 압력용기 및 철금속가열로 : 2년
개조검사		1. 보일러 : 1년 2. 캐스케이드 보일러, 압력용기 및 철금속가열로 : 2년
설치장소 변경검사		1. 보일러 : 1년 2. 캐스케이드 보일러, 압력용기 및 철금속가열로 : 2년
재사용검사		1. 보일러 : 1년 2. 캐스케이드 보일러, 압력용기 및 철금속가열로 : 2년
계속사용 검사	안전검사	1. 보일러 : 1년 2. 캐스케이드 보일러, 압력용기 : 2년
	운전성능검사	1. 보일러 : 1년 2. 철금속가열로 : 2년

검사의 면제대상 범위

검사대상 기기명	대상범위	면제되는 검사
강철제 보일러, 주철제 보일러	1. 강철제 보일러 중 전열면적이 5m² 이하이고, 최고사용압력이 0.35 MPa 이하인 것 2. 주철제 보일러 3. 1종 관류보일러 4. 온수보일러 중 전열면적이 18m² 이하이고, 최고사용압력이 0.35 MPa 이하인 것	용접검사
	주철제 보일러	구조검사
	1. 가스 외의 연료를 사용하는 1종 관류보일러 2. 전열면적 30m² 이하의 유류용 주철제 증기보일러	설치검사

	1. 전열면적 5m² 이하의 증기보일러로서 다음 각 목의 어느 하나에 해당하는 것
	  가. 대기에 개방된 안지름이 25mm 이상인 증기관이 부착된 것
	  나. 수두압(水頭壓)이 5m 이하이며 안지름이 25mm 이상인 대기에 개방된 U자형 입관이 보일러의 증기부에 부착된 것
	2. 온수보일러로서 다음 각 목의 어느 하나에 해당하는 것
	  가. 유류·가스 외의 연료를 사용하는 것으로서 전열면적이 30m² 이하인 것
	  나. 가스 외의 연료를 사용하는 주철제 보일러
		계속사용 검사

소형 온수보일러	가스사용량이 17kg/h(도시가스는 232.6kW)를 초과하는 가스용 소형 온수보일러	제조검사
캐스케이드 보일러	캐스케이드 보일러	제조검사
1종 압력용기, 2종 압력용기	1. 용접이음(동체와 플랜지와의 용접이음은 제외한다)이 없는 강관을 동체로 한 헤더 2. 압력용기 중 동체의 두께가 6mm 미만인 것으로서 최고사용압력(MPa)과 내부 부피(m³)를 곱한 수치가 0.02 이하(난방용의 경우에는 0.05 이하)인 것 3. 전열교환식인 것으로서 최고사용압력이 0.35MPa 이하이고, 동체의 안지름이 600mm 이하인 것	용접검사
	1. 2종 압력용기 및 온수탱크 2. 압력용기 중 동체의 두께가 6mm 미만인 것으로서 최고사용압력(MPa)과 내부 부피(m³)를 곱한 수치가 0.02 이하(난방용의 경우에는 0.05 이하)인 것 3. 압력용기 중 동체의 최고사용압력이 0.5MPa 이하인 난방용 압력용기 4. 압력용기 중 동체의 최고사용압력이 0.1MPa 이하인 취사용 압력용기	설치검사 및 계속 사용검사
철금속가열로	철금속가열로	제조검사, 재사용검사 및 계속사용검사 중 안전검사

15. 검사대상기기관리자의 선임

검사대상기기설치자는 검사대상기기의 안전관리, 위해방지 및 에너지이용의 효율관리를 위하여 검사대상기기관리자를 선임하여야 한다.(미선임 시의 벌칙 : 1천만원 이하의 벌금)

1) **신고** : 한국에너지공단이사장
   ① 해임 또는 퇴직 이전
   ② 신고사유가 발생한 날부터 30일 이내

2) **선임기준** : 1구역마다 1명 이상(1 구역 –한 시야로 볼 수 있는 범위)

3) **검사대상기기관리자의 자격 및 관리범위**

관리자의 자격	관리범위
에너지관리기능장 또는 에너지관리기사	용량이 30t/h를 초과하는 보일러
에너지관리기능장, 에너지관리기사 또는 에너지관리산업기사	용량이 10t/h를 초과하고 30t/h 이하인 보일러
에너지관리기능장, 에너지관리기사, 에너지관리산업기사 또는 에너지관리기능사	용량이 10t/h 이하인 보일러
에너지관리기능장, 에너지관리기사, 에너지관리산업기사, 에너지관리기능사 또는 인정검사대상기기 관리자의 교육을 이수한 자	1. 증기보일러로서 최고사용압력이 1MPa 이하이고, 전열면적이 10m^2 이하인 것 2. 온수발생 및 열매체를 가열하는 보일러로서 용량이 581.5킬로와트(kW) 이하인 것 3. 압력용기

※ 비고
   1. 온수발생 및 열매체를 가열하는 보일러의 용량은 697.8킬로와트를 1t/h로 본다.
   2. 1구역에서 가스 연료를 사용하는 1종 관류보일러의 용량은 이를 구성하는 보일러의 개별 용량을 합산한 값으로 한다.
   3. 계속사용검사 중 안전검사를 실시하지 않는 검사대상기기 또는 가스 외의 연료를 사용하는 1종 관류보일러의 경우에는 검사대상기기관리자의 자격에 제한을 두지 아니한다.
   4. 가스를 연료로 사용하는 보일러의 검사대상기기관리자의 자격은 위 표에 따른 자격을 가진 사람으로서 산업통상자원부장관이 정하는 관련 교육을 이수한 사람 또는 「도시가스사업법 시행령」 별표 1에 따른 특정가스 사용시설의 안전관리 책임자의 자격을 가진 사람으로 한다.

16. 한국에너지공단

에너지이용 합리화사업을 효율적으로 추진하기 위하여 산업통상자원부장관의 승인을 받아 한국에너지공단을 설립한다.

1) **공단의 사업**
   ① 에너지이용 합리화 및 이를 통한 온실가스의 배출을 줄이기 위한 사업
   ② 에너지기술의 개발 · 도입 · 지도 및 보급
   ③ 에너지이용 합리화, 신에너지 및 재생에너지의 개발과 보급, 집단에너지 공급사업을 위한 자금의 융자 및 지원

④ 에너지절약전문기업의 지원사업
⑤ 에너지진단 및 에너지관리지도
⑥ 신에너지 및 재생에너지 개발사업의 촉진
⑦ 에너지관리에 관한 조사 · 연구 · 교육 및 홍보
⑧ 에너지이용 합리화사업을 위한 토지 · 건물 및 시설 등의 취득 · 설치 · 운영 · 대여 및 양도
⑨ 집단에너지사업법에 따른 집단에너지사업의 촉진을 위한 지원 및 관리
⑩ 에너지사용기자재 · 에너지관련기자재의 효율관리 및 열사용기자재의 안전관리
⑪ 사회취약계층의 에너지이용 지원
⑫ 산업통상자원부장관, 시 · 도지사, 그 밖의 기관 등이 위탁하는 에너지이용의 합리화와 온실가스의 배출을 줄이기 위한 사업

2) 공단 : 재단법인

3) 유사명칭의 사용금지
① 공단이 아닌 자는 한국에너지공단 또는 이와 유사한 명칭을 사용하지 못한다.
② 벌칙 : 300만원 이하의 과태료

4) 한국에너지공단의 위탁업무
산업통상자원부장관 또는 시 · 도지사의 업무 중 다음 각 호의 업무를 공단에 위탁한다.
① 효율관리기자재의 측정결과 통보의 접수
② 에너지절약전문기업 등록
③ 에너지 진단기관의 관리 · 감독
④ 검사대상기기의 검사
⑤ 에너지다소비사업자 신고의 접수
⑥ 에너지진단에 따른 에너지관리지도
⑦ 검사대상기기의 폐기 · 사용중지 · 설치자 변경에 대한 신고
⑧ 검사대상기기관리자의 선임 · 해임 또는 퇴직신고
⑨ 대기전력 저감 및 경고표지대상제품의 측정결과 신고의 접수

17. 에너지관리자 등에 대한 교육

1) 실시 : 산업통상자원부장관

2) 에너지관리자에 대한 교육

교육과정	교육기간	교육대상자	교육기관
에너지관리자 기본교육과정	1일	법 제31조제1항제1호부터 제4호까지의 사항에 관한 업무를 담당하는 사람(에너지관리자)으로 신고된 사람	한국에너지공단

3) 시공업의 기술인력 및 검사대상기기관리자에 대한 교육

구분	교육과정	기간	교육대상자	교육기관
시공업의 기술인력	1. 난방시공업 제1종 기술자과정	1일	건설산업기본법시행령 별표 2의 규정에 의한 난방시공업제1종의 기술자로 등록된 자	한국열관리시공협회 및 국토교통부장관의 허가를 받아 설립된 전국보일러설비협회
	2. 난방시공업 제2종·제3종 기술자과정	1일	건설산업기본법시행령 별표 2의 규정에 의한 난방시공업 제2종 또는 난방시공업 제3종의 기술자로 등록된 자	
검사대상 기기 관리자	1. 중·대형 보일러 관리자과정	1일	검사대상기기관리자로 선임된 사람으로서 용량이 1t/h(난방용의 경우에는 5t/h)를 초과하는 강철제 보일러 및 주철제 보일러의 관리자	한국에너지공단 및 산업통상자원부장관의 허가를 받아 설립된 한국에너지기술인협회
	2. 소형보일러·압력용기 관리자과정	1일	검사대상기기관리자로 선임된 사람으로서 위 제1호의 보일러 관리자과정의 대상이 되는 보일러 외의 보일러 및 압력용기의 관리자	

18. 벌칙

1) **2년 이하의 징역 또는 2천만원 이하의 벌금**
   ① 에너지저장시설의 보유 또는 저장의무의 부과시 정당한 이유 없이 이를 거부하거나 이행하지 아니한 자
   ② 에너지 수급안정을 위한 조정·명령 등의 조치를 위반한 자
   ③ 공단의 임직원으로 근무하거나 근무하였던 사람이 직무상 알게 된 비밀을 누설하거나 도용한 자

2) **1년 이하의 징역 또는 1천만원 이하의 벌금**
   ① 검사대상기기의 검사를 받지 아니한 자
   ② 불합격한 검사대상기기를 사용한 자
   ③ 검사를 받지 않고 검사대상기기를 수입한 자

3) **2천만원 이하의 벌금**
   기준미달 효율관리기자재의 생산 또는 판매 금지명령을 위반한 자

4) **1천만원 이하의 벌금**
   검사대상기기관리자를 선임하지 아니한 자

5) **500만원 이하의 벌금**
   ① 효율관리기자재에 대한 에너지사용량의 측정결과를 신고하지 아니한 자
   ② 대기전력경고표지대상제품에 대한 측정결과를 신고하지 아니한 자
   ③ 대기전력경고표지를 하지 아니한 자
   ④ 대기전력저감우수제품임을 표시하거나 거짓 표시를 한 자
   ⑤ 대기전력저감대상제품의 사후관리와 관련한 시정명령을 정당한 사유 없이 이행하지 아니한 자

⑥ 고효율에너지기자재의 인증을 받지 않고 인증 표시를 한 자

6) 2천만원 이하의 과태료
① 효율관리기자재에 대한 에너지소비효율등급 또는 에너지소비효율을 표시하지 아니하거나 거짓으로 표시를 한 자
② 에너지진단을 받지 아니한 에너지다소비사업자
③ 검사대상기기 사고 시 한국에너지공단에 사고의 일시·내용 등을 통보하지 아니하거나 거짓으로 통보한 자

7) 1천만원 이하의 과태료
① 에너지사용계획을 제출하지 아니하거나 변경하여 제출하지 아니한 자(단, 국가 또는 지방자치단체인 사업주관자는 제외)
② 에너지손실요인의 개선명령을 정당한 사유 없이 이행하지 아니한 자
③ 검사를 거부·방해 또는 기피한 자

8) 500만원 이하의 과태료
에너지소비효율등급 또는 에너지소비효율을 포함되지 아니한 광고를 한 자

9) 300만원 이하의 과태료
① 에너지사용의 제한 또는 금지에 관한 조정·명령, 그 밖에 필요한 조치를 위반한 자
② 정당한 이유 없이 수요관리투자계획과 시행결과를 제출하지 아니한 자
③ 수요관리투자계획을 수정·보완하여 시행하지 아니한 자
④ 에너지사용계획의 검토를 위해 사업주관자에게 요청한 관련 자료의 제출요청을 정당한 이유 없이 거부한 사업주관자
⑤ 에너지사용계획의 사후관리에 따른 이행 여부에 대한 점검이나 실태 파악을 정당한 이유 없이 거부·방해 또는 기피한 사업주관자
⑥ 에너지소비효율 산정에 필요하다고 인정되는 판매에 관한 자료와 효율측정에 관한 자료를 제출하지 아니하거나 거짓으로 자료를 제출한 자
⑦ 정당한 이유 없이 대기전력저감우수제품 또는 고효율에너지기자재를 우선적으로 구매하지 아니한 자
⑧ 에너지다소비사업자의 신고를 하지 아니하거나 거짓으로 신고를 한 자
⑨ 냉난방온도의 유지·관리 여부에 대한 점검 및 실태 파악을 정당한 사유 없이 거부·방해 또는 기피한 자
⑩ 냉난방온도의 적합한 유지·관리에 필요한 시정조치명령을 정당한 사유 없이 이행하지 아니한 자
⑪ 검사대상기기관리자를 선임 또는 해임 신고를 하지 아니하거나 거짓으로 신고를 한 자
⑫ 한국에너지공단 또는 이와 유사한 명칭을 사용한 자
⑬ 에너지관리자, 시공업의 기술인력 및 검사대상기기관리자에 대한 교육을 받지 아니한 자 또는 교육을 받게 하지 아니한 자
⑭ 산업통상자원부장관이 명령한 업무에 관한 보고를 하지 아니하거나 거짓으로 보고를 한 자

CHAPTER 02

Craftsman Energy Management

기출문제

2013년 1회 기출문제

01 1보일러 마력을 열량으로 환산하면 몇 kcal/h 인가?

① 8435kcal/h ② 9435kcal/h
③ 7435kcal/h ④ 10173kcal/h

> 1보일러 마력 • 상당증발량 : 15.65kg/h
> • 열량 : 8435kcal/h

02 시간당 100kg의 중유를 사용하는 보일러에서 총 손실 열량이 200,000kcal/h일 때 보일러의 효율은 약 얼마인가?(단, 중유의 발열량은 10,000kcal/kg이다.)

① 75% ② 80%
③ 85% ④ 90%

> $\eta = (1 - \dfrac{손실열}{입열}) \times 100(\%)$
>
> 효율 $= (1 - \dfrac{200000}{100 \times 10000}) \times 100 = 80\%$

03 프라이밍의 발생 원인으로 거리가 먼 것은?

① 보일러 수위가 높을 때
② 보일러수가 농축되어 있을 때
③ 송기 시 증기밸브를 급개할 때
④ 증발능력에 비하여 보일러수의 표면적이 클 때

> 프라이밍의 발생원인 : 증발능력에 비해 증발수의 면적이 적으면 수면이 불안정하여 프라이밍이 발생한다.

04 열사용기자재의 검사 및 검사의 면제에 관한 기준에 따라 온수발생보일러(액상식 열매체 보일러 포함)에서 사용하는 방출밸브와 방출관의 설치 기준에 관한 설명으로 옳은 것은?

① 인화성 액체를 방출하는 열매체 보일러의 경우 방출밸브 또는 방출관은 밀폐식 구조로 하든가 보일러 밖의 안전한 장소에 방출시킬 수 있는 구조이어야 한다.
② 온수발생보일러에는 압력이 보일러의 최고사용압력에 달하면 즉시 작동하는 방출밸브 또는 안전밸브를 2개 이상 갖추어야 한다.
③ 393K의 온도를 초과하는 온수발생 보일러에는 안전밸브를 설치하여야 하며, 그 크기는 호칭 지름 10mm 이상이어야 한다.
④ 액상식 열매체 보일러 및 온도 393K 이하의 온수발생 보일러에는 방출밸브를 설치하여야 하며, 그 지름은 10mm 이상으로 하고, 보일러의 압력이 보일러의 최고 사용압력에 그 5%(그 값이 0.035MPa 미만인 경우에는 0.035MPa로 한다)를 더한 값을 초과하지 않도록 지름과 개수를 정하여야 한다.

> 온수(열매체보일러 포함)보일러
> • 방출밸브 또는 안전밸브를 1개 이상 갖추어야 한다.
> • 393K[120℃] 이하의 온수발생 보일러에는 지름 20mm 이상의 방출밸브를 설치한다.
> • 온도 393K[120℃]를 초과하는 온수발생보일러에는 안전밸브를 설치하여야 하며, 그 크기는 호칭지름 20mm 이상으로 하여야 한다.

05 보일러 급수펌프 중 비용적식 펌프로서 원심펌프인 것은?

① 워싱턴 펌프 ② 웨어 펌프
③ 플런저 펌프 ④ 볼류트 펌프

> • 원심펌프 : 터빈 펌프, 볼류드 펌프
> • 왕복식 펌프 : 워싱턴 펌프, 웨어 펌프, 플런저 펌프

06 석탄의 함유 성분에 대해서 그 성분이 많을수록 연소에 미치는 영향에 대한 설명으로 틀린 것은?

① 수분 : 착화성이 저하된다.
② 회분 : 연소 효율이 증가한다.
③ 휘발분 : 검은 매연이 발생하기 쉽다.
④ 고정탄소 : 발열량이 증가한다.

🔍 회분 : 연소되지 않는 성분으로 그 양이 많을수록 발열량이 저하된다.

07 보일러에서 사용하는 안전밸브 구조의 일반사항에 대한 설명으로 틀린 것은?

① 설정압력이 3MPa를 초과하는 증기 또는 온도가 508K를 초과하는 유체에 사용하는 안전밸브에는 스프링이 분출하는 유체에 직접 노출되지 않도록 하여야 한다.
② 안전밸브는 그 일부가 파손하여도 충분한 분출량을 얻을 수 있는 것이어야 한다.
③ 안전밸브는 쉽게 조정이 가능하도록 잘 보이는 곳에 설치하고 봉인하지 않도록 한다.
④ 안전밸브의 부착부는 배기에 의한 반동력에 대하여 충분한 강도가 있어야 한다.

🔍 안전밸브 : 증기부에 검사가 용이한 곳에 수직으로 직접부착하고, 분출압력을 조절한 후 납으로 봉인을 한다.

08 건 배기가스 중의 이산화탄소분 최대값이 15.7% 이다. 공기를 1.2로 할 경우 건 배기가스 중의 이산화탄소분은 몇 % 인가?

① 11.21%   ② 12.07%
③ 13.08%   ④ 17.58%

🔍 $CO_2 max = \frac{21 \cdot CO_2}{21-O_2} = \frac{21}{21-O_2} \times CO_2$
$= m \times CO_2$
$CO_2 = \frac{CO_2 max}{m} = \frac{15.7}{1.2} = 13.08\%$

09 보일러와 관련한 기초 열역학에서 사용하는 용어에 대한 설명으로 틀린 것은?

① 절대압력 : 완전 진공상태를 0으로 기준하여 측정한 압력
② 비체적 : 단위 체적당 질량으로 단위는 kg/m³임
③ 현열 : 물질 상태의 변화없이 온도가 변화하는데 필요한 열량
④ 잠열 : 온도의 변화없이 물질 상태가 변화하는데 필요한 열량

🔍 비체적 : 단위 중량당 체적(kg/m³)

10 다음 중 수트 블로워의 종류가 아닌 것은?

① 장발형   ② 건타입형
③ 정치회전형   ④ 콤버스터형

🔍 수트 블로워의 종류 : 롱 랙트렉터블형(장발형), 쇼트 랙트렉터블형, 건타입형, 로타리(회전)형, 공기예열기 크리너형 등

11 다음 중 수관식 보일러에 해당되는 것은?

① 스코치 보일러   ② 바브콕 보일러
③ 코크란 보일러   ④ 케와니 보일러

🔍 바브콕 보일러 : 경사각도 15°인 경사관식 자연순환식 수관보일러

12 노통 보일러에서 갤러웨이 관(galloway tube)을 설치하는 목적으로 가장 옳은 것은?

① 스케일 부착을 방지하기 위하여
② 노통의 보강과 양호한 물 순환을 위하여
③ 노통의 진동을 방지하기 위하여
④ 연료의 완전연소를 위하여

🔍 갤러웨이 관(횡관)의 설치목적
• 물의 순환을 좋게 한다.
• 전열면적을 넓게 한다.
• 화실벽을 보강한다.

13 오일 여과기의 기능으로 거리가 먼 것은?

① 펌프를 보호한다.
② 유량계를 보호한다.
③ 연료노즐 및 연료조절 밸브를 보호한다.
④ 분무효과를 높여 연소를 양호하게 하고 연소생성물을 활성화시킨다.

🔍 오일여과기 : 오일 중 이물질을 제거하여 펌프, 유량계 등 부속장치을 보호한다.

14 통풍 방식에 있어서 소요 동력이 비교적 많으나 통풍력조절이 용이하고 노내압을 정압 및 부압으로 임의로 조절이 가능한 방식은?

① 흡인통풍 ② 압입통풍
③ 평형통풍 ④ 자연통풍

> 평형통풍 : 압입통풍과 흡입통풍을 동시에 사용하는 방식으로 통풍조절이 용이하고 대용량 보일러에 적용된다.

15 보일러 부속장치에 관한 설명으로 틀린 것은?

① 배기가스의 여열을 이용하여 급수를 예열하는 장치를 절탄기라 한다.
② 배기가스의 열로 연소용 공기를 예열하는 것을 공기 예열기라 한다.
③ 고압증기 터빈에서 팽창되어 압력이 저하된 증기를 재과열하는 것을 과열이라 한다.
④ 오일프리히터는 기름을 예열하여 점도를 낮추고, 연소를 원활히 하는데 목적이 있다.

> 재열기 : 고압증기 터빈에서 팽창되어 압력이 저하된 증기를 재가열하는 장치.

16 다음 중 연소 시에 매연 등의 공해 물질이 가장 적게 발생되는 연료는?

① 액화천연가스 ② 석탄
③ 중유 ④ 경유

> 액화천연가스 : 기체연료로서 고체연료나 액체연료에 비해 매연발생이 적다

17 외분식 보일러의 특징 설명으로 거리가 먼 것은?

① 연소실 개조가 용이하다.
② 노내 온도가 높다.
③ 연료의 선택 범위가 넓다.
④ 복사열의 흡수가 많다.

> 외분식 : 연소실이 보일러 본체 밖에 있는 구조로 노내 온도가 높고 연료선택 범위가 넓으나 복사열의 흡수가 적다.

18 다음 중 비열에 대한 설명으로 옳은 것은?

① 비열은 물질 종류에 관계없이 1.4로 동일하다.
② 질량이 동일할 때 열용량이 크면 비열이 크다.
③ 공기의 비열이 물 보다 크다.
④ 기체의 비열비는 항상 1 보다 작다.

> 열용량 = 비열×질량
> • 비열은 각 물질마다 다르고, 비열비는 항상 1보다 크다.

19 보일러 자동연소제어(A.C.C)의 조작량에 해당하지 않는 것은?

① 연소 가스량 ② 공기량
③ 연료량 ④ 급수량

> 자동연소제어의 조작량 : 연료량, 공기량, 연소 가스량

20 다음 중 목표값이 변화되어 목표값을 측정하면서 제어 목표량을 목표량에 맞도록 하는 제어에 속하지 않는 것은?

① 추종 제어
② 비율 제어
③ 정치 제어
④ 캐스케이드 제어

> • 정치제어 : 목표값이 변하지 않는 제어
> • 추치제어 : 목표값이 변화되는 제어
> 종류 – 추종 제어, 프로그램 제어, 비율 제어, 캐스케이드 제어 등이 있다.

21 오일 버너 종류 중 회전컵의 회전운동에 의한 원심력과 미립화용 1차공기의 운동에너지를 이용하여 연료를 분무시키는 버너는?

① 건타입 버너
② 로터리 버너
③ 유압식 버너
④ 기류분무식 버너

> 로터리 버너 : 분무컵(회전컵)의 회전수와 1차공기에 의해 연료를 무화시키는 중유버너

22 보일러 열효율 향상을 위한 방안으로 잘못 설명한 것은?

① 절탄기 또는 공기예열기를 설치하여 배기가스 열을 회수한다.
② 버너 연소부하조건을 낮게 하거나 연속운전을 간헐운전으로 개선한다.
③ 급수온도가 높으면 연료가 절감되므로 고온의 응축수는 회수한다.
④ 온도가 높은 블로우 다운수를 회수하여 급수 및 온수제조 열원으로 활용한다.

> 버너운전 : 간헐적인 단속운전보다 연속운전으로 사용하는 것이 연료사용량이 절감되어 열효율을 높이는 효과가 있다.

23 보일러 가동 중 실화(失火)가 되거나, 압력이 규정치를 초과하는 경우는 연료 공급이 자동적으로 차단하는 장치는?

① 광전관   ② 화염검출기
③ 전자밸브 ④ 체크밸브

> • 전자밸브 : 보일러 운전 중 이상이 발생하였을때 연료공급을 자동으로 차단하는 장치
> • 작동원인
>   - 압력초과일 때
>   - 저수위일 때
>   - 불착화일 때

24 함진 배기가스를 액방울이나 액막에 충돌시켜 분자입자를 포집 분리하는 집진장치는?

① 중력식 집진장치
② 관성력식 집진장치
③ 원심력식 집진장치
④ 세정식 집진장치

> 세정식 습식 집진장치 : 유수식, 가압수식, 회전식 등

25 보온시공 시 주의사항에 대한 설명으로 틀린 것은?

① 보온재와 보온재의 틈새는 되도록 적게 한다.
② 겹침부의 이음새는 동일 선상을 피해서 부착한다.
③ 테이프 감기는 물, 먼지 등의 침입을 막기 위해 위에서 아래쪽으로 향하여 감아 내리는 것이 좋다.
④ 보온의 끝 단면은 사용하는 보온재 및 보온 목적에 따라서 필요한 보호를 한다.

> 성형 보온재의 시공 : 물, 먼지 등의 침입을 막기 위해 아래쪽에서 위로 향하여 감아 내리는 것이 좋다.

26 다음 자동제어에 대한 설명에서 온-오프 (on-off) 제어에 해당되는 것은?

① 제어량이 목표값을 기준으로 열거나 닫는 2개의 조작량을 가진다.
② 비교부의 출력이 조작량에 비례하여 변화한다.
③ 출력편차량의 시간 적분에 비례한 속도로 조작량을 변화시킨다.
④ 어떤 출력편차의 시간 변화에 비례하여 조작량을 변화시킨다.

> 온-오프 (on-off) 제어 : 제어량이 목표값을 기준으로 극과 극을 형성하는 불연속 동작으로 2위치 동작이라고도 한다.

27 다음 중 증기의 건도를 향상시키는 방법으로 틀린 것은?

① 증기의 압력을 더욱 높여서 초고압 상태로 만든다.
② 기수분리기를 사용한다.
③ 증기주관에서 효율적인 드레인 처리를 한다.
④ 증기 공간내의 공기를 제거한다.

> 증기의 건도를 향상시키는 방법 : 고압 증기를 감압시키면 증발열이 증가하여 증기 건도가 높아진다.

28 KS에서 규정하는 보일러의 열정산은 원칙적으로 정격부하 이상에서 정상 상태(steady state)로 적어도 몇 시간 이상의 운전결과에 따라야 하는가?

① 1시간   ② 2시간
③ 3시간   ④ 5시간

> 열정산 : 보일러를 정격부하 상태에서 2시간 이상 가동상태에서 실시한다.

29 다음 도시가스의 종류를 크게 천연가스와 석유계 가스, 석탄계 가스로 구분할 때 석유계 가스에 속하지 않는 것은?

① 코크스 가스
② LPG 변성가스
③ 나프타 분해가스
④ 정제소 가스

🔍 석유계 도시가스 : 액화석유가스(LPG), LPG 변성가스, 나프타 분해가스, 정제소 가스, 대체 천연가스(SNG) 등

30 전기식 증기압력조절기에서 증기가 벨로즈 내에 직접 침입하지 않도록 설치하는 것으로 가장 적합한 것은?

① 신축 이음쇠   ② 균압관
③ 사이폰 관   ④ 안전밸브

🔍 사이폰 관 : 관내에 물이 채워진 U형, O형의 관으로 고온의 증기가 벨로즈 내로 직접 침입하는 것을 방지한다.

31 신축곡관이라고도 하며 고온, 고압용 증기관 등의 옥외배관에 많이 쓰이는 신축이음은?

① 벨로즈형   ② 슬리브형
③ 스위블형   ④ 루프형

🔍 루프형 : 만곡형이라고도 하며 고압용으로 옥외배관에 많이 쓰이고, 신축량이 큰 반면 응력이 발생한다.

32 증기난방에서 응축수의 환수방법에 따른 분류 중 증기의 순환과 응축수의 배출이 빠르며, 방열량도 광범위하게 조절할 수 있어서 대규모 난방에 많이 채택하는 방식은?

① 진공 환수식 증기난방
② 복관 중력 환수식 증기난방
③ 기계 환수식 증기난방
④ 다관 중력 환수식 증기난방

🔍 진공 환수식 : 배관 내의 진공도가 100~250 mmHg 정도로 증기의 순환이 빠르고 방열량을 광범위하게 조절할 수 있는 대규모 난방방식
• 응축수 환수방법에 따른 분류 : 중력환수식, 기계환수식, 진공환수식 등

33 증기 보일러에는 원칙적으로 2개 이상의 안전밸브를 부착해야 하는데 전열면적이 몇 m^2 이하이면 안전밸브를 1개 이상 부착해도 되는가?

① $50m^2$
② $30m^2$
③ $80m^2$
④ $100m^2$

🔍 전열면적 $50m^2$
• 이상 : 2개 이상
• 이하 : 1개 이상

34 보일러에서 사용하는 수면계 설치기준에 관한 설명 중 잘못된 것은?

① 유리 수면계는 보일러의 최고사용압력과 그에 상당하는 증기온도에서 원활히 작용하는 기능을 가져야 한다.
② 소용량 및 소형관류 보일러에는 2개 이상의 유리 수면계를 부착해야 한다.
③ 최고사용압력 1MPa 이하로서 동체 안지름 750mm 미만인 경우에 있어서는 수면계 중 1개는 다른 종류의 수면측정 장치로 할 수 있다.
④ 2개 이상의 원격지시 수면계를 시행하는 경우에 한하여 유리 수면계를 1개 이상으로 할 수 있다.

🔍 수면계를 1개 이상 설치하는 경우
• 최고사용압력 1 MPa이하로서 동체 안지름 750mm 미만인 경우.
• 2개 이상의 원격지시 수면계를 설치한 경우
• 소용량 및 소형관류 보일러의 경우

35 표준방열량을 가진 증기방열기가 설치된 실내의 난방부하가 20000kcal/h일 때 방열면적은 약 몇 m^2인가?

① 30.8   ② 36.4
③ 44.4   ④ 57.1

🔍 방열면적 = $\dfrac{난방부하}{방열량}$ = $\dfrac{20000}{650}$ = $30.769 m^2$

36 온수순환방법에서 순환이 빠르고 균일하게 급탕할 수 있는 방법은?

① 단관 중력순환식 배관법
② 복관 중력순환식 배관법
③ 건식 순환식 배관법
④ 강제 순환식 배관법

🔍 강제 순환식 배관법 : 순환펌프를 이용한 순환방법으로 온수의 순환이 빠르고 균일하게 급탕 할 수 있다.

37 증기난방과 비교하여 온수난방의 특징을 설명한 것으로 틀린 것은?

① 난방부하의 변동에 따라서 열량 조절이 용이하다.
② 예열시간이 짧고, 가열 후에 냉각시간도 짧다.
③ 방열기의 화상이나, 공기 중의 먼지 등이 늘어 붙어 생기는 나쁜 냄새가 적어 실내의 쾌적도가 높다.
④ 동일 방열량에 대하여 방열면적이 커야하고 관경도 굵어야 하기 때문에 설비비가 많이 드는 편이다.

🔍 온수난방 : 비열이 크므로 예열시간이 길고, 가열 후에 냉각시간도 길다. 동파의 위험이 적다.

38 증기, 물, 기름배관 등에 사용되며 관내의 이물질, 찌꺼기 등을 제거할 목적으로 사용되는 것은?

① 플로트 밸브   ② 스트레이너
③ 세정 밸브   ④ 분수 밸브

🔍 스트레이너(여과기) : 부속장치의 입구에 설치하여 유체 중 이물질 등을 제거하여 부속장치를 보호하는 효과가 있다.

39 보일러에서 발생하는 부식 형태가 아닌 것은?

① 점식   ② 수소취화
③ 알칼리 부식   ④ 라미네이션

🔍 라미네이션 : 재료불량에 의한 사고로 강판 내부의 기포에 의해 강판이 2장의 층으로 분리되는 현상.

40 로터리 밸브의 일종으로 원통 또는 원뿔에 구멍을 뚫어 축을 회전함에 따라 개폐하는 것으로 플러그 밸브라고도 하며 0~90°사이에 임의의 각도로 회전함으로서 유량을 조정하는 밸브는?

① 글로브 밸브
② 체크 밸브
③ 슬루스 밸브
④ 콕(cock)

🔍 콕(cock) : 회전각 0~90°사이에서 전개, 전폐되는 밸브로, 개폐가 빠르고 유량조절이 가능하다.

41 연료(중유) 배관에서 연료 저장탱크와 버너 사이에 설치되지 않는 것은?

① 오일펌프
② 여과기
③ 중유가열기
④ 축열기

🔍 축열기(증기 어큐뮬레이터) : 급수 및 증기계통에 설치하는 장치로 보일러가 과부하일 때 대비하여 증기를 공급하는 장치.

42 배관 내에 흐르는 유체의 종류를 표시하는 기호 중 증기를 나타내는 것은?

① A   ② G
③ S   ④ O

🔍 A : 공기 G : 가스 O : 기름

43 보일러 가동 시 맥동연소가 발생하지 않도록 하는 방법으로 틀린 것은?

① 연료 속에 함유된 수분이나 공기를 제거한다.
② 2차 연소를 촉진시킨다.
③ 무리한 연소를 하지 않는다.
④ 연소량의 급격한 변동을 피한다.

🔍 2차 연소 : 불완전연소에 의한 미연성분이 연도 및 연돌에서 재연소되는 현상으로 맥동연소의 원인이 될 수 있다.

44 온수난방을 하는 방열기의 표준 방열량은 몇 kcal/m²·h인가?

① 440　　　　② 450
③ 460　　　　④ 470

> 표준방열량 • 온수방열기 : 450kcal/m²h
> 　　　　　　• 증기방열기 : 650kcal/m²h

45 방열기의 종류 중 관과 핀으로 이루어지는 엘리먼트와 이것을 보호하기 위한 덮개로 이루어지며 실내 벽면 아랫부분의 나비 나무 부분을 따라서 부착하여 방열하는 형식의 것은?

① 컨백터
② 패널 라디에이터
③ 섹셔널 라디에이터
④ 베이스 보드 히터

> 베이스 보드 히터 : 대류작용을 촉진하기 위해 관과 핀으로 이루어지는 엘리먼트와 이것을 보호하기 위한 덮개로 구성된 방열기.

46 에너지이용 합리화법에 따라 산업통상자원부령으로 정하는 광고매체를 이용하여 효율관리기자재의 광고를 하는 경우에는 그 광고내용에 에너지소비효율, 에너지소비효율등급을 포함시켜야 할 의무가 있는 자가 아닌 것은?

① 효율관리기자재 제조업자
② 효율관리기자재 광고업자
③ 효율관리기자재 수입업자
④ 효율관리기자재 판매업자

> 광고내용에 포함시켜야 할 의무가 있는 대상자 : 제조업자, 수입업자, 판매업자 등

47 에너지이용 합리화법상 효율관리기자재에 해당하지 않는 것은?

① 전기냉장고　　② 전기냉방기
③ 자동차　　　　④ 범용선반

> 효율관리기자재 : 전기냉장고, 전기냉방기, 전기세탁기, 조명기기, 삼상유도전동기, 자동차 등

48 보일러 점화조작 시 주의사항에 대한 설명으로 틀린 것은?

① 연소실의 온도가 높으면 연료의 확산이 불량해져서 착화가 잘 안된다.
② 연료가스의 유출속도가 너무 빠르면 실화 등이 일어나고, 너무 늦으면 역화가 발생한다.
③ 연료의 유압이 낮으면 점화 및 분사가 불량하고 높으면 그을음이 축적된다.
④ 프리퍼지 시간이 너무 길면 연소실의 냉각을 초래하고 너무 늦으면 역화를 일으킬 수 있다.

> 연소실의 온도가 높으면 : 연료의 점화가 용이하고, 연소상태가 좋아져 완전연소가 가능하다.

49 보일러 저수위 사고의 원인으로 가장 거리가 먼 것은?

① 보일러 이음부에서의 누설
② 수면계 수위의 오판
③ 급수장치가 증발능력에 비해 과소
④ 연료 공급 노즐의 막힘

> 연료 공급 노즐의 막힘 : 점화불량의 원인 및 연소상태 불량

50 보일러의 휴지, 보존시에 질소가스 봉입보존법을 사용할 경우 질소가스의 압력을 몇 MPa 정도로 보존하는가?

① 0.2　　　　② 0.6
③ 0.02　　　④ 0.06

> 질소가스 봉입보존법 : 건조보존(장기보존)방법으로 0.06 MPa의 압력으로 봉입한다.

51 보일러 내처리로 사용되는 액체의 종류에서 pH, 알칼리 조정 작용을 하는 내처리제에 해당하지 않는 것은?

① 수산화나트륨　　② 히드라진
③ 인산　　　　　　④ 암모니아

> • 탈산소제 : 히드라진, 아황산나트륨, 탄닌
> • 인산 : pH, 알칼리 조절하여 스케일 부착을 방지하는 내처리제로 사용

52 가동 중인 보일러의 취급 시 주의사항으로 틀린 것은?

① 보일러수가 항시 일정수위(상용수위)가 되도록 한다.
② 보일러 부하에 응해서 연소율을 가감한다.
③ 연소량을 증가시킬 경우에는 먼저 연료량을 증가시키고 난 후 통풍량을 증가시켜야 한다.
④ 보일러수의 농축을 방지하기 위해 주기적으로 블로우 다운을 실시한다.

🔍 연소량을 증가시킬 경우 : 공기량을 먼저 증가시키고 난 후 연료량을 증가시켜야 한다.

53 보일러 배관 중에 신축이음을 하는 목적으로 가장 적합한 것은?

① 증기 속의 이물질을 제거하기 위하여
② 열팽창에 의한 관의 파열을 막기 위하여
③ 보일러 수의 누수를 막기 위하여
④ 증기 속의 수분을 분리하기 위하여

🔍 신축이음의 종류 : 루프형, 슬리브형, 벨로즈형, 스위블형 등

54 에너지이용 합리화법에 따라 에너지사용계획을 수립하여 산업통상자원부장관에게 제출하여야 하는 민간사업주관자의 시설규모로 맞는 것은?

① 연간 2500 티·오·이 이상의 연료 및 열을 사용하는 시설
② 연간 5000 티·오·이 이상의 연료 및 열을 사용하는 시설
③ 연간 1천만 킬로와트 이상의 전력을 사용하는 시설
④ 연간 500만 킬로와트 이상의 전력을 사용하는 시설

🔍 민간사업주관자의 시설규모
• 연간 5000 티·오·이 이상의 연료 및 열을 사용하는 시설
• 연간 2천만 킬로와트 이상의 전력을 사용하는 시설
공공사업주관자의 시설규모
• 연간 2천5백 티오이 이상의 연료 및 열을 사용하는 시설
• 연간 1천만 킬로와트시 이상의 전력 사용하는 시설

55 효율관리기자재 운용규정에 따라 가정용 가스보일러에서 시험성적서 기재 항목에 포함되지 않는 것은?

① 난방열효율   ② 가스소비량
③ 부하손실   ④ 대기전력

56 신·재생에너지 설비 중 태양의 열에너지를 변환시켜 전기를 생산하거나 에너지원으로 이용하는 설비로 맞는 것은?

① 태양열 설비   ② 태양광 설비
③ 바이오에너지 설비 ④ 풍력 설비

🔍 • 태양열 설비 : 태양의 열에너지를 변환시켜 전기를 생산하거나 에너지원으로 이용하는 설비
• 태양광 설비 : 태양의 빛에너지를 변환시켜 전기를 생산하거나 채광(採光)에 이용하는 설비
• 바이오에너지 설비 : 바이오에너지를 생산하거나 이를 에너지원으로 이용하는 설비
• 풍력 설비 : 바람의 에너지를 변환시켜 전기를 생산하는 설비
• 수력 설비 : 물의 유동(流動) 에너지를 변환시켜 전기를 생산하는 설비

57 에너지이용 합리화법에 따라 에너지이용 합리화 기본계획을 수립하여야 하는 자는 누구인가?

① 산업통상자원부장관
② 지방자치단체의 장
③ 국무총리
④ 대통령

🔍 산업통상자원부장관은 에너지를 합리적으로 이용하게 하기 위하여 에너지이용 합리화에 관한 기본계획(이하 "기본계획"이라 한다)을 수립하여야 한다.

58 열사용기자재 검사기준에 따라 수압시험을 할 때 강철제 보일러의 최고사용압력이 0.43MPa를 초과, 1.5MPa 이하인 보일러의 수압시험 압력은?

① 최고 사용압력의 2배 + 0.1 MPa
② 최고 사용압력의 1.5배 + 0.2 MPa
③ 최고 사용압력의 1.3배 + 0.3 MPa
④ 최고 사용압력의 2.5배 + 0.5 MPa

🔍 • 최고사용압력이 0.43MPa~1.5MPa 이하인 경우에는 최고 사용압력의 1.3배+0.3MPa

59 배관의 나사이음과 비교한 용접이음의 특징으로 잘못 설명된 것은?

① 나사 이음부와 같이 관의 두께에 불균일한 부분이 없다.
② 돌기부가 없어 배관상의 공간효율이 좋다.
③ 이음부의 강도가 적고, 누수의 우려가 크다.
④ 변형과 수축, 잔류응력이 발생할 수 있다.

🔍 용접이음 : 나사이음 보다 이음부의 강도가 크고, 누수의 우려가 적으며 보온피복이 용이하다.

60 부식억제제의 구비조건에 해당하지 않는 것은?

① 스케일의 생성을 촉진할 것
② 정지나 유동시에도 부식억제 효과가 클 것
③ 방식 피막이 두꺼우며 열전도에 지장이 없을 것
④ 이종금속과의 접촉부식 및 이종금속에 대한 부식촉진 작용이 없을 것

🔍 부식억제제 : 스케일의 생성을 방지할 것

정답 2013년 1회

01 ①	02 ②	03 ④	04 ①	05 ④
06 ②	07 ③	08 ③	09 ②	10 ④
11 ②	12 ②	13 ④	14 ③	15 ③
16 ①	17 ④	18 ②	19 ④	20 ④
21 ②	22 ②	23 ③	24 ④	25 ③
26 ①	27 ①	28 ②	29 ①	30 ③
31 ④	32 ①	33 ①	34 ②	35 ①
36 ④	37 ②	38 ②	39 ④	40 ④
41 ④	42 ③	43 ②	44 ②	45 ④
46 ②	47 ④	48 ①	49 ②	50 ④
51 ②	52 ③	53 ②	54 ②	55 ③
56 ①	57 ①	58 ③	59 ③	60 ①

2013년 2회 기출문제

01 보일러의 기수분리기를 가장 옳게 설명한 것은?

① 보일러에서 발생한 증기 중에 포함되어 있는 수분을 제거하는 장치
② 증기 사용처에서 증기 사용 후 물과 증기를 분리하는 장치
③ 보일러에서 투입되는 연소용 공기 중의 수분을 제거하는 장치
④ 보일러 급수 중에 포함되어 있는 공기를 제거하는 장치

🔍 기수분리기 : 발생 증기 중에 포함된 수분을 분리 제거하여 건조도가 높은 증기를 얻기 위한 장치

02 다음 중 보일러 스테이(stay)의 종류에 해당 되지 않는 것은?

① 거싯(gusset)스테이
② 바(bar)스테이
③ 튜브(tube)스테이
④ 너트(nut)스테이

🔍 스테이(버팀) : 압력에 약한 부분을 보강하여 변형을 방지하기 위한 장치
• 종류 : 거싯 버팀, 바(bar)버팀, 튜브(관) 버팀, 행거 버팀, 나사 버팀, 도그 버팀 등

03 보일러 마력(Boiler Horsepower)에 대한 정의로 가장 옳은 것은?

① 0℃ 물 15.65kg을 10분에 증기로 만들 수 있는 능력
② 100℃ 물 15.65kg을 1시간에 증기로 만들 수 있는 능력
③ 0℃ 물 15.65kg을 10분에 증기로 만들 수 있는 능력
④ 100℃ 물 15.65kg을 10분에 증기로 만들 수 있는 능력

🔍 보일러 마력 : 100℃ 물 15.65kg을 1시간에 같은 온도의 증기로 만들 수 있는 능력
• 보일러 마력 = $\dfrac{상당증발량}{15.65}$

04 증기 중에 수분이 많을 경우의 설명으로 잘못된 것은?

① 건조도가 저하한다.
② 증기의 손실이 많아진다.
③ 증기 엔탈피가 증가한다.
④ 수격작용이 발생할 수 있다.

🔍 증기 중 수분이 많으면 : 증기의 건조도가 낮아지고, 증발잠열이 감소되어 증기엔탈피는 저하된다.

05 외분식 보일러의 특징 설명으로 잘못된 것은?

① 연소실의 크기가 형상을 자유롭게 할 수 있다.
② 연소율이 좋다.
③ 사용연료의 선택이 자유롭다.
④ 방사 손실이 거의 없다.

🔍 외분식 : 연소율이 좋아 연료의 선택범위가 넓으나, 복사열(방사열)의 흡수가 나쁘다.

06 보일러 열정산 시 증기의 건도는 몇 % 이상에서 시험함을 원칙으로 하는가?

① 96%
② 97%
③ 98%
④ 99%

🔍 주철제 보일러의 경우 : 97% 이상

07 보일러 저수위 경보장치 종류에 속하지 않는 것은?

① 플로트식
② 전극식
③ 열팽창관식
④ 압력제어식

🔍 저수위 경보장치 : 플로트식(맥도널식), 전극식, 열팽창관식, 자압식 등

08 액체연료의 일반적인 특징에 관한 설명으로 틀린 것은?

① 유황분이 없어서 기기 부식의 염려가 거의 없다.
② 고체 연료에 비해서 단위 중량당 발열량이 높다.
③ 연소효율이 높고 연소조절이 용이하다.
④ 수송과 저장 및 취급이 용이하다.

🔍 액체연료 : 황분(S)이 많이 포함되어 저온부식을 일으킨다.

09 어떤 물질의 단위질량(1kg)에서 온도를 1℃ 높이는데 소용되는 열량을 무엇이라고 하는가?

① 열용량
② 비열
③ 잠열
④ 엔탈피

🔍 • 열용량(kcal/℃) : 어떤 물질의 온도1℃ 높이는데 필요한 열량
• 비열 = 열용량 ÷ 질량

10 엔탈피가 25kcal/kg인 급수를 받아 1시간당 20000kg의 증기를 발생하는 경우 이 보일러의 매시 환산 증발량은 몇 kg/h 인가?(단, 발생증기엔탈피는 725kcal/kg이다)

① 3246kg/h
② 6493kg/h
③ 12987kg/h
④ 25974kg/h

🔍 환산증발량(상당증발량)
$= \dfrac{20000 \times (725-25)}{539} = 25974 kg/h$

11 다음 중 수면계의 기능시험을 실시해야 할 시기로 옳지 않은 것은?

① 보일러를 가동하기 전
② 2개의 수면계의 수위가 동일할 때
③ 수면계 유리의 교체 또는 보수를 행하였을 때
④ 프라이밍, 포밍 등이 생길 때

🔍 수면계의 기능시험 시기 : 2개의 수면계의 수위가 서로 차이가 날 때

12 다음 보일러 중 특수열매체 보일러에 해당 되는 것은?

① 타쿠마 보일러
② 카네크롤 보일러
③ 슐쳐 보일러
④ 하우덴 존슨 보일러

🔍 특수열매체 보일러 : 다우삼, 수은, 카네크롤, 모빌 썸, 세큐리티 등

13 보일러 자동제어에서 급수제어의 약호는?

① A.B.C
② F.W.C
③ S.T.C
④ A.C.C

🔍 • A.B.C : 보일러 자동제어
• S.T.C : 증기온도제어
• A.C.C : 자동연소제어

14 다음 중 고체연료의 연소방식에 속하지 않는 것은?

① 화격자 연소방식
② 확산 연소방식
③ 미분탄 연소방식
④ 유동층 연소방식

🔍 확산연소방식 : 기체연료 연소방법으로 외부혼합식

15 공기예열기에서 전열 방법에 따른 분류에 속하지 않는 것은?

① 전도식
② 재생식
③ 히트파이프식
④ 열팽창식

🔍 공기예열기의 종류 : 전도식(전열식), 재생식, 히트 파이프식 등

16 보일러에 부착하는 압력계의 취급상 주의사항으로 틀린 것은?

① 온도가 353K 이상 올라가지 않도록 한다.
② 압력계는 고장이 날 때 까지 계속 사용하는 것이 아니라 일정사용 시간을 정하고 정기적으로 교체하여야 한다.
③ 압력계 사이폰 관의 수직부에 콕크를 설치하고 콕크의 핸들이 축 방향과 일치할 때에 열린 것이어야 한다.
④ 부르돈관 내에 직접 증기가 들어가면 고장이 나기 쉬우므로 사이폰 관에 물이 가득 차지 않도록 한다.

🔍 사이폰 관 : 내부에 물이 가득 채워진 관으로 증기가 부르돈관 내에 직접 들어가지 못하게 하여 압력계를 보호한다.

17 수트 블로워에 관한 설명으로 잘못된 것은?

① 전열면 외측의 그을음 등을 제거하는 장치이다.
② 분출기 내의 응축수를 배출시킨 후 사용한다.
③ 블로우 시에는 댐퍼를 열고 흡입통풍을 증가시킨다.
④ 부하가 50% 이하인 경우에만 블로우 한다.

🔍 수트 블로워 : 작업 종류 후 또는 보일러 부하가 50% 이하일 경우 사용을 금한다.

18 다음 열역학과 관계된 용어 중 그 단위가 다른 것은?

① 열전달계수   ② 열전도율
③ 열관류율   ④ 열통과율

🔍 • 열전도율: kcal/mh℃
• 열관류율, 열통과율, 열전달계수: kcal/m²h℃

19 다음 보기에서 그 연결이 잘못된 것은?

┌─────────────────────────────────┐
│ ㉠ 관성력집진장치– 충돌식, 반전식   │
│ ㉡ 전기식집진장치– 코트렐 집진장치   │
│ ㉢ 저유수식집진장치– 로터리 스크레버식 │
│ ㉣ 가압수식집진장치– 임펄스 스크레버식 │
└─────────────────────────────────┘

① ㉠   ② ㉡
③ ㉢   ④ ㉣

🔍 • 회전식 집진장치 : 임펄스 스크레버식
• 가압수식 : 사이크론 스크레버, 벤튜리 스크레버, 충진탑

20 보일러의 안전장치와 거리가 가장 먼 것은?

① 과열기
② 안전밸브
③ 저수위 경보기
④ 방폭문

🔍 과열기 : 폐열회수장치(여열장치)

21 고체연료에서 탄화가 많이 될수록 나타나는 현상으로 옳은 것은?

① 고정탄소가 감소하고, 휘발분은 증가되어 연료비는 감소한다.
② 고정탄소가 증가하고, 휘발분은 감소되어 연료비는 감소한다.
③ 고정탄소가 감소하고, 휘발분은 증가되어 연료비는 증가한다.
④ 고정탄소가 증가하고, 휘발분은 감소되어 연료비는 증가한다.

🔍 탄화도가 높으면 : 고정탄소가 증가되고 파란 단염을 발생하며, 발열량이 높아진다.

22 다음 각각의 자동제어에 관한 설명 중 맞는 것은?

① 목표 값이 일정한 자동제어를 추치제어라고 한다.
② 어느 한쪽의 조건이 구비되지 않으면 다른 제어를 정지시키는 것은 피드백 제어이다.
③ 결과가 원인으로 되어 제어단계를 진행하는 것을 인터록 제어라고 한다.
④ 미리 정해진 순서에 따라 제어의 각 단계를 차례로 진행하는 제어는 시퀀스 제어이다.

🔍 ① 정치제어 ② 인터록 ③ 피드백 제어

23 난방 및 온수 사용열량이 400000kcal/h인 건물에, 효율 80%인 보일러로서 저위발열량 10000kcal/Nm³인 기체연료를 연소시키는 경우, 시간당 소요 연료량은 약 몇 Nm³/h인가?

① 45
② 60
③ 56
④ 50

🔍 연료사용량 = $\dfrac{400000}{0.8 \times 10000}$ = 50Nm³/h

24 보일러에서 카본이 생성되는 원인으로 거리가 먼 것은?

① 유류의 분무상태 또는 공기와의 혼합이 불량할 때
② 버너 타일공의 각도가 버너의 화염각도 보다 작은 경우
③ 노통 보일러와 같이 가느다란 노통을 연소실로 하는 것에서 화염각도가 현저하게 작은 버너를 설치하고 있는 경우
④ 직립보일러와 같이 연소실의 길이가 짧은 노에다가 화염의 길이가 매우 긴 버너를 설치하고 있는 경우

🔍 화염이 각도가 좁은 경우 : 연소실은 길고 좁게 한다.

25 다음 중 여과식 집진장치의 분류가 아닌 것은?

① 유수식
② 원통식
③ 평판식
④ 역기류 분사식

🔍 여과식 집진장치의 종류 : 원통식, 평판식, 역기류 분사식 등

26 절대온도 380k를 섭씨온도로 환산하면 약 몇 ℃인가?

① 107℃
② 380℃
③ 653℃
④ 926℃

🔍 K = t℃ + 273.15

27 유류보일러의 자동장치 점화방법의 순서가 맞는 것은?

① 송풍기 가동 → 연료펌프 가동 → 프리퍼지 → 점화용 버너 착화 → 주버너 착화
② 송풍기 가동 → 프리퍼지 → 점화용 버너 착화 → 연료펌프 가동 → 주버너 착화
③ 연료펌프 가동 → 점화용 버너 착화 → 프리퍼지 → 주버너 착화 → 송풍기 가동
④ 연료펌프 가동 → 주버너 착화 → 점화용 버너 착화 → 프리퍼지 → 송풍기 가동

28 보일러 자동제어에서 신호전달 방식 종류에 해당되지 않는 것은?

① 팽창식
② 유압식
③ 전기식
④ 공기압식

🔍 신호전달 방식 : 전기식, 유압식, 공기압식

29 연료의 연소시 과잉공기계수(공기비)를 구하는 올바른 식은?

① $\dfrac{연소가스량}{이론공기량}$
② $\dfrac{실제공기량}{이론공기량}$
③ $\dfrac{배기가스량}{사용공기량}$
④ $\dfrac{사용공기량}{배기가스량}$

🔍 공기비(m) = $\dfrac{실제공기량}{이론공기량}$ > 1

30 주증기관에서 증기의 건도를 향상 시키는 방법으로 적당하지 않은 것은?

① 가압하여 증기의 압력을 높인다.
② 드레인 포켓을 설치한다.
③ 증기 공간 내에 공기를 제거 한다.
④ 기수분리기를 사용한다.

🔍 가압하여 증기의 압력을 높이면 : 습증기 발생이 많아지고 건조도가 낮아진다.

31 원통형 보일러와 비교할 때 수관식 보일러의 특징 설명으로 틀린 것은?

① 수관의 관경이 적어 고압에 잘 견딘다.
② 보유수가 적어서 부하변동 시 압력변화가 적다.
③ 보일러수의 순환이 빠르고 효율이 높다.
④ 구조가 복잡하여 청소가 곤란하다.

> 수관식 보일러 : 보유수량이 적어 부하변동 시 압력변화가 크고, 사고시 피해가 적다.

32 보일러의 자동 연료차단장치가 작동하는 경우가 아닌 것은?

① 최고사용압력이 0.1MPa 미만인 주철제 온수 보일러의 경우 온수온도가 105℃인 경우
② 최고사용압력이 0.1MPa를 초과하는 증기보일러에서 보일러의 저수위 안전장치가 동작할 때
③ 관류보일러에 공급하는 급수량이 부족한 경우
④ 증기압력이 설정압력보다 높은 경우

> 자동 연료차단장치가 작동 : 최고사용압력이 0.1MPa 초과하는 주철제 온수 보일러의 온수온도가 115℃를 초과하는 경우

33 그림과 같이 개방된 표면에서 구멍 형태로 깊게 침식하는 부식을 무엇이라고 하는가?

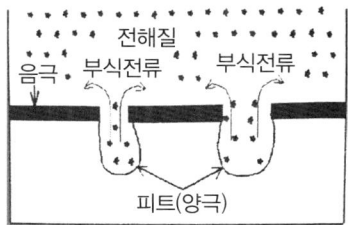

① 국부부식
② 그루빙(grooving)
③ 저온부식
④ 점식(pitting)

> 점식(pitting) : 일명 공식이라고도 하며 염화물이온과 용존산소가 공존하는 수용액에서 발생한다.

34 연료의 완전연소를 위한 구비조건으로 틀린 것은?

① 연소실 내의 온도는 낮게 유지할 것
② 연료와 공기의 혼합이 잘 이루어지도록 할 것
③ 연료와 연소장치가 맞을 것
④ 공급 공기를 충분히 예열시킬 것

> 완전연소의 조건 : 연소실 내의 온도는 높게 유지할 것

35 증기 트랩의 설치 시 주의사항에 관한 설명으로 틀린 것은?

① 응축수 배출점이 여러 개가 있을 경우 응축수 배출점을 묶어서 그룹 트랩핑을 하는 것이 좋다.
② 증기가 트랩에 유입되면 즉시 배출시켜 운전에 영향을 미치지 않도록 하는 것이 필요하다.
③ 트랩에서의 배출관은 응축수 회수주관의 상부에 연결하는 것이 필수적으로 요구되며, 특히 회수주관이 고가배관으로 되어 있을 때에는 더욱 주의하여 연결하여야 한다.
④ 증기트랩에서 배출되는 응축수를 회수하여 재활용하는 경우에 응축수 회수관 내에는 원하지 않는 배압이 형성되어 증기트랩의 용량에 영향을 미칠 수 있다.

> 증기 트랩의 설치 : 응축수 배출점이 여러 개가 있을 경우 각각의 증기트랩을 설치하여야 하며, 그룹 트랩핑을 하지 않는다.

36 액상 열매체 보일러시스템에서 열매체유의 액팽창을 흡수하기 위한 팽창탱크의 최소 체적(V_T)을 구하는 식으로 옳은 것은? (단, V_E는 승온 시 시스템 내의 열매체유 팽창량, V_M은 상온 시 탱크 내의 열매체유 보유량이다.)

① $V_T = V_E + V_M$
② $V_T = V_E + 2V_M$
③ $V_T = 2V_E + V_M$
④ $V_T = 2V_E + 2V_M$

> 팽창탱크의 최소체적 : $(V_T) = 2V_E + V_m$
> • 팽창탱크의 연결배관은 열매체유 순환펌프의 흡입배관에 연결한다.

37 보일러 사고의 원인 중 보일러 취급상의 사고 원인이 아닌 것은?

① 재료 및 설계불량
② 사용압력초과 운전
③ 저수위 운전
④ 급수처리 불량

> 보일러 사고
> • 제작상 원인 : 재료불량, 강도부족, 설계 및 구조불량, 용접불량 등

38 진공환수식 증기난방 배관시공에 관한 설명 중 맞지 않는 것은?

① 증기주관은 흐름 방향에 1/200~1/300의 앞내림 기울기로 하고 도중에 수직 상향부가 필요한 때 트랩장치를 한다.
② 방열기 분기관 등에서 앞단에 트랩장치가 없을 때는 1/50~1/100의 앞올림 기울기로 하여 응축수를 주관에 역류시킨다.
③ 환수관에 수직 상향부가 필요한 때는 리프트 피팅을 써서 응축수가 위쪽으로 배출하게 한다.
④ 리프트 피팅은 될 수 있으면 사용개소를 많게 하고 1단을 2.5 m 이내로 한다.

> 리프트 피팅의 1단 높이 : 1.5m 이내

39 압축기 진동과 서징, 관의 수격작용, 지진 등에서 발생하는 진동을 억제하는 데 사용되는 지지 장치는?

① 벤드벤
② 플랩 밸브
③ 그랜드 패킹
④ 브레이스

> 브레이스 : 펌프, 압축기 등의 진동 및 충격을 흡수, 억제시키는 데 사용되는 공구

40 점화장치로 이용되는 파이로트 버너는 화염을 안정시키기 위해 보염식 버너가 이용되고 있는데, 이 보염식 버너의 구조에 관한 설명으로 가장 옳은 것은?

① 동일한 화염 구멍이 8~9개 내외로 나뉘어져 있다.
② 화염 구멍이 가느다란 타원형으로 되어 있다.
③ 중앙의 화염 구멍 주변으로 여러 개의 작은 화염구멍이 설치되어 있다.
④ 화염 구멍부 구조가 원뿔 형태와 같이 되어 있다.

41 증기난방과 비교하여 온수난방의 특징에 대한 설명으로 틀린 것은?

① 물의 현열을 이용하여 난방하는 방식이다.
② 예열에 시간이 걸리지만 쉽게 냉각되지 않는다.
③ 동일 방열량에 대하여 방열면적이 크고 관경도 굵어야 한다.
④ 실내 쾌감도가 증기난방에 비해 낮다.

> 온수난방 : 방열량이 적어 방열면적이 넓어야 하고 냄새가 없어 실내 쾌감도가 높다.

42 파이프 커터로 관을 절단하면 안으로 거스러미(burr)가 생기는데 이것을 능률적으로 제거하는데 사용되는 공구는?

① 다이 스토크
② 사각줄
③ 파이프 리머
④ 체인 파이프렌치

> 파이프 리머 : 절단면의 관내에 발생하는 거스러미(burr)를 제거하는 공구

43 증기난방의 분류 중 응축수 환수방식에 의한 분류에 해당 되지 않는 것은?

① 중력환수방식
② 기계환수방식
③ 진공환수방식
④ 상향환수방식

> 응축수 환수방식 : 중력환수식, 기계환수식, 진공환수식 등

44 보온재 선정 시 고려해야 할 조건이 아닌 것은?

① 부피 비중이 작을 것
② 보온능력이 클 것
③ 열전도율이 클 것
④ 기계적 강도가 클 것

🔍 보온재 : 독립기포의 다공질성으로 가볍고, 열전도율이 나쁘다.

45 스케일의 종류 중 보일러 급수 중의 칼슘성분과 결합하여 규산칼슘을 생성하기도 하며, 이 성분이 많은 스케일은 대단히 경질이기 때문에 기계적, 화학적으로 제거하기 힘든 스케일 성분은?

① 실리카
② 황산마그네슘
③ 염화마그네슘
④ 유지

🔍 실리카 : 규산염 스케일의 주성분으로 급수 중의 칼슘성분과 결합하여 규산칼슘을 생성하는 경질 스케일

46 에너지이용합리화법에 따라 검사대상기기의 용량이 15t/h인 보일러일 경우 관리자의 자격 기준으로 가장 옳은 것은?

① 에너지관리기능장 자격 소지자만이 가능하다.
② 에너지관리기능장, 에너지관리기사 자격 소지자만이 가능하다.
③ 에너지관리기능장, 에너지관리기사, 에너지관리산업기사 자격 소지자만이 가능하다.
④ 에너지관리기능장, 에너지관리기사, 에너지관리산업기사, 에너지관리기능사 자격소지자만이 가능하다.

🔍 검사대상기기관리자의 자격 기준
• 용량 30t/h 초과 : 에너지관리기능장 또는 에너지관리기사
• 용량 10t/h~30t/h 이하 : 에너지관리기능장, 에너지관리기사 또는 에너지관리산업기사
• 용량 10t/h 이하 : 에너지관리기능장, 에너지관리기사, 에너지관리산업기사 또는 에너지관리기능사

47 가스 폭발에 대한 방지대책으로 거리가 먼 것은?

① 점화 조작 시에는 연료를 먼저 분무시킨 후 무화용 증기나 공기를 공급한다.
② 점화할 때에는 미리 충분한 프리퍼지를 한다.
③ 연료속의 수분이나 슬러지 등은 충분히 배출한다.
④ 점화전에는 중유를 가열하여 필요한 점도로 해둔다.

🔍 점화 조작 : 공기를 먼저 공급한 후 연료를 공급한다.

48 관의 결합방식 표시방법 중 플랜지식의 그림 기호로 맞는 것은?

🔍 ① - 나사이음, ② - 용접이음, ④ - 유니온

49 회전이음, 지블이음 등으로 불리며, 증기 및 온수난방 배관용으로 사용하고 현장에서 2개 이상의 엘보를 조립해서 설치하는 신축 이음은?

① 벨로즈형 신축이음
② 루프형 신축이음
③ 스위블형 신축이음
④ 슬리브형 신축이음

🔍 스위블형 신축이음 : 방열기 입구 수직관에 설치하며 2개 이상의 엘보를 연결 하여 신축을 조절하는 장치로 고압에 부적당하고, 누수의 우려가 있다.

50 다음 보기 중에서 보일러의 운전정지 순서를 올바르게 나열한 것은?

| ㉠ 증기밸브를 닫고, 드레인 밸브를 연다. |
| ㉡ 공기의 공급을 정지시킨다. |
| ㉢ 댐퍼를 닫는다. |
| ㉣ 연료의 공급을 정지시킨다. |

① ㉡ → ㉣ → ㉠ → ㉢
② ㉣ → ㉡ → ㉠ → ㉢
③ ㉢ → ㉣ → ㉠ → ㉡
④ ㉠ → ㉣ → ㉡ → ㉢

51 에너지이용합리화법에 따라 에너지다소비사업자에게 개선명령을 하는 경우는 에너지관리지도 결과 몇 % 이상의 에너지 효율개선이 기대되고 효율개선을 위한 투자의 경제성이 인정되는 경우인가?

① 5%
② 10%
③ 15%
④ 20%

> 개선명령 : 에너지관리 지도 결과 에너지 효율개선이 10% 이상 기대되는 경우로 산업통상자원부장관이 명한다.

52 신·재생에너지 설비인증 심사기준을 일반 심사기준과 설비 심사기준으로 나눌 때 다음 중 일반심사 기준에 해당되지 않는 것은?

① 신·재생에너지 설비의 제조 및 생산 능력의 적정성
② 신·재생에너지 설비의 품질유지·관리능력의 적정성
③ 신·재생에너지 설비의 에너지효율의 적정성
④ 신·재생에너지 설비의 사후관리의 적정성

> • 일반심사(공장확인) : 제조 및 생산, 품질유지관리, 사후관리 능력 확인
> • 설비심사(성능검사) : 성능검사기관이 발행한 검사결과서의 결과

53 평소 사용하고 있는 보일러의 가동 전 준비사항으로 틀린 것은?

① 각종기기의 기능을 검사하고 급수계통의 이상 유무를 확인한다.
② 댐퍼를 닫고 프리퍼지를 행한다.
③ 각 밸브의 개폐상태를 확인한다.
④ 보일러수의 물의 높이는 상용 수위로 하여 수면계로 확인한다.

> 가동 전 준비사항 : 댐퍼를 열고 프리퍼지(점화전 통풍)를 행한다.

54 에너지법상 지역에너지계획에 포함되어야 할 사항이 아닌 것은?

① 에너지 수급의 추이와 전망에 관한 사항
② 에너지이용합리화와 이를 통한 온실가스배출 감소를 위한 대책에 관한 사항
③ 미활용에너지원의 개발·사용을 위한 대책에 관한 사항
④ 에너지 소비촉진 대책에 관한 사항

> 지역에너지계획의 포함사항
> • 에너지 수급의 추이와 전망에 관한 사항
> • 에너지의 안정적 공급을 위한 대책에 관한 사항
> • 신·재생에너지 등 환경친화적 에너지 사용을 위한 대책에 관한 사항
> • 에너지 사용의 합리화와 이를 통한 온실가스의 배출감소를 위한 대책에 관한 사항
> • 집단에너지공급대상지역으로 지정된 지역의 경우 그 지역의 집단에너지 공급을 위한 대책에 관한 사항
> • 미활용 에너지원의 개발·사용을 위한 대책에 관한 사항
> • 그 밖에 에너지시책 및 관련 사업을 위하여 시·도지사가 필요하다고 인정하는 사항

55 다음 ( )안의 A, B에 각각 들어갈 용어로 옳은 것은?

> 에너지이용 합리화법은 에너지의 수급을 안정시키고 에너지의 합리적이고 효율적인 이용을 증진하며 에너지소비로 인한 (A)을(를) 줄임으로써 국민경제의 건전한 발전 및 국민복지의 증진과 (B)의 최소화에 이바지함을 목적으로 한다.

① A = 환경파괴 B = 온실가스
② A = 자연파괴 B = 환경피해
③ A = 환경피해 B = 지구온난화
④ A = 온실가스배출 B = 환경파괴

56 어떤 거실의 난방부하가 5000kcal/h, 주철제 온수방열기로 난방 할 때 필요한 방열기의 쪽수(절수)는?(단, 방열기 1쪽당 방열면적은 0.26m²이고, 방열량은 표준방열량으로 한다.)

① 11
② 2
③ 30
④ 43

> 방열기소요수 = $\dfrac{5000}{450 \times 0.26}$ = 42.7

57 제3자로부터 위탁을 받아 에너지사용시설의 에너지절약을 위한 관리·용역 사업을 하는 자로서 산업통상자원부장관에게 등록을 한 자를 지칭하는 기업은?

① 에너지진단기업
② 수요관리투자기업
③ 에너지절약전문기업
④ 에너지기술개발전담기업

> 정부는 제3자로부터 위탁을 받아 다음의 어느 하나에 해당하는 사업을 하는 자로서 산업통상자원부장관에게 등록을 한 자(이하 "에너지절약전문기업"이라 한다)가 에너지절약사업과 이를 통한 온실가스의 배출을 줄이는 사업을 하는 데에 필요한 지원을 할 수 있다.
> • 에너지사용시설의 에너지절약을 위한 관리·용역사업
> • 에너지절약형 시설투자에 관한 사업
> • 그 밖에 대통령령으로 정하는 에너지절약을 위한 사업

58 다음 관이음 중 진동이 있는 곳에 가장 적합한 이음은?

① MR 조인트 이음
② 용접이음
③ 나사 이음
④ 플렉시블 이음

> 플렉시블 이음 : 진동 및 충격을 흡수, 완화하기 위한 이음

59 파이프 또는 이음쇠의 나사이음 분해 조립 시, 파이프 등을 회전시키는 데 사용되는 공구는?

① 파이프 리머
② 파이프 익스팬더
③ 파이프 렌치
④ 파이프 커터

> 파이프 렌치 : 조정파이프렌치, 옵셋 파이프렌치, 체인 파이프렌치, 스트랩 파이프렌치 등

60 천연고무와 비슷한 성질을 가진 합성고무로서 내유성, 내후성, 내산화성, 내열성 등이 우수하며, 석유용매에 대한 저항성이 크고 내열도는 −46℃~121℃ 범위에서 안정한 패킹 재료는?

① 과열 석면
② 네오플렌
③ 테프론
④ 하스텔로이

> 네오플렌 : 천연고무와 비슷한 성질을 가진 합성고무제품으로 플랜지 패킹

정답 2013년 2회

01 ①	02 ④	03 ②	04 ③	05 ④
06 ③	07 ④	08 ①	09 ②	10 ④
11 ②	12 ②	13 ②	14 ②	15 ④
16 ④	17 ④	18 ②	19 ④	20 ①
21 ④	22 ④	23 ④	24 ③	25 ①
26 ①	27 ①	28 ①	29 ②	30 ①
31 ②	32 ①	33 ④	34 ①	35 ①
36 ③	37 ①	38 ④	39 ④	40 ③
41 ④	42 ③	43 ④	44 ③	45 ①
46 ③	47 ①	48 ③	49 ③	50 ②
51 ②	52 ③	53 ②	54 ④	55 ③
56 ④	57 ③	58 ④	59 ③	60 ②

2013년 3회 기출문제

01 과열기의 형식 중 증기와 열가스 흐름의 방향이 서로 반대인 과열기의 형식은?

① 병류식　　② 대향류식
③ 중류식　　④ 역류식

> 열가스의 흐름에 따른 과열기 종류
> • 병류형 : 증기의 흐름방향과 열가스의 흐름방향이 동일한 것
> • 향류형 : 증기의 흐름방향과 열가스의 흐름방향이 반대인 것
> • 혼류형 : 병류형 + 향류형

02 보일러에서 사용하는 화염검출기에 관한 설명 중 틀린 것은?

① 화염검출기는 검출이 확실하고 검출에 요구되는 응답시간이 길어야 한다.
② 사용하는 연료의 화염을 검출하는 것에 적합한 종류를 적용해야 한다.
③ 보일러용 화염검출기에는 주로 광학식 검출기와 화염검출봉식(flame rod) 검출기가 사용된다.
④ 광학식 화염검출기는 자외선식을 사용하는 것이 효율적이지만 유류보일러에는 일반적으로 가시광선식 또는 적외선식 화염검출기를 사용한다.

> 화염검출기 : 응답시간이 짧아야 연료차단이 빨리 이루어지고 노 내에 연료의 누입을 방지할 수 있다.

03 다음 중 보일러의 안전장치로 볼 수 없는 것은?

① 고저수위 경보장치
② 화염검출기
③ 급수펌프
④ 압력조절기

> 급수펌프 : 급수장치

04 측정 장소의 대기 압력을 구하는 식으로 옳은 것은?

① 절대 압력+게이지 압력
② 게이지 압력−절대 압력
③ 절대 압력−게이지 압력
④ 진공도×대기 압력

> 절대압력 = 게이지압력 + 대기압

05 원통형 보일러의 일반적인 특징에 관한 설명으로 틀린 것은?

① 구조가 간단하고 취급이 용이하다.
② 수부가 크므로 열 비축량이 크다.
③ 폭발시에도 비산 면적이 작아 재해가 크게 발생하지 않는다.
④ 사용 증기량의 변동에 따른 발생 증기의 압력 변동이 작다.

> 원통형 보일러의 일반적인 특징
> • 보유 수량이 많아 부하 변동에 응하기 쉽다.
> • 구조가 간단하고, 취급·점검·검사·수리 등이 용이하다.
> • 제작이 용이하고, 제작비가 저렴하다.
> • 압력 변화가 적다.
> • 고압, 대용량으로 부적합하다.
> • 증기 발생 시간이 길고, 효율이 낮다.
> • 파열 시 피해가 크다.

06 포화증기와 비교하여 과열증기가 가지는 특징 설명으로 틀린 것은?

① 증기의 마찰 손실이 적다.
② 같은 압력의 포화증기에 비해 보유열량이 많다.
③ 증기 소비량이 적어도 된다.
④ 가열 표면의 온도가 균일하다.

> 과열증기는 가열장치에 열응력이 발생하고, 표면온도를 일정하게 유지하기 곤란하다는 단점이 있다.

07 대기압에서 동일한 무게의 물 또는 얼음을 다음과 같이 변화시키는 경우 가장 큰 열량이 필요한 것은?(단, 물과 얼음의 비열은 각각 1 kcal/kg℃, 0.48kcal/kg℃ 이고, 물의 증발잠열은 539kcal/kg℃이고, 융해잠열은 80kcal/kg 이다.)

① -20℃의 얼음을 0℃의 얼음으로 변화
② 0℃의 얼음을 0℃의 물로 변화
③ 0℃의 물을 100℃의 물로 변화
④ 100℃의 물을 100℃의 증기로 변화

🔍 ① 9.6kcal/kg ② 80kcal/kg
   ③ 100kcal/kg ④ 5390kcal/kg

08 보일러 효율이 85%, 실제증발량이 5t/h이고, 발생증기의 엔탈피 656kcal/kg, 급수온도의 엔탈피는 56kcal/kg, 연료의 저위발열량 9750kcal/kg 일 때 연료 소비량은 약 몇 kg/h 인가?

① 316 ② 362
③ 389 ④ 405

🔍 연료소비량 = $\dfrac{5000 \times (656-56)}{0.85 \times 9750}$
= 361.99kg/h

09 온수보일러에서 배플플레이트(baffle plate)의 설치 목적으로 맞는 것은?

① 급수를 예열하기 위하여
② 연소효율을 감소시키기 위하여
③ 강도를 보강하기 위하여
④ 그을음 부착량을 감소시키기 위하여

🔍 배플 플레이트 : 연관 내부에 설치하여 전열을 좋게하기 위한 장치

10 보일러 통풍에 대한 설명으로 잘못된 것은?

① 자연 통풍은 일반적으로 별도의 동력을 사용하지 않고, 연돌로 인한 통풍을 말한다.
② 평형통풍은 통풍조절은 용이하나 통풍력이 약하여 주로 소용량 보일러에서 사용한다.
③ 압입 통풍은 연소용 공기를 송풍기로 노 입구에서 대기압보다 높은 압력으로 밀어 넣고 굴뚝의 통풍작용과 같이 통풍을 유지하는 방식이다.
④ 흡입통풍은 크게 연소가스를 직접 통풍기에 빨아들이는 직접 흡입식과 통풍기로 대기를 빨아들이게 하고 이를 이젝터로 보내어 그 작용에 의해 연소가스를 빨아들이는 간접흡입식이 있다.

🔍 평형통풍 : 통풍조절은 용이하고 통풍력이 강하여 주로 대용량 보일러에서 사용한다.

11 고압관과 저압관 사이에 설치하여 고압 측의 압력변화 및 증기 사용량 변화에 관계없이 저압 측의 압력을 일정하게 유지시켜 주는 밸브는?

① 감압 밸브
② 온도조절 밸브
③ 안전 밸브
④ 플로트 밸브

🔍 감압밸브 : 고압의 증기를 저압으로 낮추어 저압측의 압력을 일정하기 유지하기 위한 장치

12 보일러 2마력을 열량으로 환산하면 약 몇 kcal/h인가?

① 10780 ② 13000
③ 15050 ④ 16870

🔍 1보일러 마력 = 8435kcal/h

13 자동제어의 신호전달방법에서 공기압식의 특징으로 맞는 것은?

① 신호전달거리가 유압식에 비하여 길다.
② 온도제어 등에 적합하고 화재의 위험이 많다.
③ 전송시 시간지연이 생긴다.
④ 배관이 용이하지 않고 보존이 어렵다.

🔍 공기압식 : 전송거리가 100m 정도로 짧고 전송이 느리다.

14 보일러설치기술규격에서 보일러의 분류에 대한 설명 중 틀린 것은?

① 주철제보일러의 최고사용압력은 증기보일러일 경우 0.5MPa까지, 온수 온도는 373K(100℃)까지로 국한된다.
② 일반적으로 보일러는 사용매체에 따라 증기보일러, 온수보일러 및 열매체 보일러로 분류한다.
③ 보일러의 재질에 따라 강철제 보일러와 주철제 보일러로 분류한다.
④ 연료에 따라 유류보일러, 가스보일러, 석탄보일러, 목재보일러, 폐열보일러, 특수연료 보일러 등이 있다.

🔍 주철제 보일러 : 증기보일러는 최고사용압력 1MPa까지, 온수보일러는 온수온도는 393K (120℃)까지로 국한 된다.

15 연소 시 공기비가 적을 때 나타나는 현상으로 거리가 먼 것은?

① 배기가스 중 NO 및 NO_2의 발생량이 많아진다.
② 불완전연소가 되기 쉽다.
③ 미연소가스에 의한 가스 폭발이 일어나기 쉽다.
④ 미연소가스에 의한 열손실이 증가될 수 있다.

🔍 공기비가 적을 때 : 불완전연소가 되기 쉽고 배기가스 중 NO 및 NO_2의 발생량이 적어진다.

16 기체연료의 일반적인 특징을 설명한 것으로 잘못된 것은?

① 적은 공기비로 완전연소가 가능하다.
② 수송 및 저장이 편리하다.
③ 연소효율이 높고 자동제어가 용이하다.
④ 누설 시 화재 및 폭발의 위험이 크다.

🔍 기체연료 : 수송 및 저장이 곤란하고, 누설시 화재 및 폭발의 위험이 크다.

17 보일러의 수면계와 관련된 설명 중 틀린 것은?

① 증기보일러에는 2개(소용량 및 소형관류보일러는 1개) 이상의 유리수면계를 부착하여야 한다. 다만, 단관식 관류보일러는 제외한다.
② 유리수면계는 보일러 동체에만 부착하여야 하며 수주관에 부착하는 것은 금지하고 있다.
③ 2개 이상의 원격지시 수면계를 시설하는 경우에 한하여 유리수면계를 1개 이상으로 할 수 있다.
④ 유리수면계는 상·하에 밸브 또는 콕크를 갖추어야 하며 한눈에 그것의 개·폐 여부를 알 수 있는 구조이어야 한다. 다만, 소형관류보일러에서는 밸브 또는 콕크를 갖추지 아니할 수 있다.

🔍 유리수면계는 보일러 동체에 부착을 금지하고 수주관에 부착하는 것을 원칙으로 한다.

18 전열면적이 30m^2인 수직 연관보일러를 2시간 연소시킨 결과 3000kg의 증기가 발생하였다. 이 보일러의 증발률은 약 몇 kg/m^2·h인가?

① 20
② 30
③ 40
④ 50

🔍 보일러의 증발률 = $\dfrac{3000}{30 \times 2}$ = 50kg/m^2h

19 보일러의 부속설비 중 연료공급 계통에 해당하는 것은?

① 콤버스터
② 버너 타일
③ 수트 블로워
④ 오일 프리히터

🔍 오일 프리히터 : 중유 예열장치

20 노내에 분사된 연료에 연소용 공기를 유효하게 공급 확산시켜 연소를 유효하게 하고 확실한 착화와 화염의 안정을 도모하기 위하여 설치하는 것은?

① 화염검출기   ② 연료 차단밸브
③ 버너 정지 인터록   ④ 보염장치

> 보염장치 : 연소용 공기와 분사연료와 혼합을 좋게 하고 착화 및 화염의 안정을 도모하기 위한 장치로 윈드박스, 버너타일, 콤버스터, 보염기 등의 종류가 있다.

21 노통이 하나인 코르니시 보일러에서 노통을 편심으로 설치하는 가장 큰 이유는?

① 연소장치의 설치를 쉽게 하기 위함이다.
② 보일러수의 순환을 좋게 하기 위함이다.
③ 보일러의 강도를 크게 하기 위함이다.
④ 온도변화에 따른 신축량을 흡수하기 위함이다.

> 노통의 편심부착 : 보일러수의 순환을 좋게 하기 위해

22 보일러 부속장치에 대한 설명 중 잘못된 것은?

① 인젝터 : 증기를 이용한 급수장치
② 기수분리기 : 증기 중에 혼입된 수분을 분리하는 장치
③ 스팀 트랩 : 응축수를 자동으로 배출하는 장치
④ 절탄기 : 보일러 동 저면의 스케일, 침전물을 밖으로 배출하는 장치

> 절탄기 : 배기가스의 손실열을 이용하여 급수를 예열하는 장치

23 어떤 보일러의 3시간 동안 증발량이 4500kg이고, 그 때의 급수 엔탈피가 25kcal/kg, 증기엔탈피가 680kcal/kg이라면 상당증발량은 약 몇 kg/h 인가?

① 551   ② 1684
③ 1823   ④ 3051

> 상당증발량 = $\dfrac{\dfrac{4500}{3} \times (680-25)}{539}$
> = 1822.8kg/h

24 보일러 연료의 구비조건으로 틀린 것은?

① 공기 중에 쉽게 연소할 것
② 단위 중량당 발열량이 클 것
③ 연소 시 회분 배출량이 많을 것
④ 저장이나 운반, 취급이 용이할 것

> 연료의 구비조건
> • 공기 중에서 연소가 잘되고 발열량이 클 것
> • 구입이 용이하고 가격이 저렴할 것
> • 운반, 저장, 취급이 용이할 것
> • 사용에 위험성이 적을 것
> • 연소 시 유해성분이 적고 대기오염이 적을 것
> ※연료 중 회분이 많으면 고온부식, 매연발생, 발열량 저하 등의 장애가 발생한다.

25 운전 중 화염이 블로우 오프(blow-off) 된 경우 특정한 경우에 한하여 재점화 및 재시동을 할 수 있다. 이 때 재점화와 재시동의 기준에 관한 설명으로 틀린 것은?

① 재점화에서의 점화장치는 화염의 소화 직후 1초 이내에 자동으로 작동할 것
② 강제 혼합식 버너의 경우 재점화 동작시 화염감시장치가 부착된 버너에는 가스가 공급되지 아니할 것
③ 재점화에 실패한 경우에는 지정된 안전차단시간 내에 버너가 작동 폐쇄될 것
④ 재시동은 가스의 공급이 차단된 후 즉시 표준 연속프로그램에 의하여 자동으로 이루어질 것

> 강제 혼합식 버너 : 재점화 동작시 화염감시 장치가 부착된 버너 이외의 버너에는 가스가 공급되지 아니할 것

26 보일러의 급수장치에 해당되지 않는 것은?

① 비수방지관
② 급수내관
③ 원심펌프
④ 인젝터

> 비수방지관 : 증기장치로 프라이밍을 방지하여 건조도가 높은 증기를 얻기 위한 장치

27 전자밸브가 작동하여 연료공급을 차단하는 경우로 거리가 먼 것은?

① 보일러수의 이상 감수시
② 증기압력 초과시
③ 배기가스온도의 이상 저하시
④ 점화 중 불착화시

🔍 전자밸브의 작동원인
 • 운전 중 저수위 일 때
 • 운전 중 압력초과시
 • 불착화나 실화시

28 다음 집진장치 중 가압수를 이용한 집진장치는?

① 포켓식
② 임펠러식
③ 벤튜리 스크레버식
④ 타이젠 와셔식

🔍 가압수식 집진장치 : 사이크론 스크레버식, 벤튜리 스크레버식, 충진탑

29 연소가 이루어지기 위한 필수요건에 속하지 않는 것은?

① 가연물
② 수소 공급원
③ 점화원
④ 산소 공급원

🔍 연소의 3대 조건 : 가연물, 점화원, 산소공급원

30 동관 이음에서 한쪽 동관의 끝을 나팔형으로 넓히고 압축이음쇠를 이용하여 체결하는 이음 방은?

① 플레어 이음
② 플랜지 이음
③ 플라스터 이음
④ 몰코 이음

🔍 플레어 이음 : 동관을 나팔관 모양으로 확관하여 분해 조립을 쉽게 하기 위한 이음

31 〈보기〉와 같은 부하에 대해서 보일러의 "정격 출력"을 올바르게 표시한 것은?

| H_1 : 난방부하 | H_2 : 급탕부하 |
| H_3 : 배관부하 | H_4 : 예열부하 |

① $H_1+H_2+H_3$
② $H_2+H_3+H_4$
③ $H_1+H_2+H_4$
④ $H_1+H_2+H_3+H_4$

🔍 정격출력 = 난방부하+급탕부하+배관부하+예열부하

32 보일러에서 이상고수위를 초래한 경우 나타나는 현상과 그 조치에 관한 설명으로 옳지 않은 것은?

① 이상고수위를 확인한 경우에는 즉시 연소를 정지시킴과 동시에 급수 펌프를 멈추고 급수를 정지시킨다.
② 이상 고수위를 넘어 만수상태가 되면 보일러 파손이 일어날 수 있으므로 동체 하부에 방출하는 것이 좋다.
③ 이상고수위나 증기의 취출량이 많은 경우에는 캐리오버나 프라이밍 등을 일으켜 증기 속에 물방울이나 수분이 포함되며, 심할 경우 수격작용을 일으킬 수 있다.
④ 수위가 유리수면계의 상단에 달했거나 조금 초과한 경우에는 급수를 정지시켜야 하지만, 연소는 정지시키지 말고 저연소율로 계속 유지하여 송기를 계속한 후 보일러 수위가 정상으로 회복하면 원래 운전상태로 돌아오는 것이 좋다.

🔍 고수위 : 프라이밍 또는 캐리오버로 인한 수격작용의 원인이 된다.

33 보일러가 최고사용압력 이하에서 파손되는 이유로 가장 옳은 것은?

① 안전장치가 작동하지 않기 때문에
② 안전밸브가 작동하지 않기 때문에

③ 안전장치가 불완전하기 때문에
④ 구조상 결함이 있기 때문에

> 최고사용압력 : 보일러 구조상 사용가능한 최고사용압력을 뜻한다.

34 손실 열량 3000kcal/h의 사무실에 온수 방열기를 설치할 때 방열기의 소요 섹션 수는 몇 쪽 인가?(단, 방열기 방열량은 표준방열량으로 하며, 1섹션의 방열 면적은 $0.26m^2$이다.)

① 12쪽　　② 15쪽
③ 26 쪽　　④ 32쪽

> 방열기소요수 = $\frac{3000}{450 \times 0.26}$ = 25.6

35 보일러를 옥내에 설치할 때의 설치 시공 기준 설명으로 틀린 것은?

① 보일러에 설치된 계기들을 육안으로 관찰하는데 지장이 없도록 충분한 조명시설이 있어야 한다.
② 보일러 동체에서 벽, 배관, 기타 보일러 측부에 있는 구조물(검사 및 청소에 지장이 없는 것은 제외)까지 거리는 0.6m 이상이어야 한다. 다만, 소형보일러는 0.45m 이상으로 할 수 있다.
③ 보일러실은 연소 및 환경을 유지하기에 충분한 급기구 및 환기구가 있어야 하며 급기구는 보일러 배기가스 덕트의 유효단면적 이상이어야 하고 도시가스를 사용하는 경우에는 환기구를 가능한 한 높이 설치하여 가스가 누설되었을 때 체류하지 않는 구조이어야 한다.
④ 연료를 저장할 때에는 보일러 외측으로부터 2m 이상 거리를 두거나 방화격벽을 설치하여야 한다. 다만, 소형보일러의 경우에는 1m 이상 거리를 두거나 반격벽으로 할 수 있다.

> 보일러 동체에서 벽, 배관, 기타 보일러 측부에 있는 구조물 : 0.45m 이상거리 [다만, 소형 보일러는 0.3m 이상으로 할 수 있다.

36 점화조작 시 주의사항에 관한 설명으로 틀린 것은?

① 연료가스의 유출속도가 너무 빠르면 실화 등이 일어날 수 있고, 너무 늦으면 역화가 발생할 수 있다.
② 연소실의 온도가 낮으면 연료의 확산이 불량해지며 착화가 잘 안된다.
③ 연료의 예열온도가 너무 높으면 기름이 분해되고, 분사각도가 흐트러져 분무상태가 불량해지며, 탄화물이 생성될 수 있다.
④ 유압이 너무 낮으면 그을음이 축적될 수 있고, 너무 높으면 점화 및 분사가 불량해질 수 있다.

> 유압 • 낮으면 : 점화 및 분사가 불량
> 　　 • 높으면 : 그을음의 축적

37 보일러에서 연소조작 중의 역화의 원인으로 거리가 먼 것은?

① 불완전 연소의 상태가 두드러진 경우
② 흡입통풍이 부족한 경우
③ 연도댐퍼의 개도를 너무 넓힌 경우
④ 압입통풍이 너무 강한 경우

> 역화의 원인 : 댐퍼의 개도가 적거나 흡입통풍이 부족한 경우

38 보온재가 갖추어야 할 조건 설명으로 틀린 것은?

① 열전도율이 작아야 한다.
② 부피, 비중이 커야 한다.
③ 적합한 기계적 강도를 가져야 한다.
④ 흡수성이 낮아야 한다.

> 보온재 : 비중이 크면 열전도율이 증가한다.

39 관의 접속상태 결합방식의 표시방법에서 용접이음을 나타내는 그림기호로 맞는 것은?

> ① - 나사이음, ② - 유니온, ④ - 플랜지이음

40 어떤 주철제 방열기 내의 증기의 평균온도가 110℃이고, 실내 온도가 18℃일 때, 방열기의 방열량은?(단, 방열기의 방열계수는 7.2kcal/m²h℃이다.)

① 236.4kcal/m²h
② 478.8kcal/m²h
③ 521.6kcal/m²h
④ 662.4kcal/m²h

> 방열기의 방열량 = 7.2×(110−18) = 662.4

41 원통보일러에서 급수의 pH 범위(25℃ 기준)로 가장 적합한 것은?

① pH3~pH5
② pH7~pH9
③ pH11~pH12
④ pH14~pH15

> • 급수의 pH : 7~9
> • 관수의 pH : 11.0~11.8

42 가스보일러에서 가스폭발의 예방을 위한 유의사항 중 틀린 것은?

① 가스압력이 적당하고 안정되어 있는지 점검한다.
② 회로 및 굴뚝의 통풍, 환기를 완벽하게 하는 것이 필요하다.
③ 점화용 가스의 종류는 가급적 화력이 낮은 것을 사용한다.
④ 착화 후 연소가 불안정할 때는 즉시 가스공급을 중단한다.

> 점화용 가스 : 점화를 빠르게 하기 위해 가급적 화력이 높은 것을 사용한다.

43 보일러를 계획적으로 관리하기 위해서는 연간계획 및 일상보전계획을 세워 이에 따라 관리를 하는데 연간계획에 포함할 사항과 가장 거리가 먼 것은?

① 급수계획
② 점검계획
③ 정비계획
④ 운전계획

> 일상보전계획 : 운전계획, 점검계획, 정비계획 등의 계획으로 수명연장을 도모한다.

44 구상흑연 주철관이라고도 하며, 땅속 또는 지상에 배관하여 압력상태 또는 무압력 상태에서 물의 수송 등에 주로 사용되는 주철관은?

① 덕타일 주철관
② 수도용 이형 주철관
③ 원심력 모르타르 라이닝 주철관
④ 수도용 원심력 금형 주철관

> • 덕타일 주철관 : 선철에 Mg을 첨가한 구상흑연주철로 땅속 또는 지상에 배관하여 압력상태 또는 무압력 상태에서 물의 수송에 주로 사용되는 주철관
> • 원심력 모르타르 라이닝 주철관 : 주철관 내면에 시멘트 몰탈로 라이닝을 한 것으로 부식을 방지하고 수질에 영향을 주지 않도록 제작되어 수도용으로 사용한다.

45 다음 중 보온재의 종류가 아닌 것은?

① 코르크
② 규조토
③ 기포성수지
④ 제게르 콘

> 제게르 콘 : 내화물(耐火物)의 온도를 측정하는 재질

46 보일러 운전 중 연도 내에서 폭발이 발생하면 제일 먼저 해야 할 일은?

① 급수를 중단한다.
② 증기밸브를 잠근다.
③ 송풍기 가동을 중지한다.
④ 연료공급을 차단하고 가동을 중지한다.

47 강철제보일러의 최고사용압력이 0.43MPa를 초과 1.5MPa 이하일 때 수압시험 압력 기준으로 옳은 것은?

① 0.2MPa로 한다.
② 최고사용압력의 1.3배에 0.3MPa를 더한 압력으로 한다.
③ 최고사용압력의 1.5배로 한다.
④ 최고사용압력의 2배에 0.5MPa를 더한 압력으로 한다.

> 최고사용압력이 0.43MPa~1.5MPa 일 때
> : 최고사용압력×1.3+0.3MPa

48 신축곡관이라고 하며 강관 또는 동관 등을 구부려서 구부림에 따른 신축을 흡수하는 이음쇠는?

① 루프형 신축이음쇠
② 슬리브형 신축이음쇠
③ 스위블형 신축이음쇠
④ 벨로즈형 신축이음쇠

🔍 루프형 : 신축곡관이라고도 하며 고압배관에 사용하고, 신축량이 큰 반면 응력이 발생하는 신축이음

49 증기난방 방식에서 응축수 환수방법에 의한 분류가 아닌 것은?

① 진공 환수식
② 세정 환수식
③ 기계 환수식
④ 중력 환수식

🔍 응축수 환수방법 : 중력 환수식, 기계 환수식, 진공 환수식 등이 있다.

50 온수온돌의 방수처리에 대한 설명으로 적절하지 않은 것은?

① 다층건물에 있어서도 전층의 온수온돌에 방수처리를 하는 것이 좋다.
② 방수처리는 내식성이 있는 루핑, 비닐, 방수 몰탈로 하며, 습기가 스며들지 않도록 완전히 밀봉한다.
③ 벽면으로 습기가 올라오는 것을 대비하여 온돌 바닥보다 약 10cm 이상 위까지 방수처리를 하는 것이 좋다.
④ 방수처리를 함으로써 열손실을 감소시킬 수 있다.

🔍 지하실이 있는 바닥이나 2층 바닥에는 방수 처리를 하지 않아도 좋다.

51 배관의 하중을 위에서 끌어당겨 지지할 목적으로 사용되는 지지구가 아닌 것은?

① 리지드 행거(rigid hanger)
② 앵커(anchor)
③ 콘스탄트 행거(constant hanger)
④ 스프링 행거(spring hanger)

🔍 행거 : 배관의 하중을 위에서 끌어당겨 지지하는 기구로, 리지드 행거, 스프링 행거, 콘스탄트 행거 등이 있다.

52 보일러 휴지기간이 1개월 이하인 단기보존에 적합한 방법은?

① 석회밀폐 건조법
② 소다만수 보존법
③ 가열건조법
④ 질소가스 봉입법

🔍 장기보존법 : 석회밀폐 건조법, 질소가스 봉입법, 소다만수 보존법

53 온수난방에서 팽창탱크의 용량 및 구조에 대한 설명으로 틀린 것은?

① 개방식 팽창탱크는 저 온수난방 배관에 주로 사용된다.
② 밀폐식 팽창탱크는 고 온수난방 배관에 주로 사용된다.
③ 밀폐식 팽창탱크에는 수면계를 설치한다.
④ 개방식 팽창탱크에는 압력계를 설치한다.

🔍 압력계 : 밀폐식 팽창탱크에 부착한다.

54 난방설비와 관련된 설명 중 잘못된 것은?

① 증기난방의 표준 방열량은 650kcal/m^2h이다.
② 방열기는 증기 또는 온수 등의 열매를 유입하여 열을 방산하는 기구로 난방의 목적을 달성하는 장치이다.
③ 하트포드 접속법(Hartford Connection)은 고압증기난방에 필요한 접속법이다.
④ 온수난방에서 온수순환방식에 따라 크게 중력순환식과 강제 순환식으로 구분한다.

🔍 하트포드 접속법 : 저압 증기난방에 사용하며 환수관을 균형관에 접속하여 환수관 파손시 보일러 수의 역류를 방지하기 위한 접속방법

55 에너지이용합리화법에 따라 주철제 보일러에서 설치검사를 면제 받을 수 있는 기준으로 옳은 것은?

① 전열면적 30m² 이하의 유류용 주철제 증기보일러
② 전열면적 40m² 이하의 유류용 주철제 온수보일러
③ 전열면적 50m² 이하의 유류용 주철제 증기보일러
④ 전열면적 60m² 이하의 유류용 주철제 온수보일러

> 설치검사의 면제
> • 가스 외의 연료를 사용하는 1종 관류보일러
> • 전열면적 30m² 이하의 유류용 주철제 증기보일러

56 신·재생에너지 설비의 인증을 위한 심사기준 항목으로 거리가 먼 것은?

① 국제 또는 국내의 성능 및 규격에의 적합성
② 설비의 효율성
③ 설비의 우수성
④ 설비의 내구성

> 설비 심사기준
> • 국제 또는 국내의 성능 및 규격에의 적합성
> • 설비의 효율성
> • 설비의 내구성

57 에너지이용합리화법의 목적이 아닌 것은?

① 에너지의 수급안정을 기함
② 에너지의 합리적이고 비효율적인 이용을 증진함
③ 에너지소비로 인한 환경피해를 줄임
④ 지구온난화의 최소화에 이바지함

> 목적 : 에너지의 합리적이고 효율적인 이용을 증진함.

58 에너지이용합리화법에 따라 에너지이용 합리화 기본계획에 포함될 사항으로 거리가 먼 것은?

① 에너지절약형 경제구조로의 전환
② 에너지이용 효율의 증대
③ 에너지이용 합리화를 위한 홍보 및 교육
④ 열사용기자재의 품질관리

> 기본계획의 내용
> • 에너지절약형 경제구조로의 전환
> • 에너지이용효율의 증대
> • 에너지이용 합리화를 위한 기술개발
> • 에너지이용 합리화를 위한 홍보 및 교육
> • 에너지원간 대체
> • 열사용기자재의 안전관리
> • 에너지이용 합리화를 위한 가격예시제의 시행에 관한 사항
> • 에너지의 합리적인 이용을 통한 온실가스의 배출을 줄이기 위한 대책

59 에너지이용합리화법 시행령 상 에너지 저장의무 부과 대상자에 해당되는 자는?

① 연간 2만 석유환산톤 이상의 에너지를 사용하는 자
② 연간 1만 5천 석유환산톤 이상의 에너지를 사용하는 자
③ 연간 1만 석유환산톤 이상의 에너지를 사용하는 자
④ 연간 5천 석유환산톤 이상의 에너지를 사용하는 자

> 저장의무 부과 대상자
> • 전기 사업법 따른 전기사업자
> • 도시가스 사업법 에 따른 도시가스사업자
> • 석탄 산업법에 따른 석탄가공업자
> • 집단에너지 사업법에 따른 집단에너지사업자
> • 연간 2만 석유환산톤(티오이) 이상의 에너지를 사용하는 자

60 에너지법에 따른 지역에너지계획(지역계획)의 수립에 대한 설명으로 틀린 것은?

① 관할 구역의 지역적 특성을 고려하여 5년마다 5년 이상을 계획기간으로 하여 수립·시행한다.
② 지역계획을 수립한 시·도지사는 이를 산업통상자원부장관에게 제출하여야 한다.
③ 시·도지사는 수립된 지역계획을 변경하였을 때에도 이를 산업통상자원부장관에게 제출하여야 한다.
④ 에너지 수급에 중대한 차질이 발생할 경우에 대비하여 수립하는 계획이다.

> 지역에너지계획은 특별시장·광역시장·특별자치시장·도지사 또는 특별자치도지사(이하 "시·도지사"라 한다.)가 관할 구역의 지역적 특성을 고려하여 5년마다 5년 이상을 계획기간으로 하여 수립·시행한다. 참고로 에너지 수급에 중대한 차질이 발생할 경우에 대비하여 산업통상자원부장관이 수립하는 것은 비상시 에너지수급계획(비상계획)이다.

정답 2013년 3회

01 ②	02 ①	03 ③	04 ③	05 ③
06 ④	07 ④	08 ②	09 ④	10 ②
11 ①	12 ④	13 ③	14 ①	15 ①
16 ②	17 ②	18 ④	19 ④	20 ④
21 ②	22 ④	23 ③	24 ③	25 ②
26 ①	27 ③	28 ③	29 ②	30 ①
31 ④	32 ②	33 ③	34 ③	35 ②
36 ④	37 ③	38 ②	39 ③	40 ④
41 ②	42 ③	43 ①	44 ①	45 ④
46 ④	47 ②	48 ①	49 ②	50 ①
51 ②	52 ③	53 ④	54 ③	55 ①
56 ③	57 ②	58 ④	59 ①	60 ④

2013년 4회 기출문제

01 증기공급 시 과열증기를 사용함에 따른 장점이 아닌 것은?

① 부식 발생 저감
② 열효율 증대
③ 가열장치의 열응력 저하
④ 증기소비량 감소

🔍 과열증기 : 온도(열량)이 높아 증기소비량이 적고 열효율이 높다.

02 보일러 예비 급수장치인 인젝터의 특징을 설명한 것으로 틀린 것은?

① 구조가 간단하다.
② 설치장소를 많이 차지하지 않는다.
③ 증기압이 낮아도 급수가 잘 이루어진다.
④ 급수온도가 높으면 급수가 곤란하다.

🔍 인젝터 : 구조가 간단하고 설치장소를 크게 차지하지 않는다. 급수온도가 높거나 증기압력이 낮으면 급수가 곤란하다.

03 노통 보일러에서 노통에 직각으로 설치하여 노통의 전열면적을 증가시키고, 이로 인한 강도보강, 관수순환을 양호하게 하는 역할을 위해 설치하는 것은?

① 겔로웨이 관
② 아담슨 조인트
③ 브리징 스페이스
④ 반구형 경판

🔍 겔로웨이관(횡관) : 노통 또는 입형보일러의 화실에 설치하여 관수의 순환을 좋게 하고, 전열면적을 넓게 하고, 화실벽을 보강하기 위해 설치한다.

04 강철제 증기보일러의 안전밸브 부착에 관한 설명으로 잘못된 것은?

① 쉽게 검사할 수 있는 곳에 부착한다.
② 밸브 축을 수직으로 하여 부착한다.
③ 밸브의 부착은 플랜지, 용접 또는 나사 접합식으로 한다.
④ 가능한 한 보일러의 동체에 직접 부착시키지 않는다.

🔍 안전밸브의 부착 : 보일러 증기부에 검사가 용이한 곳에 수직으로 직접 부착한다.

05 다음 중 열량(에너지)의 단위가 아닌 것은?

① l
② cal
③ N
④ BTU

🔍 1N(newton) : 1kg · m/sec^{2}의 힘의 단위

06 화염 검출기의 종류 중 화염의 발열을 이용한 것으로 바이메탈에 의하여 작동되며, 주로 소용량 온수보일러의 연도에 설치되는 것은?

① 플레임 아이
② 스택스위치
③ 플레임 로드
④ 적외선 광전관

🔍 스택스위치 : 재질이 바이메탈로 연도에 설치하여 연료차단의 동작이 느려 소용량 보일러에 사용한다.
  • 작동원리 : 발열체(화염의 열적성질)

07 보일러 부속장치 중 축열기에 대한 설명으로 가장 옳은 것은?

① 통풍이 잘 이루어지게 하는 장치이다.
② 폭발방지를 위한 안전장치이다.
③ 보일러의 부하변동에 대비하기 위한 장치이다.
④ 증기를 한번 더 가열시키는 장치이다.

🔍 증기 축열기 : 저부하시 잉여증기를 저장하여 최대부하시 증기 부족 없이 공급하기 위해.

08 수관 보일러 중 자연순환식 보일러와 강제순환식 보일러에 관한 설명으로 틀린 것은?

① 강제순환식은 압력이 적어질수록 물과 증기의 비중량차가 적어서 물의 순환이 원활하지 않은 경우 순환력이 약해지는 결점을 보완하기 위해 강제로 순환시키는 방식이다.
② 자연순환식 수관보일러는 드럼과 다수의 수관으로 보일러의 순환회로를 만들 수 있도록 구성된 보일러이다.
③ 자연순환식 수관보일러는 곡관을 사용하는 형식이 널리 사용되고 있다.
④ 강제순환식 수관보일러의 순환펌프는 보일러수의 순환회로 중에 설치한다.

🔍 강제순환식 : 증기압력이 높아질수록 포화수와 포화증기의 비중량차 적어져 순환력이 저하된다. 이를 보완하기 위해 순환펌프를 이용한 순환방식

09 연소안전장치 중 플레임 아이(flame eye)로 사용되지 않는 것은?

① 광전관 ② CDs cell
③ pbs cell ④ cdp cell

🔍 플레임 아이의 종류 : 광전관, Cds cell, pbs cell, 적외선 광전관 등

10 증기보일러에 설치하는 압력계의 최고 눈금은 보일러 최고사용압력의 몇 배가 되어야 하는가?

① 0.5~0.8배 ② 1.0~1.4배
③ 1.5~3.0배 ④ 5.0~10.0배

🔍 압력계의 지시범위: 최고사용압력의 1.5~3배

11 보일러의 3대 구성요소 중 부속장치에 속하지 않는 것은?

① 통풍장치 ② 급수장치
③ 여열장치 ④ 연소장치

🔍 연소장치 : 보일러의 구성요소로 부속장치에는 포함시키지 않는다.

12 주철제 보일러의 특징 설명으로 옳은 것은?

① 내열성 및 내식성이 나쁘다.
② 고압 및 대용량으로 적합하다.
③ 섹션의 증감으로 용량을 조절할 수 있다.
④ 인장 및 충격에 강하다.

🔍 주철제 보일러 : 섹션의 증감으로 용량을 조절이 용이하고, 내열성 및 내식성이 우수하다. 고압에 부적당하고 충격에 약하다.

13 보일러의 세정식 집진방법은 유수식과 가압수식, 회전식으로 분류할 수 있는데 다음 중 가압수식 집진장치의 종류가 아닌 것은?

① 타이젠 와셔
② 벤튜리 스크러버
③ 제트 스크러버
④ 충전탑

🔍 가압수식 집진장치 : 벤튜리 스크러버, 사이크론 스크러버, 제트 스크러버, 충전탑

14 중유 연소에서 버너에 공급되는 중유의 예열온도가 너무 높을 때 발생하는 이상 현상으로 거리가 먼 것은?

① 카본(탄화물) 생성이 잘 일어날 수 있다.
② 분무상태가 고르지 못할 수 있다.
③ 역화를 일으키기 쉽다.
④ 무화불량이 발생하기 쉽다.

🔍 예열온도가 높으면 : 기름의 분해되고, 분사각도가 흐트러지고, 역화의 우려가 있고, 탄화물이 생성된다.

15 1보일러마력은 몇 kg/h의 상당증발량의 값을 가지는가?

① 15.65
② 79.8
③ 539
④ 860

🔍 1보일러마력 : 시간당 15.65kg의 상당증발량을 발생하는 능력 (열량 8435kcal/h)

16 저수위 경보기의 종류에 속하지 않는 것은?

① 맥도널식　② 전극식
③ 배플식　④ 마그네틱식

🔍 저수위경보기의 종류 : 맥도널식, 전극식, 열팽창식, 차압식 등

17 보일러의 연소장치에서 통풍력을 크게 하는 조건으로 틀린 것은?

① 연돌의 높이를 높인다.
② 배기가스 온도를 높인다.
③ 연도의 굴곡부를 줄인다.
④ 연돌의 단면적을 줄인다.

🔍 통풍력을 높이는 방법
• 연돌의 높이를 높게 한다.
• 배기가스온도를 높게 한다.
• 연돌의 단면적을 크게 한다.
• 연도의 길이는 짧게 한다.

18 프로판 가스가 완전 연소될 때 생성되는 것은?

① CO와 C_3H_8
② C_4H_{10}와 CO_2
③ CO_2와 H_2O
④ CO와 CO_2

🔍 프로판가스의 연소반응식
$C_3H_8 + 5O_2 \rightarrow 3CO_2 + 4H_2O$

19 일반적으로 보일러의 효율을 높이기 위한 방법으로 틀린 것은?

① 보일러의 연소실 내의 온도를 낮춘다.
② 보일러 장치의 설계를 최대한 효율이 높도록 한다.
③ 연소장치에 적합한 연료를 사용한다.
④ 공기예열기 등을 사용한다.

🔍 보일러의 효율을 높이기 위한 방법
: 연소실 내의 온도를 고온으로 유지하여 연료를 완전 연소시킨다.

20 증기난방의 시공에서 환수배관에 리프트 피팅(lift fitting)을 적용하여 시공할 때 1단의 흡상높이로 적당한 것은?

① 1.5m 이내
② 2m 이내
③ 2.5m 이내
④ 3m 이내

🔍 리프트 피팅 : 진공환수식 증기난방에서의 배관방법으로 1단 높이를 1.5m 이내로 한다.

21 방열기 내의 온수의 평균온도 85℃, 실내온도 15℃, 방열계수 7.2kcal/m²h℃ 인 경우 방열기 방열량은 얼마인가?

① 450kcal/m²h
② 504kcal/m²h
③ 509kcal/m²h
④ 515kcal/m²h

🔍 방열량 = 방열계수×(열매평균온도−실내온도) = kcal/m²h

22 보일러 사고원인 중 취급 부주의가 아닌 것은?

① 과열
② 부식
③ 압력초과
④ 재료불량

🔍 취급 부주의로 의한 사고원인 : 압력초과, 저수위, 노내폭발, 과열, 급수처리 불량 및 부식, 역화 등

23 보일러 액체연료의 특징 설명으로 틀린 것은?

① 품질이 균일하여 발열량이 높다.
② 운반 및 저장, 취급이 용이하다.
③ 회분이 많고 연소조절이 쉽다.
④ 연소온도가 높아 국부과열 위험성이 높다.

🔍 액체연료 : 품질이 균일하고 회분이 적고, 연소조절이 용이하며 적은 과잉공기로 완전연소가 가능하다.

24 연료발열량은 9750kcal/kg, 연료의 시간당 사용량은 300kg/h인 보일러의 상당증발량이 5000kg/h 일 때 보일러 효율은 약 몇 % 인가?

① 83
② 85
③ 87
④ 92

🔍 효율 = $\dfrac{\text{상당증발량} \times 539}{\text{연료사용량} \times \text{연료발열량}} \times 100$
 = $\dfrac{5000 \times 539}{300 \times 9750} \times 100 = 92.137\%$

25 연료유 저장탱크의 일반사항에 대한 설명으로 틀린 것은?

① 연료유를 저장하는 저장탱크 및 서비스탱크는 보일러의 운전에 지장을 주지 않는 용량의 것으로 하여야 한다.
② 연료유 탱크에는 보기 쉬운 위치에 유면계를 설치하여야 한다.
③ 연료유 탱크에는 탱크 내의 유량이 정상적인 양보다 초과, 또는 부족한 경우에 경보를 발하는 경보장치를 설치하는 것이 바람직하다.
④ 연료유 탱크에 드레인을 설치할 경우 누유에 따른 화재발생 소지가 있으므로 이물질을 배출할 수 있는 드레인은 탱크 상단에 설치하여야 한다.

🔍 드레인 밸브 : 탱크 하단에 설치하여 내부의 이물질 등을 배출한다.

26 공기예열기에서 발생하는 부식에 관한 설명으로 틀린 것은?

① 중유연소 보일러의 배기가스 노점은 연료유 중위 유황성분과 배기가스의 산소농도에 의해 좌우된다.
② 공기예열기에 가장 주의를 요하는 것은 공기 입구와 출구부의 고온부식이다.
③ 보일러에 사용되는 액체연료 중에는 유황성분이 함유되어 있으며 공기예열기 배기가스 출구온도가 노점 이상인 경우에도 공기 입구온도가 낮으면 전열관 온도가 배기가스의 노점 이하가 되어 전열관에 부식을 초래한다.
④ 노점에 영향을 주는 SO_2에서 SO_3로의 변환율은 배기가스 중의 O_2에 영향을 크게 받는다.

🔍 공기예열기 : 연도에 설치하는 장치로 저온 부식이 발생한다.

27 벽체면적이 24m², 열관류율이 0.5kcal/m²h℃, 벽체 내부의 온도가 40℃, 벽체 외부의 온도가 8℃일 경우 시간당 손실열량은 약 몇 kcal/h 인가?

① 294kcal/h
② 380kcal/h
③ 384kcal/h
④ 394kcal/h

🔍 벽체를 통한 손실열(kcal/h)
 = 열관류율×벽체면적×(실내온도-외기온도)
 = 0.5×24×(40-8) = 384kcal/h

28 회전이음 이라고도 하며 2개 이상의 엘보를 사용하여 이음부의 나사회전을 이용해서 배관의 신축을 흡수하는 신축 이음쇠는?

① 루프형 신축이음쇠
② 스위블형 신축이음쇠
③ 벨로즈형 신축이음쇠
④ 슬리브형 신축이음쇠

🔍 스위블형 신축이음 : 엘보를 2~4개 연결하여 나사 이음부의 회전운동으로 신축을 조절한다.

29 기름보일러에서 연소 중 화염이 점열하는 등 연소 불안정이 발생하는 경우가 있다. 그 원인으로 적당하지 않은 것은?

① 기름의 점도가 높을 때
② 기름 속에 수분이 혼입되었을 때
③ 연료의 공급 상태가 불안정한 때
④ 노내가 부압(負壓)인 상태에서 연소했을 때

🔍 노내가 부압인 경우 : 흡입통풍에 의한 것으로 노내의 연소생성물을 배출하여 연소상태를 좋게 한다.

30 증기난방에서 환수관의 수평배관에서 관경이 가늘어지는 경우 편심 레듀셔를 사용하는 이유로 적합한 것은?

① 응축수의 순환을 억제하기 위해
② 관의 열팽창을 방지하기 위해
③ 동심 레듀셔보다 시공을 단축하기 위해
④ 응축수의 체류를 방지하기 위해

🔍 편심 레듀셔 사용시 : 물의 순환을 좋게 하고, 응축수 체류를 방지한다.

31 보일러 건식보존법에서 가스봉입 방식(기체 보존법)에 사용되는 가스는?

① O_2
② N_2
③ CO
④ CO_2

🔍 질소가스 봉입법 : 질소가스를 $0.6kg/cm^2$의 압력으로 봉입하는 건식 보존법

32 단열재의 구비조건으로 맞는 것은?

① 비중이 커야 한다.
② 흡수성이 커야 한다.
③ 가연성이어야 한다.
④ 열전도율이 적어야 한다.

🔍 단열재 : 다공질성으로 비중이 가볍고, 흡수성이 적고 열전도율이 나쁘다.

33 보일러 전열면의 그을음을 제거하는 장치는?

① 수저분출장치
② 수트 블로워
③ 절탄기
④ 인젝터

🔍 수트 블로워 : 전열면의 그을음을 제거하여 전열을 좋게 하는 장치

34 보일러 증발율이 $80kg/m^2h$이고 실제증발량이 $40t/h$일 때 전열면적은 약 몇 m^2인가?

① 200
② 320
③ 450
④ 500

🔍 전열면의 증발율 = $\frac{실제증발량}{전열면적}$ (kg/m^2h)에서

전열면적 = $\frac{40 \times 1000}{80}$ = $500m^2$

35 보일러 자동제어에서 시퀀스(sequence)제어를 가장 옳게 설명한 것은?

① 결과가 원인으로 되어 제어단계를 진행하는 제어이다.
② 목표 값이 시간적으로 변화하는 제어이다.
③ 목표 값이 변화하지 않고 일정한 값을 갖는 제어이다.
④ 제어의 각 단계를 미리 정해진 순서에 따라 진행하는 제어이다.

🔍 피드백 제어 : 결과가 원인으로 되어 제어단계를 진행하는 제어

36 보일러의 계속사용검사기준 중 내부검사에 관한 설명이 아닌 것은?

① 관의 부식 등을 검사할 수 있도록 스케일은 제거되어야 하며, 관 끝부분의 손상, 취화 및 빠짐이 없어야 한다.
② 노벽 보호부분은 벽체의 현저한 균열 및 파손 등 사용상 지장이 없어야 한다.
③ 내용물의 외부유출 및 본체의 부식이 없어야 한다. 이때 본체의 부식상태를 판별하기 위하여 보온재 등 피복물을 제거하게 할 수 있다.
④ 연소실 내부에는 부적당 하거나 결함이 있는 버너 또는 스토커의 설치운전에 의한 현저한 열의 국부적인 집중으로 인한 현상이 없어야 한다.

🔍 외부검사 : 본체의 부식상태를 판별하기 위하여 보온재 등 피복물을 제거하게 한다.

37 배관계에 설치한 밸브의 오작동 방지 및 배관계 취급의 적정화를 도모하기 위해 배관에 식별(識別)표시를 하는데 관계가 없는 것은?

① 지지하중
② 식별색
③ 상태표시
④ 물질표시

🔍 배관의 식별표시 : 식별색, 물질표시, 상태표시, 위험표시, 소화표시

38 증기난방의 중력환수식에서 복관식인 경우 배관 기울기로 적당한 것은?

① 1/50 정도의 순 기울기
② 1/100 정도의 순 기울기
③ 1/150 정도의 순 기울기
④ 1/200 정도의 순 기울기

🔍 배관의 기울기
• 증기배관 : 1/200 기울기
• 온수배관 : 1/250 기울기

39 보일러 수위제어 방식인 2요소식에서 검출하는 요소로 옳게 짝지어진 것은?

① 수위와 온도
② 수위와 급수유량
③ 수위와 압력
④ 수위와 증기유량

🔍 3요소식 자동급수제어장치의 검출요소
: 수위, 증기량, 급수량

40 스테인리스강관의 설명으로 옳은 것은?

① 강관에 비해 두께가 얇고, 가벼워 운반 및 시공이 쉽다.
② 강관에 비해 내열성은 우수하나 내식성은 떨어진다.
③ 강관에 비해 기계적 성질이 떨어진다.
④ 한랭지 배관이 불가능하며 동결에 대한 저항이 적다.

🔍 스테인리스강관 : 기계적 성질 및 내식성이 우수하고, 한랭지 배관이 가능하며 동결의 대한 저항이 크다.

41 보일러의 가동 중 주의해야 할 사항으로 맞지 않는 것은?

① 수위가 안전저수위 이하로 되지 않도록 수시로 점검한다.
② 증기압력이 일정하도록 연료공급을 조절한다.
③ 과잉공기를 많이 공급하여 완전연소가 되도록 한다.
④ 연소량을 증가시킬 때는 통풍력을 먼저 증가시킨다.

🔍 과잉공기가 과다하면 : 노배기가스에 의한 열손실이 증가하여 열효율이 저하된다.

42 보일러의 손상에서 팽출(膨出)을 옳게 설명한 것은?

① 보일러의 본체가 화염에 과열되어 외부로 튀어나오는 현상.
② 노통이나 화실이 외측의 압력에 의해 눌려 쭈그러져 찢어지는 현상.
③ 강관에 가스가 포함된 것이 화염의 접촉으로 양쪽으로 오목하게 되는 현상.
④ 고압보일러 드럼 이음에 주로 생기는 응력부식 균열의 일종

🔍 압궤 : 노통 등이 외압에 의해 눌려 쭈그러지는 현상.

43 중앙식 급탕법에 대한 설명으로 틀린 것은?

① 기구의 동시 이용률을 고려하여 가열장치의 총용량을 적게 할 수 있다.
② 기계실 등에 다른 설비기계와 함께 가열장치 등이 설치되기 때문에 관리가 용이하다.
③ 설비규모가 크고 복잡하기 때문에 초기 설비비가 비싸다.
④ 비교적 배관길이가 짧아 열손실이 적다.

🔍 중앙식 급탕법 : 설비규모가 커서 배관길이가 길고 열손실이 크다.

44 고체연료의 고위발열량으로부터 저위발열량을 산출할 때 연료속의 수분과 다른 한 성분의 함유율을 가지고 계산하여 산출할 수 있는데 이 성분은 무엇인가?

① 산소 ② 수소
③ 유황 ④ 탄소

45 보일러 점화전 수위확인 및 조정에 대한 설명 중 틀린 것은?

① 수면계의 기능테스트가 가능한 정도의 증기압력이 보일러 내에 남아 있을 때는 수면계의 기능시험을 해서 정상인지 확인한다.
② 2개의 수면계의 수위를 비교하고 동일 수위인지 확인한다.
③ 수면계에 수주관이 설치되어 있을 때는 수주연락관의 체크밸브가 바르게 닫혀 있는지 확인한다.
④ 유리관이 더러워졌을 때는 수위 오인하는 경우가 있기 때문에 필히 청소하거나 또는 교환하여야 한다.

🔍 수면계 : 수주에 부착하고 연락관 도중에는 밸브나 코크를 설치한다.

46 다음 중 액화천연가스[LNG]의 주성분은 어느 것인가?

① CH_4 ② C_2H_6
③ C_3H_8 ④ C_4H_{10}

🔍 액화천연가스[LNG]의 주성분 : 메탄 + 에탄

47 온수난방에 대한 특징을 설명한 것으로 틀린 것은?

① 증기난방에 비해 소요방열면적과 배관경이 적게 되므로 시설비가 적어진다.
② 난방부하 변동에 따라 온도조절이 쉽다.
③ 실내온도의 쾌감도가 비교적 높다.
④ 밀폐식일 경우 배관의 부식이 적어 수명이 길다.

🔍 온수난방 : 증기난방에 비해 방열량이 적어 방열면적이 커야 한다.

48 에너지법에서 정한 에너지기술개발사업비로 사용될 수 없는 사항은?

① 에너지에 관한 연구인력 양성
② 온실가스 배출을 늘리기 위한 기술개발
③ 에너지사용에 따른 대기오염 저감을 위한 기술 개발
④ 에너지기술개발 성과의 보급 및 홍보

🔍 에너지기술개발사업비 사용처
• 에너지 사용에 따른 대기오염을 줄이기 위한 기술개발에 관한 사항
• 에너지기술개발 성과의 보급 및 홍보에 관한 사항
• 에너지에 관한 연구인력 양성에 관한 사항
• 온실가스 배출을 줄이기 위한 기술개발에 관한 사항

49 산업통상자원부 장관이 에너지저장의무를 부과할 수 있는 대상자로 맞는 것은?

① 연간 5천 석유환산톤 이상의 에너지를 사용하는 자
② 연간 6천 석유환산톤 이상의 에너지를 사용하는 자
③ 연간 1만 석유환산톤 이상의 에너지를 사용하는 자
④ 연간 2만 석유환산톤 이상의 에너지를 사용하는 자

🔍 에너지저장의무 부과 대상자
• 전기사업법에 따른 전기사업자
• 도시가스사업법에 따른 도시가스사업자
• 집단에너지사업법에 따른 집단에너지사업자
• 연간 2만 석유환산톤("티오이") 이상의 에너지를 사용하는 자

50 보일러 취급자가 주의하여 염두에 두어야 할 사항으로 틀린 것은?

① 보일러 사용처의 작업환경에 따라 운전기준을 설정하여 둔다.
② 사용처에 필요한 증기를 항상 발생, 공급할 수 있도록 한다.
③ 증기 수요에 따라 보일러 정격한도를 10% 정도 초과하여 운전한다.
④ 보일러 제작사 취급 설명서의 의도를 파악 숙지하여 그 지시에 따른다.

🔍 보일러 취급 : 보일러는 정격한도를 넘지 않게 운전한다.

51 캐리오버(carry over)에 대한 방지 대책이 아닌 것은?

① 압력을 규정압력으로 유지해야 한다.
② 수면이 비정상적으로 높게 유지되지 않도록 한다.
③ 부하를 급격히 증가시켜 증기실의 부하율을 높인다.
④ 보일러수에 포함되어 있는 유지류나 용해고형물 등의 불순물을 제거한다.

🔍 캐리오버의 원인 : 관수위 농축 및 유지분 포함된 경우, 고수위 또는 과부하일 때

52 에너지이용합리화법에 따라 에너지다소비사업자가 매년 1월 31일까지 신고해야 할 사항과 관계없는 것은?

① 전년도의 분기별 에너지 사용량
② 전년도의 분기별 제품 생산량
③ 에너지사용 기자재 현황
④ 해당 연도의 에너지관리진단 현황

🔍 신고 사항
• 전년도의 분기별 에너지사용량·제품생산량
• 해당 연도의 분기별 에너지사용예정량·제품생산예정량
• 에너지사용기자재의 현황
• 전년도의 분기별 에너지이용 합리화 실적 및 해당 연도의 분기별 계획
• 에너지관리자의 현황

53 에너지이용합리화법의 목적과 거리가 먼 것은?

① 에너지소비로 인한 환경피해 감소
② 에너지 수급 안정
③ 에너지의 소비 촉진
④ 에너지의 효율적인 이용증진

🔍 에너지이용 합리화법의 목적
에너지의 수급(需給)을 안정시키고 에너지의 합리적이고 효율적인 이용을 증진하며 에너지소비로 인한 환경피해를 줄임으로써 국민경제의 건전한 발전 및 국민복지의 증진과 지구온난화의 최소화에 이바지함을 목적으로 한다.

54 증기배관 내에 응축수가 고여 있을 때 증기밸브를 급격히 열어 증기를 빠른 속도로 보냈을 때 발생하는 현상으로 가장 적합한 것은?

① 압궤가 발생한다.
② 팽출이 발생한다.
③ 블리스터가 발생한다.
④ 수격작용이 발생한다.

🔍 수격작용 : 증기관 내에 응축수가 있을 때 발생하는 현상으로 주증기 밸브를 급격하게 열면 캐리오버가 발생하여 수격작용이 일어난다.

55 온수난방설비에서 복관식 배관방식에 대한 특징으로 틀린 것은?

① 단관식보다 배관 설비비가 적게 든다.
② 역귀환 방식을 할 수 있다.
③ 발열량을 밸브에 의하여 임의로 조정할 수 있다.
④ 온도변화가 거의 없고 안정성이 높다.

🔍 복관식 배관방식 : 공급관과 환수관이 각각 설치되어 배관설비비가 많이 든다.

56 개방식 팽창탱크에서 필요가 없는 것은?

① 배기관　　② 압력계
③ 급수관　　④ 팽창관

🔍 개방식 팽창탱크의 주위배관 : 배기관, 배수관, 오버플로우관, 팽창관, 급수관, 방출관 등

57 신에너지 및 재생에너지 개발, 이용, 보급 촉진법에서 규정하는 신에너지 및 재생에너지에 해당하지 않는 것은?

① 태양에너지　　② 풍력
③ 수소에너지　　④ 원자력에너지

🔍 신·재생에너지
• 신에너지 : 석유·석탄·원자력 또는 천연가스가 아닌 에너지로 수소에너지, 연료전지, 석탄을 액화·가스화한 에너지 및 중질잔사유(重質殘渣油)를 가스화한 에너지 등이 해당된다.
• 재생에너지 : 햇빛·물·지열(地熱)·강수(降水)·생물유기체 등을 포함하는 재생 가능한 에너지를 변환시켜 이용하는 에너지로서 태양에너지, 풍력, 수력, 해양에너지, 지열에너지, 생물자원을 변환시켜 이용하는 바이오에너지 등이 해당된다.

58 보일러 수압시험시의 수압시험은 규정된 압력의 몇 % 이상을 초과하지 않도록 해야 하는가?

① 3% ② 4%
③ 5% ④ 6%

🔍 **수압시험**
- 규정압력의 6%를 초과하면 안된다.
- 규정압력까지 높인 후 30분 경과 후 수압시험을 한다.

59 보일러 운전 중 정전이 발생한 경우의 조치사항으로 적합하지 않은 것은?

① 전원을 차단한다.
② 연료공급을 멈춘다.
③ 안전밸브를 열어 증기를 분출시킨다.
④ 주증기 밸브를 닫는다.

🔍 정지 시 : 안전밸브를 열어 증기를 분출해서는 안된다.

60 에너지법상 에너지위원회의 위원장은 누구인가?

① 대통령
② 산업통상자원부장관
③ 국무총리
④ 환경부장관

🔍 에너지위원회는 주요 에너지정책 및 에너지 관련 계획에 관한 사항을 심의하기 위하여 산업통상자원부장관 소속으로 위원장 1명을 포함한 25명 이내의 위원으로 구성(위원장은 산업통상자원부장관)된다.

정답 2013년 4회

01 ③	02 ③	03 ①	04 ④	05 ③
06 ②	07 ③	08 ①	09 ④	10 ③
11 ④	12 ③	13 ①	14 ④	15 ①
16 ②	17 ④	18 ③	19 ①	20 ①
21 ②	22 ④	23 ③	24 ④	25 ④
26 ②	27 ③	28 ②	29 ④	30 ④
31 ②	32 ④	33 ②	34 ④	35 ④
36 ③	37 ①	38 ④	39 ④	40 ①
41 ③	42 ①	43 ④	44 ②	45 ③
46 ①	47 ①	48 ②	49 ④	50 ③
51 ③	52 ④	53 ③	54 ④	55 ①
56 ②	57 ④	58 ④	59 ③	60 ②

2014년 1회 기출문제

01 입형(직립) 보일러에 대한 설명으로 틀린 것은?

① 동체를 바로 세워 연소실을 그 하부에 둔 보일러이다.
② 전열면적을 넓게 할 수 있어 대용량에 적당하다.
③ 다관식은 전열면적을 보강하기 위하여 다수의 연관을 설치한 것이다.
④ 횡관식은 횡관의 설치로 전열면을 증가시킨다.

🔍 입형 보일러 : 전열면적과 수면이 좁고 증발량이 적은 소용량 보일러이다.

02 공기예열기에 대한 설명으로 틀린 것은?

① 보일러의 열효율을 향상시킨다.
② 불완전 연소를 감소시킨다.
③ 배기가스의 열손실을 감소시킨다.
④ 통풍저항이 작아진다.

🔍 공기예열기 : 연도에 설치하여 통풍저항이 증가되고, 저온부식이 발생한다.

03 가스버너에서 리프팅(Lifting) 현상이 발생하는 경우는?

① 가스압이 너무 높은 경우
② 버너부식으로 염공이 커진 경우
③ 버너가 과열된 경우
④ 1차공기의 흡인이 많은 경우

🔍 리프팅 현상
 • 가스버너의 버너 끝에서 일정거리를 두고 화염이 형성되는 현상
 • 발생원인
  – 가스압이 너무 높은 경우
  – 1차 공기 과다로 분출속도가 높은 경우
  – 염공이 좁은 경우

04 다음 중 LPG의 주성분이 아닌 것은?

① 부탄 ② 프로판
③ 프로필렌 ④ 메탄

🔍 LNG의 주성분 : 메탄 + 에탄

05 보일러의 안전 저수면에 대한 설명으로 적당한 것은?

① 보일러의 보안상, 운전 중에 보일러 전열면이 화염에 노출되는 최저 수면의 위치
② 보일러의 보안상, 운전 중에 급수하였을 때의 최초 수면의 위치
③ 보일러의 보안상, 운전 중에 유지해야 하는 일상적인 가동시의 표준 수면의 위치
④ 보일러의 보안상, 운전 중에 유지해야 하는 보일러 드럼내 최저 수면의 위치

🔍 안전저수위 : 보일러 운전 중 유지해야 되는 최저수면으로 수면계의 유리판 하단부와 일치한다.

06 기체연료의 발열량 단위로 옳은 것은?

① $kcal/m^2$ ② $kcal/cm^2$
③ $kcal/mm^2$ ④ $kcal/Nm^3$

🔍 기체연료의 발열량 : $kcal/Nm^3$
기체연료의 량은 표준상태의 부피(Nm^3)값으로 나타낸다.

07 보일러 1마력을 상당증발량으로 환산하면 약 얼마인가?

① 13.65 kg/h ② 15.65 kg/h
③ 18.65 kg/h ④ 21.65 kg/h

🔍 1보일러마력 : 매시간당 상당증발량을 15.65 kg/h 발생하는 능력(열량으로 환산하면 8435 kcal/h 이다)

08 공기량이 지나치게 많을 때 나타나는 현상 중 틀린 것은?

① 연소실 온도가 떨어진다.
② 열효율이 저하한다.
③ 연료소비량이 증가한다.
④ 배기가스 온도가 높아진다.

> 공기량이 지나치게 많을 때 : 연소실 온도가 떨어지고 배기 가스량이 증가하여 열손실이 많아지고 열효율이 저하된다.

09 절대온도 360K를 섭씨온도로 환산하면 약 몇 ℃인가?

① 97 ℃
② 87 ℃
③ 67 ℃
④ 57 ℃

> K = t℃ + 273.15

10 보일러효율 시험방법에 관한 설명으로 틀린 것은?

① 급수온도는 절탄기가 있는 것은 절탄기 입구에서 측정한다.
② 배기가스의 온도는 전열면의 최종 출구에서 측정한다.
③ 포화증기의 압력은 보일러 출구의 압력으로 브로돈관식 압력계로 측정한다.
④ 증기온도의 경우 과열기가 있을 때는 과열기 입구에서 측정한다.

> 과열증기온도 : 과열기 설치시 과열기 출구에서 측정한다.

11 보일러의 압력이 8kg$_f$/cm^{2}이고, 안전밸브 입구 구멍의 단면적이 20cm^{2}라면 안전밸브에 작용하는 힘은 얼마인가?

① 140kg$_f$
② 160kg$_f$
③ 170kg$_f$
④ 180kg$_f$

> 하중(kgf) = 압력(kgf/cm^2) × 단면적(cm^2)
> = 8 × 20 = 160

12 1기압 하에서 20℃의 물 10kg을 100℃의 증기로 변화시킬 때 필요한 열량은 얼마인가? (단, 물의 비열은 1kcal/kg · ℃이다.)

① 6190kcal
② 6390kcal
③ 7380kcal
④ 7480kcal

13 보일러의 출열 항목에 속하지 않는 것은?

① 불완전 연소에 의한 열손실
② 연소 잔재물 중의 미연소분에 의한 열손실
③ 공기의 현열손실
④ 방산에 의한 손실열

> 출열 항목
> • 발생증기의 보유열
> • 배기가스의 손실열
> • 불완전연소에 의한 손실열
> • 미연분에 의한 손실열
> • 전열 및 방열에 의한 손실열

14 오일 프리히터의 사용 목적이 아닌 것은?

① 연료의 점도를 높여 준다.
② 연료의 유동성을 증가시켜 준다.
③ 완전연소에 도움을 준다.
④ 분무상태를 양호하게 한다.

> 오일 프리히터 : 중유를 예열하여 점도를 낮추고 유동성을 좋게 하고, 무화상태를 양호하게 하기 위한 장치

15 육상용 보일러의 열정산은 원칙적으로 정격부하 이상에서 정상 상태로 적어도 몇 시간 이상의 운전 결과에 따라 하는가? (단, 액체 또는 기체연료를 사용하는 소형 보일러에서 인수 · 인도 당사자 간의 협정이 있는 경우는 제외)

① 0.5시간
② 1시간
③ 1.5시간
④ 2시간

> 열정산시 보일러가동시간 : 2시간 이상 운전결과에 따른다.

16 증기보일러에서 감압밸브 사용의 필요성에 대한 설명으로 가장 적합한 것은?

① 고압증기를 감압시키면 잠열이 감소하여 이용열이 감소된다.
② 고압증기는 저압증기에 비해 관경을 크게 해야 하므로 배관설비비가 증가한다.
③ 감압을 하면 열교환 속도가 불규칙하나 열전달이 균일하여 생산성이 향상된다.
④ 감압을 하면 증기의 건도가 향상되어 생산성 향상과 에너지절감이 이루어진다.

🔍 감압밸브의 설치효과
• 잠열이 증가하여 에너지 절감효과가 있다.
• 증기의 건조도가 향상 된다.
• 배관비용이 절감된다.
• 저압측 압력을 일정하게 유지할 수 있어 생산성이 향상된다.

17 제어계를 구성하는 요소 중 전송기의 종류에 해당되지 않은 것은?

① 전기식 전송기
② 증기식 전송기
③ 유압식 전송기
④ 공기압식 전송기

🔍 자동제어의 신호전달 방법 : 전기식, 유압식, 공기압식

18 과열기를 연소가스 흐름 상태에 의해 분류할 때 해당되지 않은 것은?

① 복사형
② 병류형
③ 향류형
④ 혼류형

🔍 • 연소가스 흐름에 따른 과열기 종류 : 병류형, 향류형, 혼류형
• 전열방식에 따른 종류 : 복사형, 대류형, 복사대류형

19 보일러 연소장치의 선정기준에 대한 설명으로 틀린 것은?

① 사용 연료의 종류와 형태를 고려한다.
② 연소 효율이 높은 장치를 선택한다.
③ 과잉공기를 많이 사용할 수 있는 장치를 선택한다.
④ 내구성 및 가격 등을 고려한다.

🔍 연소에 과잉공기가 많으면 : 배기가스량이 많아져 열손실이 증가하고 연료소비량이 증가하여 열효율이 저하된다.

20 보일러 급수처리의 목적으로 볼 수 없는 것은?

① 부식의 방지
② 보일러수의 농축 방지
③ 스케일 생성 방지
④ 역화(back fire) 방지

🔍 급수처리의 목적
• 관수의 농축 방지
• 내부 부식의 방지
• 스케일 생성 방지
• 프라이밍, 포밍 방지
• 관수의 pH 조정

21 열전달의 기본형식에 해당되지 않는 것은?

① 대류
② 복사
③ 발산
④ 전도

🔍 열의 이동방법 : 전도, 대류, 복사

22 수면계의 기능시험의 시기에 대한 설명으로 틀린 것은?

① 가마울림 현상이 나타날 때
② 2개 수면계의 수위에 차이가 있을 때
③ 보일러를 가동하여 압력이 상승하기 시작했을 때
④ 프라이밍, 포밍 등이 생길 때

🔍 수면계의 점검시기
• 보일러를 가동하기 직전
• 2개의 수면계 수위가 서로 다를 때
• 프라이밍, 포밍이 발생할 때
• 보일러 가동후 압력이 상승하기 시작했을 때

23 보일러 동 내부 안전저수위보다 약간 높게 설치하여 유지분, 부유물 등을 제거하는 장치로서 연속분출장치에 해당되는 것은?

① 수면 분출장치
② 수저 분출장치
③ 수중 분출장치
④ 압력 분출장치

🔍 수면 분출장치 : 수면의 부유물, 유지분 등을 배출 제거하여 관수의 농축을 방지하는 연속분출장치

24 액체연료의 유압분무식 버너의 종류에 해당되지 않은 것은?

① 플런저형
② 외측 반환유형
③ 직접 분사형
④ 간접 분사형

🔍 유압분무식 버너의 종류 : 환류형과 직접분사형, 플런저형이 있고, 환류형에는 내측 반환유형과 외측 반환유형이 있다.

25 어떤 보일러의 5시간 동안 증발량이 5000kg이고, 그 때의 급수 엔탈피가 25kcal/kg, 증기엔탈피가 675kcal/kg 이라면 상당증발량은 약 몇 kg/h인가?

① 1106
② 1206
③ 1304
④ 1451

🔍 상당증발량
$$= \frac{실제증발량 \times (증기엔탈피 - 급수엔탈피)}{539}$$
$$= \frac{5000/5 \times (675 - 25)}{539} = 1205.9 kg/h$$

26 수관식 보일러에 대한 설명으로 틀린 것은?

① 고온, 고압에 적당하다.
② 용량에 비해 소요면적이 적으며 효율이 좋다.
③ 보유수량이 많아 파열시 피해가 크고, 부하변동에 응하기 쉽다.
④ 급수의 순도가 나쁘면 스케일이 발생하기 쉽다.

🔍 수관식 보일러 : 드럼이 작아 고압에 적당하고, 보유수량이 적어 파열시 피해가 적으나 부하변동에 적응이 어렵다.

27 보일러의 제어장치 중 연소용 공기를 제어하는 설비는 자동제어에서 어디에 속하는가?

① F.W.C
② A.B.C
③ A.C.C
④ A.F.C

🔍 A.C.C(자동연소제어)
• 제어량 : 증기압력
• 조작량 : 연료량, 공기량
• 제어량 : 노내압력
• 조작량 : 연소가스량

28 특수보일러 중 간접가열 보일러에 해당되는 것은?

① 슈미트 보일러
② 베록스 보일러
③ 벤슨 보일러
④ 코르니시 보일러

🔍 간접가열 보일러 : 슈미트 보일러, 레후러 보일러

29 자연통풍에 대한 설명으로 가장 옳은 것은?

① 연소에 필요한 공기를 압입 송풍기에 의해 통풍하는 방식이다.
② 연돌로 인한 통풍방식이며 소형보일러에 적합하다.
③ 축류형 송풍기를 이용하여 연도에서 열 가스를 배출하는 방식이다.
④ 송·배풍기를 보일러 전·후면에 부착하여 통풍하는 방식이다.

🔍 자연통풍 : 연돌로 인한 통풍방식으로 연돌의 높이가 높을수록 통풍력이 증가하며 소형보일러에 적합하다.

30 다음 중 보일러에서 실화가 발생하는 원인으로 거리가 먼 것은?

① 버너의 팁이나 노즐이 카본이나 소손 등으로 막혀있다.
② 분사용 증기 또는 공기의 공급량이 연료량에 비해 과대 또는 과소하다.

③ 중유를 과열하여 중유가 유관 내나 가열기 내에서 가스화하여 중유의 흐름이 중단되었다.
④ 연료 속의 수분이나 공기가 거의 없다.

> 연료 중 수분이 포함되면 : 방열량이 감소하고 불완전연소가 된다. 심하면 실화의 원인이 된다.

31 두께가 13cm, 면적이 10m²인 벽이 있다. 벽 내부온도는 200℃, 외부의 온도가 20℃일 때 벽을 통한 전도되는 열량은 약 몇 kcal/h인가?(단, 열전도율은 0.02kcal/m·h·℃이다.)

① 234.2
② 259.6
③ 276.9
④ 312.3

> 벽체를 통한 전열량
> $= K \times A \times (t_1 - t_2)$
> $= \dfrac{\lambda}{\ell} \times A \times (t_1 - t_2)$
> $= \dfrac{0.02}{0.13} \times 10 \times (200-20) = 276.9 \text{kcal/h}$

32 보일러 본체나 수관, 연관 등에 발생하는 블리스터(blister)를 옳게 설명한 것은?

① 강판이나 관의 제조 시 두 장의 층을 형성하는 것
② 라미네이션된 강판이 열에 의해 혹처럼 부풀어 나오는 현상
③ 노통이 외부압력에 의해 내부로 짓눌리는 현상
④ 리벳 조인트나 리벳 구멍 등의 응력이 집중하는 곳에 물리적 작용과 더불어 화학적 작용에 의해 발생하는 균열

> • 블리스터 : 라미네이션된 강판이 열에 의해 표면이 부풀어 나오는 현상
> • 라미네이션 : 강판 내부의 기포에 의해 강판이 두 장의 층으로 분리되는 현상

33 일반 보일러(소용량 보일러 및 가스용 온수보일러 제외)에서 온도계를 설치할 필요가 없는 곳은?

① 절탄기가 있는 경우 절탄기 입구 및 출구
② 보일러 본체의 급수 입구
③ 버너 급유 입구(예열을 필요로 할 때)
④ 과열기가 있는 경우 과열기 입구

> 과열증기 온도계 : 과열기 설치시 과열기 출구에 설치한다.

34 다음 보일러의 휴지보존법 중 단기보존법에 속하는 것은?

① 석회밀폐건조법
② 질소가스봉입법
③ 소다만수보존법
④ 가열건조법

> • 장기보존법 : 석회밀폐건조법, 질소가스봉입법, 소다만수보존법
> • 단기보존법 : 보통만수보존법, 가열건조법

35 보일러에서 발생하는 고온 부식의 원인물질로 거리가 먼 것은?

① 나트륨
② 유황
③ 철
④ 바나듐

> 고온 부식의 원인물질 : 나트륨, 유황, 바나듐 등 염분성분은 융점이 낮은 용융제가 되어 과열기 등에 부착하여 부식을 일으킨다.

36 보일러에서 수면계 기능시험을 해야 할 시기로 가장 거리가 먼 것은?

① 수위의 변화에 수면계가 빠르게 반응할 때
② 보일러를 가동하기 전
③ 2개의 수면계 수위가 서로 다를 때
④ 프라이밍, 포밍 등이 발생한 때

> 수면계 점검시기
> • 보일러를 가동하기 전
> • 2개의 수면계 수위가 서로 다를 때
> • 프라이밍, 포밍 등이 발생한 때

37 열사용기자재의 검사 및 검사면제에 관한 기준에 따라 급수장치를 필요로 하는 보일러에는 기준을 만족시키는 주펌프 세트와 보조펌프 세트를 갖춘 급수장치가 있어야 하는데, 특정 조건에 따라 보조펌프 세트를 생략할 수 있다. 다음 중 보조펌프 세트를 생략할 수 없는 경우는?

① 전열면적이 $10m^2$인 보일러
② 전열면적이 $8m^2$인 가스용 보일러
③ 전열면적이 $16m^2$인 가스용 온수보일러
④ 전열면적이 $50m^2$인 관류보일러

> 보일러에 보조펌프를 생략할 수 있는 경우
> • 전열면적이 $12m^2$ 이하의 보일러
> • 전열면적이 $14m^2$ 이하의 가스용 온수보일러
> • 전열면적이 $100m^2$ 이하의 관류보일러

38 다음 중 난방부하의 단위로 옳은 것은?

① kcal/kg
② kcal/h
③ kg/h
④ $kcal/m^2 \cdot h$

> • 온수보일러의 정격용량 : 시간당 발생열량(kcal/h)
> • 정격용량 = 난방부하 + 급탕부하 + 배관부하 + 예열부하 (kcal/h)

39 최고사용압력이 $16kg_f/cm^2$인 강철제보일러의 수압시험압력으로 맞는 것은?

① $8\ kg_f/cm^2$
② $16\ kg_f/cm^2$
③ $24\ kg_f/cm^2$
④ $32\ kg_f/cm^2$

> 수압시험 : 최고사용압력 $16kg_f/cm^2$ 이상
> : 최고사용압력 × 1.5
> = 16 × 1.5 = $24\ kg_f/cm^2$

40 콘크리트 벽이나 바닥 등에 배관이 관통하는 곳에 관의 보호를 위하여 사용하는 것은?

① 슬리브
② 보온재료
③ 행거
④ 신축곡관

> 슬리브 : 배관이 벽이나 바닥 등에 관통할 때 콘크리트를 하기 전에 관의 보호를 위하여 슬리브를 설치한다.

41 무기질 보온재 중 하나로 안산암, 현무암에 석회석을 섞어 용융하여 섬유모양으로 만든 것은?

① 코르크
② 암면
③ 규조토
④ 유리섬유

> 암면 : 안산암, 현무암에 석회석을 섞어 용융하여 섬유모양으로 만든 무기질 보온재

42 보일러 수 처리에서 순환계통의 처리방법 중 용해 고형물 제거 방법이 아닌 것은?

① 약제 첨가법
② 이온교환법
③ 증류법
④ 여과법

> 고형물 처리방법 : 여과법, 침강법, 응집법

43 강관에 대한 용접이음의 장점으로 거리가 먼 것은?

① 열에 의한 잔류응력이 거의 발생하지 않는다.
② 접합부의 강도가 강하다.
③ 접합부의 누수의 염려가 없다.
④ 유체의 압력손실이 적다.

> • 장점 : 이음부의 강도가 크고, 누수의 우려가 적고, 유체의 압력손실이 적고, 돌기부가 없어 보온공사가 용이하다.
> • 단점 : 재질변화 및 잔류응력이 발생하고, 저온취성이 생길 우려가 있다.

44 가동 보일러에 스케일과 부식물 제거를 위한 산세척 처리순서로 올바른 것은?

① 전처리→수세→산액처리→수세→중화 · 방청처리
② 수세→산액처리→전처리→수세→중화 · 방청처리

③ 전처리→중화·방청처리→수세→산액처리→수세
④ 전처리→수세→중화·방청처리→수세→산액처리

> 산세관의 공정 : 전처리→수세→산액처리→수세→중화·방청처리

45 방열기의 구조에 관한 설명으로 옳지 않은 것은?

① 주요 구조 부분은 금속재료나 그 밖의 강도와 내구성을 가지는 적절한 재질의 것을 사용해야 한다.
② 엘리먼트 부분은 사용하는 온수 또는 증기의 온도 및 압력을 충분히 견디어 낼 수 있는 것으로 한다.
③ 온수를 사용하는 것에는 보온을 위해 엘리먼트 내에 공기를 빼는 구조가 없도록 한다.
④ 배관 접속부는 시공이 쉽고 점검이 용이해야 한다.

> 방열기 : 방열기 내에 공기가 체류하면 방열작용이 저하되어 난방효과가 떨어지므로 공기방출기를 설치하여 공기를 배출시킨다.

46 액상 열매체 보일러 시스템에서 사용하는 팽창탱크에 관한 설명으로 틀린 것은?

① 액상 열매체 보일러 시스템에는 열매체유의 액팽창을 흡수하기 위한 팽창탱크가 필요하다.
② 열매체유 팽창탱크에는 액면계와 압력계가 부착되어야 한다.
③ 열매체류 팽창탱크의 설치장소는 통상 열매체유 보일러 시스템에서 가장 낮은 위치에 설치한다.
④ 열매체유의 노화방지를 위해 팽창탱크의 공간부에는 N_2 가스를 봉입한다.

> 열매체유 팽창탱크 : 열매체유 보일러 시스템에서 가장 높은 위치에 설치한다.

47 포화온도 105℃인 증기난방 방열기의 상당 방열면적이 20m²일 경우 시간당 발생하는 응축수량은 약 kg/h인가? (단, 105℃ 증기의 증발잠열은 535.6kcal/kg이다.)

① 10.37 ② 20.57
③ 12.17 ④ 24.27

> 방열기 내의 응축수량
> = $\dfrac{방열량}{증발잠열}$ ×방열면적 = $\dfrac{650}{535.6}$ ×20 = 24.27kg/h

48 강관재 루프형 신축이음은 고압에 견디고 고장이 적어 고온·고압용 배관에 이용되는데 이 신축이음의 곡률반경은 관지름의 몇 배 이상으로 하는 것이 좋은가?

① 2배 ② 3배
③ 4배 ④ 6배

> 루프형 신축이음 : 고압배관에 사용하며 곡률반경은 관경의 6배로 해야 관내 마찰저항을 무시할 수 있다.

49 보온재 선정 시 고려하여야 할 사항으로 틀린 것은?

① 안전사용 온도범위에 적합해야 한다.
② 흡수성이 크고 가공이 용이해야 한다.
③ 물리적, 화학적 강도가 커야 한다.
④ 열전도율이 가능한 적어야 한다.

> 보온재 : 비중이 가볍고, 흡습성이 적어야 열전도율이 적어진다.

50 수격작용을 방지하기 위한 조치로 거리가 먼 것은?

① 송기에 앞서서 관을 충분히 데운다.
② 송기할 때 주증기 밸브는 급히 열지 않고 천천히 연다.
③ 증기관은 증기가 흐르는 방향으로 경사가 지도록 한다.
④ 증기관에 드레인이 고이도록 중간을 낮게 배관한다.

> 수격작용 : 주 증기밸브의 급개 등에 의해 캐리오버가 발생하면 증기관에 드레인이 고이게 되어 발생되는 현상

51 배관용접 작업시 안전사항 중 산소용기는 일반적으로 몇 ℃ 이하의 온도로 보관하여야 하는가?

① 100℃ 이하　② 80℃ 이하
③ 60℃ 이하　④ 40℃ 이하

> 산소용기 : 직사광선이 없는 곳에 40℃ 이하로 보관한다.

52 단관 중력 순환식 온수난방의 배관은 주관을 앞내림 기울기로 하여 공기가 모두 어느 곳으로 빠지게 하는가?

① 드레인 밸브
② 팽창 탱크
③ 에어벤트 밸브
④ 체크 밸브

> 팽창탱크 : 장치내의 공기를 방출하기 위해 가장 높은 방열관보다 1m 이상 높게 설치한다.

53 배관지지 장치의 명칭과 용도가 잘못 연결된 것은?

① 파이프 슈 - 관의 수평부, 곡관부지지
② 리지드 서포트 - 빔 등으로 만든 지지대
③ 롤러 서포트 - 방진을 위해 변위가 적은 곳에 사용
④ 행거 - 배관계의 중량을 위에서 달아 매는 장치

> • 롤러 서포트 : 배관을 밑에서 지지하는 장치로 배관의 축방향이 이동을 자유롭게 하는 곳에 사용한다.
> • 브레이스 : 진동을 억제하기 위해 사용하는 장치로 방진기와 완충기가 있다.

54 보일러 운전이 끝난 후의 조치사항으로 잘못된 것은?

① 유류 사용 보일러의 경우 연료 계통의 스톱밸브를 닫고 버너를 청소한다.
② 연소실 내의 잔류여열로 보일러 내부의 압력이 상승하는지 확인한다.
③ 압력계 지시압력과 수면계의 표준수위를 확인해둔다.
④ 예열용 연료를 노내에 약간 넣어 둔다.

> 노내에 연료가 유입되면 : 미연가스가 발생하여 노내 폭발의 원인이 된다.

55 에너지법에 의거 지역에너지계획을 수립한 시·도지사는 이를 누구에게 제출하여야 하는가?

① 대통령
② 산업통상자원부장관
③ 국토교통부장관
④ 한국에너지공단 이사장

> 지역에너지계획은 특별시장·광역시장·특별자치시장·도지사 또는 특별자치도지사(이하 "시·도지사"라 한다.)가 관할 구역의 지역적 특성을 고려하여 5년마다 5년 이상을 계획기간으로 하여 수립·시행한다.

56 에너지법상 주요 에너지정책 및 에너지 관련 계획에 관한 사항을 심의하기 위한 에너지위원회의 구성으로 맞는 것은?

① 위원장 1명을 포함한 10명 이내의 위원
② 위원장 1명을 포함한 25명 이내의 위원
③ 위원장 2명을 포함한 10명 이내의 위원
④ 위원장 2명을 포함한 25명 이내의 위원

> 에너지위원회는 주요 에너지정책 및 에너지 관련 계획에 관한 사항을 심의하기 위하여 산업통상자원부장관 소속으로 위원장 1명을 포함한 25명 이내의 위원으로 구성(위원장은 산업통상자원부장관)된다.

57 에너지 수급안정을 위하여 산업통상자원부장관이 필요한 조치를 취할 수 있는 사항이 아닌 것은?

① 에너지의 배급
② 산업별·주요공급자별 에너지 할당
③ 에너지의 비축과 저장
④ 에너지의 양도·양수의 제한 또는 금지

> 수급안정을 위한 조정·명령, 그밖에 필요한 조치 내용
> • 지역별·주요 수급자별 에너지 할당
> • 에너지공급설비의 가동 및 조업
> • 에너지의 비축과 저장
> • 에너지의 도입·수출입 및 위탁가공
> • 에너지공급자 상호 간의 에너지의 교환 또는 분배 사용
> • 에너지의 유통시설과 그 사용 및 유통경로
> • 에너지의 배급
> • 에너지의 양도·양수의 제한 또는 금지
> • 에너지사용의 시기·방법 및 에너지사용기자재의 사용 제한 또는 금지 등 대통령령으로 정하는 사항
> • 그 밖에 에너지수급을 안정시키기 위하여 대통령령으로 정하는 사항

58 저탄소녹색성장 기본법에 의거 온실가스 감축목표 등의 설정·관리 및 필요한 조치에 관한 사항을 관장하는 기관으로 옳은 것은?

① 농림축산식품부 : 건물·교통 분야
② 환경부 : 농업·축산 분야
③ 국토교통부 : 폐기물 분야
④ 산업통상자원부 : 산업·발전 분야

> 온실가스 감축목표 등을 관장하는 기관
> • 국토교통부 : 건물·교통 분야
> • 산업통상자원부 : 산업·발전(發電) 분야
> • 환경부 : 폐기물 분야
> • 농림축산식품부 : 농업·임업·축산 분야

59 에너지이용합리화법상 검사대상기기관리자가 퇴직하는 경우 퇴직 이전에 다른 검사대상기기관리자를 선임하지 아니한 자에 대한 벌칙으로 맞는 것은?

① 1천만원 이하의 벌금
② 2천만원 이하의 벌금
③ 5백만원 이하의 벌금
④ 2년 이하의 징역

> 검사대상기기관리자를 선임하지 아니한 자는 1천만원 이하의 벌금에 처한다.

60 에너지이용합리화법에서 정한 검사대상기기관리자의 자격 및 관리범위에서 에너지관리기능사의 관리범위로 옳지 않은 것은?

① 용량이 15t/h 이하인 보일러
② 온수발생 및 열매체를 가열하는 보일러로서 용량이 581.5킬로와트 이하인 것
③ 최고사용압력이 1MPa 이하이고, 전열면적이 $10m^2$ 이하인 증기보일러
④ 압력용기

> 검사대상기기관리자의 자격 및 관리범위

관리자의 자격	관리범위
에너지관리기능장 또는 에너지관리기사	용량이 30t/h를 초과하는 보일러
에너지관리기능장, 에너지관리기사 또는 에너지관리산업기사	용량이 10t/h를 초과하고 30t/h 이하인 보일러
에너지관리기능장, 에너지관리기사, 에너지관리산업기사 또는 에너지관리기능사	용량이 10t/h 이하인 보일러
에너지관리기능장, 에너지관리기사, 에너지관리산업기사, 에너지관리기능사 또는 인정검사대상기기관리자의 교육을 이수한 자	1. 증기보일러로서 최고사용압력이 1MPa 이하이고, 전열면적이 $10m^2$ 이하인 것 2. 온수 발생 또는 열매체를 가열하는 보일러로서 출력이 581.5kW 이하인 것 3. 압력용기

정답 2014년 1회

01 ②	02 ④	03 ①	04 ④	05 ④
06 ④	07 ②	08 ④	09 ②	10 ④
11 ②	12 ①	13 ③	14 ①	15 ④
16 ④	17 ②	18 ①	19 ③	20 ④
21 ③	22 ①	23 ①	24 ④	25 ②
26 ③	27 ③	28 ①	29 ②	30 ④
31 ③	32 ①	33 ①	34 ④	35 ③
36 ①	37 ③	38 ②	39 ③	40 ①
41 ②	42 ④	43 ①	44 ①	45 ③
46 ③	47 ④	48 ②	49 ②	50 ④
51 ④	52 ②	53 ③	54 ④	55 ②
56 ②	57 ②	58 ④	59 ①	60 ①

2014년 2회 기출문제

01 어떤 보일러의 시간당 발생증기량을 G_a, 발생증기의 엔탈피를 i_2, 급수엔탈피를 i_1이라 할 때, 다음 식으로 표시되는 값(G_e)은?

$$G_e = \frac{G_a(i_2 - i_1)}{539} \text{ (kg/h)}$$

① 증발률
② 보일러 마력
③ 연소 효율
④ 상당 증발량

> 상당증발량 (kg/h)
> $= \dfrac{\text{실제증발량} \times (\text{증기엔탈피} - \text{급수엔탈피})}{539}$

02 보일러의 자동제어를 제어동작에 따라 구분할 때 연속동작에 해당되는 것은?

① 2위치 동작
② 다위치 동작
③ 비례동작(P 동작)
④ 부동제어 동작

> 자동제어의 제어동작
> • 연속동작 : 비례동작, 적분동작, 미분동작 등
> • 불연속동작 : on-off 동작(2위치 동작)

03 정격압력이 12kgf/cm² 일 때 보일러의 용량이 가장 큰 것은?(단, 급수온도는 10℃, 증기엔탈피는 663.8kcal/kg 이다.)

① 실제 증발량 1200 kg/h
② 상당 증발량 1500 kg/h
③ 정격출력 800000 kcal/h
④ 보일러 100 마력(B-HP)

> ① 실제증발량 1200kg/h
> $= \dfrac{1200 \times (663.8 - 10)}{539 \times 15.65}$
> $= 93$ 보일러마력
> ② 상당 증발량 1500kg/h
> $= \dfrac{1500}{15.65} = 95.84$ 보일러마력
> ③ 정격출력 800000kg/h
> $= \dfrac{800000}{539 \times 15.65} = 94.84$ 보일러마력

04 프라이밍의 발생 원인으로 거리가 먼 것은?

① 보일러 수위가 낮을 때
② 보일러수가 농축되어 있을 때
③ 송기 시 증기밸브를 급개할 때
④ 증발능력에 비하여 보일러수의 표면적이 작을 때

> 프라이밍 발생 원인
> • 보일러 수위가 높을 때
> • 보일러수가 농축되어 있을 때
> • 송기 시 증기밸브를 급개할 때
> • 증발능력에 비해 보일러수의 표면적이 작을 때

05 보일러의 부하율에 대한 설명으로 적합한 것은?

① 보일러의 최대증발량에 대한 실제증발량의 비율
② 증기발생량을 연료소비량으로 나눈 값
③ 보일러에서 증기가 흡수한 총열량을 급수량으로 나눈 값
④ 보일러 전열면적 1m²에서 시간당 발생되는 증기 열량

> 보일러 부하율
> $= \dfrac{\text{매시 실제증발량}}{\text{최대 연속 증발량}} \times 100$

06 보일러의 급수장치에서 인젝터의 특징으로 틀린 것은?

① 구조가 간단하고 소형이다.
② 급수량의 조절이 가능하고 급수효율이 높다.
③ 증기와 물이 혼합하여 급수가 예열된다.
④ 인젝터가 과열되면 급수가 곤란하다.

🔍 인젝터의 단점 : 급수조절이 어렵고, 양수 능력이 부족하다.

07 물의 임계압력에서의 잠열은 몇 kcal/kg 인가?

① 539
② 100
③ 0
④ 639

🔍
- 임계압력 : 225.65 kg/cm2
- 임계온도 : 374.15℃
- 증발잠열 : 0 kcal/kg

08 유류 연소시 일반적인 공기비는?

① 0.95~1.1   ② 1.6~1.8
③ 1.2~1.4   ④ 1.8~2.0

🔍 공기비
- 고체연료 : 1.5~2.0
- 액체연료 : 1.2~1.4 (미분탄)
- 기체연료 : 1.1~1.3

09 다음과 같은 특징을 갖고 있는 통풍방식은?

- 연도의 끝이나 연돌하부에 송풍기를 설치한다.
- 연도 내의 압력은 대기압보다 낮게 유지한다.
- 매연이나 부식성이 강한 배기가스가 통과하므로 송풍기의 고장이 자주 발생한다.

① 자연통풍   ② 압입통풍
③ 흡입통풍   ④ 평형통풍

🔍
- 흡입통풍 : 송풍기를 연도에 설치하며 노내압이 부압(-)을 유지한다.
- 압입통풍 : 송풍기를 연소실 입구에 설치하며 노내압이 정압(+)을 유지한다.

10 보일러 열손실이 아닌 것은?

① 방열손실   ② 배기가스 열손실
③ 미연소 손실   ④ 응축수 손실

🔍 보일러 열손실
- 배기가스에 의한 열손실
- 불완전연소에 의한 열손실
- 미연분에 의한 열손실
- 전열 및 방열에 의한 열손실

11 상당증발량 6000 kg/h, 연료 소비량 400 kg/h 인 보일러의 효율은 약 몇 % 인가?(단, 연료의 저위발열량은 9700kcal/kg 이다.)

① 81.3%   ② 83.4%
③ 85.8%   ④ 79.2%

🔍 효율 = $\dfrac{상당증발량 \times 539}{연료사용량 \times 연료발열량} \times 100$
= $\dfrac{6000 \times 539}{400 \times 9700} \times 100 = 83.4\%$

12 다음 중 탄화수소비가 가장 큰 액체연료는?

① 휘발유   ② 등유
③ 경유   ④ 중유

🔍 탄화수소비 : 중유>경유>등유>휘발유

13 무게 80kgf 인 물체를 수직으로 5m 까지 끌어 올리기 위한 일을 열량으로 환산하면 약 몇 kcal 인가?

① 0.94 kcal   ② 0.094 kcal
③ 40 kcal   ④ 400 kcal

🔍 일의 열당량 = $\dfrac{1}{427} \times 80 \times 5 = 0.94 kcal$

14 중유의 연소 상태를 개선하기 위한 첨가제의 종류가 아닌 것은?

① 연소촉진제   ② 회분개질제
③ 탈수제   ④ 슬러지 생성제

🔍 중유 첨가제 : 연소촉진제, 슬러지 안정제, 탈수제, 회분개질제, 유동점강하제 등

15 보일러 폐열회수장치에 대한 설명 중 가장 거리가 먼 것은?

① 공기예열기는 배기가스와 연소용 공기를 열교환하여 연소용 공기를 가열하기 위한 것이다.
② 절탄기는 배기가스의 여열을 이용하여 급수를 예열하는 급수예열기를 말한다.
③ 공기예열기의 형식은 전열방법에 따라 전도식과 재생식, 히트파이프식으로 분류된다.
④ 급수예열기는 설치하지 않아도 되지만 공기예열기는 반드시 설치하여야 한다.

> 폐열회수장치 : 공기예열기보다 절탄기를 설치하는 것이 연료 절감효과가 높다.

16 수관식 보일러의 특징에 관한 설명으로 틀린 것은?

① 구조상 고압 대용량에 적합하다.
② 전열면적을 크게 할 수 있으므로 일반적으로 효율이 높다.
③ 급수 및 보일러수 처리에 주의가 필요하다.
④ 전열면적당 보유수량이 많아 기동에서 소요증기가 발생할 때까지의 시간이 길다.

> 수관식 보일러 : 보유수량에 비해 전열면적이 넓어 증발이 빠르다.

17 화염검출기 기능불량과 대책을 연결한 것으로 잘못된 것은?

① 집광렌즈 오염 – 분리 후 청소
② 증폭기 노후 – 교체
③ 동력선의 영향 – 검출회로와 동력선 분리
④ 점화전극의 고전압이 프레임 로드에 흐를 때 – 전극과 불꽃 사이를 넓게 분리

> 점화전극의 고전압이 프레임 로드에 흐를 때 – 전극과 불꽃 사이를 좁게 한다.

18 유압분무식 오일버너의 특징에 관한 설명으로 틀린 것은?

① 대용량 버너의 제작이 가능하다.
② 무화 매체가 필요 없다.
③ 유량조절 범위가 넓다.
④ 기름의 점도가 크면 무화가 곤란하다.

> 유압분무식 버너 : 유량조절범위가 1:2로 좁아 부하변동이 큰 보일러에는 부적당하다.

19 노통 연관식 보일러의 특징으로 가장 거리가 먼 것은?

① 내분식으로 열손실이 적다.
② 수관식 보일러에 비해 보유수량이 적어 파열 시 피해가 작다.
③ 원통형 보일러 중에서 효율이 가장 높다.
④ 원통형 보일러 중에서 구조가 복잡한 편이다.

> 노통 연관식 보일러 : 원통형 보일러로 보유 수량이 많아 부하변동에 대한 적응은 쉬우나 사고 시 피해가 크다.

20 액체연료에서의 무화의 목적으로 틀린 것은?

① 연료와 연소용 공기와의 혼합을 고르게 하기 위해
② 연료의 단위 중량당 표면적을 작게 하기 위해
③ 연소효율을 높이기 위해
④ 연소실 열발생률을 높게 하기 위해

> 무화의 목적 : 연료의 단위 중량당 표면적을 넓게 하여 공기와 혼합을 좋게 하기 위해

21 매연분출장치에서 보일러의 고온부인 과열기나 수관부용으로 고온의 열가스 통로에 사용할 때만 사용되는 매연분출장치는?

① 정치 회전형
② 롱레트랙터블형
③ 쇼트레트랙터블형
④ 이동 회전형

> • 롱레트랙터블형 : 보일러 과열기 등 고온부에 사용하는 매연분출장치
> • 쇼트레트랙터블형 : 보일러 연소노벽 등에 사용하는 매연분출장치

22 보일러의 자동제어에서 연소제어시 조작량과 제어량의 관계가 옳은 것은?

① 공기량 – 수위
② 급수량 – 증기온도
③ 연료량 – 증기압
④ 전열량 – 노내압

🔍 • 급수량 – 수위, 전열량 – 증기온도
　• 연소가스량 – 노내압

23 다음 보일러 중 수관식 보일러에 해당되는 것은?

① 다쿠마 보일러
② 카네크롤 보일러
③ 스코치 보일러
④ 하우덴 존슨 보일러

🔍 • 카네크롤 : 특수 열매체보일러
　• 스코치, 하우덴 존슨 : 노통연관식 보일러

24 보일러 화염검출장치의 보수나 점검에 대한 설명 중 틀린 것은?

① 프레임 아이 장치의 주위온도는 50℃ 이상이 되지 않게 한다.
② 광전관식은 유리나 렌즈를 매주 1회 이상 청소하고 강도 유지에 유의한다.
③ 프레임로드는 검출부가 불꽃에 직접 접하므로 소손에 유의하고 자주 청소해 준다.
④ 프레임 아이는 불꽃의 직사광이 들어오면 오작동 하므로 불꽃의 중심을 향하지 않도록 설치한다.

🔍 프레임 아이 : 오작동을 방지하기 위해 불꽃의 중심을 향하도록 설치한다.

25 열용량에 대한 설명으로 옳은 것은?

① 열용량의 단위는 kcal/g · ℃ 이다.
② 어떤 물질 1g의 온도를 1℃ 올리는데 소요되는 열량이다.
③ 어떤 물질의 비열에 그 물질의 질량을 곱한 값이다.
④ 열용량은 물질의 질량에 관계없이 항상 일정하다.

🔍 열용량은 물질의 비열에 그 물질의 질량을 곱한 값이다. (kcal/℃ = kcal/kg · ℃×kg)

26 일반적으로 보일러 동(드럼) 내부에는 물이 어느 정도로 채워야 하는가?

① $\frac{1}{4} \sim \frac{1}{3}$
② $\frac{1}{6} \sim \frac{1}{5}$
③ $\frac{1}{4} \sim \frac{2}{5}$
④ $\frac{2}{3} \sim \frac{4}{5}$

🔍 보일러 내의 수부 : 보일러 동체 안지름의 2/3~4/5 정도이다.

27 주철제 보일러의 특징 설명으로 틀린 것은?

① 내열 · 내식성이 우수하다.
② 쪽수의 증감에 따라 용량조절이 용이하다.
③ 재질이 주철이므로 충격에 강하다.
④ 고압 및 대용량에 부적당하다.

🔍 주철제 보일러 : 내열, 내식성은 우수하나, 충격에 약하고 부동팽창으로 균열의 우려가 있다.

28 다음 중 잠열에 해당되는 것은?

① 기화열
② 생성열
③ 중화열
④ 반응열

🔍 잠열 : 융해잠열과 증발(기화)잠열이 있다.

29 집진장치 중 집진효율은 높으나 압력손실이 낮은 형식은?

① 전기식 집진장치
② 중력식 집진장치
③ 원심력식 집진장치
④ 세정식 집진장치

🔍 전기식 집진장치 : 집진효율은 높고 미세입자의 제거가 가능하며 압력손실이 낮다.

30 보일러 연소실 내에서 가스폭발을 일으킨 원인으로 가장 적절한 것은?

① 프리퍼지 부족으로 미연소 가스가 충만 되어 있었다.
② 연도 쪽의 댐퍼가 열려 있었다.
③ 연소용 공기를 다량으로 주입하였다.
④ 연료의 공급이 부족하였다.

> 노내의 가스폭발 원인 : 프리퍼지 부족으로 미연소 가스가 충만 되어 있는 경우

31 증기보일러의 캐리오버(carry over)의 발생 원인과 가장 거리가 먼 것은?

① 보일러 부하가 급격하게 증대할 경우
② 증발부의 면적이 불충분할 경우
③ 증기정지 밸브를 급격히 열었을 경우
④ 부유 고형물 및 용해 고형물이 존재하지 않을 경우

> 캐리오버(carry over)의 발생 원인
> 과부하일 때, 증발부의 면적이 좁을 때, 증기 밸브의 급개 시, 관수의 농축 및 고수위일 때

32 보일러의 점화조작 시 주의사항에 대한 설명으로 잘못된 것은?

① 유압이 낮으면 점화 및 분사가 불량하고 유압이 높으면 그을음이 축적되기 쉽다.
② 연료의 예열온도가 낮으면 무화불량, 화염의 편류, 그으름, 분진이 발생하기 쉽다.
③ 연료가스의 유출속도가 너무 빠르면 역화가 일어나고, 너무 늦으면 실화가 발생하기 쉽다.
④ 프리퍼지 시간이 너무 길면 연소실의 냉각을 초래하고, 너무 짧으면 역화를 일으키기 쉽다.

> 연료가스의 유출속도가 너무 빠르면 실화가 일어나고, 너무 늦으면 역화가 발생하기 쉽다.

33 보일러 건조보존 시에 사용되는 건조제가 아닌 것은?

① 암모니아
② 생석회
③ 실리카겔
④ 염화칼슘

> 건조제의 종류 : 생석회, 염화칼슘, 실리카 겔, 활성알루미나 등

34 이동 및 회전을 방지하기 위해 지지점 위치에 완전히 고정하는 지지금속으로, 열팽창 신축에 의한 영향이 다른 부분에 미치지 않도록 배관을 분리하여 설치·고정해야 하는 리스트레인트의 종류는?

① 앵커
② 리지드 행거
③ 파이프 슈
④ 브레이스

> 리스트레인트의 종류 : 앵커, 스톱, 가이드 등

35 보일러 동체가 국부적으로 과열되는 경우는?

① 고수위로 운전하는 경우
② 보일러 동 내면에 스케일이 형성된 경우
③ 안전밸브의 기능이 불량한 경우
④ 주증기 밸브의 개폐 동작이 불량한 경우

> 과열의 원인 : 저수위일 때, 스케일의 부착, 관수의 농축, 관수의 순환불량 등

36 복사난방의 특징에 관한 설명으로 옳지 않은 것은?

① 쾌감도가 높다.
② 고장 발견이 용이하고 시설비가 싸다.
③ 실내공간의 이용률이 높다.
④ 동일 방열량에 대한 열손실이 적다.

> 복사난방의 단점 : 온도 조절이 어렵고, 고장 시 보수, 점검이 곤란하고, 시설비가 비싸다.

37 다음 중 보일러 용수관리에서 경도(hardness)와 관련되는 항목으로 가장 적합한 것은?

① Hg, SVI
② BOD, COD
③ DO, Na
④ Ca, Mg

> 경도 : 수 중의 Ca, Mg 량을 수치로 나타낸 것

38 보일러에서 열효율의 향상대책으로 틀린 것은?

① 열손실을 최대한 억제한다.
② 운전조건을 양호하게 한다.
③ 연소실 내의 온도를 낮춘다.
④ 연소장치에 맞는 연료를 사용한다.

🔍 연소실 내의 온도가 낮으면 : 불완전연소가 되고, 전열이 저하되어 증발이 늦어진다.

39 보일러의 증기관 중 반드시 보온을 해야 하는 곳은?

① 난방하고 있는 실내에 노출된 배관
② 방열기 주위 배관
③ 주증기 공급관
④ 관말 증기트랩장치의 냉각레그

🔍 주증기 공급관 : 보온을 철저하게 하여 응축 수 발생 및 열손실을 방지한다.

40 강철제 증기보일러의 최고사용압력이 2MPa 일 때 수압시험압력은?

① 2MPa
② 2.5MPa
③ 3MPa
④ 4MPa

🔍 최고사용압력 1.6MPa 이상인 경우 최고사용압력×1.5
∴ 2×1.5 = 3MPa

41 난방부하의 발생요인 중 맞지 않는 것은?

① 벽체(외벽, 바닥, 지붕 등)를 통한 손실열
② 극간 풍에 의한 손실열량
③ 외기(환기공기)의 도입애 의한 손실열량
④ 실내조명, 전열기구 등에서 발산하는 열부하

🔍 난방부하 계산 : 전열기구 등에 의해 발산되는 열량은 제외한다.

42 보일러의 수압시험을 하는 주된 목적은?

① 제한압력을 결정하기 위하여
② 열효율을 측정하기 위하여
③ 균열의 여부를 알기 위하여
④ 설계의 양부를 알기 위하여

🔍 수압시험 : 보일러 균열 여부를 알기 위해 최고사용압력보다 높은 압력으로 실시한다.

43 규산칼슘 보온재의 안전사용 최고온도(℃)는?

① 300
② 450
③ 650
④ 850

🔍 무기질 보온재의 안전사용온도
- 탄산마그네슘 : 250℃
- 그라스울 : 300℃
- 석면·규조토·암면 : 500℃
- 규산칼슘 : 650℃
- 세레믹화이버 : 1000℃

44 보일러 운전 중 저수위로 인하여 보일러가 과열된 경우의 조치법으로 거리가 먼 것은?

① 연료공급을 중지한다.
② 연소용 공기공급을 중단하고 댐퍼를 전개한다.
③ 보일러가 자연냉각 하는 것을 기다려 원인을 파악한다.
④ 부동 팽창을 방지하기 위해 즉시 급수를 한다.

🔍 저수위일 때 : 과열면에 급수를 하게 되면 열 팽창에 의해 균열 또는 파열의 원인이 된다.

45 보일러 운전 중 1일 1회 이상 실행하거나 상태를 점검해야 하는 것으로 가장 거리가 먼 사항은?

① 안전밸브 작동상태
② 보일러수의 분출 작업
③ 여과기 상태
④ 저수위 안전장치 작동상태

🔍 여과기 청소 : 전 후의 압력차가 0.2kgf/cm² 이상일 때 청소를 한다.

46 강관 배관에서 유체의 흐름방향을 바꾸는데 사용되는 이음쇠는?

① 부싱 ② 리턴 벤드
③ 리듀셔 ④ 소켓

🔍 유체의 흐름방향을 바꾸는데 사용되는 이음쇠 : 엘보, 벤드

47 수면계의 점검순서 중 가장 먼저 해야 하는 사항으로 적당한 것은?

① 드레인 콕을 닫고 물콕을 연다.
② 물콕을 열어 통수관을 확인한다.
③ 물콕 및 증기콕을 닫고 드레인 콕을 연다.
④ 물콕을 닫고 증기콕을 열어 통기관을 확인한다.

🔍 수면계의 점검순서
 • 물콕 및 증기콕을 닫고 드레인콕을 연다.
 • 물콕을 열어 확인 후 닫는다.
 • 증기콕을 열어 확인 후 드레인콕을 닫는다.
 • 물콕을 서서히 연다.

48 팽창탱크 내의 물이 넘쳐흐를 때를 대비하여 팽창탱크에 설치하는 관은?

① 배수관 ② 환수관
③ 오버플로우관 ④ 팽창관

🔍 오버 플로우관 : 팽창탱크 내의 물이 넘치기 직전에 물을 안전한 곳으로 배출하기 위한 관

49 배관 중간이나 밸브, 펌프, 열교환기 등의 접속을 위해 사용되는 이음쇠로서 분해, 조립이 필요한 경우에 사용되는 것은?

① 벤드 ② 리듀셔
③ 플랜지 ④ 슬리브

🔍 분해, 조립을 하여 점검, 교체를 쉽게 하기 위한 이음쇠 : 유니언, 플랜지

50 흑체로부터의 복사 전열량은 절대온도의 몇 승에 비례하는가?

① 2승 ② 3승
③ 4승 ④ 5승

🔍 스테판 볼츠만의 법칙 : 완전 흑체로부터의 복사에너지는 절대온도의 4승에 비례한다.

51 환수관의 배관방식에 의한 분류 중 환수주관을 보일러의 표준수위 보다 낮게 배관하여 환수하는 방식은 어떤 배관방식인가?

① 건식 환수 ② 중력 환수
③ 기계 환수 ④ 습식 환수

🔍
 • 건식환수관법 : 환수관을 보일러 표준수면 보다 높게 연결한 방법
 • 습식환수관법 : 환수관을 보일러 표준수면보다 낮게 연결한 방법

52 세관작업 시 규산염은 염산에 잘 녹지 않으므로 용해촉진제를 사용하는데 다음 중 어느 것을 사용하는가?

① H_2SO_4 ② HF
③ NH_3 ④ Na_2SO_4

🔍 용해촉진제 : 불화수소산(HF)

53 주철제 보일러의 최고사용압력이 0.3MPa 인 경우 수압시험압력은?

① 0.15 MPa ② 0.30 MPa
③ 0.43 MPa ④ 0.60 MPa

🔍 주철제 보일러의 수압시험 : 최고사용압력 0.43MPa 이하 - 최고사용압력×2
 = 0.3 × 2 = 0.6MPa

54 강관 용접접합의 특징에 대한 설명으로 틀린 것은?

① 관내 유체의 저항손실이 적다
② 접합부의 강도가 강하다.
③ 보온피복 시공이 어렵다.
④ 누수의 염려가 적다.

🔍 용접이음 : 이음부의 강도가 강하고, 유체의 저항손실이 적고, 보온시공이 용이하다.

55 에너지이용합리화법상 열사용기자재가 아닌 것은?

① 강철제보일러　　② 구멍탄용 온수보일러
③ 전기순간온수기　④ 2종 압력용기

> 열사용기자재 : 보일러, 태양열집열기, 압력용기, 요업요로, 금속요로

56 저탄소 녹색성장 기본법상 온실가스가 아닌 것은?

① 이산화탄소　② 메탄
③ 수소　　　　④ 육불화황

> 온실가스란 이산화탄소(CO_2), 메탄(CH_4), 아산화질소(N_2O), 수소불화탄소(HFCs), 과불화탄소(PFCs), 육불화황(SF_6) 등으로 적외선 복사열을 흡수하거나 재방출하여 온실효과를 유발하는 대기 중의 가스 상태의 물질을 말한다.

57 에너지법상 에너지 공급설비에 포함되지 않는 것은?

① 에너지 수입설비　② 에너지 전환설비
③ 에너지 수송설비　④ 에너지 생산설비

> 에너지 공급설비 : 에너지를 생산, 저장, 수송, 전환하는 설비

58 온실가스 감축 목표의 설치·관리 및 필요한 조치에 관하여 총괄·조정을 수행하는 자는?

① 환경부장관
② 산업통상자원부장관
③ 국토교통부장관
④ 농림축산식품부장관

> 환경부장관은 온실가스 감축 목표의 설정·관리 및 필요한 조치에 관하여 총괄·조정기능을 수행한다.

59 자원을 절약하고, 효율적으로 이용하여 폐기물의 발생을 줄이는 등 자원순환산업을 육성지원하기 위한 다양한 시책에 포함되지 않는 것은?

① 자원의 수급 및 관리
② 유해하거나 재 제조·재활용이 어려운 물질의 사용억제
③ 에너지자원으로 이용되는 목재, 식물, 농산물 등 바이오매스의 수집·활용
④ 친환경 생산체제로의 전환을 위한 기술지원

> 자원순환 산업의 육성·지원 시책에 포함사항
> • 자원순환 촉진 및 자원생산성 제고 목표설정
> • 자원의 수급 및 관리
> • 유해하거나 재제조·재활용이 어려운 물질의 사용억제
> • 폐기물 발생의 억제 및 재제조·재활용 등 재 자원화
> • 에너지자원으로 이용되는 목재, 식물, 농산물 등 바이오매스의 수집·활용
> • 자원순환 관련 기술개발 및 산업의 육성
> • 자원생산성 향상을 위한 교육훈련·인력양성 등에 관한 사항

60 에너지이용 합리화법 시행규칙에 따른 효율관리기자재에 해당되지 않는 것은?

① 전기냉장고　② 2종 압력용기
③ 삼상유도전동기　④ 조명기기

> 효율관리기자재
> • 전기냉장고
> • 전기냉방기
> • 전기세탁기
> • 조명기기
> • 삼상유도전동기
> • 자동차

정답 2014년 2회

01 ④	02 ③	03 ④	04 ①	05 ①
06 ②	07 ③	08 ③	09 ③	10 ④
11 ②	12 ④	13 ①	14 ④	15 ④
16 ④	17 ④	18 ③	19 ②	20 ②
21 ②	22 ③	23 ①	24 ④	25 ③
26 ②	27 ②	28 ①	29 ③	30 ①
31 ④	32 ③	33 ①	34 ①	35 ②
36 ②	37 ④	38 ③	39 ③	40 ③
41 ④	42 ③	43 ③	44 ④	45 ③
46 ②	47 ③	48 ③	49 ③	50 ②
51 ④	52 ③	53 ④	54 ③	55 ③
56 ③	57 ①	58 ③	59 ④	60 ②

2014년 3회 기출문제

01 연소의 속도에 미치는 인자가 아닌 것은?
① 반응물질의 온도
② 산소의 온도
③ 촉매물질
④ 연료의 발열량

> 연소속도에 영향을 미치는 요소 : 산소농도, 반응물질의 온도, 촉매물질

02 자동제어의 신호전달방법 중 신호전송 시 시간지연이 있으며, 전송거리가 100~150m 정도인 것은?
① 전기식
② 유압식
③ 기계식
④ 공기식

> 자동제어의 신호전달방법
> • 전기식 : 전송거리가 수 km 정도이며 전송 지연이 적다.
> • 유압식 : 전송거리가 300m 정도로 전송이 빠르다. 화재의 위험이 있다.
> • 공기압식 : 전송거리가 100m 정도로 전송 지연이 크다.

03 액체연료 중 경질유에 주로 사용하는 기화연소방식의 종류에 해당하지 않는 것은?
① 포트식
② 심지식
③ 증발식
④ 무화식

> • 기화연소방식 : 경질유의 연소방식으로 포트식, 심지식, 증발식 등이 있다.
> • 무화연소방식 : 중질유의 연소발식으로 유압분무식, 이류체분무식, 회전분무식 등이 있다.

04 보일러에 과열기를 설치하여 과열증기를 사용하는 경우의 설명으로 잘못된 것은?
① 과열증기란 포화증기의 온도와 압력을 높인 것이다.
② 과열증기는 포화증기보다 보유열량이 많다.
③ 과열증기를 사용하면 배관부의 마찰저항 및 부식을 감소시킬 수 있다.
④ 과열증기를 사용하면 보일러의 열효율을 증대시킬 수 있다.

> 과열증기 : 포화증기의 압력변화 없이 온도만 높인 증기

05 플로트 트랩은 어떤 종류의 트랩인가?
① 디스크 트랩
② 기계적 트랩
③ 온도조절 트랩
④ 열역학적 트랩

> 기계식 증기 트랩 : 플로트식 버켓식

06 분사관을 이용해 선단에 노즐을 설치하여 청소하는 것으로 주로 고온의 전열면에 사용하는 슈트 블로워(soot blower)의 형식은?
① 롱 레트랙터블형(long retractable)형
② 로타리(rotary)형
③ 건(gun)형
④ 에어히터클리너(air heater cleaner)형

> • 롱 레트랙터블형 : 과열기 등 고온 전열면에 사용하는 슈트 블로워
> • 로타리형 : 절탄기 등 저온 전열면에 사용하는 슈트 블로워
> • 건형 : 보일러 연소노벽이나 전열면에 사용되는 슈트 블로워

07 긴 관의 한 끝에서 압송된 급수가 관을 지나는 동안 차례로 가열, 증발, 과열된 다음 과열증기가 되어 나가는 형식의 보일러는?
① 노통보일러
② 관류보일러
③ 연관보일러
④ 입형보일러

> 관류 보일러 : 드럼 없이 관만으로 구성된 보일러로 벤숀, 슐쳐 보일러 등이 있다.

08 보일러 연소실 내의 미연가스 폭발에 대비하여 설치하는 안전장치는?

① 가용전
② 방출밸브
③ 안전밸브
④ 방폭문

🔍 • 방폭문 : 노내 폭발을 대비해 설치하는 안전 장치
• 화염검출기 : 노내 폭발을 방지하기 위해 설치하는 안전장치

09 연료를 연소시키는데 필요한 실제공기량과 이론공기량의 비 즉, 공기비를 m 이라 할 때 다음 식이 뜻하는 것은?

$$(m - 1) \times 100 \%$$

① 과잉 공기율
② 과소 공기율
③ 이론 공기율
④ 실제 공기율

🔍 • 과잉공기율 : $(m-1) \times 100(\%)$
• 과잉공기량 : $(m-1) \times A_0$

10 보일러의 자동제어 신호전달 방식 중 전달거리가 가장 긴 것은?

① 전기식   ② 유압식
③ 공기식   ④ 수압식

🔍 신호전송거리
• 전기식 : 수 km 까지
• 유압식 : 300m 정도
• 공기압식 : 100m 정도

11 보일러 중에서 관류 보일러에 속하는 것은?

① 코크란 보일러
② 코르니시 보일러
③ 스코치 보일러
④ 슐쳐 보일러

🔍 관류 보일러 : 벤숀 보일러, 슐쳐 보일러

12 보일러 효율이 85%, 실제증발량이 5t/h 이고 발생증기의 엔탈피 656kcal/kg, 급수온도의 엔탈피는 56kcal/kg, 연료의 저위발열량 9750kcal/kg 일 때 연료 소비량은 약 몇 kg/h 인가?

① 316
② 362
③ 389
④ 405

🔍 연료사용량
$$= \frac{실제증발량 \times (증기엔탈피 - 급수엔탈피)}{효율 \times 연료의 발열량}$$
$$= \frac{5000 \times (656-56)}{0.85 \times 9750} = 362 kg/h$$

13 물질의 온도 변화에 소요되는 열 즉 물질의 온도를 상승시키는 에너지로 사용되는 열은 무엇인가?

① 잠열
② 증발열
③ 융해열
④ 현열

🔍 • 현열 : 상태변화 없이 온도변화에 필요한 열
• 잠열 : 온도변화 없이 상태변화에 필요한 열

14 용적식 유량계가 아닌 것은?

① 로타리형 유량계
② 피토우관식 유량계
③ 루트형 유량계
④ 오벌기어식 유령계

🔍 피토우관 : 유속측정에 의한 유량측정 방법

15 가압수식 집진장치의 종류에 속하는 것은?

① 백필터   ② 세정탑
③ 코트넬   ④ 배플식

🔍 • 세정식(습식)집진장치 : 유수식, 회전식, 가압수식
• 가압수식 : 사이크론 스크레버, 벤튜리 스크레버, 충진탑

16 원통형 및 수관식 보일러 구조에 대한 설명으로 틀린 것은?

① 노통 접합부는 아담슨 조인트(Adamson joint)로 연결하여 열에 의한 신축을 흡수한다.
② 코르니시 보일러는 노통을 편심으로 설치하여 보일러수의 순환을 잘 되도록 한다.
③ 겔로웨이관은 전열면을 증대하고 강도를 보강한다.
④ 강수관의 내부는 열가스가 통과하여 보일러수 순환을 증진한다.

🔍 강수관 : 급수된 물이 하강하는 관

17 열의 일당량 값으로 옳은 것은?

① 427 kg·m/kcal
② 327 kg·m/kcal
③ 273 kg·m/kcal
④ 472 kg·m/kcal

🔍 • 일의 열당량 = $\frac{1}{427}$ kcal/kg·m
• 열의 일당량 : 427 kg·m/kcal

18 보일러 시스템에서 공기예열기 설치 사용 시 특징으로 틀린 것은?

① 연소효율을 높일 수 있다
② 저온부식이 방지된다.
③ 예열공기의 공급으로 불완전연소가 감소된다.
④ 노내의 연소속도를 빠르게 할 수 있다.

🔍 공기예열기 설치 시 단점
• 저온부식이 발생한다.
• 통풍저항이 증가한다.
• 청소가 어렵다.

19 보일러 연료로 사용되는 LNG의 성분 중 함유량이 가장 많은 것은?

① CH_4 ② C_2H_6
③ C_3H_8 ④ C_4H_{10}

🔍 LNG(액화천연가스)의 주성분
메탄(CH_4 : 90%) + 에탄(C_2H_6 : 10%)

20 공기예열기 설치 시 이점으로 옳지 않은 것은?

① 예열공기의 공급으로 불완전연소가 감소한다.
② 배기가스의 열손실이 증가한다.
③ 저질연료도 연소가 가능하다.
④ 보일러 열효율이 증가한다.

🔍 공기예열기 : 배기가스 손실열을 이용하여 연소요 공기를 예열하는 장치로 배기가스의 열손실을 회수하여 열효율을 증가시킨다.

21 연료 중 표면 연소하는 것은?

① 목탄 ② 중유
③ 석탄 ④ LPG

🔍 • 표면연소 : 목탄, 코크스
• 분해연소 : 석탄, 목재
• 증발연소 : 액체연료(경유)
• 확산연소 : 기체연료

22 서로 다른 두 종류의 금속판을 하나로 합쳐 온도 차이에 따른 팽창정도가 다른 점을 이용한 온도계는?

① 바이메탈 온도계
② 압력식 온도계
③ 전기저항 온도계
④ 열전대 온도계

🔍 바이메탈 : 팽창이 다른 두 금속을 맞붙여 열팽창에 의해 휘어지는 특성이 있는 금속

23 일반적으로 효율이 가장 좋은 보일러는?

① 코르니시 보일러 ② 입형 보일러
③ 연관 보일러 ④ 수관 보일러

🔍 수관 보일러 : 보유수량에 비해 전열면적이 넓어 증발이 빠르고 열효율이 높다.

24 급유장치에서 보일러 가동 중 연소의 소화, 압력 초과 등 이상 현상 발생 시 긴급히 연료를 차단하는 것은?

① 압력조절 스위치
② 압력제한 스위치
③ 감압 밸브
④ 전자 밸브

🔍 전자 밸브 : 보일러 운전 중 압력초과, 저수위, 불착화 및 실화 시 연료공급을 차단시키는 장치

25 급유량계 앞에 설치하는 여과기의 종류가 아닌것은?

① U 형 　　② V 형
③ S 형 　　④ Y 형

🔍 여과기 : 어떤 장치의 입구에 설치하여 이물질을 제거하여 그 장치를 보호하기 위한 장치로 Y형, U형, V형 등의 종류가 있다.

26 보일러 증기발생량이 5t/h, 발생증기 엔탈피는 650 kcal/kg, 연료사용량 400kg/h, 연료의 저위발열량이 9750kcal/kg 일 때 보일러 효율은 약 몇 % 인가?(단, 급수온도는 20℃ 이다.)

① 78.8%　　② 80.8%
③ 82.4%　　④ 84.2%

🔍 효율
$= \dfrac{\text{실제증발량} \times (\text{증기엔탈피} - \text{급수엔탈피})}{\text{연료사용량} \times \text{연료의 발열량}} \times 100$
$= \dfrac{5000 \times (650-20)}{400 \times 9750} \times 100 = 80.77\%$

27 보일러 급수배관에서 급수의 역류를 방지하기 위하여 설치하는 밸브는?

① 체크 밸브
② 슬루스 밸브
③ 글로브 밸브
④ 앵글 밸브

🔍 체크 밸브 : 급수배관에 보일러수의 역류를 방지하기 위해 설치하는 밸브로 최고사용압력 0.1MPa 미만인 보일러는 생략할 수 있다.

28 보일러 중 노통 연관식 보일러는?

① 코르니시 보일러　　② 랭커셔 보일러
③ 스코치 보일러　　　④ 다쿠마 보일러

🔍 노통연관식 보일러 : 스코치 보일러, 하우 덴 존슨 보일러

29 수면계의 기능시험 시기로 틀린 것은?

① 보일러를 가동하기 전
② 수위의 움직임이 활발할 때
③ 보일러를 가동하여 압력이 상승하기 시작했을 때
④ 2개 수면계의 수위에 차이를 발견했을 때

30 강관의 스케줄 번호가 나타내는 것은?

① 관의 중심　　② 관의 두께
③ 관의 외경　　④ 관의 외경

🔍 스케줄 번호 $= 10 \times \dfrac{\text{사용압력}}{\text{허용응력}}$ 로 구하면 관의 두께를 결정한다.

31 가정용 온수보일러 등에 설치하는 팽창탱크의 주된 설치목적은 무엇인가?

① 허용압력초과에 따른 안전장치 역할
② 배관 중의 맥동을 방지
③ 배관 중의 이물질을 방지
④ 온수순환을 원활

🔍 팽창탱크 : 온수온도 상승에 따른 팽창압을 흡수·완화시키고, 부족수를 보충 급수하고, 열손실을 방지하는 기능이 있다.

32 난방부하가 15000kcal/h이고, 주철제 증기보일러로 난방 한다면 방열기 소요 방열면적은 약 몇 m² 인가? (단, 방열기의 방열량은 표준 방열량으로 한다.)

① 16　　② 18
③ 20　　④ 23

🔍 방열면적 $= \dfrac{\text{난방부하}}{\text{방열량}} = \dfrac{15000}{650} = 23 m^2$

33 증기난방과 비교한 온수난방의 특징 설명으로 틀린 것은?

① 예열시간이 길다.
② 건물 높이에 제한을 받지 않는다.
③ 난방부하 변동에 따른 온도조절이 용이하다.
④ 실내 쾌감도가 높다.

> 온수난방 : 증기난방에 비해 소규모 난방으로 건물 높이에 제한을 받는다.

34 증기보일러에서 송기를 개시할 때 증기밸브를 급히 열면 발생할 수 있는 현상으로 가장 적당한 것은?

① 캐비테이션 현상
② 수격작용
③ 역화
④ 수면계의 파손

> 수격작용 : 프라이밍, 포밍 또는 증기밸브의 급개 등에 의한 캐리오버로 의해 발생하는 현상

35 배관의 단열공사를 실시하는 목적에서 가장 거리가 먼 것은 무엇인가?

① 열에 대한 경제성을 높인다.
② 온도조절과 열량을 낮춘다.
③ 온도변화를 제한한다.
④ 화상 및 화재방지를 한다.

> 단열공사의 목적 : 온도조절 및 열량을 높인다.

36 보일러의 외처리 방법 중 탈기법에서 제거되는 것은?

① 황화수소
② 수소
③ 망간
④ 산소

> 용존가스(O_2, CO_2) 처리방법
> • 탈기법 : O_2 처리
> • 기폭법 : CO_2 처리

37 보일러의 외부부식 발생원인과 관계가 가장 먼 것은?

① 빗물, 지하수 등에 의한 습기나 수분에 의한 작용
② 보일러수 등의 누출로 인한 습기나 수분에 의한 작용
③ 연소가스 속의 부식성 가스(아황산가스 등)에 의한 작용
④ 급수 중에 유지류, 산류, 탄산가스, 산소, 염류 등의 불순물 함유에 의한 작용

> 내부부식 : 급수처리 불량으로 발생하는 부식

38 실내의 온도분포가 가장 균등한 난방방식은 무엇인가?

① 온풍 난방
② 방열기 난방
③ 복사 난방
④ 온돌 난방

> 복사난방 : 환기에 의한 열손실이 적고, 실내 온도 분포가 균등한 난방방식으로 고장 시 보수·점검이 어려운 단점도 있다.

39 관을 아래서 지지하면서 신축을 자유롭게 하는 지지물은 무엇인가?

① 스프링 행거
② 롤러 서포트
③ 콘스탄트 행거
④ 리스트레인트

> • 서포트 : 배관을 밑에서 받쳐서 지지하는 것
> • 행거 : 배관을 위에서 매달아 지지하는 것
> • 리스트레인트 : 열팽창에 의한 관의 좌우 이동을 억제하는 것

40 고체 내부에서의 열의 이동 현상으로 물질은 움직이지 않고 열만 이동하는 현상은 무엇인가?

① 전도
② 전달
③ 대류
④ 복사

> • 열전도 : 매질을 통한 열 이동으로 벽체 내부에서 외부로의 열이 이동되는 현상
> • 열전달 : 유체에서 고체로, 고체에서 유체로의 열 이동 현상

41 신축이음쇠 종류 중 고온, 고압에 적당하며, 신축에 따른 자체응력이 생기는 결점이 있는 신축 이음쇠는?

① 루프형(loop type)
② 스위블형(swivel type)
③ 벨로스형(bellows type)
④ 슬리브형(sleeve type)

🔍 루프형 : 고압, 옥외배관에 사용되며 신축량이 큰 반면에 응력이 발생한다.

42 난방부하 계산 시 사용되는 용어에 대한 설명 중 틀린 것은?

① 열전도 : 인접한 사이의 열의 이동 현상
② 열관류 : 열이 한 유체에서 벽을 통하여 다른 유체로 전달되는 현상
③ 난방부하 : 방열기가 표준 상태에서 $1m^2$ 당 단위 시간에 방출하는 열량
④ 정격용량 : 보일러 최대 부하상태에서 단위 시간 당 총 발생되는 열량

🔍 • 방열량 : 방열기가 표준 상태에서 $1m^2$ 당 단위 시간에 방출하는 열량($kcal/m^2h$)
• 난방부하 : 건축물 실내의 거주공간에 1시간 당 난방에 필요한 열량($kcal/h$)

43 증기 보일러의 관류밸브에서 보일러와 압력릴리프 밸브와의 사이에 설치할 경우 압력릴리프 밸브는 몇 개 이상 설치하여야 하는가?

① 1개
② 2개
③ 3개
④ 4개

🔍 압력릴리프 밸브 : 2개 이상 설치한다.

44 보일러 설치 · 시공기준상 가스용 보일러의 경우 연료배관 외부에 표시하여야 하는 사항이 아닌 것은?(단, 배관은 지상에 노출된 경우임)

① 사용 가스명
② 최고 사용압력
③ 가스흐름 방향
④ 최저 사용온도

🔍 가스배관 외면의 표시사항
• 사용가스 명
• 최고사용압력
• 가스흐름 방향

45 유류연소 수동보일러의 운전정지 내용으로 잘못된 것은?

① 운전정지 직전에 유류예열기의 전원을 차단하고 유류예열기의 온도를 낮춘다.
② 연소실내, 연도를 환기시키고 댐퍼를 닫는다.
③ 보일러 수위를 정상수위보다 조금 낮추고 버너의 운전을 정지한다.
④ 연소실에서 버너를 분리하여 청소를 하고 기름이 누설되는지 확인한다.

🔍 보일러 운전 정지 시 : 다음날 분출을 하기 위해 정상수위보다 약간 높게 급수한다.

46 증기트랩의 종류가 아닌 것은?

① 그리스 트랩
② 열동식 트랩
③ 버켓식 트랩
④ 플로트 트랩

🔍 증기트랩의 종류
• 기계식 : 플로트식, 버켓식
• 온도조절식 : 바이메탈식, 벨로스식(열동식)
• 열역학 성질 : 디스크식, 오리피스식

47 강판 제조시 강괴 속에 함유되어 있는 가스체 등에 의해 강판이 두 장의 층을 형성하는 결함은?

① 라미네이션
② 크랙
③ 브리스터
④ 심 라이트

🔍 • 라미네이션 : 강판 내부의 가스체 등에 의해 강판이 두 장의 층을 형성되는 현상
• 브리스터 : 강판 내부의 가스체 등에 의해강판의 표면이 부풀어 오르는 현상

48 가연가스와 미연가스가 노내에 발생하는 경우가 아닌 것은?

① 심한 불완전연소가 되는 경우
② 점화조작에 실패한 경우
③ 소정의 안전 저연소율 보다 부하를 높여서 연소시킨 경우
④ 연소정지 중에 연료가 노내에 스며든 경우

> 가압연소 : 연소율을 증가시켜 연소부하(온도)를 높여 미연가스 발생을 적게 한다.

49 보일러 급수의 pH로 가장 적합한 것은?

① 4~6
② 7~9
③ 9~11
④ 11~13

> • 보일러 급수 : pH 8~9
> • 보일러 관수 : pH 10.5~11.8

50 보일러의 운전정지 시 가장 뒤에 조작하는 작업은?

① 연료의 공급을 정지시킨다.
② 연소용 공기의 공급을 정지시킨다.
③ 댐퍼를 닫는다.
④ 급수펌프를 정지시킨다.

> 보일러 정지 시 : 가장 먼저 연료공급을 정지하고, 가장 나중에 연도 댐퍼를 닫는다.

51 냉동용 배관 결합 방식에 따른 도시방법 중 용접 식을 나타내는 것은?

> ① 플랜지, ③ 나사이음, ④ 유니온

52 방열기 설치 시 벽면과의 간격으로 가장 적합한 것은?

① 50mm
② 80mm
③ 100mm
④ 150mm

> 벽과의 간격 : 50~60mm
> 벽과의 간격이 너무 좁으면 방열손실이 커지고, 너무 넓으면 바닥면의 이용도가 좁아진다.

53 20A 관을 90°로 구부릴 때 중심곡선의 적당한 길이는 약 몇 mm 인가?(단, 곡률 반지름 R = 100mm 이다.)

① 147
② 157
③ 167
④ 177

> 곡선부의 길이
> = 원둘레(πD) × $\dfrac{회전각}{360}$
> = $3.14 \times 200 \times \dfrac{90}{360}$ = 157mm

54 가스절단의 조건에 대한 설명 중 틀린 것은?

① 금속 산화물의 용융온도가 모재의 용융온도 보다 낮을 것
② 모재의 연소온도가 그 용융점 보다 낮을 것
③ 모재의 성분 중 산화를 방해하는 원소가 많을 것
④ 금속 산화물 유동성이 좋으며, 모재로부터 이탈될 수 있을 것

> 가스절단 : 800~900℃로 예열된 강관에 고압의 산소를 불어 내어 연소시키면, 발생된 산화철의 용융점이 모재인 강관보다 낮아 절단이 되므로 모재의 성분 중 산화를 방해하는 원소가 적어야 한다.

55 에너지법에서 사용하는 "에너지"의 정의를 가장 올바르게 나타낸 것은?

① "에너지"라 함은 석유, 가스 등 열을 발생하는 열원을 말한다.
② "에너지"라 함은 제품의 원료로 사용되는 것을 말한다.
③ "에너지"라 함은 태양, 조파, 수력과 같이 일을 만들어 낼 수 있는 힘이나 능력을 말한다.
④ "에너지"라 함은 연료, 열 및 전기를 말한다.

> 에너지 : 연료, 열 및 전기를 말한다.(단, 핵연료 및 제품의 원료로 사용되는 것은 제외한다)

56 신·재생에너지 설비의 설치를 전문으로 하려는자는 자본금·기술인력 등의 신고기준 및 절차에 따라 누구에게 신고를 하여야 하는가?

① 국토교통부 장관
② 환경부장관
③ 고용노동부장관
④ 산업통상자원부장관

🔍 신·재생에너지 설비의 설치를 전문으로 하려는 자의 신고 : 산업통상자원부장관

57 에너지절약 전문기업의 등록은 누구에게 하도록 위탁되어 있는가?

① 산업통상자원부장관
② 한국에너지공단 이사장
③ 시공업자단체의 장
④ 시·도지사

🔍 에너지절약전문기업의 등록신청 : 한국에너지공단 이사장

58 에너지법상 지역에너지계획은 몇년 마다 몇년 이상을 계획기간으로 수립·시행하는가?

① 2년 마다 2년 이상
② 5년 마다 5년 이상
③ 7년 마다 7년 이상
④ 10년 마다 10년 이상

🔍 지역에너지계획 : 5년 마다 5년 계획기간으로 시·도지사가 수립한다.

59 에너지이용 합리화법 시행규칙상 용접검사가 면제될 수 있는 보일러의 대상 범위로 틀린 것은?

① 강철제 보일러 중 전열면적이 $5m^2$ 이하이고, 최고사용압력이 0.35MPa 이하인 것
② 주철제 보일러
③ 제2종 관류 보일러
④ 온수보일러 중 전열면적 $18m^2$ 이하이고, 최고사용압력이 0.35MPa 이하인 것

🔍 용접검사 면제대상 범위
• 강철제 보일러 중 전열면적이 $5m^2$ 이하이고, 최고사용압력이 0.35MPa 이하인 것
• 주철제 보일러
• 1종 관류보일러
• 온수보일러 중 전열면적이 $18m^2$ 이하이고, 최고사용압력이 0.35MPa 이하인 것

60 에너지법에 따르면 정부는 에너지기술개발계획을 수립하여야 한다. 이에 대해 옳은 것은?

① 5년 이상을 계획기간으로 하는 에너지기술개발계획을 5년마다 수립하여야 한다.
② 5년 이상을 계획기간으로 하는 에너지기술개발계획을 1년마다 수립하여야 한다.
③ 10년 이상을 계획기간으로 하는 에너지기술개발계획을 10년마다 수립하여야 한다.
④ 10년 이상을 계획기간으로 하는 에너지기술개발계획을 5년마다 수립하여야 한다.

🔍 정부는 10년 이상을 계획기간으로 하는 에너지기술개발계획을 5년마다 수립하고, 이에 따른 연차별 실행계획을 수립·시행(관계 중앙행정기관의 장의 협의와 국가과학기술자문회의 심의를 거쳐서 수립)하여야 한다.

정답 2014년 3회

01 ④	02 ④	03 ④	04 ①	05 ②
06 ①	07 ②	08 ④	09 ①	10 ①
11 ④	12 ②	13 ④	14 ②	15 ②
16 ④	17 ①	18 ②	19 ①	20 ②
21 ①	22 ①	23 ④	24 ①	25 ②
26 ②	27 ①	28 ③	29 ②	30 ②
31 ①	32 ④	33 ③	34 ②	35 ②
36 ④	37 ④	38 ③	39 ②	40 ①
41 ①	42 ②	43 ②	44 ④	45 ②
46 ①	47 ①	48 ③	49 ②	50 ③
51 ②	52 ①	53 ②	54 ③	55 ④
56 ④	57 ②	58 ②	59 ③	60 ④

2014년 4회 기출문제

01 보일러의 여열을 이용하여 증기보일러의 효율을 높이기 위한 부속장치로 맞는 것은?

① 버너, 댐퍼, 송풍기
② 절탄기, 공기예열기, 과열기
③ 수면계, 압력계, 안전밸브
④ 인젝터, 저수위경보장치, 집진장치

> 폐열회수장치 : 과열기, 재열기, 절탄기, 공기예열기 등

02 스팀 헤더(steam header)에 관한 설명으로 틀린 것은?

① 보일러 주증기관과 부하측 증기관 사이에 설치한다.
② 송기 및 정지가 편리하다.
③ 불필요한 장소에 송기하기 때문에 열손실이 증가한다.
④ 증기의 과부족을 일부 해소할 수 있다.

> 증기헤더 : 불필요한 장소에 증기 공급을 차단하여 열손실이 감소된다.

03 보일러 기관 작동을 저지시키는 인터록 제어에 속하지 않는 것은?

① 저수위 인터록
② 저압력 인터록
③ 저연소 인터록
④ 프리퍼지 인터록

> 인터록의 종류 : 저수위 인터록, 압력초과 인터록, 불착화 인터록, 저연소 인터록, 프리퍼지 인터록

04 다음 중 특수보일러에 속하는 것은?

① 벤슨 보일러
② 슐쳐 보일러
③ 소형관류 보일러
④ 슈미트 보일러

> 특수보일러 : 간접가열 보일러 – 슈미트 보일러, 레후러 보일러

05 보일러 연소실이나 연도에서 화염의 유무를 검출하는 장치가 아닌 것은?

① 스테빌라이져
② 플레임 로드
③ 플레임 아이
④ 스택 스위치

> 화염검출기 : 플레임 아이, 플레임 로드, 스택 스위치

06 수관식 보일러의 특징에 대한 설명으로 틀린 것은?

① 전열면적이 커서 증기의 발생이 빠르다.
② 구조가 간단하여 청소, 검사, 수리 등이 용이하다.
③ 철저한 급수처리가 요구된다.
④ 보일러수의 순환이 빠르고 효율이 좋다.

> 수관식 보일러 : 구조가 복잡하여 청소, 검, 수리 등이 곤란하다.

07 연소가스와 대기의 온도가 각각 250℃, 30℃이고, 연돌의 높이가 50m일 때 이론 통풍력은 약 얼마인가? (단, 연소가스와 대기의 비중량은 각각 1.35kg/Nm³, 1.25kg/Nm³ 이다.)

① 21.08 mmAq
② 23.12 mmAq
③ 25.02 mmAq
④ 27.36 mmAq

> 이론통풍력
> $= \left(\dfrac{273 \times 1.25}{273+30} - \dfrac{273 \times 1.35}{273+250}\right) \times 50$
> $= 21.077$ mmAq

08 사이클론 집진기의 집진율을 증가시키기 위한 방법으로 틀린 것은?

① 사이클론의 내면을 거칠게 처리한다.
② 블로우다운 방식을 사용한다.
③ 사이클론 입구의 속도를 크게 한다.
④ 분진박스와 모양은 적당한 크기와 형상으로 한다.

> 사이클론 집진기 : 사이클론의 내면은 유체의 난류를 피하기 위해 매끄럽게 처리하여야 한다.

09 건포화증기의 엔탈피와 포화수의 엔탈피의 차는?

① 비열
② 잠열
③ 현열
④ 액체열

> 건포화증기 엔탈피 = 포화수 엔탈피 + 증발잠열

10 보일러에서 발생하는 증기를 이용하여 급수하는 장치는?

① 슬러지(sludge)
② 인젝터(injector)
③ 콕(cock)
④ 트랩(trap)

> 인젝터 : 증기압을 이용한 비동력 급수장치

11 연관식 보일러의 특징으로 틀린 것은?

① 동일 용량인 노통 보일러에 비해 설치면적이 적다.
② 전열면적이 커서 증기발생이 빠르다.
③ 외분식은 연료선택 범위가 좁다.
④ 양질의 급수가 필요하다.

> 연관식 보일러 : 외분식 보일러는 저질탄 연소에도 용이하므로 연료선택 범위가 상대적으로 넓다.

12 보일러의 수위제어에 영향을 미치는 요인 중에서 보일러 수위제어시스템으로 제어할 수 없는 것은?

① 급수온도
② 급수량
③ 수위검출
④ 증기량 검출

> 3 요소식 자동급수제어장치의 검출요소 : 수위, 증기량, 급수량

13 슈트블로워(soot blower)사용 시 주의사항으로 거리가 먼 것은?

① 한 곳으로 집중하여 사용하지 말것
② 분출기 내의 응축수를 배출시킨 후 사용할 것
③ 보일러 가동을 정지 후 사용할 것
④ 연도내 배풍기를 사용하여 유인통풍을 증가시킬 것

> 슈트 블로워 : 보일러 부하가 50% 이하이거나 소화 후에는 사용하지 않는다.

14 보일러의 과열 원인으로 적당하지 않은 것은?

① 보일러수의 순환이 좋은 경우
② 보일러내에 스케일이 부착된 경우
③ 보일러내에 유지분이 부착된 경우
④ 국부적으로 심하게 복사열을 받는 경우

> 과열의 원인 : 관내에 스케일 부착, 저수위, 과부하, 물 순환이 나쁜 경우 등에 해당된다.

15 오일 버너의 화염이 불안정한 원인과 가장 무관한 것은?

① 분무 유압이 비교적 높을 경우
② 연료 중에 슬러지 등의 협잡물이 들어있을 경우
③ 무화용 공기량이 적절치 않을 경우
④ 연소용 공기의 과다로 노내 온도가 저하될 경우

> 화염이 불안정한 원인 : 연료 중 협잡물의 혼입, 무화용 공기의 부족, 노내온도 저하, 무화불량 등

16 열전도에 적용되는 퓨리에의 법칙 설명 중 틀린것은?

① 두면 사이에 흐르는 열량은 물체의 단면적에 비례한다.
② 두면 사이에 흐르는 열량은 두면 사이의 온도차에 비례한다.
③ 두면 사이에 흐르는 열량은 시간에 비례한다.
④ 두면 사이에 흐르는 열량은 두면 사이의 거리에 비례한다.

> 열전도에 의한 손실열
> · $\frac{\lambda}{\ell} \times A \times (t_1 - t_2)$ kcal/h
> · 두면 사이에 흐르는 열량은 단면적, 두면 사이의 온도차, 시간 등에 비례하고, 두면 사이의 거리에 반비례 한다.

17 최근 난방 또는 급탕용으로 사용되는 진공 온수보일러에 대한 설명 중 틀린 것은?

① 열매수의 온도는 운전 시 100℃ 이하이다.
② 운전 시 열매수의 급수는 불필요하다.
③ 본체의 안전장치로서 용해전, 온도퓨즈, 안전밸브 등을 구비한다.
④ 추기장치는 내부에서 발생하는 비응축가스 등을 외부로 배출시킨다.

> 안전밸브 : 증기 보일러의 안전장치

18 보일러에서 실제증발량(kg/h)을 연료소모량(kg/h)으로 나눈 값은?

① 증발 배수
② 전열면 증발량
③ 연소실 열부하
④ 상당 증발량

> 증발배수 = $\frac{실제증발량}{연료사용량}$ (kg/kg-연료)

19 보일러 제어에서 자동연소제어에 해당하는 약호는?

① A.C.C
② A.B.C
③ S.T.C
④ F.W.C

> · A.B.C : 보일러 자동제어
> · S.T.C : 증기 온도제어
> · F.W.C : 급수제어

20 프로판(C_3H_8) 1kg이 완전연소 하는 경우 필요한 이론 산소량은 약 몇 Nm^3 인가?

① 3.47
② 2.55
③ 1.25
④ 1.50

> 프로판가스의 연소 반응식
> C_3H_8 + $5O_2$ → $3CO_2$ + $4H_2O$
> 44 kg 5×22.4 Nm^3
> ∴ 이론 산소량 = $\frac{5 \times 22.4}{44}$
> = 2.55 Nm^3/kg

21 고체연료와 비교하여 액체연료 사용 시 장점을 잘못 설명한 것은?

① 인화의 위험성이 없으며 역화가 발생하지 않는다.
② 그을음이 적게 발생하고 연소효율도 높다.
③ 품질이 비교적 균일하며 발열량이 크다.
④ 저장 중 변질이 적다.

> 액체연료 : 고체연료에 비해 인화점이 낮고 역화위험이 크다.

22 고압, 중압 보일러 급수용 및 고양정 급수용으로 쓰이는 것으로 임펠러와 안내날개가 있는 펌프는?

① 볼류트 펌프
② 터빈 펌프
③ 워싱턴 펌프
④ 웨어 펌프

> 원심펌프
> · 터빈펌프 : 안내 날개가 있다.
> · 볼류트 펌프 : 안내 날개가 없다.

23 증기압력이 높아질 때 감소되는 것은?

① 포화온도
② 증발잠열
③ 포화수 엔탈피
④ 포화증기 엔탈피

> 증기압력이 높아지면 : 포화온도와 포화수 엔탈피는 증가하고, 증발잠열은 감소하고, 포화 증기 엔탈피는 증가 후 감소한다.

24 노통 보일러에서 아담슨 조인트를 하는 목적은?

① 노통 제작을 쉽게 하기 위해서
② 재료를 절감하기 위해서
③ 열에 의한 신축을 조절하기 위해서
④ 물 순환을 촉진하기 위해서

🔍 아담슨 조인트 : 노통에 신축을 조절하기 위한 이음

25 다음 중 압력계의 종류가 아닌 것은?

① 부르돈관식 압력계
② 벨로즈식 압력계
③ 유니버셜 압력계
④ 다이어프램 압력계

🔍 탄성식 압력계의 종류 : 부르돈관식 압력계, 벨로즈식 압력계, 다이어프램식 압력계

26 500W의 전열기로서 2kg의 물을 18℃로부터 100℃까지 가열하는 데 소요되는 시간은 얼마인가?(단, 전열기 효율은 100%로 가정한다.)

① 약 10분
② 약 16분
③ 약 20분
④ 약 23분

🔍 $kWH = \dfrac{G \cdot C \cdot (t_1 - t_2)}{860 \times \eta}$

$H = \dfrac{2 \times 1 \times (100 - 18)}{0.5 \times 860 \times 1} = 0.381$

∴ $0.381 \times 60 = 22.88$ 분

27 랭커셔 보일러는 어디에 속하는가?

① 관류 보일러
② 연관 보일러
③ 수관 보일러
④ 노통 보일러

🔍 노통 보일러
• 코르니시 보일러 : 노통 1개
• 랭커셔 보일러 : 노통 2개

28 액체연료 연소에서 무화의 목적이 아닌 것은?

① 단위 중량당 표면적을 크게 한다.
② 연소효율을 향상시킨다.
③ 주위공기와 혼합을 좋게 한다.
④ 연소실 열부하를 낮게 한다.

🔍 무화의 목적 : 연소실 열 부하를 높게 한다.

29 보일러에서 기체연료의 연소방식으로 가장 적당한 것은?

① 화격자연소
② 확산연소
③ 증발연소
④ 분해연소

🔍 기체연료 연소방법 : 확산연소와 예혼합연소 방식이 있다.

30 단관 중력 환수식 온수난방에서 방열기 입구 반대편 상부에 부착하는 밸브는?

① 방열기 밸브
② 온도조절 밸브
③ 공기빼기 밸브
④ 배니 밸브

🔍 방열기 : 출구 상단에 공기방출기를 설치하고 입구에 방열기 밸브를 설치한다.

31 보일러 슈트 블로워를 사용하여 그을음 제거 작업을 하는 경우의 주의사항으로 가장 옳은 것은?

① 가급적 부하가 높을 때 실시한다.
② 보일러를 소화한 직후에 실시한다.
③ 흡출 통풍을 감소시킨 후 실시한다.
④ 작업 전에 분출기 내부의 드레인을 충분히 제거한다.

🔍 슈트 블로워
• 보일러를 소화한 후나 부하가 50% 이하일 때는 실시하지 않는다.
• 작업 전에 분출기 내부의 드레인을 충분히 제거하고 흡출 통풍을 감소시킨 후 실시한다.

32 보일러 내부에 아연판을 매다는 가장 큰 이유는?

① 기수공발을 방지하기 위하여
② 보일러 판의 부식을 방지하기 위하여
③ 스케일 생성을 방지하기 위하여
④ 프라이밍을 방지하기 위하여

> 내부에 아연판을 매다는 이유 : 보일러 동판의 부식을 방지하기 위하여

33 보일러 수(水) 중의 경도성분을 슬러지로 만들기위하여 사용하는 청관제는?

① 가성취화 억제제 ② 연화제
③ 슬러지 조정제   ④ 탈산소제

> 연화제 : 경도성분을 슬러지로 만들기 위하여 사용하는 청관제로 탄산소다, 가성소다, 인 산소다 등이 있다.

34 보일러 내면의 산세정 시 염산을 사용하는 경우 세정액의 처리온도와 처리시간으로 가장 적합한것은?

① 60±5℃, 1~2 시간
② 60±5℃, 4~6 시간
③ 90±5℃, 1~2 시간
④ 90±5℃, 4~6 시간

> • 무기산 세관 – 처리온도 : 60±5℃
>   처리시간 : 4~6 시간
> • 유기산 세관 – 처리온도 : 90±5℃
>   처리시간 : 4~6 시간

35 다른 보온재에 비해서 단열효과가 낮으며 500℃ 이하의 파이프, 탱크, 노벽 등에 사용하는 것은?

① 규조토   ② 암면
③ 그라스 울 ④ 펠트

> • 규조토 : 다른 보온재에 비해서 단열효과가 낮으며 약간 두껍게 시공하는 보온재로 500℃ 이하의 파이프, 탱크, 노벽 등에 사용된다.
> • 암면 : 안산암, 현무암, 석회석 등을 원료로 하여 용융·압축·가공한 것으로 400~500℃ 이하의 닥트, 탱크 등에 사용되는 보온재

36 점화전 댐퍼를 열고 노내와 연도에 체류하고 있는 가연성가스를 송풍기로 취출시키는 작업은?

① 분출   ② 송풍
③ 프리퍼지 ④ 포스트퍼지

> • 점화전 통풍 : 프리 퍼지
> • 소화 후 통풍 : 포스트 퍼지

37 건물을 구성하는 구조체 즉 바닥, 벽 등에 난방용 코일을 묻고 열매체를 통과시켜 난방을 하는 것은?

① 대류난방 ② 복사난방
③ 간접난방 ④ 전도난방

> 복사난방 : 패널히팅이라고도 하며 바닥, 벽 등에 난방용 코일을 묻고 열매체를 통과시켜 난방을 하는 방식

38 배관의 높이를 관의 중심을 기준으로 표시한 기호는?

① TOP   ② GL
③ BOP   ④ EL

> • GL : 배관의 높이를 땅(地)표면을 기준으로 표시한 기호
> • TOP : 배관의 높이를 관의 윗면을 기준으로 표시한 기호
> • BOP : 배관의 높이를 관의 아랫면을 기준으로 표시한 기호

39 보일러의 열효율 향상과 관계가 없는 것은?

① 공기예열기를 설치하여 연소용 공기를 예열한다.
② 절탄기를 설치하여 급수를 예열한다.
③ 가능한 한 과잉공기를 줄인다.
④ 급수펌프로는 원심펌프를 사용한다.

> 열효율을 높이는 방법 : 폐열회수장치(절탄기, 공기예열기 등)를 설치하거나 과잉공기를 적게 사용하여 열손실을 줄이는 방법

40 보일러 급수성분 중 포밍과 관련이 가장 큰 것은?

① pH   ② 경도 성분
③ 용존 산소 ④ 유지 성분

> 프라이밍, 포밍의 원인 : 관수의 농축, 수중의 유지분, 고수위, 과부하 등에 의해.
> • 스케일의 원인 : 경도 성분
> • 점식(부식) 원인 : 용존 산소

41 보일러에서 역화의 발생 원인이 아닌 것은?

① 점화 시 착화가 지연되었을 경우
② 연료보다 공기를 먼저 공급한 경우
③ 연료 밸브를 과대하게 급히 열었을 경우
④ 프리퍼지가 부족할 경우

> 역화의 원인 : 공기보다 연료를 먼저 공급한 경우

42 보일러 유리 수면계의 유리파손 원인과 무관한 것은?

① 유리관 상하 콕의 중심이 일치하지 않을 때
② 유리가 알칼리 부식 등에 의해 노화되었을 때
③ 유리관 상하 콕의 너트를 너무 조였을 때
④ 증기의 압력을 갑자기 올렸을 때

> 수면계의 유리파손 원인과 무관한 것
> • 증기의 압력을 갑자기 올렸을 때
> • 수위가 너무 높은 경우
> • 프라이밍 포밍이 발생하였을 때

43 가정용 온수보일러 등에 설치하는 팽창탱크의 주된 기능은?

① 배관 중의 이물질 제거
② 온수 순환의 맥동 방지
③ 열효율의 증대
④ 온수의 가열에 따른 체적팽창 흡수

> 팽창탱크 기능 : 온수온도 상승에 따른 팽창압을 흡수하고, 부족수를 보충 급수하고, 팽창된 물을 저장하여 열손실을 방지한다.

44 지역난방의 특징을 설명한 것 중 틀린 것은?

① 설비가 길어지므로 배관 손실이 있다
② 초기 시설 투자비가 높다
③ 개개 건물의 공간을 많이 차지한다.
④ 대기오염의 방지를 효과적으로 할 수 있다.

> 지역난방 : 각 건물에 보일러가 없어 건물의 유효면적이 넓어진다.

45 증기보일러에 설치하는 유리수면계는 2개 이상이어야 하는데 1개만 설치해도 되는 경우는?

① 소형관류보일러
② 최고사용압력 2 MPa 미만의 보일러
③ 동체 안지름 800mm 미만의 보일러
④ 1개 이상의 원격지시 수면계를 설치한 보일러

> 수면계를 1개로 할 수 있는 경우
> • 최고사용압력 1 MPa 미만으로 동체 안지름 750mm 미만의 보일러
> • 2개 이상의 원격지시 수면계를 설치한 보일러
> • 소용량 보일러
> • 소형관류보일러

46 진공 환수식 증기난방에서 리프트 피팅이란?

① 저압환수관이 진공펌프의 흡입구보다 낮은 위치에 있을 때 적용되는 이음방법이다.
② 방열기보다 낮은 곳에 환수주관이 설치된 경우 적용되는 이음방법이다.
③ 진공펌프가 환수주관과 같은 위치에 있을 때 적용되는 이음방법이다.
④ 방열기와 환수주관의 위치가 같을 때 적용되는 이음방법이다.

> 리프트 피팅
> • 환수관보다 진공펌프를 높게 설치하여 적은 힘으로 응축수를 흡상시키기 위한 이음방법이다.
> • 1단 높이 : 1.5m 이내

47 보일러에서 분출 사고 시 긴급조치 사항으로 틀린 것은?

① 연도 댐퍼를 전개한다.
② 연소를 정지시킨다.
③ 압입 통풍기를 가동시킨다.
④ 급수를 계속하여 수위의 저하를 막고 보일러의 수위유지에 노력한다.

> 분출 사고 시 긴급조치 사항 : 연소를 정지 하고, 압입 통풍을 정지한다.

48 유리솜 또는 암면의 용도와 관계없는 것은?

① 보온재　　② 보냉재
③ 단열재　　④ 방습재

> • 단열재, 보온재, 보냉재 : 안전사용온도로 구분한다.
> • 고온용 보온재 : 유리솜, 암면

49 호칭지름 20A인 강관을 그림과 같이 배관할 때 엘보 사이의 파이프의 절단 길이는?(단, 20A 엘보의 끝단에서 중심까지 거리는 32mm이고, 파이프의 물림 길이는 13mm 이다.)?

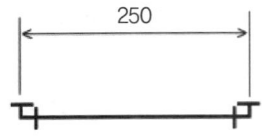

① 210mm　　② 212mm
③ 214mm　　④ 216mm

> 250 − 2×(32 − 13) = 212mm

50 보온재 중 흔히 스치로폴이라고도 하며, 체적의 97~98%가 기공으로 되어있어 열 차단 능력이 우수하고, 내수성도 뛰어난 보온재는?

① 폴리스티렌 폼　　② 경질 우레탄 폼
③ 코르크　　④ 그라스 울

> 폴리스티렌 폼 : 스치로폴, 발포폴리스티렌 이라고도 하며 체적의 98%가 공기이고 나머지 2%가 수지인 자원 절약형 소재이고, 흡수성이 거의 없고 열 차단성이 우수한 보온재로 아이스박스 등에 사용되나 재활용이 되지 않는다.

51 방열기의 표준 방열량에 대한 설명으로 틀린 것은?

① 증기의 경우, 게이지 압력 1kg/㎠, 온도 80℃로 공급하는 것이다.
② 증기 공급시의 표준 방열량은 650 kcal /m²h 이다.
③ 실내온도는 증기일 경우 21℃, 온수 18℃ 정도이다.
④ 온수 공급시의 표준 방열량은 450kcal/ m²h 이다.

> 방열기의 표준 방열량
> • 증기온도 : 102℃
> • 온수온도 : 80℃

52 증기난방의 분류에서 응축수 환수방식에 해당하는 것은?

① 고압식　　② 상향 공급식
③ 기계 환수식　　④ 단관식

> 응축수 환수법 : 중력환수식, 기계환수식, 진공환수식 등

53 어떤 거실의 난방부하가 5000kcal/h이고, 주철제 온수 방열기로 난방할 때 필요한 방열기 쪽수는?(단, 방열기 1쪽당 방열면적은 0.26m² 이고 방열량은 표준방열량으로 한다.)

① 11쪽　　② 21쪽
③ 30쪽　　④ 43쪽

> 방열기 소요수 = $\dfrac{5000}{450 \times 0.26}$ = 42.7

54 온수난방 배관 시공법의 설명으로 잘못된 것은?

① 온수난방은 보통 1/250 이상의 끝올림 구배를 주는 것이 이상적이다
② 수평 배관에서 관경을 바꿀 때는 편심 레듀셔를 사용하는 것이 좋다
③ 지관이 주관 아래로 분기 될 때는 45°이상 끝내림 구배로 배관한다.
④ 팽창탱크에 이르는 팽창관에는 조정용 밸브를 단다.

> 팽창관 : 관의 도중을 차단하는 밸브 등은 설치하지 않는다.

55 에너지이용합리화법상 에너지의 최저소비효율기준에 미달하는 효율관리기자재의 생산 또는 판매 금지 명령을 위반한 자에 대한 벌칙 기준은?

① 1년 이하의 징역 또는 1천만원 이하의 벌금
② 1천만원 이하의 벌금
③ 2년 이하의 징역 또는 2천만원 이하의 벌금

④ 2천만원 이하의 벌금

🔍 기준미달 기자재의 생산 및 판매금지 위반 : 2천만원 이하의 벌금

56 다음은 저탄소 녹색성장 기본법에 명시된 용어의 뜻이다. ( )안에 알맞은 것은?

> 온실가스란 (㉠), 메탄, 아산화질소, 수소불화탄소, 과불화탄소, 육불화황 및 그밖에 대통령령으로 정하는 것으로 (㉡) 복사열을 흡수하거나 재방출하여 온실효과를 유발하는 대기 중의 가스 상태의 물질을 말한다.

① ㉠ 일산화탄소, ㉡ 자외선
② ㉠ 일산화탄소, ㉡ 적외선
③ ㉠ 이산화탄소, ㉡ 자외선
④ ㉠ 이산화탄소, ㉡ 적외선

🔍 온실가스란 이산화탄소(CO_2), 메탄(CH_4), 아산화질소(N_2O), 수소불화탄소(HFCs), 과불화탄소(PFCs), 육불화황(SF_6) 등으로 적외선 복사열을 흡수하거나 재방출하여 온실효과를 유발하는 대기 중의 가스 상태의 물질을 말한다.

57 특정열사용기자재 중 산업통상자원부령으로 정하는 검사대상기기를 폐기한 경우에는 폐기한 날부터 며칠 이내에 폐기신고서를 제출해야 하는가?

① 7일 이내에   ② 10일 이내에
③ 15일 이내에   ④ 30일 이내에

🔍 검사대상기기의 폐기 또는 사용중지 및 설치자 변경 시 15일 이내에 신고한다.

58 특정열사용기자재 중 산업통상자원부령으로 정하는 검사대상기기의 계속사용검사 신청서는 검사 유효기간 만료 며칠 전까지 제출해야 하는가?

① 10일 전까지   ② 15일 전까지
③ 20일 전까지   ④ 30일 전까지

🔍 계속사용검사 신청 : 유효기간 만료 10일전, 한국에너지공단 이사장에게 제출한다.

59 화석연료에 대한 의존도를 낮추고 청정에너지의 사용 및 보급을 확대하여 녹색기술 연구개발, 탄소흡수원 확충 등을 통하여 온실가스를 적정수준 이하로 줄이는 것에 대한 정의로 옳은 것은?

① 녹색성장   ② 저탄소
③ 기후변화   ④ 자원순환

60 에너지이용합리화법상의 목표에너지원단위를 가장 옳게 설명한 것은?

① 에너지를 사용하여 만드는 제품의 단위당 폐연료 사용량
② 에너지를 사용하여 만드는 제품의 연간 폐열 사용량
③ 에너지를 사용하여 만드는 제품의 단위당 에너지 사용 목표량
④ 에너지를 사용하여 만드는 제품의 연간 폐열 에너지 사용 목표량

🔍 목표에너지원단위
• 에너지를 사용하여 만드는 제품의 단위당 에너지사용 목표량
• 수립 : 산업통상자원부장관

정답 2014년 4회

01 ②	02 ③	03 ②	04 ④	05 ①
06 ②	07 ①	08 ①	09 ②	10 ②
11 ③	12 ①	13 ③	14 ①	15 ①
16 ④	17 ③	18 ①	19 ①	20 ②
21 ①	22 ②	23 ②	24 ③	25 ③
26 ④	27 ④	28 ④	29 ②	30 ④
31 ④	32 ②	33 ③	34 ②	35 ①
36 ③	37 ②	38 ④	39 ④	40 ④
41 ②	42 ④	43 ④	44 ③	45 ①
46 ①	47 ③	48 ④	49 ②	50 ①
51 ①	52 ③	53 ④	54 ④	55 ④
56 ④	57 ③	58 ①	59 ②	60 ③

2015년 1회 기출문제

01 액체 연료 연소장치에서 보염장치(공기조절장치)의 구성요소가 아닌 것은?

① 바람상자　　② 보염기
③ 버너 팁　　　④ 버너타일

> 보염장치 : 윈드박스(바람상자), 버너타일, 콤버스터, 보염기(스태빌라이져) 등

02 증기난방시공에서 관말 증기 트랩 장치의 냉각래그(cooling leg) 길이는 일반적으로 몇 m 이상으로 해주어야 하는가?

① 0.7m　　② 1.0m
③ 1.5m　　④ 2.5m

> 냉각래그 : 증기난방에서 응축수를 배출하기 위해 트랩입구 1.5m 이상 보온피복을 제거하여 나관으로 만든 부분

03 드럼 없이 초임계압력 하에서 증기를 발생시키는 강제 순환 보일러는?

① 특수 열매체 보일러
② 2중 증발 보일러
③ 연관 보일러
④ 관류 보일러

> 관류보일러 : 드럼없이 관만으로 구성된 초고압용 보일러로 벤슨 보일러와 슐쳐 보일러가 있다.

04 증발량 3500kgf/h 인 보일러의 증기 엔탈피가 640kcal/kg이고, 급수온도는 20℃ 이다. 이 보일러의 상당 증발량은 얼마인가?

① 약 3786kgf/h　　② 약 4156kgf/h
③ 약 2760kgf/h　　④ 약 4026kgf/h

> 상당증발량
> $= \dfrac{\text{실제증발량} \times (h'' - h')}{539}$
> $= \dfrac{3500 \times (640 - 20)}{539} = 4026 \text{kg/h}$

05 보일러의 상당증발량을 옳게 설명한 것은?

① 일정 온도의 보일러수가 최종의 증발상태에서 증기가 되었을 때의 중량
② 시간당 증발된 보일러수의 중량
③ 보일러에서 단위시간에 발생하는 증기 또는 온수의 보유량
④ 시간당 실제증발량이 흡수한 전열량을 온도 100℃의 포화수를 100℃의 증기로 바꿀 때의 열량으로 나눈 값

> 상당증발량 : 100℃의 포화수를 100℃의 포화증기로 발생시킨 증기

06 수관식 보일러의 일반적인 특징에 관한 설명으로 틀린 것은?

① 구조상 고압 대용량에 적합하다.
② 전열면적을 크게 할 수 있으므로 일반적으로 열효율이 좋다.
③ 부하변동에 따른 압력이나 수위의 변동이 적으므로 제어가 편리하다.
④ 급수 및 보일러수 처리에 주의가 필요하며 특히 고압보일러에서는 엄격한 수질관리가 필요하다.

> 수관식 보일러 : 보유수량이 적어 부하변동에 따른 수위 및 압력변화가 크다.

07 증기의 압력을 높일 때 변화하는 현상으로 틀린 것은?

① 현열이 증대한다.
② 증발 잠열이 증대한다.
③ 증기의 비체적이 증대한다.
④ 포화수 온도가 높아진다.

🔍 증기의 압력이 높을 때 현열은 증가하고, 잠열은 감소한다.

08 증기보일러의 압력계 부착에 대한 설명으로 틀린 것은?

① 압력계와 연결된 관의 크기는 강관을 사용할 때에는 안지름이 6.5mm 이상이어야 한다.
② 압력계는 눈금판의 눈금이 잘 보이는 위치에 부착하고 얼지 않도록 하여야 한다.
③ 압력계는 사이폰관 또는 동등한 작용을 하는 장치가 부착되어야 한다.
④ 압력계의 콕크는 그 핸들을 수직인 관과 동일 방향에 놓은 경우에 열려 있는 것이어야 한다.

🔍 압력계와 연결된 관의 크기 : 증기온도 210℃ 초과 시 12.7mm 이상의 강관을 사용하고, 210℃ 이하인 경우 6.5mm 이상의 동관을 사용하여야 한다.

09 분출밸브의 최고사용압력은 보일러 최고사용압력의 몇 배 이상 이어야 하는가?

① 0.5배
② 1.0배
③ 1.25배
④ 2.0배

🔍 분출밸브의 강도는 최소 0.7MPa 이상이거나 최고사용압력의 1.25배 이상이어야 한다.

10 게이지 압력이 1.57MPa이고 대기압이 0.103MPa일 때 절대압력은 몇 MPa인가?

① 1.467　　② 1.673
③ 1.783　　④ 2.008

🔍 절대압력 = 게이지압력 + 대기압
　　　　 = 1.57 + 0.103 = 1.673 MPa

11 증기 또는 온수 보일러로써 여러 개의 섹션(section)을 조합하여 제작하는 보일러는?

① 열매체 보일러
② 강철제 보일러
③ 관류 보일러
④ 주철제 보일러

🔍 주철제 보일러(섹션 보일러) : 저압용 난방 보일러

12 연소용 공기를 노의 앞에서 불어 넣으므로 공기가 차고 깨끗하며 송풍기의 고장이 적고 점검 수리가 용이한 보일러의 강제통풍 방식은?

① 압입통풍
② 흡입통풍
③ 자연통풍
④ 수직통풍

🔍 압입통풍 : 송풍기를 연소실 입구에 설치하여 고장이 적고, 연소용 공기를 불어 넣는 방식으로 노내압이 정압을 유지한다.

13 액면계 중 직접식 액면계에 속하는 것은?

① 압력식　　② 방사선식
③ 초음파식　　④ 유리관식

🔍 액면계
　• 직접식 : 유리관식, 검척식, 부자식, 편위식
　• 간접식 : 압력식, 초음파식, 방사선식

14 보일러 자동제어 신호전달 방식 중 공기압 신호 전송의 특징 설명으로 틀린 것은?

① 배관이 용이하고 보존이 비교적 쉽다.
② 내열성이 우수하나 압축성이므로 신호전달에 지연이 된다.
③ 신호전달 거리가 100~150m 정도이다.
④ 온도제어 등에 부적합하고 위험이 크다.

🔍 공기압식 : 전송거리가 100~150m 정도로 전송 지연시간이 길고, 배관이 용이하며 위험성이 적다.

15 보일러 자동제어의 급수제어(F.W.C)에서 조작량은?

① 공기량
② 연료량
③ 전열량
④ 급수량

> 급수제어(FWC)
> • 제어량 : 보일러 수위
> • 조작량 : 급수량

16 연료유 탱크에 가열장치를 설치한 경우에 대한 설명으로 틀린 것은?

① 열원에는 증기, 온수, 전기 등을 사용한다.
② 전열식 가열장치에 있어서는 직접식 또는 저항밀봉 피복식의 구조로 한다.
③ 온수, 증기 등의 열매체가 동절기에 동결할 우려가 있는 경우에는 동결을 방지하는 조치를 취해야 한다.
④ 연료유 탱크의 기름 취출구 등에 온도계를 설치하여야 한다.

> 가열장치는 전면가열식과 부분가열식이 있다.

17 분진가스를 방해판 등에 충돌시키거나 급격한 방향전환 등에 의해 매연을 분리 포집하는 집진방법은?

① 중력식
② 여과식
③ 관성력식
④ 유수식

> 건식 집진장치의 종류
> • 원심력식 : 함진가스를 선회 운동시켜 매진의 원심력을 이용하여 분리
> • 여과식 : 함진가스를 여과재에 통과시켜 매진을 분리
> • 중력식 : 집진실내에 함진가스를 도입하고 매진 자체의 중력에 의해 자연 침강시켜 분리하는 형식
> • 관성력식 : 분진가스를 방해판 등에 충돌시키거나 급격한 방향전환에 의해 매연을 분리 포집하는 집진장치

18 보일러 연료 중에서 고체연료를 원소 분석하였을 때 일반적인 주성분은?(단, 중량 %를 기준으로 한 주성분을 구한다.)

① 탄소　　　② 산소
③ 수소　　　④ 질소

> 연료의 원소분석 : 탄소, 수소, 황, 산소, 질소, 인 등 6 항목으로 주성분은 탄소(84%), 수소(11%), 황(4%)으로 구성된다.

19 보일러에 사용되는 열교환기 중 배기가스의 폐열을 이용하는 교환기가 아닌 것은?

① 절탄기
② 공기예열기
③ 방열기
④ 과열기

> 보일러의 폐열회수장치(열교환기)의 종류 : 과열기, 절탄기, 공기예열기 등

20 보일러 본체에서 수부가 클 경우의 설명으로 틀린 것은?

① 부하 변동에 대한 압력 변화가 크다.
② 증기 발생시간이 길어진다.
③ 열효율이 낮아진다.
④ 보유 수량이 많으므로 파열시 피해가 크다.

> 보일러의 수부가 크면 보유수량이 많아 부하변동에 의한 압력 변화가 적고, 사고시 피해가 크다.

21 매시간 1500kg의 연료를 연소시켜서 시간당 11000kg의 증기를 발생시키는 보일러의 효율은 약 몇 %인가?(단, 연료의 발열량은 6000kcal/kg, 발생증기의 엔탈피는 742kcal/kg, 급수의 엔탈피는 20kcal/kg이다.)

① 88%　　　② 80%
③ 78%　　　④ 70%

> $\eta = \dfrac{11000 \times (742-20)}{1500 \times 6000} \times 100$
> $= 88.2\%$

22 육용 보일러 열정산의 조건과 관련된 설명 중 틀린 것은?

① 전기에너지는 1kW당 860 kcal/h로 환산한다.
② 보일러 효율 산정 방식은 입·출열법과 열 손실법으로 실시한다.
③ 열정산 시험시의 연료 단위량은, 액체 및 고체연료의 경우 1kg에 대하여 열정산을 한다.
④ 보일러의 열정산은 원칙적으로 정격부하 이하에서 정상 상태로 3시간 이상의 운전 결과에 따라 한다.

> 열정산시 보일러 가동시간은 2시간 이상으로 한다.

23 가스용 보일러의 연소방식 중에서 연료와 공기를 각각 연소실에 공급하여 연소실에서 연료와 공기가 혼합 되면서 연소하는 방식은?

① 확산연소식
② 예혼합연소식
③ 복열혼합연소식
④ 부분예혼합연소식

> 기체연료 연소방법
> • 확산연소방법 : 외부혼합식으로 연료와 공기가 각각 공급하여 연소실에서 혼합 연소시키는 방법
> • 예혼합연소방법 : 내부혼합식으로 연료와 공기를 버너내의 혼합기에서 혼합 연소시키는 방법

24 안전밸브의 종류가 아닌 것은?

① 레버 안전밸브 ② 추 안전밸브
③ 스프링 안전밸브 ④ 핀 안전밸브

> 안전밸브의 종류 : 스프링식, 지렛대식(레버식), 추식 등

25 보일러 급수예열기를 사용할 때의 장점을 설명한 것으로 틀린 것은?

① 보일러의 증발능력이 향상된다.
② 급수 중 불순물의 일부가 제거된다.
③ 증기의 건도가 향상된다.
④ 급수와 보일러수와의 온도 차이가 적어 열응력 발생을 방지한다.

> 급수예열 효과 : 증발이 빨라지고, 열응력이 감소되고, 불순물의 일부를 제거하는 효과

26 다음 중 수관식 보일러에 속하는 것은?

① 기관차 보일러
② 코르니쉬 보일러
③ 다쿠마 보일러
④ 랑카샤 보일러

> 보일러 분류
> • 수관식 보일러 : 바브콕크, 다쿠마 등
> • 원통형 보일러 : 코크란, 코르니시, 랑카샤, 기관차, 스코치 등

27 물의 임계압력은 약 몇 kgf/cm² 인가?

① 175.23
② 225.65
③ 374.15
④ 539.75

> • 임계압력 : 225.65kg/cm²
> • 임계온도 : 374.15℃

28 액화석유가스(LPG)의 특징에 대한 설명 중 틀린 것은?

① 유황분이 없으며 유독성분도 없다.
② 공기보다 비중이 무거워 누설시 낮은 곳에 고여 인화 및 폭발성이 크다.
③ 연소시 액화천연가스(LNG)보다 소량의 공기로 연소한다.
④ 발열량이 크고 저장이 용이하다.

> 액화석유가스(LPG) : 연소시 액화천연가스(LNG)보다 분자구조가 복잡하여 발열량이 높고, 다량의 공기로 연소한다.

29 보일러 피드백제어에서 동작신호를 받아 규정된 동작을 하기위해 조작신호를 만들어 조작부에 보내는 부분은?

① 조절부 ② 제어부
③ 비교부 ④ 검출부

- 조절부 : 동작신호를 조작신호로 전환시켜 조작부로 보내는 부분
- 검출부 : 설정값과 비교하기 위해 주 피드백 신호를 만드는 부분

30 보일러에서 발생한 증기 또는 온수를 건물의 각 실내에 설치된 방열기에 보내어 난방하는 방식은?

① 복사난방법 ② 간접난방법
③ 온풍난방법 ④ 직접난방법

- 직접난방법 : 방열기를 이용한 난방방법
- 간접난방법 : 온풍기, 공조기를 이용한 난방방법
- 복사난방 : 방열관을 바닥, 벽 등에 묻어 놓고 하는 패널히팅

31 상용 보일러의 점화전 준비사항과 관련이 없는 것은?

① 압력계 지침의 위치를 점검한다.
② 분출밸브 및 분출콕크를 조작해서 그 기능이 정상인지 확인한다.
③ 연소장치에서 연료배관, 연료펌프 등의 개폐 상태를 확인한다.
④ 연료의 발열량을 확인하고, 성분을 점검한다.

- 연료의 발열량 및 성분확인 : 연료의 구입 · 인수 시 점검 항목

32 경납 땜의 종류가 아닌 것은?

① 황동납 ② 인동납
③ 은납   ④ 주석-납

- 경납 땜 : 황동납, 인동납, 은납, 양은납 등으로 용융점이 700~800℃ 이다.
- 연납 땜 : 주석-납의 합금으로 용융점이 200℃ 정도이다.

33 보일러 점화 전 자동제어장치의 점검에 대한 설명이 아닌 것은?

① 수위를 올리고 내려서 수위검출기 기능을 시험하고, 설정된 수위 상한 및 하한에서 정확하게 급수펌프가 기동, 정지하는지 확인한다.
② 저수탱크 내의 저수량을 점검하고 충분한 수량인 것을 확인한다.
③ 저수위경보기가 정상작동 하는 것을 확인한다.
④ 인터록계통의 제한기는 이상이 없는지 확인한다.

- 급수장치 점검사항 : 저수탱크 내의 저수량을 점검, 확인한다.

34 보일러수 중에 함유된 산소에 의해서 생기는 부식의 형태는?

① 점식
② 가성취화
③ 그루빙
④ 전면부식

- 점식 : 용존가스체(O_2, CO_2)에 의한 부식

35 땅속 또는 지상에 배관하여 압력상태 또는 무압력 상태에서 물의 수송 등에 주로 사용되는 덕 타일 주철관을 무엇이라 부르는가?

① 회주철관
② 구상흑연 주철관
③ 모르타르 주철관
④ 사형 주철관

- 구상흑연 주철관 : 덕타일 주철관이라 하며 강도와 인성이 있고 내식성 풍부하다.

36 보일러 운전정지의 순서를 바르게 나열한 것은?

가. 댐퍼를 닫는다.
나. 공기의 공급을 정지한다.
다. 급수 후 급수펌프를 정지한다.
라. 연료의 공급을 정지한다.

① 가 → 나 → 다 → 라
② 가 → 라 → 나 → 다
③ 라 → 가 → 나 → 다
④ 라 → 나 → 다 → 가

- 보일러 정지순서 : 가장 먼저 연료공급을 차단하고, 가장 나중에 연도댐퍼를 닫는다.

37 보일러 점화 시 역화가 발생하는 경우와 가장 거리가 먼 것은?

① 댐퍼를 너무 조인 경우나 흡입통풍이 부족할 경우
② 적정 공기비로 점화한 경우
③ 공기보다 먼저 연료를 공급했을 경우
④ 점화할 때 착화가 늦어졌을 경우

🔍 역화 : 공기부족으로 불완전연소 되어 노내에 미연가스가 충만된 경우

38 다음 보온재 중 안전사용온도가 가장 높은 것은?

① 펠트
② 암면
③ 글라스 울
④ 세라믹 화이버

🔍 안전사용온도
- 펠트 : 100℃
- 글라스 울 : 300℃
- 암면 : 500℃
- 세라믹 화이버 : 800℃

39 보일러의 계속사용검사기준에서 사용 중 검사에 대한 설명으로 거리가 먼 것은?

① 보일러 지지대의 균열, 내려앉음, 지지부재의 변형 또는 파손 등 보일러의 설치상태에 이상이 없어야 한다.
② 보일러와 접속된 배관, 밸브 등 각종 이음부에는 누기, 누수가 없어야 한다.
③ 연소실 내부가 충분히 청소된 상태이어야 하고, 축로의 변형 및 이탈이 없어야 한다.
④ 보일러 동체는 보온 및 케이싱이 분해되어 있어야 하며, 손상이 약간 있는 것은 사용해도 관계가 없다.

🔍 사용 중 검사 : 보일러 동체는 보온과 케이싱이 되어 있어야 하며, 손상이 없어야 한다.

40 어떤 건물의 소요 난방부하가 45000kcal/h이다. 주철제 방열기로 증기난방을 한다면 약 몇 쪽(section)의 방열기를 설치해야 하는가?(단, 표준방열량으로 계산하며, 주철제 방열기의 쪽당 방열면적은 0.24m²이다.)

① 156쪽
② 254쪽
③ 289쪽
④ 315쪽

🔍 방열기 소요수
$= \dfrac{난방부하}{방열량 \times 1쪽당 방열면적} = \dfrac{45000}{650 \times 0.24} = 288.5$

41 주철제 방열기를 설치할 때 벽과의 간격은 약 몇 mm 정도로 하는 것이 좋은가?

① 10 ~ 30
② 50 ~ 60
③ 70 ~ 80
④ 90 ~ 100

🔍 벽과의 간격 : 50~60mm

42 벨로즈형 신축이음쇠에 대한 설명으로 틀린 것은?

① 설치 공간을 넓게 차지하지 않는다.
② 고온, 고압 배관의 옥내배관에 적당하다.
③ 일명 팩레스(packless)신축이음쇠 라고도 한다.
④ 벨로우즈는 부식되지 않는 스테인리스, 청동 제품 등을 사용한다.

🔍 벨로즈형 : 설치에 장소를 크게 차지하지 않고 응력발생은 없으나, 고온 고압배관에 부적당하다.

43 배관의 이동 및 회전을 방지하기 위해 지지점 위치에 완전히 고정시키는 장치는?

① 앵커   ② 써포트
③ 브레이스   ④ 행거

> - 앵커 : 리스트레인트의 일종으로 열팽창에 의한 관의 신축을 억제하기 위한 관지지 기구
> - 써포트 : 밑에서 받쳐서 관을 지지하는 기구
> - 행거 : 위에서 매달아 관을 지지하는 기구

44 보일러수 속에 유지류, 부유물 등의 농도가 높아 지면 드럼수면에 거품이 발생하고, 또한 거품이 증가하여 드럼의 증기실에 확대되는 현상은?

① 포밍
② 프라이밍
③ 워터 해머링
④ 프리퍼지

> - 포밍 : 거품현상
> - 프라이밍 : 비수현상

45 동관 끝을 원형으로 정형하기 위해 사용하는 공구는?

① 사이징 툴   ② 익스펜더
③ 리머   ④ 튜브밴더

> - 사이징 툴 : 동관 끝을 원형으로 정형하기 위한 공구
> - 익스펜더 : 동관 끝을 소켓용으로 확관하기 위한 공구
> - 리머 : 관내의 거스러미를 제거하기 위한 공구

46 보일러 산세정의 순서로 옳은 것은?

① 전처리 → 산액처리 → 수세 → 중화방청 → 수세
② 전처리 → 수세 → 산액처리 → 수세 → 중화방청
③ 산액처리 → 수세 → 전처리 → 중화방청 → 수세
④ 산액처리 → 전처리 → 수세 → 중화방청 → 수세

47 방열기내 온수의 평균온도 80℃, 실내온도 18℃, 방열계수 7.2 kcal/m²h℃ 인 경우 방열기 방열량은 얼마인가?

① $346.4 kcal/m^2 \cdot h$
② $446.4 kcal/m^2 \cdot h$
③ $519 kcal/m^2 \cdot h$
④ $560 kcal/m^2 \cdot h$

> 방열량
> = 방열계수×(열매평균온도−실내온도)
> = 7.2×(80−18) = 446.4kcal/m²·h

48 온수난방 배관 시공법에 대한 설명 중 틀린 것은?

① 배관구배는 일반적으로 1/250 이상으로 한다.
② 배관 중에 공기가 모이지 않게 배관한다.
③ 온수관의 수평배관에서 관경을 바꿀 때는 편심이음쇠를 사용한다.
④ 지관이 주관 아래로 분기될 때는 90° 이상으로 끝올림 구배를 한다.

> 지관 시공법 : 지관이 주관 아래로 분기될 때는 45° 이상으로 내림 구배를 한다.

49 단열재를 사용하여 얻을 수 있는 효과에 해당되지 않는 것은?

① 축열용량이 작아진다.
② 열전도율이 작아진다.
③ 노 내의 온도분포가 균일하게 된다.
④ 스폴링 현상을 증가시킨다.

> 스폴링 : 열팽창 등에 의해 벽돌의 일부가 떨어져 나가는 현상으로 단열재를 사용하면 온도 차가 적어져 스폴링이 감소한다.

50 보일러 사고 원인 중 취급상의 원인이 아닌 것은?

① 부속장치 미비
② 최고 사용압력의 초과
③ 저수위로 인한 보일러의 과열
④ 습기나 연소가스 속의 부식성 가스로 인한 부식

> 사고원인 중 제작상 원인 : 재료불량, 강도 부족, 구조 및 설계불량, 용접불량, 부속 장치 미비 등

51 보일러에서 라미네이션(lamination)이란?

① 보일러 본체나 수관 등이 사용 중에 내부에서 2장의 층을 형성하는 것
② 보일러 강판이 화염에 닿아 불룩 튀어나오는 것
③ 보일러 동에 작용하는 응력의 불균일로 동의 일부가 함몰된 것
④ 보일러 강판이 화염에 접촉하여 점식된 것

- 라미네이션 : 보일러 강판이 내부의 기포에 의해 2장의 층을 형성하는 것
- 브리스터 : 강판 내부의 기포가 팽창하여 불룩 튀어 나오는 것

52 보일러 설치 · 시공기준상 가스용 보일러의 연료배관 시 배관의 이음부와 전기계량기 및 전기개폐기와의 유지 거리는 얼마인가?(단, 용접 이음매는 제외한다.)

① 15cm 이상　② 30cm 이상
③ 45cm 이상　④ 60cm 이상

- 가스배관의 시공 : 배관의 이음부와 전기계량기 및 전기개폐기와는 60cm 이상 유지한다.

53 증기난방방식을 응축수환수법에 의해 분류하였을 때 해당되지 않는 것은?

① 중력환수식
② 고압환수식
③ 기계환수식
④ 진공환수식

- 응축수환수법에 의해 분류 : 중력환수식, 기계환수식, 진공환수식 등

54 보일러 과열의 원인 중 하나인 저수위의 발생원인으로 거리가 먼 것은?

① 분출밸브의 이상으로 보일러수가 누설
② 급수장치가 증발능력에 비해 과소한 경우
③ 증기 토출량이 과소한 경우
④ 수면계의 막힘이나 고장

- 저수위 : 물 부족현상으로 증발량이 과다할 때 발생한다.

55 에너지이용합리화법상 에너지를 사용하여 만드는 제품의 단위당 에너지사용목표량 또는 건축물의 단위면적당 에너지사용목표량을 정하여 고시하는 자는?

① 산업통상자원부장관
② 한국에너지공단 이사장
③ 시 · 도지사
④ 고용노동부장관

- 목표 에너지원단위 : 에너지를 사용하여 만드는 제품의 단위당 에너지사용목표량 또는 건축물의 단위면적당 에너지사용목표량으로 산업통상자원부장관이 고시

56 에너지다소비사업자가 매년 1월 31일까지 신고해야 할 사항에 포함되지 않는 것은?

① 전년도의 분기별 에너지사용량 · 제품생산량
② 해당 연도의 분기별 에너지사용예정량 · 제품생산예정량
③ 에너지사용기자재의 현황
④ 전년도의 분기별 에너지 절감량

- 신고사항
  - 전년도의 에너지사용량 · 제품생산량
  - 전년도의 분기별 에너지사용량 · 제품생산량
  - 해당 연도의 분기별 에너지사용예정량 · 제품생산예정량
  - 에너지사용기자재의 현황
  - 전년도의 분기별 에너지이용 합리화 실적 및 해당 연도의 분기별 계획
  - 에너지관리자의 현황

57 정부는 국가전략을 효율적 · 체계적으로 이행하기 위하여 몇 년마다 저탄소 녹색성장 국가전략 5개년 계획을 수립하는가?

① 2년
② 3년
③ 4년
④ 5년

- 저탄소 녹색성장 국가전략 : 5년마다, 5년계획 기간으로 수립

58 에너지이용합리화법상 대기전력경고표지를 하지 아니한 자에 대한 벌칙은?

① 2년 이하의 징역 또는 2천만원 이하의 벌금
② 1년 이하의 징역 또는 1천만원 이하의 벌금
③ 5백만원 이하의 벌금
④ 1천만원 이하의 벌금

> 5백만원 이하의 벌금
> • 효율관리기자재에 대한 에너지사용량의 측정결과를 신고하지 아니한 자
> • 대기전력경고표지대상제품에 대한 측정결과를 신고하지 아니한 자
> • 대기전력경고표지를 하지 아니한 자
> • 대기전력저감우수제품임을 표시하거나 거짓 표시를 한 자
> • 대기전력저감대상제품의 사후관리와 관련한 시정명령을 정당한 사유 없이 이행하지 아니한 자
> • 고효율에너지기자재의 인증을 받지 않고 인증 표시를 한 자

59 에너지이용 합리화법상 에너지이용 합리화에 관한 기본계획을 수립하여야 하는 자는?

① 대통령
② 산업통상자원부장관
③ 시·도지사
④ 한국에너지공단 이사장

> 산업통상자원부장관은 에너지를 합리적으로 이용하게 하기 위하여 에너지이용 합리화에 관한 기본계획(이하 "기본계획"이라 한다)을 수립하여야 한다.

60 에너지이용합리화법에서 정한 검사에 합격되지 아니한 검사대상기기를 사용한 자에 대한 벌칙은?

① 1년 이하의 징역 또는 1천만원 이하의 벌금
② 2년 이하의 징역 또는 2천만원 이하의 벌금
③ 3년 이하의 징역 또는 3천만원 이하의 벌금
④ 4년 이하의 징역 또는 4천만원 이하의 벌금

> 1년 이하의 징역 또는 1천만원 이하의 벌금
> • 검사대상기기의 검사를 받지 아니한 자
> • 불합격한 검사대상기기를 사용한 자
> • 검사를 받지 않고 검사대상기기를 수입한 자

정답 2015년 1회

01 ③	02 ③	03 ④	04 ④	05 ④
06 ③	07 ②	08 ①	09 ③	10 ②
11 ④	12 ①	13 ④	14 ④	15 ④
16 ②	17 ③	18 ①	19 ③	20 ①
21 ①	22 ④	23 ①	24 ④	25 ③
26 ③	27 ②	28 ③	29 ①	30 ④
31 ④	32 ④	33 ②	34 ①	35 ②
36 ④	37 ②	38 ④	39 ④	40 ③
41 ②	42 ②	43 ①	44 ②	45 ①
46 ②	47 ②	48 ④	49 ④	50 ①
51 ①	52 ④	53 ②	54 ③	55 ①
56 ④	57 ④	58 ③	59 ②	60 ①

2015년 2회 기출문제

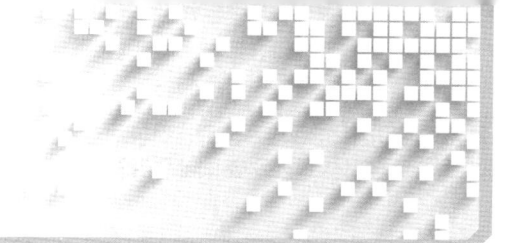

01 노통연관식 보일러에서 노통을 한쪽으로 편심시켜 부착하는 이유로 가장 타당한 것은?

① 전열면적을 크게 하기 위해서
② 통풍력의 증대를 위해서
③ 노통의 열 신축과 강도를 보강하기 위해서
④ 보일러수를 원활하게 순환하기 위해서

🔍 노통의 편심부착 이유 : 보일러수의 순환을 좋게 하기 위해

02 스프링식 안전밸브에서 전양정식의 설명으로 옳은 것은?

① 밸브의 양정이 밸브시트 구경의 1/40~1/15 미만인 것
② 밸브의 양정이 밸브시트 구경의 1/15~1/7 미만인 것
③ 밸브의 양정이 밸브시트 구경의 1/7 이상인 것
④ 밸브시트 증기통로 면적은 목 부분 면적의 1.05배 이상인 것

🔍 스프링식 안전밸브
• 저양정식 : 밸브의 양정이 밸브시트 구경의 1/40~1/15 미만인 것
• 고양정식 : 밸브의 양정이 밸브시트 구경의 1/15~1/7 미만인 것
• 전양정식 : 밸브의 양정이 밸브시트 구경의 1/7 이상인 것
• 전량식 : 밸브시트 증기통로 면적은 목부분 면적의 1.15배 이상인 것

03 2차 연소의 방지대책으로 적합하지 않은 것은?

① 연도의 가스포켓이 되는 부분을 없앨 것
② 연소실 내에서 완전연소 시킬 것
③ 2차 공기온도를 낮추어 공급할 것
④ 통풍조절을 잘할 것

🔍 2차 연소 : 불완전연소 또는 미연성분 등에 의해 연도나 연돌에서 재 연소되는 현상

04 보기에서 설명한 송풍기의 종류는?

> ㉮ 방사상 날개형이며 6~12매의 철판제 직선날개를 보스에서 방사한 스포우크에 리벳죔을 한 것이며, 측판이 있는 임펠러와 측판이 없는 것이 있다.
> ㉯ 구조가 견고하며 내마모성이 크고 날개를 바꾸기도 쉬우며 분진이 많은 가스의 흡출통풍기, 미분탄 장치의 배탄기 등에 사용된다.

① 터보 송풍기
② 다익 송풍기
③ 축류 송풍기
④ 플레이트 송풍기

🔍 원심형 송풍기의 종류
• 터보형 : 후향날개형
• 다익형 : 전향날개형
• 플레이트형 : 방사형 날개형

05 연도에서 폐열회수장치의 설치순서가 옳은 것은?

① 재열기 → 절탄기 → 공기예열기 → 과열기
② 과열기 → 재열기 → 절탄기 → 공기예열기
③ 공기예열기 → 과열기 → 절탄기 → 재열기
④ 절탄기 → 과열기 → 공기예열기 → 재열기

🔍 폐열회수장치의 설치순서
• 과열기 → 재열기 → 절탄기 → 공기예열기
• 과열기 : 대부분 연소실에 설치하여 노내 복사열을 이용한다.
• 절탄기, 공기예열기 : 주로 연도에 설치하며 배기가스 손실열을 이용한다.

06 수관식 보일러 종류에 해당되지 않는 것은?

① 코르니시 보일러   ② 슐처 보일러
③ 다쿠마 보일러   ④ 라몽트 보일러

🔍 코르니시 보일러 : 노통 보일러 = 원통형 보일러

07 탄소(C) 1kmol 이 완전 연소하여 탄산가스(CO_2)가 될 때, 발생하는 열량은 몇 kcal 인가?

① 29200
② 57600
③ 68600
④ 97200

🔍 $C + O_2 \rightarrow CO_2 + 97200 kcal/kmol$

08 일반적으로 보일러의 열손실 중에서 가장 큰 것은?

① 불완전연소에 의한 손실
② 배기가스에 의한 손실
③ 보일러 본체 벽에서의 복사, 전도에 의한 손실
④ 그을음에 의한 손실

🔍 보일러 열손실에서 가장 큰 것은 배기가스에 의한 열손실이며, 입열 중 가장 큰 것은 연료의 발열량이다.

09 압력이 일정할 때 과열증기에 대한 설명으로 가장 적절한 것은?

① 습포화 증기에 열을 가해 온도를 높인 증기
② 건포화 증기에 압력을 높인 증기
③ 습포화 증기에 과열도를 높인 증기
④ 건포화 증기에 열을 가해 온도를 높인 증기

🔍 과열증기 : 건포화증기에 열을 가해 압력변화 없이 온도만 높인 증기

10 기름예열기에 대한 설명 중 옳은 것은?

① 가열온도가 낮으면 기름분해와 분무상태가 불량하고 분사각도가 나빠진다.
② 가열온도가 높으면 불길이 한 쪽으로 치우쳐 그을음, 분진이 일어나도 무화상태가 나빠진다.
③ 서비스탱크에서 점도가 떨어진 기름을 무화에 적당한 온도로 가열시키는 장치이다.
④ 기름예열기에서의 가열온도는 인화점보다 약간 높게 한다.

🔍 • 오일프리히터(기름예열기) : 중유를 예열하여 유동성을 좋게 하고 무화상태를 양호하게 하기 위한 장치
• 예열온도가 낮으면 : 불길이 한 쪽으로 치우쳐 그을음, 분진이 일어나도 무화상태가 나빠진다.
• 예열온도가 높으면 : 기름이 분해되고 분사각도가 흐트러진다.

11 보일러의 자동제어 중 제어동작이 연속동작에 해당하지 않는 것은?

① 비례동작
② 적분동작
③ 미분동작
④ 다위치 동작

🔍 • 연속동작 : 비례동작, 적분동작, 미분동작
• 불연속동작 : on-off 동작(2위치 동작)

12 바이패스(by-pass)관에 설치해서는 안 되는 부품은?

① 플로트 트랩
② 연료차단밸브
③ 감압밸브
④ 유류배관의 유량계

🔍 연료차단밸브(전자밸브) : 긴급시 연료공급을 차단하는 장치로 바이패스 직렬배관으로 설치한다.

13 다음 중 압력의 단위가 아닌 것은?

① mmHg
② bar
③ N/m^2
④ kg·m/s

🔍 kg·m/s : 일의 단위

14 보일러에 부착하는 압력계에 대한 설명으로 옳은 것은?

① 최대증발량 10t/h 이하인 관류보일러에 부착하는 압력계는 눈금판의 바깥지름을 50mm 이상으로 할 수 있다.
② 부착하는 압력계의 최고눈금은 보일러의 최고사용압력의 1.5배 이하의 것을 사용한다.
③ 증기보일러에 부착하는 압력계 눈금판의 바깥지름은 80mm 이상의 크기로 한다.
④ 압력계를 보호하기 위하여 물을 넣은 안지름 6.5mm 이상의 사이폰관 또는 동등한 장치를 부착하여야 한다.

🔍 보일러의 압력계
• 크기 : 바깥지름 100mm 이상
• 지시범위 : 최고사용압력×1.5~3배
• 사이폰관의 관경 : 6.5mm 이상

15 수트 블로워 사용에 관한 주의사항으로 틀린 것은?

① 분출기 내의 응축수를 배출시킨 후 사용할 것
② 그을음 불어내기를 할 때는 통풍력을 크게 할 것
③ 원활한 분출을 위해 분출하기 전 연도 내 배풍기를 사용하지 말 것
④ 한 곳에 집중적으로 사용하여 전열면에 무리를 가하지 말 것

> 분출하기 전 연도 내 배풍기를 사용하여 유인통풍을 증가하여야 한다.

16 수관 보일러의 특징에 대한 설명으로 틀린 것은?

① 자연순환식은 고압이 될수록 물과의 비중차가 적어 순환력이 낮아진다.
② 증발량이 크고 수부가 커서 부하변동에 따른 압력변화가 적으며 효율이 좋다.
③ 용량에 비해 설치면적이 적으며 과열기, 공기예열기 등 설치와 운반이 쉽다.
④ 구조상 고압 대용량에 적합하며 연소실의 크기를 임의로 할 수 있어 연소상태가 좋다.

> 수관 보일러 : 수부가 적어 부하변동에 따른 수위 및 압력변화가 크다.

17 연통에서 배기되는 가스량이 2500kg/h 이고, 배기가스 온도가 230℃, 가스의 평균비열이 0.31kcal/kg℃, 외기온도가 18℃ 이면, 배기가스에 의한 손실열량은?

① 164300 kcal/h
② 174300 kcal/h
③ 184300 kcal/h
④ 194300 kcal/h

> 배가스의 손실열
> = 배기가스량×배기 가스의 비열×(배기가스온도 − 외기온도)
> = 2500×0.31×(230−18)
> = 164300 kcal/h

18 보일러 집진장치의 형식과 종류를 짝지은 것 중 틀린 것은?

① 가압수식 − 제트 스크러버
② 여과식 − 충격식 스크러버
③ 원심력식 − 사이클론
④ 전기식 − 코트렐

> 여과식 : 백 필터, 원통식, 평판식, 역기류 분사형 등

19 연소효율이 95%, 전열효율이 85%인 보일러의 효율은 약 몇 % 인가?

① 90
② 81
③ 70
④ 61

> 열효율 = 연소효율×전열효율
> = 0.95×0.85×100 = 80.75%

20 소형연소기를 실내에 설치하는 경우, 급배기통을 전용 챔버 내에 접속하여 자연통기력에 의해 급배기 하는 방식은?

① 강제배기식
② 강제급배기식
③ 자연급배기식
④ 옥외급배기식

> 급배기 방식의 구분
> • CF 방식(자연배기식) : 자연 통기력에 의해 연소용 공기를 공급하고, 배기가스를 배출하는 방식
> • FE 방식(강제배기식) : 실내 공기를 유입, 연소 후 배기가스를 배기 팬에 의해 강제 배출시키는 방식
> • FF 방식(강제 급배기식) : 외부 공기의 유입과 배기가스배출을 팬을 이용 강제로 이루어지는 방식

21 가스버너 연소방식 중 예혼합 연소방식이 아닌 것은?

① 저압버너
② 포트형 버너
③ 고압버너
④ 송풍버너

> • 예혼합 연소방식 : 저압버너, 고압버너, 송풍버너 등
> • 확산연소방식 : 버너형, 포트형 등

22 전열면적이 25m^{2}인 연관보일러를 8시간 가동시킨 결과 4000kgf의 증기가 발생하였다면, 이 보일러의 전열면의 증발율은 몇 kgf/m^2·h 인가?

① 20
② 30
③ 40
④ 50

> 전열면의 증발율 = 시간당 증발량 / 전열면적
> = $\frac{4000}{8 \times 25}$ = 20kgf/m²h

23 물을 가열하여 압력을 높이면 어느 지점에서 액체, 기체 상태의 구별이 없어지고 증발 잠열이 0kcal/kg 이 된다. 이점을 무엇이라 하는가?

① 임계점　　② 삼중점
③ 비등점　　④ 압력점

> • 임계점 : 액체(물)가 증발현상 없이 기체로 변하는 상태 점
> • 임계압력 : 225.65 kg/cm²
> • 임계온도 : 374.15℃
> • 증발점열 : 0 kcal/kg

24 증기난방과 비교한 온수난방의 특징에 대한 설명으로 틀린 것은?

① 가열시간은 길지만 잘 식지 않으므로 동결의 우려가 적다.
② 난방부하의 변동에 따라 온도조절이 용이하다.
③ 취급이 용이하고 표면의 온도가 낮아 화상의 염려가 없다.
④ 방열기에는 증기트랩을 반드시 부착해야 한다.

> 증기트랩 : 증기난방 설비장치 로 관내 응축수를 배출하여 수격작용을 방지하는 장치

25 외기온도 20℃, 배기가스온도 200℃이고, 연돌 높이가 20m일 때 통풍력은 약 몇 mmAq 인가?

① 5.5
② 7.2
③ 9.2
④ 12.2

> 통풍력
> = $355 \times (\frac{1}{273+ta} - \frac{1}{273+tg}) \times H$
> = $355 \times (\frac{1}{273+20} - \frac{1}{273+200}) \times H$
> = 9.22 mmAq

26 과잉공기량에 대한 설명으로 옳은 것은?

① 실제공기량 × 이론공기량
② 실제공기량 / 이론공기량
③ 실제공기량 + 이론공기량
④ 실제공기량 − 이론공기량

> 실제공기량 = 이론공기량 + 과잉공기량

27 다음 그림은 인젝터의 단면을 나타낸 것이다. C부의 명칭은?

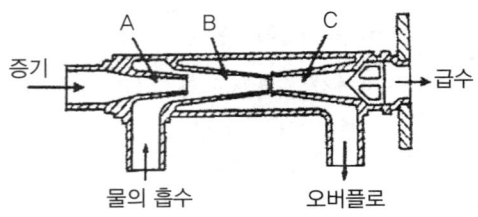

① 증기노즐　　② 혼합노즐
③ 분출노즐　　④ 고압노즐

> A : 증기노즐, B : 혼합노즐, C : 토출(분출)노즐

28 증기축열기(steam accumulator)dp 대한 설명으로 옳은 것은?

① 송기압력을 일정하게 유지하기 위한 장치
② 보일러 출력을 증가시키는 장치
③ 보일러에서 온수를 저장하는 장치
④ 증기를 저장하여 과부하시에 증기를 방출하는 장치

> 증기축열기 : 저부하시 잉여증기를 저장하여 최대부하 시 증기를 공급하기 위한 장치

29 물체의 온도를 변화시키지 않고 상(相) 변화를 일으키는데 만 사용하는 용어는?

① 감열　　② 비열
③ 현열　　④ 잠열

> • 잠열 : 온도변화 없이 상태변화에 필요한 열
> • 현열 : 상태변화 없이 온도변화에 필요한 열

30 고체벽의 한 쪽에 있는 고온 유체로부터 이 벽을 통과하는 다른 쪽에 있는 저온의 유체로 흐르는 열의 이동을 의미하는 용어는?

① 열관류 ② 현열
③ 잠열 ④ 전열량

> • 열관류 : 벽체를 통한 유체에서 유체로의 열 이동(kcal/m²·h℃)
> • 열전달 : 유체에서 고체로, 고체에서 유체로의 열 이동(kcal/m²·h℃)

31 호칭지름 15A의 강관을 각도 90도로 구부릴 때 곡선부의 길이는 약 몇 mm 인가?(단, 곡선부의 반지름은 90mm 로 한다)

① 141.4 ② 145.5
③ 150.2 ④ 155.3

> 곡선부의 길이 = 원둘레 × $\frac{회전각}{360}$
> = 3.14 × 180 × $\frac{90}{360}$
> = 141.3 mm

32 보일러의 점화 조작시 주의사항으로 틀린 것은?

① 연료가스의 유출속도가 너무 빠르면 실화 등이 일어나고 너무 늦으면 역화가 발생한다.
② 연소실의 온도가 낮으면 연료의 확산이 불량해지며 착화가 잘 안된다.
③ 연료의 예열온도가 낮으면 무화불량, 화염의 편류, 그을음, 분진이 발생한다.
④ 유압이 낮으면 점화 및 분사가 양호하고 높으면 그을음이 없어진다.

> 유압이 높으면 그을음이 축적되고, 낮으면 점화 및 분사가 불량해 진다.

33 온수난방에서 상당방열면적이 45m² 일 때 난방부하는?(단, 방열기의 방열량은 표준방열량으로 한다)

① 16450 kcal/h ② 18500 kcal/h
③ 19450 kcal/h ④ 20250 kcal/h

> 난방부하 = 방열량 × 방열면적
> = 450 × 45 = 20250 kcal/h

34 보일러 사고에서 제작상의 원인이 아닌 것은?

① 구조불량 ② 재료불량
③ 캐리오버 ④ 용접불량

> 제작상 원인 : 재료불량, 강도부족, 구조 및 설계불량, 용접불량 등

35 주철제 벽걸이 방열기의 호칭방법은?

① W – 형×쪽수
② 종별 – 치수×쪽수
③ 종별 – 쪽수×형
④ 치수 – 종별×쪽수

> 방열기의 호칭방법 : 종별 – 형×쪽수

36 증기난방에서 응축수의 환수방법에 따른 분류 중 증기의 순환과 응축수의 배출이 빠르며, 방열량도 광범위하게 조절할 수 있어서 대규모 난방에서 많이 채택하는 방식은?

① 진공 환수식 증기난방
② 복관 중력 환수식 증기난방
③ 기계 환수식 증기난방
④ 단관 중력 환수식 증기난방

> 진공 환수식 : 증기난방의 응축수 환수방법으로 배관 내의 진공도가 100~250mmHg 정도이며 증기의 순환이 빠르고, 방열량 조절이 광범위하고 대규모 난방에 적합하다.

37 저탕식 급탕설비에서 급탕의 온도를 일정하게 유지시키기 위해서 가스나 전기를 공급 또는 정지하는 것은?

① 사일렌서 ② 순환펌프
③ 가열코일 ④ 서머스탯

> • 서머스탯 : 탱크 내의 온도를 일정하게 유지하기 위해 증기 공급량을 조절하는 장치
> • 사일렌서 : 직접 증기를 이용하여 가열하는 급탕설비에는 소음이 많아 소음기(사일렌서)를 사용한다.

38 파이프 벤더에 의한 구부림 작업 시 관에 주름이 생기는 원인으로 가장 옳은 것은?

① 압력조정이 세고 저항이 크다.
② 굽힘 반지름이 너무 작다.
③ 받침쇠가 너무 나와 있다.
④ 바깥지름에 비하여 두께가 너무 얇다.

🔍 주름이 생기는 원인
 • 관이 미끄러진다.
 • 받침쇠가 너무 들어갔다
 • 굽힘형의 홈이 관경보다 크거나 작다.
 • 바깥지름에 비하여 두께가 너무 얇다.

39 보일러 급수의 수질이 불량할 때 보일러에 미치는 장애와 관계가 없는 것은?

① 보일러 내부의 부식이 발생된다.
② 라미네이션 현상이 발생한다.
③ 프라이밍이나 포밍이 발생한다.
④ 보일러 등 내부에 슬러지가 퇴적된다.

🔍 라미네이션 : 재료불량에 의한 사고로 강판 내부가 기포에 의해 2장의 층으로 분리되는 현상

40 보일러의 정상 운전시 수면계에 나타나는 수위의 위치로 가장 적당한 것은?

① 수면계의 최상위
② 수면계의 최하위
③ 수면계의 중간
④ 수면계 하부의 1/3 위치

🔍 상용수위 : 보일러 운전 중 유지하는 기준 수위로 수면계의 1/2 위치를 말한다.

41 유류 연소 자동점화 보일러의 점화순서상 화염검출기 작동 후 다음 단계는?

① 공기댐퍼 열림   ② 전자밸브 열림
③ 노내압 조정   ④ 노내 환기

🔍 화염검출기 : 운전 중 불착화나 실화(失火)시 전자밸브에 의해 연료공급을 차단하는 안전장치

42 보일러 내처리제에서 가성취화 방지에 사용되는 약제가 아닌 것은?

① 인산나트륨   ② 질산나트륨
③ 탄닌   ④ 암모니아

🔍 가성취화 방지약품 : 인산나트륨, 질산나트륨, 탄닌, 리그린 등

43 연관 최고부보다 노통 윗면이 높은 노통연관보일러의 최저수위(안전저수위)의 위치는?

① 노통 최고부 위 100mm
② 노통 최고부 위 75mm
③ 연관 최고부 위 100mm
④ 연관 최고부 위 75mm

🔍 • 노통 기준 : 노통 최고부 위 100mm
 • 연관 기준 : 연관 최고부 위 75mm

44 보일러의 외부 검사에 해당되는 것은?

① 스케일, 슬러지 상태 검사
② 노벽 상태 검사
③ 배관의 누설 상태 검사
④ 연소실의 열 집중 현상 검사

🔍 보일러 외부 검사 : 연도, 배관 등의 이상 상태 확인

45 보일러 강판이나 강관을 제조할 때 재질 내부에 가스체 등이 함유되어 두 장의 층을 형성하고 있는 상태의 흠은?

① 블리스터   ② 팽출
③ 압궤   ④ 라미네이션

🔍 • 라미네이션 : 강판 내부의 기포에 의해 2장의 층으로 분리되는 현상
 • 블리스터 : 강판 내부의 기포에 의해 표면이 팽출되는 현상

46 오일프리히터의 종류에 속하지 않는 것은?

① 증기식   ② 직화식
③ 온수식   ④ 전기식

🔍 오일프리히터 : 전기식, 증기식, 온수식

47 보일러의 과열 원인과 무관한 것은?

① 보일러수의 순환이 불량할 경우
② 스케일 누적이 많은 경우
③ 저수위로 운전할 경우
④ 1차 공기량의 공급이 부족할 경우

> 과열 원인
> • 보일러수의 순환이 불량할 경우
> • 관내 스케일 부착이 많은 경우
> • 저수위로 운전할 경우
> • 과부하인 경우
> • 관수의 농축으로 인한 비점상승

48 증기난방 배관시공 시 환수관이 문 또는 보와 교차할 때 이용되는 배관형식으로 위로는 공기, 아래로는 응축수를 유통시킬 수 있도록 시공하는 배관은?

① 루프형 배관
② 리프트 피팅 배관
③ 하트포트 배관
④ 냉각 배관

> 루프형 배관 : 환수관이 문 또는 보와 교차할 때, 위를 루프형으로 하여 공기를 통과시키고, 아래로는 응축수를 유통시킬 수 있도록 시공하는 배관형식

49 강철제 증기보일러의 최고사용압력이 0.4 MPa인 경우 수압시험 압력은?

① 0.16 MPa
② 0.2 MPa
③ 0.8 MPa
④ 1.2 MPa

> 최고사용압력 0.43 MPa 이하인 경우 최고사용압력×2배이므로, 0.4×2 = 0.8 MPa

50 질소봉입 방법으로 보일러 보존시 보일러 내부에 질소가스의 봉입압력(MPa)으로 적합한 것은?

① 0.02   ② 0.03
③ 0.06   ④ 0.08

> 장기보존법 : 질소가스 봉입법, 봉입압력 0.06 MPa

51 보일러 급수 중 Fe, Mn, CO_2를 많이 함유하고 있는 경우의 급수처리 방법으로 가장 적합한 것은?

① 분사법
② 기폭법
③ 침강법
④ 가열법

> • 기폭법 : 수 중의 CO_2 및 금속성분(Fe, Mn) 등을 처리하는 방법
> • 탈기법 : 수 중의 용존산소(O_2) 처리방법
> • 현탁질 고형분 처리방법 : 여과법, 침강법, 응집법 등

52 증기난방에서 방열기와 벽면과의 적합한 간격(mm)은?

① 30~40
② 50~60
③ 80~100
④ 100~120

> 방열기 설치방법 : 외기와 접한 창문아래에 벽과 50~60mm 정도의 간격을 두고 설치한다.

53 다음 중 보온재의 종류가 아닌 것은?

① 코르크
② 규조토
③ 프탈산수지도료
④ 기포성 수지

> 도료 : 도장면의 미관, 방식, 방열, 방습 등 특별한 목적으로 사용하는 것

54 다음 보온재 중 안전사용(최고)온도가 가장 높은 것은?

① 탄산마그네슘 물반죽 보온재
② 규산칼슘 보온판
③ 경질 폼라버 보온통
④ 글라스울 블랭킷

> 안전사용온도
> • 규산칼슘 보온판 : 650℃
> • 탄산마그네슘 물반죽 보온재 : 250℃
> • 글라스울 블랭킷 : 300℃
> • 경질 폼라버 보온통 : 80℃

55 에너지법상 에너지위원회의 당연직 위원이 아닌 사람은?

① 외교부차관
② 과학기술정보통신부차관
③ 기획재정부차관
④ 고용노동부차관

> 에너지위원회의 구성 : 위원장은 산업통상자원부장관이며, 당연직 위원은 대통령령에 따라 기획재정부차관, 과학기술정보통신부차관, 외교부차관, 환경부차관, 국토교통부차관이다.

56 에너지이용 합리화법상 검사대상기기 설치자가 검사대상기기관리자를 선임하지 않았을 때의 벌칙은?

① 1년 이하의 징역 또는 2천만원 이하의 벌금
② 1년 이하의 징역 또는 5백만원 이하의 벌금
③ 1천만원 이하의 벌금
④ 5백만원 이하의 벌금

> 검사대상기기관리자를 선임하지 아니한 자 : 1천만원 이상의 벌금

57 에너지이용 합리화법상 산업통상자원부장관이 에너지다소비사업자에게 개선명령을 할 수 있는 경우는 에너지관리 지도 결과 몇 % 이상 에너지 효율개선이 기대되는 경우인가?

① 2%   ② 3%
③ 5%   ④ 10%

> 개선명령 : 10% 이상 에너지 효율개선이 기대되는 경우 산업통상자원부장관이 명한다.

58 에너지이용 합리화법상 에너지사용자와 에너지공급자의 책무로 맞는 것은?

① 에너지의 생산, 이용 등에서의 그 효율을 극소화
② 온실가스배출을 줄이기 위한 노력
③ 기자재의 에너지효율을 높이기 위한 기술개발
④ 지역경제발전을 위한 시책 강구

> 에너지사용자 및 에너지공급자의 책무 : 국가나 지방자치단체의 에너지시책에 적극 참여하고 협력하여야 하며, 에너지의 생산·전환·수송·저장·이용 등에서 그 효율을 극대화하고 온실가스의 배출을 줄이도록 노력하여야 한다.

59 에너지이용 합리화법상 평균에너지소비효율에 대하여 총량적인 에너지효율의 개선이 특히 필요하다고 인정되는 기자재는?

① 승용자동차   ② 강철제보일러
③ 1종압력용기   ④ 축열식 전기보일러

> · 평균효율관리 기자재 : 승용자동차
> · 지정 : 산업통상자원부장관

60 에너지이용 합리화법에 따라 에너지 진단을 면제 또는 에너지진단주기를 연장 받으려는 자가 제출해야 하는 첨부서류에 해당하지 않는 것은?

① 보유한 효율관리기자재 자료
② 중소기업임을 확인할 수 있는 서류
③ 에너지절약 유공자 표창 사본
④ 친에너지형 설비 설치를 확인할 수 있는 서류

> 에너지 진단을 면제 또는 에너지진단주기 연장을 위한 서류
> · 에너지절약 유공자 표창 사본
> · 중소기업임을 확인할 수 있는 서류(에너지절약 이행실적 우수사업자)
> · 친에너지형 설비 설치를 확인할 수 있는 서류

정답 2015년 2회

01 ④	02 ③	03 ③	04 ④	05 ②
06 ①	07 ④	08 ②	09 ④	10 ③
11 ④	12 ②	13 ④	14 ④	15 ③
16 ②	17 ①	18 ②	19 ②	20 ③
21 ②	22 ①	23 ①	24 ②	25 ②
26 ④	27 ③	28 ②	29 ③	30 ①
31 ①	32 ④	33 ④	34 ③	35 ①
36 ②	37 ④	38 ④	39 ②	40 ③
41 ②	42 ④	43 ②	44 ③	45 ④
46 ②	47 ④	48 ③	49 ②	50 ③
51 ②	52 ②	53 ③	54 ②	55 ④
56 ③	57 ④	58 ②	59 ①	60 ①

2015년 3회 기출문제

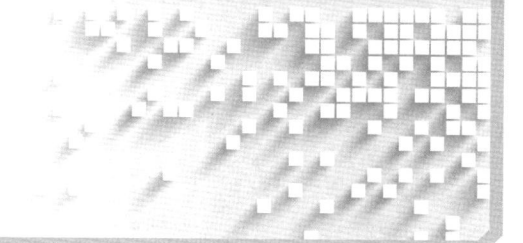

01 보일러에서 배출되는 배기가스의 여열을 이용하여 급수를 예열하는 장치는?

① 과열기 ② 재열기
③ 절탄기 ④ 공기예열기

> 절탄기 : 연도에 설치하여 배기가스의 손실열을 이용하여 급수를 예열하는 장치

02 목표 값이 시간에 따라 임의로 변화되는 것은?

① 비율제어
② 추종제어
③ 프로그램 제어
④ 캐스케이트 제어

> • 추종제어 : 목표값이 임의로 변하는 제어
> • 프로그램 제어 : 목표값이 미리 정해진 순서에 의해 변화되는 제어
> • 캐스케이트 제어 : 단계적으로 변화되는 목표값을 제어하는 형식

03 보일러 부속품 중 안전장치에 속하는 것은?

① 감압밸브 ② 주증기 밸브
③ 가용전   ④ 유량계

> 가용전 : 노통 상부에 설치하여 저수위 일 때 전열면의 과열을 방지하기 위한 안전장치

04 케비테이션의 발생 원인이 아닌 것은?

① 흡입양정이 지나치게 클 때
② 흡입관의 저항이 작은 경우
③ 유량의 속도가 빠른 경우
④ 관로 내의 온도가 상승되었을 때

> 캐비테이션 : 관내 마찰저항이 큰 경우에 발생하는 현상으로 양수능력이 저하되고, 소음, 진동이 발생한다.

05 다음 중 연료의 연소온도에 가장 큰 영향을 미치는 것은?

① 발화점 ② 공기비
③ 인화점 ④ 회분

> 연소온도 : 연료의 발열량이 클 때, 연소에 적은 과잉공기를 사용하여 완전연소시킬 때 높아진다.

06 수소 15%, 수분 0.5%인 경우 중유의 고위발열량이 10000 kcal/kg이다. 이 중유의 저위발열량은 몇 kcal/kg 인가?

① 8795 ② 8984
③ 9085 ④ 9187

> 저위발열량
> = 고위발열량 − 600×(9H+W)
> = 10000−600×(9×0.15+0.005)
> = 9187kcal/kg

07 부르돈관 압력계를 부착할 때 사용되는 사이펀관 속에 넣는 물질은?

① 수은 ② 증기
③ 공기 ④ 물

> 사이폰 관 : 관내에 물을 가득 채워, 고온의 증기가 브로돈관 내에 직접 들어가는 것을 방지

08 집진장치의 종류 중 건식집진장치의 종류가 아닌 것은?

① 가압수식 집진기
② 중력식 집진기
③ 관성력식 집진기
④ 원심력식 집진기

> 가압수식 : 습식(세정식) 집진장치로 사이크론 스크러버, 벤튜리 스크러버, 충진탑 등이 있다.

09 수관식 보일러에 속하지 않는 것은?

① 입형 보일러   ② 자연 순환식
③ 강제 순환식   ④ 관류식

> 🔍 입형 보일러 : 원통형 보일러

10 공기예열기의 종류에 속하지 않는 것은?

① 전열식   ② 재생식
③ 증기식   ④ 방사식

> 🔍 공기예열기 : 전열방식에 따라 전열식, 재생식, 히트파이프식 등이 있고, 열매에 따라 전기식, 증기식, 가스식 등이 있다.

11 비접촉식 온도계의 종류가 아닌 것은?

① 광전관식 온도계
② 방사 온도계
③ 광고 온도계
④ 열전대 온도계

> 🔍 온도계의 분류
> • 접촉식 온도계 : 유리제, 압력식, 저항식, 열전대 온도계 등이 있다.
> • 비접촉식 온도계 : 방사, 광고, 광전관식, 색 온도계 등이 있다.

12 보일러의 전열면적이 클 때의 설명으로 틀린 것은?

① 증발량이 많다.   ② 예열이 빠르다.
③ 용량이 적다.   ④ 효율이 높다.

> 🔍 전열면적이 크면 예열이 빠르고, 증발량이 많아져 용량이 커지고, 효율이 높아진다.

13 보일러 연도에 설치하는 댐퍼의 설치 목적과 관계가 없는 것은?

① 매연 및 그을음의 제거
② 통풍력 조절
③ 연소가스의 흐름 차단
④ 주연도와 부연도가 있을 때 가스의 흐름을 전환

> 🔍 연도 댐퍼 : 배기가스량 및 통풍력을 조절하고, 가스흐름을 차단하고, 연도를 교체하는데 효과적이다.

14 통풍력을 증가시키는 방법으로 옳은 것은?

① 연도는 짧고, 연돌은 낮게 설치한다.
② 연도는 길고, 연돌의 단면적을 적게 설치한다.
③ 배기가스의 온도는 낮춘다.
④ 연도는 짧고, 굴곡부는 적게 한다.

> 🔍 통풍력은 연돌의 높이가 높을 때, 배기가스 온도가 높을 때, 연돌의 단면적이 클 때, 연도의 길이가 짧고, 굴곡부가 적을 때 증가한다.

15 연료의 연소에서 환원염이란?

① 산소 부족으로 인한 화염이다.
② 공기비가 너무 클 때의 화염이다.
③ 산소가 많이 포함된 화염이다.
④ 연료를 완전 연소시킬 때의 화염이다.

> 🔍 • 환원염 : 불완전 연소로 화염 중에 CO가 포함된 화염
> • 산화염 : 연소에 공기가 많이 사용하여 화염 중 O_2가 포함된 화염

16 보일러 화염 유무를 검출하는 스택 스위치에 대한 설명으로 틀린 것은?

① 화염의 발열 현상을 이용한 것이다.
② 구조가 간단하다.
③ 버너 용량이 큰 곳에 사용된다.
④ 바이메탈의 신축작용으로 화염 유무를 검출한다.

> 🔍 스택 스위치 : 연도에 설치하여 화염의 발광체를 이용한 검출기로 동작이 느려 대용량 보일러에 부적당하다.

17 3요소식 보일러 급수제어 방식에서 검출하는 3요소는?

① 수위, 증기유량, 급수유량
② 수위, 공기압, 수압
③ 수위, 연료량, 공기량
④ 수위, 연료량, 수압

> 🔍 3요소식 자동급수제어장치의 검출요소 : 수위, 증기량, 급수량

18 대형 보일러인 경우에 송풍기가 작동되지 않으면 전자밸브가 열리지 않고, 점화를 저지하는 인터록의 종류는?

① 저연소 인터록
② 압력초과 인터록
③ 프리퍼지 인터록
④ 불착화 인터록

🔍 프리 퍼지 인터록 : 점화전 통풍(프리 퍼지)으로 송풍기에 의해 작동

19 수위의 부력에 의한 플로트 위치에 따라 연결된 수은 스위치로 작동하는 형식으로, 중·소형보일러에 가장 많이 사용하는 저수위 경보장치의 형식은?

① 기계식   ② 전극식
③ 자석식   ④ 맥도널식

🔍 맥도널식(플로트식) : 수위 변화에 따른 부자의 변위에 의해 수은 스위치를 On-off로 작동시키는 저수위 경보장치

20 증기의 발생이 활발해지면 증기와 함께 물방울이 같이 비산하여 증기관으로 취출되는데, 이때 드럼 내에 증기 취출구에 부착하여 증기 속에 포함된 수분 취출을 방지해주는 관은?

① 워터실링관
② 주증기관
③ 베이퍼록 방지관
④ 비수방지관

🔍 비수방지관 : 증기관 입구에 설치하여 관의 위쪽에 설치된 여러 개의 소구경 구멍을 통해 프라이밍을 방지하여 수분과 증기를 분리하는 장치

21 증기의 과열도를 옳게 표현한 것은?

① 과열도 = 포화증기온도 − 과열증기온도
② 과열도 = 포화증기온도 − 압축수의 온도
③ 과열도 = 과열증기온도 − 압축수의 온도
④ 과열도 = 과열증기온도 − 포화증기온도

🔍 과열도 : 과열증기온도와 포화증기온도와의 차

22 어떤 액체 연료를 완전 연소시키기 위한 이론공기량이 10.5 Nm³/kg 이고, 공기비가 1.4 인 경우 실제 공기량은?

① 7.5 Nm³/kg   ② 11.9 Nm³/kg
③ 14.7 Nm³/kg   ④ 16.0 Nm³/kg

🔍 실제 공기량
= 이론 공기량 + 과잉 공기량
= 공기비 × 이론 공기량
= 1.4 × 10.5 = 14.7 Nm³/kg

23 파형노통 보일러의 특징을 설명한 것으로 옳은 것은?

① 제작이 용이하다.
② 내·외면의 청소가 용이하다.
③ 평형노통 보다 전열면적이 크다.
④ 평형노통 보다 외압에 대하여 강도가 적다.

🔍 파형 노통 : 주름이 있는 노통으로 신축 조절이 용이하고, 전열면적이 넓고, 강도가 높다.

24 보일러에 과열기를 설치할 때 일어나는 장점으로 틀린 것은?

① 증기관 내의 마찰저항을 감소시킬 수 있다.
② 증기기관의 이론적 열효율을 높일 수 있다.
③ 같은 압력의 포화증기에 비해 보유열량이 많은 증기를 얻을 수 있다.
④ 연소가스의 저항으로 압력손실을 줄일 수 있다.

🔍 과열기 : 연소가스의 저항으로 압력손실이 크다.

25 슈트 블로워 사용 시 주의사항으로 틀린 것은?

① 부하가 50% 이하인 경우에 사용한다.
② 보일러 정지 시 슈트 블로워 작업을 하지 않는다.
③ 분출 시에는 유인 통풍을 증가시킨다.
④ 분출기 내의 응축수를 배출시킨 후 사용한다.

🔍 슈트 블로워 : 보일러 부하가 50% 이하인 경우나, 정지 시에는 사용하지 않는다.

26 후향 날개 형식으로 보일러의 압입송풍에 많이 사용되는 송풍기는?

① 다익형 송풍기
② 축류형 송풍기
③ 터보형 송풍기
④ 플레이트형 송풍기

> 원심 송풍기
> • 터보형 : 후향날개 형식
> • 다익형 : 전향날개 형식
> • 플레이트형 : 방사날개 형식

27 연료의 가연성분이 아닌 것은?

① N ② C
③ H ④ S

> 연료 성분 중 가연성분 : C, H, S

28 효율이 82% 인 보일러로 발열량 9800 kcal/kg의 연료를 15kg 연소시키는 경우의 손실열량은?

① 80360 kcal ② 32500 kcal
③ 26460 kcal ④ 120540 kcal

> 손실열량 = (1 - 효율) × 입열
> = (1 - 0.82) × 15 × 9800 = 26460 kcal/h

29 보일러 연소용 공기조절장치 중 착화를 원활하게 하고 화염의 안정을 도모하는 장치는?

① 윈드박스(Wind Box)
② 보염기(Stabilizer)
③ 버너타일(Burner tile)
④ 플레임 아이(Flame eye)

> 보염기 : 공급 공기량을 조절하여 점화를 쉽게 하고 화염을 안정 시켜주는 장치.

30 증기난방 설비에서 배관 구배를 부여하는 가장 큰 이유는 무엇인가?

① 증기의 흐름을 빠르게 하기 위해서
② 응축수의 체류를 방지하기 위해서
③ 보일러수의 누수를 막기 위하여
④ 증기와 응축수의 흐름마찰을 줄이기 위해서

> 증기난방에서 배관에 구배를 주는 이유는 응축수의 체류를 방지하여 수격작용을 방지하고 마찰저항을 줄이기 위한 것이다.

31 보일러 배관 중에 신축이음을 하는 목적으로 가장 적합한 것은?

① 증기소의 이물질을 제거하기 위하여
② 열팽창에 의한 관의 파열을 막기 위하여
③ 보일러수의 누수를 막기 위하여
④ 증기속의 수분을 분리하기 위하여

> 열팽창에 의한 관의 신축을 조절하여 손상을 방지하기 위하여 신축이음을 한다.

32 팽창탱크에 대한 설명으로 옳은 것은?

① 개방식 팽창탱크는 주로 고온수 난방에서 사용한다.
② 팽창관에는 방열관에 부착하는 크기의 밸브를 설치한다.
③ 밀폐형 팽창탱크에는 수면계를 구비한다.
④ 밀폐형 팽창탱크는 개방식 팽창탱크에 비하여 적어도 된다.

> 팽창탱크 : 고온수 난방에는 밀폐식 팽창 탱크를 설치하며, 압력계, 방출밸브, 수위계, 압축공기주입관, 급수관, 배수관 등을 설치한다.

33 온수난방의 특징 중 틀린 것은?

① 실내 예열시간이 짧지만 쉽게 냉각되지 않는다.
② 난방부하 변동에 따른 온도조절이 쉽다.
③ 단독주택 또는 소규모 건물에 적용된다.
④ 보일러 취급이 비교적 쉽다.

> 온수난방 : 비열이 커서 예열시간이 길고, 식는 시간도 길어 쉽게 냉각되지 않는다.

34 다음 중 주형 방열기의 종류로 거리가 먼 것은?

① 1 주형
② 2 주형
③ 3 세주형
④ 5 세주형

🔍 주형 방열기의 종류 : 2 주형, 3 주형, 3 세주형, 5 세주형 등

35 보일러 점화 시 역화의 원인과 관계가 없는 것은?

① 착화가 지연될 경우
② 점화원을 사용할 경우
③ 프리퍼지가 부족할 경우
④ 연료 공급밸브를 급개하여 다량으로 분무한 경우

🔍 역화의 원인
 • 점화가 늦어졌을 때
 • 프리퍼지가 부족할 때
 • 연료의 인화점이 낮을 때
 • 공기보다 연료를 먼저 공급했을 때
 • 압입통풍이 너무 강할 때
 • 흡입통풍이 너무 부족할 때

36 압력계로 연결하는 증기관을 황동관이나 동관을 사용할 경우, 증기온도는 약 몇 ℃ 이하 인가?

① 210℃ ② 260℃
③ 310℃ ④ 360℃

🔍 사이폰 관
 • 증기온도 210℃ 이상 : 12.7mm 이상의 강관 사용
 • 증기온도 210℃ 이하 : 6.5mm 이상의 동관 사용

37 보일러를 비상 정지시키는 경우의 일반적인 조치사항으로 거리가 먼 것은?

① 압력을 자연히 떨어지게 기다린다.
② 주증기 스톱밸브를 열어 놓는다.
③ 연소공기의 공급을 멈춘다.
④ 연료 공급을 중단한다.

🔍 보일러 비상 정지 시 : 증기밸브를 닫고 캐리오버를 방지한다.

38 금속 특유의 복사열에 대한 특성을 이용한 대표적인 금속질 보온재는?

① 세라믹 화이버
② 실리카 화이버
③ 알루미늄 박
④ 규산칼슘

🔍 금속질 보온재 : 알루미늄 박으로 복사열의 반사특성을 이용 보온효과를 얻는다.

39 기포성 수지에 대한 설명으로 틀린 것은?

① 열전도율이 낮고 가볍다.
② 불에 잘 타며 보온성 및 보냉성은 좋지 않다.
③ 흡수성은 좋지 않으나 굽힘성은 풍부하다.
④ 합성수지 또는 고무질 재료를 사용하여 다공질 제품으로 만든 것이다.

🔍 기포성 수지 : 탄성이 있고 불에 잘 타지 않으며 보온성, 보냉성이 좋다.

40 온수 보일러의 순환펌프 설치 방법으로 옳은 것은?

① 순환펌프는 모터부분은 수평으로 설치한다.
② 순환펌프는 보일러 본체에 설치한다.
③ 순환펌프는 송수주관에 설치한다.
④ 공기빼기 장치가 없는 순환펌프는 체크밸브를 설치한다.

🔍 순환펌프 설치방법 : 보일러 입구, 환수 주관 끝 부분에 설치한다.

41 보일러 가동 시 매연 발생의 원인과 가장 거리가 먼 것은?

① 연소실 과열
② 연소실 용적의 과소
③ 연료 중의 불순물 혼입
④ 연소용 공기의 공급 부족

🔍 매연발생의 원인 : 노내 온도가 낮거나, 공기부족, 연소실이 협소할 때 등 불완전 연소가 발생할 경우

42 중유 연소시 보일러 저온부식의 방지대책으로 거리가 먼 것은?

① 저온의 전열면에 내식재료를 사용한다.
② 첨가제를 사용하여 황산가스의 노점을 높여준다.
③ 공기예열기 및 급수예열장치 등에 보호피막을 한다.
④ 배기가스 중의 산소함유량을 낮추어 아황산가스의 산화를 방지한다.

> 저온부식 방지 : 첨가제를 사용하여 황산가스의 노점을 낮춘다.

43 물의 온도가 393K를 초과하는 온수발생 보일러에는 크기가 몇 mm 이상인 안전밸브를 설치하여야 하는가?

① 5 ② 10
③ 15 ④ 20

> 온수온도 210℃(393K)를 초과하는 경우 관경 20mm 이상의 안전밸브를 설치하여야 한다.

44 보일러 부식에 관련된 설명 중 틀린 것은?

① 점식은 국부전지의 작용에 의해서 일어난다.
② 수용액 중에서 부식 문제를 일으키는 주요인은 용존산소, 용존가스 등이다.
③ 중유 연소 시 중유 중에 바나듐이 포함되어 있으면 바나듐 산화물에 의한 고온부식이 발생한다.
④ 가성취화는 고온에서 알칼리에 의한 부식 현상을 말하며, 보일러 내부 전체에 걸쳐 균일하게 발생한다.

> 가성취화 : 농축 알칼리에 의해 리벳 이음 부근에 발생하는 미세한 균열 현상

45 증기난방의 중력 환수식에서 단관식의 경우 배관 기울기로 적당한 것은?

① 1/100~1/200 정도의 순 기울기
② 1/200~1/300 정도의 순 기울기
③ 1/300~1/400 정도의 순 기울기
④ 1/400~1/500 정도의 순 기울기

> 배관의 경사도
> • 증기난방 : 1/200
> • 온수난방 : 1/250

46 보일러 용량 결정에 포함될 사항으로 거리가 먼 것은?

① 난방부하
② 급탕부하
③ 배관부하
④ 연료부하

> 온수보일러의 정격부하 = 난방부하+급탕부하+배관부하+예열부하

47 온수난방 배관에서 수평주관에 지름이 다른 관을 접속하여 연결할 때 적합한 관 이음쇠는?

① 유니온
② 편심 리듀서
③ 부싱
④ 니플

> 편심 리듀서 : 온수난방에서 수평주관에 지름이 다른 관을 접속하여 선 상향구배로 할 경우의 관 이음쇠로 공기의 체류를 방지하고, 온수의 순환을 좋게 하기 위해 사용한다.

48 온수순환 방식 의한 분류 중에서 순환이 자유롭고 신속하며, 방열기의 위치가 낮아도 순환이 가능한 방법은?

① 중력 순환식
② 강제 순환식
③ 단관식 순환식
④ 복관식 순환식

> 강제 순환식 : 순환펌프에 의한 순환방식으로 온수의 순환이 자유롭고 신속하다.

49 온수보일러 개방식 팽창탱크 설치시 주의사항으로 틀린 것은?

① 팽창탱크에는 상부에 통기구멍을 설치한다.
② 팽창탱크 내부의 수위를 알 수 있는 구조이어야 한다.
③ 탱크에 연결되는 팽창 흡수관은 팽창탱크 바닥면과 같게 배관해야 한다.
④ 팽창탱크의 높이는 최고 부위 방열관보다 1m 이상 높은 곳에 설치한다.

🔍 개방식 팽창탱크 : 팽창관은 팽창탱크와 연결 시 탱크 바닥면보다 25mm 이상 높게 접속한다.

50 열팽창에 의한 배관의 이동을 구속 또는 제한하는 배관 지지구인 레스트레인트(restraint)의 종류가 아닌 것은?

① 가이드 ② 앵커
③ 스토퍼 ④ 행거

🔍 레스트레인트의 종류로는 가이드, 앵커, 스토퍼가 있으며, 행거는 위에서 매달아 관을 지지하는 기구이다.

51 보통 온수식 난방에서 온수의 온도는?

① 65~70℃ ② 75~80℃
③ 85~90℃ ④ 95~100℃

🔍 온수온도 100℃ 이상을 고온수 난방, 100℃ 이하를 저온수 난방이라 하며, 보통 온수식 난방에서 온수의 온도는 85~90℃이다.

52 장시간 사용을 중지하고 있던 보일러의 점화 준비에서, 부속장치 조작 및 시동으로 틀린 것은?

① 댐퍼는 굴뚝에서 가까운 것부터 차례로 연다.
② 통풍장치의 댐퍼 개폐도가 적당한지 확인한다.
③ 흡입통풍기가 설치된 경우는 가볍게 운전한다.
④ 절탄기나 과열기에 바이패스가 설치된 경우는 바이패스 댐퍼를 닫는다.

🔍 절탄기나 과열기에 바이패스가 설치된 경우 : 바이패스 댐퍼를 먼저 열고 절탄기 내의 물의 흐름을 확인한다.

53 응축수 환수방식 중 중력환수 방식으로 환수가 불가능한 경우, 응축수를 별도의 응축수 탱크에 모으고 펌프 등을 이용하여 보일러에 급수를 행하는 방식은?

① 복관 환수식 ② 부력 환수식
③ 진공 환수식 ④ 기계 환수식

🔍 응축수 환수방법에는 중력 환수식, 기계 환수식, 진공 환수식 등이 있으며, 중력 환수식은 순환펌프가 없고, 기계 환수식에는 순환펌프가 있다.

54 무기질 보온재에 해당되는 것은?

① 암면 ② 펠트
③ 코르크 ④ 기포성 수지

🔍 유기질 보온재 : 펠트, 코르크, 기포성 수지

55 에너지이용 합리화법상 효율관리기자재의 에너지소비효율 등급 또는 에너지소비효율을 효율관리시험기관에서 측정 받아 해당 효율관리기자재에 표시하여야 하는 자는?

① 효율관리기자재의 제조업자 또는 시공업자
② 효율관리기자재의 제조업자 또는 수입업자
③ 효율관리기자재의 시공업자 또는 판매업자
④ 효율관리기자재의 시공업자 또는 수입업자

🔍 제조업자 또는 수입업자 : 효율관리시험기관에서 해당 효율관리기자재의 에너지 사용량을 측정받아 에너지소비효율등급 또는 에너지소비효율을 해당 효율관리기자재에 표시하여야 한다.

56 저탄소 녹색성장 기본법상 녹색성장위원회의 심의사항이 아닌 것은?

① 지방자치단체의 저탄소 녹색성장의 기본방향에 관한 사항
② 녹색성장국가전략의 수립·변경·시행에 관한 사항
③ 기후변화대응 기본계획, 에너지기본계획 및 지속가능발전 기본계획에 관한 사항
④ 저탄소 녹색성장을 위한 재원의 배분방향 및 효율적 사용에 관한 사항

> 녹색성장위원회의 심의사항
> • 녹색성장국가전략의 수립·변경·시행에 관한 사항
> • 기후변화대응 기본계획, 에너지기본계획 및 지속가능발전 기본계획에 관한 사항
> • 저탄소 녹색성장을 위한 재원의 배분방향 및 효율적 사용에 관한 사항
> • 저탄소 녹색성장과 관련된 국제협상·국제협력, 교육·홍보, 인력양성 및 기반구축 등에 관한 사항
> • 저탄소 녹색성장과 관련된 기업 등의 고충조사, 처리, 시정권고 또는 의견표명

57 에너지법상 "에너지 사용자"의 정의로 옳은 것은?

① 에너지 보급 계획을 세우는 자
② 에너지를 생산, 수입하는 자
③ 에너지사용시설의 소유자 또는 관리자
④ 에너지를 저장, 판매하는 자

> • 에너지사용자 : 에너지사용시설의 소유자 또는 관리자
> • 에너지공급자 : 에너지를 생산·수입·전환·수송·저장 또는 판매하는 사업자

58 에너지이용 합리화법규상 냉난방온도제한 건물에 냉난방 제한온도를 적용할 때의 기준으로 옳은 것은? (단, 판매시설 및 공항의 경우는 제외한다)

① 냉방 : 24℃ 이상, 난방 : 18℃ 이하
② 냉방 : 24℃ 이상, 난방 : 20℃ 이하
③ 냉방 : 26℃ 이상, 난방 : 18℃ 이하
④ 냉방 : 26℃ 이상, 난방 : 20℃ 이하

> 냉난방온도의 제한온도 기준
> • 냉방 : 26℃ 이상(판매시설 및 공항의 경우는 25℃ 이상)
> • 난방 : 20℃ 이하

59 다음 ( )에 알맞은 것은?

> 에너지법령상 에너지 총조사는 (A)마다 실시하되, (B)이 필요하다고 인정할 때에는 간이조사를 실시할 수 있다.

① A : 2년, B : 행정안전부장관
② A : 2년, B : 교육부장관
③ A : 3년, B : 산업통상자원부장관
④ A : 3년, B : 고용노동부장관

> 에너지 총조사는 3년마다 실시하되, 산업통상자원부장관이 필요하다고 인정할 때에는 간이조사를 실시할 수 있다.

60 에너지이용 합리화법상 검사대상기기설치자가 시·도지사에게 신고하여야 하는 경우가 아닌 것은?

① 검사대상기기를 정비한 경우
② 검사대상기기를 폐기한 경우
③ 검사대상기기의 사용을 중지한 경우
④ 검사대상기기의 설치자가 변경된 경우

> 검사대상기기설치자는 검사대상기기를 폐기, 사용 중지, 설치자가 변경된 경우 15일 이내에 신고한다.

정답 2015년 3회

01 ③	02 ②	03 ③	04 ②	05 ②
06 ④	07 ④	08 ①	09 ①	10 ④
11 ④	12 ③	13 ①	14 ④	15 ①
16 ③	17 ①	18 ③	19 ③	20 ④
21 ④	22 ②	23 ③	24 ②	25 ①
26 ③	27 ②	28 ③	29 ②	30 ②
31 ②	32 ③	33 ①	34 ①	35 ②
36 ①	37 ②	38 ②	39 ②	40 ①
41 ①	42 ②	43 ④	44 ②	45 ①
46 ④	47 ②	48 ②	49 ③	50 ④
51 ③	52 ④	53 ④	54 ①	55 ②
56 ①	57 ③	58 ④	59 ③	60 ①

2015년 4회 기출문제

01 중유의 성상을 개선하기 위한 첨가제 중 분무를 순조롭게 하기 위하여 사용하는 것은?

① 연소촉진제
② 슬러지 분산제
③ 회분 개질제
④ 탈수제

🔍
- 연소촉진제 : 중유의 분무상태를 양호하게 하여 연소상태를 좋게 하기 위한 첨가제
- 슬러지 분산제 : 슬러지 생성을 방지하기 위해
- 회분 개질제 : 회분의 융점을 높여 고온부식을 방지하기 위해

02 천연가스의 비중이 약 0.64라고 표시되었을 때, 비중의 기준은?

① 물
② 공기
③ 배기가스
④ 수증기

🔍 비중
- 고체, 액체 : 물과 비교
- 기체 : 공기와 비교

03 30마력(ps)인 기관이 1시간 동안 행한 일량을 열량으로 환산하면 약 몇 kcal 인가?

① 14360
② 15240
③ 18970
④ 20402

🔍 1ps = 632.3 kcal/h이므로
30마력(ps) = 30×632.3 = 18969 kcal/h

04 프로판(propane) 가스의 연소식은 다음과 같다. 프로판 가스 10kg을 완전 연소시키는데 필요한 이론산소량은?

$$C_3H_8 + 5O_2 \rightarrow 3CO_2 + 4H_2O$$

① 약 11.6 Nm³
② 약 13.8 Nm³
③ 약 22.4 Nm³
④ 약 25.5 Nm³

🔍
C_3H_8 + $5O_2$ → $3CO_2$ + $4H_2O$
1kmol   5kmol
44kg   5×22.4Nm³
1kg   2.545Nm³
∴ 10×2.545 = 25.45Nm³

05 화염검출기 종류 중 화염의 이온화를 이용한 것으로 가스 점화 버너에 주로 사용하는 것은?

① 플레임 아이
② 스택스위치
③ 광도전 셀
④ 프레임 로드

🔍 화염검출기의 종류
- 플레임 아이 : 화염의 빛을 이용(발광체)
- 프레임 로드 : 화염의 이온화를 이용
- 스택스위치 : 화염의 열을 이용(발열체)

06 수위경보기의 종류 중 플로트의 위치변위에 따라 수은 스위치 또는 마이크로 스위치를 작동시켜 경보를 울리는 것은?

① 기계식 경보기
② 자석식 경보기
③ 전극식 경보기
④ 맥도널식 경보기

🔍 플로트식 = 부자식 = 맥도널식

07 보일러 열정산을 설명한 것으로 옳은 것은?

① 입열과 출열은 반드시 같아야 한다.
② 방열손실로 인하여 입열이 항상 크다.
③ 열효율 증대장치로 인하여 출열이 항상 크다.
④ 연소효율이 따라 입열과 출열은 다르다.

🔍 열정산 시 입열과 출열은 항상 같다.

08 보일러 액체연료 연소장치인 버너의 형식별 종류에 해당되지 않는 것은?

① 고압기류식
② 왕복식
③ 유압분무식
④ 회전식

> 액체연료(중유)의 버너 종류
> • 유압분무식 : 0.5~2MPa의 자체 유압을 이용하여 무화시키는 버너
> • 고압기류식 : 공기나 증기를 매체로 하여 무화시키는 버너
> • 회전분무식 : 분무컵의 회전을 이용하여 무화시키는 버너

09 매시간 425kg의 연료를 연소시켜 4800kg/h의 증기를 발생시키는 보일러의 효율은 약 얼마인가?(단, 연료의 발열량 : 9750 kcal/kg, 증기엔탈피 : 676 kcal/kg, 급수온도 : 20℃)

① 76%
② 81%
③ 85%
④ 90%

> $\eta = \dfrac{\text{실제 증발량} \times (\text{증기 엔탈피} - \text{급수 엔탈피})}{\text{연료 사용량} \times \text{연료 발열량}} \times 100$
> $= \dfrac{4800 \times (676 - 20)}{425 \times 9750} \times 100 = 75\%$

10 함진가스에 선회운동을 주어 분진입자에 작용하는 원심력에 의하여 입자를 분리하는 집진장치로 가장 적합한 것은?

① 백필터식 집진기
② 사이클론식 집진기
③ 전기식 집진기
④ 관성력식 집진기

> • 원심집진장치 : 사이클론식, 멀티클론식
> • 여과집진장치 : 백필터식
> • 전기식 집진장치 : 코트넬식

11 다음 중 1 보일러 마력에 대한 설명으로 옳은 것은?

① 0℃의 물 539kg을 1시간에 100℃의 증기로 바꿀 수 있는 능력이다.
② 100℃의 물 539kg을 1시간에 같은 온도의 증기로 바꿀 수 있는 능력이다.
③ 100℃의 물 15.65kg을 1시간에 같은 온도의 증기로 바꿀 수 있는 능력이다.
④ 0℃의 물 15.65kg을 1시간에 100℃의 증기로 바꿀 수 있는 능력이다.

> • 1 보일러 마력 : 시간당 15.65kg의 상당증발량을 발생하는 보일러 능력
> • 상당증발량 : 100℃의 포화수를 100℃의 건포화증기로 증발시키는 것을 기준으로 하여 환산한 것

12 연료성분 중 가연 성분이 아닌 것은?

① C
② H
③ S
④ O

> 연료성분 중 가연성분 : C, H, S

13 보일러 급수내관의 설치 위치로 옳은 것은?

① 보일러의 기준수위와 일치되게 설치한다.
② 보일러의 상용수위보다 50mm 정도 높게 설치한다.
③ 보일러의 안전저수위보다 50mm 정도 높게 설치한다.
④ 보일러의 안전저수위보다 50mm 정도 낮게 설치한다.

> 급수내관 : 보일러의 안전저수위보다 50mm 정도 낮게 설치한다.

14 보일러 배기가스의 자연 통풍력을 증가시키는 방법으로 틀린 것은?

① 연도의 길이를 짧게 한다.
② 배기가스 온도를 낮춘다.
③ 연돌의 높이를 증가시킨다.
④ 연돌의 단면적을 크게 한다.

> 자연 통풍력을 증가시키는 방법
> • 배기가스 온도를 높게 한다.
> • 연돌의 높이를 높게 한다.
> • 연돌의 단면적을 넓게 한다.
> • 연도의 길이를 짧게 한다.

15 증기의 건조도(χ) 설명이 옳은 것은?

① 습증기 전체 질량 중 액체가 차지하는 질량비를 말한다.
② 습증기 전체 질량 중 증기가 차지하는 질량비를 말한다.
③ 액체가 차지하는 전체 질량 중 습증기가 차지하는 질량비를 말한다.
④ 증기가 차지하는 전체 질량 중 습증기가 차지하는 질량비를 말한다.

🔍 건조도(χ) : 습증기 전체 질량 중 증기가 차지하는 질량비

16 다음 중 저양정식 안전밸브의 단면적 계산식은?

① $A = \dfrac{22 \cdot E}{1.03P+1}$
② $A = \dfrac{10 \cdot E}{1.03P+1}$
③ $A = \dfrac{5 \cdot E}{1.03P+1}$
④ $A = \dfrac{2.5 \cdot E}{1.03P+1}$

🔍 ① 저양정식, ② 고양정식, ③ 전양정식, ④ 전량식

17 입형 보일러에 대한 설명으로 거리가 먼 것은?

① 보일러 동을 수직으로 세워 설치한 것이다.
② 구조가 간단하고, 설비비가 적게 든다.
③ 내부청소 및 수리나 검사가 불편하다.
④ 열효율이 높고 부하능력이 크다.

🔍 입형 보일러 : 보유수량에 비해 전열면적이 적어 증발이 느리고 열효율이 낮다.

18 보일러용 가스버너 중 외부혼합식에 속하지 않는 것은?

① 파이럿 버너　　② 센터화이어형 버너
③ 링형 버너　　　④ 멀티스폿형 버너

🔍 파이럿 버너 : 내부혼합식으로 점화용 버너

19 보일러 부속장치인 증기 과열기를 설치위치에 따라 분류할 때, 해당되지 않는 것은?

① 복사식
② 전도식
③ 접촉식
④ 복사접촉식

🔍 설치위치에 따른 과열기의 종류
• 복사식 : 연소실 내에 설치
• 접촉식 : 연도 내에 설치
• 복사접촉식 : 연소실과 연도 중간위치에 설치

20 가스 연소용 보일러의 안전장치가 아닌 것은?

① 가용마개　　② 화염 검출기
③ 이젝터　　　④ 방폭문

🔍 이젝터 : 공기 분사 장치

21 보일러에서 제어해야할 요소에 해당되지 않는 것은?

① 급수제어
② 연소제어
③ 증기온도 제어
④ 전열면 제어

🔍 보일러 자동제어 : 자동연소제어, 급수제어, 증기온도제어 등

22 관류보일러의 특징에 대한 설명으로 틀린 것은?

① 철저한 급수처리가 필요하다.
② 임계압력 이상의 고압에 적당하다.
③ 순환비가 1이므로 드럼이 필요하다.
④ 증기의 가동발생 시간이 매우 짧다.

🔍 관류 보일러 : 드럼이 없어 순환비가 1인 초고압용 보일러

23 보일러 전열면 $1m^2$ 당 1시간에 발생되는 실제증발량은 무엇인가?

① 전열면의 증발율　　② 전열면의 출력
③ 전열면의 효율　　　④ 상당증발 효율

🔍 전열면의 증발률 = 매시 실제증발량 / 전열면적
= 전열면 1m² 당 1시간에 발생되는 실제증발량

24 50kg의 -10℃ 얼음을 100℃의 증기로 만드는데 소요되는 열량은 몇 kcal 인가?(단, 물과 얼음의 비열은 각각 1 kcal/kg℃, 0.5 kcal/kg℃로 한다.)

① 36200
② 36450
③ 37200
④ 37450

🔍 소요열량 = 50×(0.5×10+80+1×100+539) = 36200kcal

25 피드 백 자동제어에서 동작신호를 받아서 제어계가 정해진 동작을 하는데 필요한 신호를 만들어 조작부로 보내는 부분은?

① 검출부
② 제어부
③ 비교부
④ 조절부

🔍 • 조절부 : 동작신호를 조작신호로 전환하여 조작부로 보내는 부분
• 조작부 : 조작신호를 조작량으로 전환하여 제어대상에 보내는 부분
• 검출부 : 설정값과 비교하기 위해 주피드백 신호를 만드는 부분

26 중유 보일러의 연소 보조 장치에 속하지 않는 것은?

① 여과기
② 인젝터
③ 화염검출기
④ 오일 프리히터

🔍 인젝터 : 증기압을 이용한 급수장치

27 보일러 분출의 목적으로 틀린 것은?

① 불순물로 인한 보일러수의 농축을 방지한다.
② 포밍이나 프라이밍의 생성을 좋게 한다.
③ 전열면에 스케일 생성을 방지한다.
④ 관수의 순환을 좋게 한다.

🔍 분출 : 관수의 농축을 방지하여 프라이밍, 포밍을 방지한다.

28 캐리오버로 인하여 나타날 수 있는 결과로 거리가 먼 것은?

① 수격작용
② 프라이밍
③ 열효율 저하
④ 배관의 부식

🔍 캐리오버 : 프라이밍, 포밍 등에 의해 발생증기 중에 물방울이 포함되어 송기되는 현상

29 입형 보일러의 특징으로 거리가 먼 것은?

① 보일러 효율이 높다.
② 수리나 검사가 불편하다.
③ 구조 및 설치가 간단하다.
④ 전열면적이 적고 소용량이다.

🔍 입형 보일러 : 전열면적이 적어 증발량이 적고 열효율이 낮다.

30 기름연소 보일러의 점화시 역화 원인에 해당되지 않는 것은?

① 연도의 개도가 너무 좁은 경우
② 착화지연 시간이 너무 길 경우
③ 연료의 공급밸브를 필요이상 급개 하여 다량으로 분무한 경우
④ 점화원을 가동하기 전에 연료를 분무해 버린 경우

31 관속에 흐르는 유체의 종류를 나타내는 기호 중 증기를 나타내는 것은?

① S
② W
③ O
④ A

🔍 S 증기, W 물, O 기름, A 공기

32 보일러 청관제 중 보일러수의 연화제로 사용되지 않는 것은?

① 수산화나트륨
② 탄산나트륨
③ 인산나트륨
④ 황산나트륨

🔍 연화제 : 탄산나트륨, 인산나트륨, 수산화나트륨 등

33 어떤 방의 온수난방에서 소요되는 열량이 시간당 21000 kcal 이고, 송수온도가 85℃ 이며, 환수온도가 25℃ 라면, 온수의 순환량은?

① 324 kg/h
② 350 kg/h
③ 398 kg/h
④ 423 kg/h

🔍 난방부하 = 난방수량×난방수 비열×(송수온도−환수온도)

∴ 온수 순환량 = $\frac{21000}{1 \times (85-25)}$ = 350kg/h

34 보일러에 사용되는 안전밸브 및 압력방출장치 크기를 20A 이상으로 할 수 있는 보일러가 아닌 것은?

① 소용량 강철제 보일러
② 최대 증발량 5t/h 이하의 관류 보일러
③ 최고사용압력 1MPa(10kgf/cm²) 이하의 보일러로 전열면적 5m² 이하의 것
④ 최고사용압력 0.1MPa(1kgf/cm²) 이하의 보일러

🔍 관경을 20A 이상으로 할 수 있는 경우 : 최고사용압력 0.5MPa(5kgf/cm²) 이하의 보일러로 전열면적 2m² 이하의 것

35 배관계의 식별표시는 물질의 종류에 따라 달리한다. 물질과 식별색의 연결이 틀린 것은?

① 물 : 파랑
② 기름 : 연한 주황
③ 증기 : 어두운 빨강
④ 가스 : 연한 노랑

🔍 물 : 파랑, 증기 : 빨강, 공기 : 백색, 가스 : 노랑, 기름 : 주황, 전기 : 연주황

36 다음 보온재 중 안전사용온도가 가장 낮은 것은?

① 우모펠트
② 암면
③ 석면
④ 규조토

🔍 보온재의 안전사용온도
• 우모펠트 : 100℃
• 암면 : 400~500℃
• 석면 : 400~500℃
• 규조토 : 400~500℃

37 주증기관에서 증기의 건도를 향상 시키는 방법으로 적당하지 않은 것은?

① 가압하여 증기의 압력을 높인다.
② 드레인 포켓을 설치한다.
③ 증기 공간 내에 공기를 제거 한다.
④ 기수분리기를 사용한다.

🔍 감압하여 증기의 압력을 낮출 경우 : 증기의 건도가 향상되고, 증발잠열이 증가하여 에너지 절감 효과를 얻을 수 있다.

38 보일러 기수공발(carry over)의 원인이 아닌 것은?

① 보일러의 증발능력에 비하여 보일러수의 표면적이 너무 넓다.
② 보일러의 수위가 높아지거나 송기시 증기밸브를 급개 하였다
③ 보일러수 중의 가성소다, 인산소다, 유지분 등의 함유비율이 많았다.
④ 부유 고형물이나 용해 고형물이 많이 존재 하였다.

🔍 보일러수의 표면적이 넓으면 수위의 안정으로 프라이밍, 포밍을 방지할 수 있다.

39 동관의 끝을 나팔 모양으로 만드는데 사용하는 공구는?

① 사이징 툴
② 익스팬더
③ 플레어링 툴
④ 파이프 커터

🔍 **동관용 공구**
- 사이징 툴 : 동관 끝을 원형으로 정형하는 공구
- 익스팬더 : 동관 끝을 소켓용으로 확관시키는 공구
- 플레어링 툴 : 동관의 끝을 나팔 모양으로 만드는데 사용하는 공구

40 보일러 분출 시의 유의사항 중 틀린 것은?

① 분출 도중 다른 작업을 하지 말 것
② 안전저수면 이하로 분출하지 말 것
③ 2대 이상의 보일러를 동시에 분출하지 말 것
④ 계속 운전 중인 보일러는 부하가 가장 클 때 할 것

🔍 분출 : 계속 운전 중인 보일러는 부하가 가장 가벼울 때 실시한다.

41 난방부하 계산 시 고려해야 할 사항으로 거리가 먼 것은?

① 유리창 및 창문의 크기
② 현관 등의 공간
③ 연료의 발열량
④ 건물의 위치

🔍 난방부하 = 벽체의 열관류율×벽체의 면적×(실내온도 − 외기온도)×방위계수(kcal/h)

42 보일러에서 수압시험을 하는 목적으로 틀린 것은?

① 분출 증기압력을 측정하기 위하여
② 각 종 덮개를 장치한 후 기밀도를 확인하기 위하여
③ 수리한 경우 그 부분의 강도나 이상 유무를 판단하기 위하여
④ 구조상 내부검사를 하기 어려운 곳에는 그 상태를 판단하기 위하여

🔍 수압시험은 이음부의 기밀도 및 이상 유무를 판단하기 위하여 시행한다.

43 온수난방법 중 고온수 난방에 사용되는 온수의 온도는?

① 100℃ 이상
② 80℃~90℃
③ 60℃~70℃
④ 40℃~60℃

🔍 온수온도 100℃ 이상을 고온수 난방, 100℃ 이하를 저온수 난방이라 하며, 보통 온수식 난방에서 온수의 온도는 85~90℃이다.

44 온수방열기의 공기빼기 밸브의 위치로 적당한 것은?

① 방열기 상부
② 방열기 중부
③ 방열기 하부
④ 방열기 최하단부

🔍 공기 빼기밸브 : 방열기 출구 상단에 설치하여 공기를 방출하여 온수의 흐름을 좋게 한다.

45 관의 방향을 바꾸거나 분기할 때 사용되는 이음쇠가 아닌 것은?

① 벤드　　　　　② 크로스
③ 엘보　　　　　④ 니플

🔍 니플 : 동일 직경의 관을 직선이음에 사용하는 관 이음쇠

46 보일러 운전이 끝난 후 노내와 연도에 체류하고 있는 가연성 가스를 배출시키는 작업은?

① 페일 세이프(fail safe)
② 풀 프루프(fool proof)
③ 포스트 퍼지(post-purge)
④ 프리 퍼지(pre-purge)

🔍 ・포스트 퍼지 : 작업 종료(소화) 후 통풍
　・프리퍼지 : 점화 전 통풍

47 온도 조절식 트랩으로 응축수와 함께 저온의 공기도 통과시키는 특성이 있으며, 진공 환수식 증기배관의 방열기 트랩이나 관말트랩으로 사용되는 것은?

① 버킷 트랩　　　② 열동식 트랩
③ 플로트 트랩　　④ 매니폴드 트랩

🔍 열동식 트랩 : 온도조절을 이용하는 벨로즈로 방열기트랩으로 주로 사용

48 온수난방의 특징에 대한 설명으로 틀린 것은?

① 실내의 쾌감도가 좋다.
② 온도 조절이 용이하다.
③ 화상의 우려가 적다.
④ 예열시간이 짧다.

🔍 온수난방 : 비열이 크므로 예열시간이 길고 식는 시간도 길다.

49 고온 배관용 탄소 강관의 KS 기호는?

① SPHT
② SPLT
③ SPPS
④ SPA

🔍
- SPLT : 저온 배관용 탄소강관
- SPPS : 압력 배관용 탄소강관
- SPA : 배관용 합금 강관

50 보일러 수위에 대한 설명으로 옳은 것은?

① 항상 상용수위를 유지한다.
② 증기 사용량이 적을 때는 수위를 높게 유지한다.
③ 증기 사용량이 많을 때는 수위를 얕게 유지한다.
④ 증기 압력이 높을 때는 수위를 높게 유지한다.

🔍 상용수위 : 보일러 운전 중 유지하는 수위로 수면계의 1/2 위치

51 급수펌프에서 송출량이 10m³/min 이고, 전양정이 8m 일 때, 펌프의 소요마력은?(단, 펌프의 효율은 75%이다)

① 15.6 PS
② 17.8 PS
③ 23.7 PS
④ 31.6 PS

🔍 $ps = \dfrac{\gamma \cdot Q \cdot H}{75 \times \eta} = \dfrac{1000 \times 10 \times 8}{75 \times 60 \times 0.75}$
$= 23.7ps$

52 증기난방 배관에 대한 설명 중 옳은 것은?

① 건식환수식이란 환수주관이 보일러의 표준수위보다 낮은 위치에 배관되고, 응축수가 환수주관의 하부를 따라 흐르는 것을 말한다.
② 습식환수식이란 환수주관이 보일러의 표준수위보다 높은 위치에 배관되는 것은 말한다.
③ 건식 환수식에서는 증기트랩을 설치하고, 습식환수식에서는 공기빼기 밸브나 에어포켓을 설치한다.
④ 단관식 배관은 복관식 배관보다 배관의 길이가 길고 관경이 작다.

🔍 환수관의 접속방법에 따른 분류
- 건식환수식 : 환수주관이 보일러의 표준수위보다 높은 위치에 배관되고, 증기트랩을 설치하여 응축수를 배출한다.
- 습식환수식 : 환수주관이 보일러의 표준수위보다 낮은 위치에 배관되고, 드레인 밸브를 설치한다.

53 사용 중인 보일러의 점화 전 주의사항으로 틀린 것은?

① 연료계통을 점검한다.
② 각 밸브의 개폐 상태를 확인한다.
③ 댐퍼를 닫고 프리퍼지를 한다.
④ 수면계 수위를 확인한다.

🔍 프리퍼지 : 댐퍼를 열고 점화하기 전 실시하는 통풍

54 다음 중 보일러의 안전장치에 해당되지 않는 것은?

① 방출밸브   ② 방폭문
③ 화염검출기   ④ 감압밸브

🔍 감압밸브 : 조압의 증기를 저압으로 낮추어 저압측의 압력을 일정하게 유지하는 송기장치

55 에너지이용 합리화법에 따른 열사용기자재 중 소형온수 보일러의 적용범위로 옳은 것은?

① 전열면적 24m² 이하이며, 최고사용압력이 0.5MPa 이하의 온수를 발생하는 보일러
② 전열면적 14m² 이하이며, 최고사용압력이 0.35MPa 이하의 온수를 발생하는 보일러

③ 전열면적 20m² 이하인 온수 보일러
④ 최고사용압력이 0.8MPa 이하의 온수를 발생하는 보일러

> 소형온수 보일러 : 전열면적 14m² 이하로, 최고사용압력이 0.35MPa 이하의 온수 보일러

56 에너지이용 합리화법상 목표에너지원 단위란?

① 에너지를 사용하여 만드는 제품의 종류별 연간 에너지사용목표량
② 에너지를 사용하여 만드는 제품의 단위당 에너지사용목표량
③ 건축물의 총 면적당 에너지사용목표량
④ 자동차 등의 단위연료 당 목표주행거리

> 목표에너지원 단위 : 에너지를 사용하여 만드는 제품의 단위당 에너지 사용목표량으로 산업통상자원부장관이 수립한다.

57 저탄소 녹색성장 기본법령상 관리업체는 해당 연도 온실가스 배출량 및 에너지 소비량에 관한 명세서를 작성하고, 이에 대한 관장기관에게 전자적 방식으로 언제까지 제출하여야 하는가?

① 해당연도 12월 31일 까지
② 해당연도 1월 31일 까지
③ 해당연도 3월 31일 까지
④ 해당연도 6월 30일 까지

> 온실가스 배출량 및 에너지 소비량 명세서 : 해당연도 3월 31일 까지 관장기관에게 제출

58 에너지이용 합리화법 시행령에서 에너지다소비사업자라 함은 연료·열 및 전력의 연간 사용량 합계가 얼마 이상인 경우인가?

① 5백 티오이 ② 1천 티오이
③ 1천5백 티오이 ④ 2천 티오이

> 에너지다소비 사업자 : 연료·열 및 전력의 연간 사용량 합계가 2천 티오이 이상인 에너지사용자

59 에너지이용 합리화법상 에너지소비효율 등급 또는 에너지 소비효율을 해당 효율관리기자재에 표시할 수 있도록 효율관리 기자재의 에너지 사용량을 측정하는 기관은?

① 효율관리 진단기관 ② 효율관리 전문기관
③ 효율관리 표준기관 ④ 효율관리 시험기관

> 효율관리 기자재의 에너지 사용량 측정기관 : 산업통상자원부장관이 지정하는 효율관리 시험기관

60 에너지이용 합리화법상 법을 위반하여 검사대상기기관리자를 선임하지 아니한 자에 대한 벌칙 기준으로 옳은 것은?

① 2년 이하의 징역 또는 2천만원 이하의 벌금
② 2천만원 이하의 벌금
③ 1천만원 이하의 벌금
④ 500만원 이하의 벌금

> • 검사대상기기관리자를 선임하지 아니한 경우 : 1천만원 이하의 벌금
> • 기준미달 기자재의 생산 및 판매금지 위반 : 2천만원 이하의 벌금
> • 에너지 저장의무를 정당한 사유 없이 이행 하지 아니한 경우 : 2년 이하의 징역 또는 2천만원 이하의 벌금

정답 2015년 4회

01 ①	02 ②	03 ③	04 ④	05 ④
06 ④	07 ①	08 ②	09 ①	10 ②
11 ③	12 ④	13 ④	14 ②	15 ②
16 ①	17 ④	18 ①	19 ③	20 ③
21 ④	22 ③	23 ①	24 ①	25 ④
26 ②	27 ②	28 ②	29 ①	30 ①
31 ①	32 ④	33 ②	34 ③	35 ④
36 ①	37 ①	38 ①	39 ③	40 ④
41 ③	42 ①	43 ①	44 ①	45 ④
46 ③	47 ②	48 ④	49 ①	50 ①
51 ③	52 ③	53 ③	54 ④	55 ②
56 ②	57 ③	58 ④	59 ④	60 ③

2016년 1회 기출문제

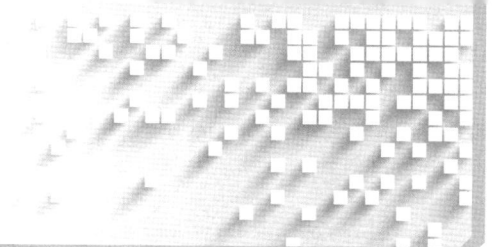

01 증기트랩이 갖추어야 할 조건에 대한 설명으로 틀린 것은?

① 마찰저항이 클 것
② 동작이 확실할 것
③ 내식, 내마모성이 있을 것
④ 응축수를 연속적으로 배출할 수 있을 것

🔍 증기트랩 : 마찰저항이 적고 동작이 확실하고 내식, 내마모성일 것

02 보일러의 수위제어 검출방식의 종류로 가장 거리가 먼 것은?

① 피스톤식   ② 전극식
③ 플로트식   ④ 열팽창관식

🔍 수위검출방식(저수위경보기)의 종류 : 플로트식(부자식), 전극식, 열팽창식, 차압식

03 중유의 첨가제 중 슬러지의 생성방지제 역할을 하는 것은?

① 회분개질제   ② 탈수제
③ 연소촉진제   ④ 안정제

🔍 안정제(슬러지의 생성방지제)
• 회분개질제 : 회분의 융점을 높혀 고온부식을 방지
• 탈수제 : 수분을 분리 제거
• 연소촉진제 : 분무상태를 양호하게 하기 위해

04 일반적으로 보일러의 상용수위는 수면계의 어느 위치와 일치시키는가?

① 수면계의 최상단부
② 수면계의 2/3위치
③ 수면계의 1/2위치
④ 수면계의 최하단부

🔍 • 보일러의 상용수위 : 수면계의 1/2
• 안전저수면 : 수면계의 유리판 하단부

05 다음은 증기보일러를 성능시험하고 결과를 산출하였다. 보일러 효율은?

• 급수온도 : 20℃
• 연료의 저위 발열량 : 10000kcal/Nm³
• 발생증기의 엔탈피 : 650kcal/kg
• 연료 사용량 : 75kg/h
• 증기 발생량 : 1000kg/h

① 78%   ② 80%
③ 82%   ④ 84%

🔍 $\eta = \dfrac{1000 \times (650-20)}{75 \times 10000} \times 100 = 84\%$

06 어떤 물질 500kg을 20℃에서 50℃로 올리는데 3000kcal의 열량이 필요하였다. 이 물질의 비열은?

① 0.1 kcal/kg·℃
② 0.2 kcal/kg·℃
③ 0.3 kcal/kg·℃
④ 0.4 kcal/kg·℃

🔍 비열 = $\dfrac{kcal}{kg \cdot ℃} = \dfrac{3000}{500 \times (50-20)} = 0.2$

07 동작유체의 상태변화에서 에너지의 이동이 없는 변화는?

① 등온변화   ② 정적변화
③ 정압변화   ④ 단열변화

🔍 단열변화 : 에너지의 이동이 없는 변화

08 보일러 유류연료 연소 시에 가스폭발이 발생하는 원인이 아닌 것은?

① 연소 도중에 실화되었을 때
② 프리퍼지 시간이 너무 길어졌을 때
③ 소화 후에 연료가 흘러들어 갔을 때
④ 점화가 잘 안되는데 계속 급유했을 때

🔍 프리퍼지 시간이 짧으면 노내폭발 및 역화가 일어나고, 너무 길면 연소실이 냉각된다.

09 보일러 연소장치와 가장 거리가 먼 것은?

① 스테이
② 버너
③ 연도
④ 화격자

🔍 스테이 : 압력에 약한 경판 등을 보강하기 위한 보강재

10 보일러 1마력에 대한 표시로 옳은 것은?

① 전열면적 10 m^2
② 상당증발량 15.65 kg/h
③ 전열면적 8 ft^2
④ 상당증발량 30.6 lb/h

🔍 1보일러 마력
 • 상당증발량 : 15.65 kg/h
 • 열량 : 8435 kcal/h

11 보일러 드럼 없이 초임계 압력 이상에서 고압증기를 발생시키는 보일러는?

① 복사 보일러
② 관류 보일러
③ 수관 보일러
④ 노통연관 보일러

🔍 관류 보일러 : 드럼 없이 관만으로 구성된 초고압용 보일러

12 과열증기에서 과열도는 무엇인가?

① 과열증기의 압력과 포화증기의 압력 차이다.
② 과열증기온도와 포화증기온도와의 차이다.
③ 과열증기온도에 증발열을 합한 것이다.
④ 과열증기온도에 증발열을 뺀 것이다.

🔍 과열도 : 과열증기온도와 포화증기온도와의 차

13 절탄기에 대한 설명으로 옳은 것은?

① 연소용 공기를 예열하는 장치이다.
② 보일러의 급수를 예열하는 장치이다.
③ 보일러용 연료를 예열하는 장치이다.
④ 연소용 공기와 보일러 급수를 예열하는 장치이다.

🔍 절탄기 : 연도에 설치하여 배기가스의 손실 열을 이용하여 급수를 예열하는 장치

14 왕복동식 펌프가 아닌 것은?

① 플런저 펌프
② 피스톤 펌프
③ 터빈 펌프
④ 다이어프램 펌프

🔍 터빈 펌프 : 안내 깃이 있는 원심펌프

15 수위 자동제어 장치에서 수위와 증기유량을 동시에 검출하여 급수밸브의 개도가 조절되도록 한 제어방식은?

① 단요소식
② 2요소식
③ 3요소식
④ 모듈식

🔍 • 단요소식 : 수위를 검출
 • 2요소식 : 수위와 증기량을 검출
 • 3요소식 : 수위, 증기량과 급수량을 검출

16 세정식 집진장치 중 하나인 회전식 집진장치의 특징에 관한 설명으로 가장 거리가 먼 것은?

① 구조가 대체로 간단하고 조작이 쉽다.
② 급수 배관을 따로 설치할 필요가 없으므로 설치공간이 적게 든다.
③ 집진물을 회수할 때 탈수, 여과, 건조 등을 수행할 수 있는 별도의 장치가 필요하다.
④ 비교적 큰 압력손실을 견딜 수 있다.

🔍 회전식 : 습식(세정식)이므로 급수배관을 설치하여 탈수, 여과, 건조 등의 별도의 장치가 필요하다.

17 보일러 사용 시 이상 저수위의 원인이 아닌 것은?

① 증기 취출량이 과대한 경우
② 보일러 연결부에서 누출이 되는 경우
③ 급수장치가 증발능력에 비해 과소한 경우
④ 급수탱크 내 급수량이 많은 경우

🔍 이상 저수위의 원인 : 급수탱크 내 급수량이 부족한 경우

18 자동제어의 신호전달 방법에서 공기압식의 특징으로 옳은 것은?

① 전송 시 시간지연이 생긴다.
② 배관이 용이하지 않고 보존이 어렵다.
③ 신호전달 거리가 유압식에 비하여 길다.
④ 온도제어 등에 적합하고 화재의 위험이 많다.

🔍 공기압식 : 신호전달 거리가 유압식에 비하여 짧고, 전송 시 시간지연이 생긴다.

19 자연통풍 방식에서 통풍력이 증가되는 경우가 아닌 것은?

① 연돌의 높이가 낮은 경우
② 연돌의 단면적이 큰 경우
③ 연도의 굴곡수가 적은 경우
④ 배기가스의 온도가 높은 경우

🔍 통풍력이 증가되는 경우 : 연돌의 높이가 높은 경우

20 가스용 보일러 설비 주위에 설치해야 할 계측기 및 안전장치와 무관한 것은?

① 급기 가스 온도계
② 가스 사용량 측정 유량계
③ 연료 공급 자동차단장치
④ 가스 누설 자동차단장치

🔍 배기가스 온도계 설치 : 전열면 최종 출구

21 어떤 보일러의 증발량이 40t/h이고, 보일러 본체의 전열면적이 580m²일 때 이 보일러의 증발률은?

① $14kg/m^2 \cdot h$
② $44kg/m^2 \cdot h$
③ $57kg/m^2 \cdot h$
④ $69kg/m^2 \cdot h$

🔍 보일러의 증발률 = $\dfrac{\text{매시 실제 증발량}}{\text{전열면적}}$
= $\dfrac{40000}{580}$ = 68.8

22 연소 시 공기비가 작을 때 나타나는 현상으로 틀린 것은?

① 불완전연소가 되기 쉽다.
② 미연소가스에 의한 가스 폭발이 일어나기 쉽다.
③ 미연소가스에 의한 열손실이 증가될 수 있다.
④ 배기가스 중 NO 및 NO_2의 발생량이 많아진다.

🔍 공기비가 작을 때 = 배기가스 중 O_2 및 NO_2의 발생량이 적어진다.

23 제어장치에서 인터록(inter lock)이란?

① 정해진 순서에 따라 차례로 동작이 진행되는 것
② 구비조건에 맞지 않을 때 작동을 정지시키는 것
③ 증기압력의 연료량, 공기량을 조절하는 것
④ 제어량과 목표치를 비교하여 동작시키는 것

🔍 ① 시퀀스 제어, ④ 피드백 제어

24 액체 연료의 주요 성상으로 가장 거리가 먼 것은?

① 비중
② 점도
③ 부피
④ 인화점

🔍 부피 : 연료의 측정량을 나타내는 것

25 연소가스 성분 중 인체에 미치는 독성이 가장 적은 것은?

① SO_2
② NO_2
③ CO_2
④ CO

26 열정산의 방법에서 입열 항목에 속하지 않는 것은?

① 발생증기의 흡수열
② 연료의 연소열
③ 연료의 현열
④ 공기의 현열

🔍 발생증기의 흡수열 : 출열 중 유효열

27 증기과열기의 열 가스 흐름방식 분류 중 증기와 연소가스의 흐름이 반대방향으로 지나면서 열교환이 되는 방식은?

① 병류형
② 혼류형
③ 향류형
④ 복사대류형

🔍 연소가스의 흐름에 따른 종류
- 병류형 : 증기와 연소가스의 흐름이 동일방향으로 접촉
- 향류형 : 증기와 연소가스의 흐름이 반대방향으로 접촉
- 혼류형 : 병류형 + 향류형

28 유류용 온수보일러에서 버너가 정지하고 리셋버튼이 돌출하는 경우는?

① 연통의 길이가 너무 길다.
② 연소용 공기량이 부적당하다.
③ 오일 배관 내의 공기가 빠지지 않고 있다.
④ 실내 온도조절기의 설정온도가 실내 온도보다 낮다.

29 다음 열효율 증대장치 중에서 고온부식이 잘 일어나는 장치는?

① 공기예열기
② 과열기
③ 증발전열면
④ 절탄기

🔍
- 과열기 : 연소실에 주로 설치되어 고온의 연소열을 이용하므로 고온부식이 발생한다.
- 절탄기, 공기예열기 : 연도에 설치하여 배기가스온도를 낮게 하여 저온부식이 발생한다.

30 증기보일러의 기타 부속장치가 아닌 것은?

① 비수방지관
② 기수분리기
③ 팽창탱크
④ 급수내관

🔍 팽창탱크 : 온수보일러의 팽창수를 저장하는 안전장치

31 온수난방에서 방열기내 온수의 평균온도가 82℃, 실내온도가 18℃이고, 방열기의 방열계수가 6.8kcal/$m^2 \cdot h \cdot ℃$인 경우 방열기의 방열량은?

① 650.9kcal/$m^2 \cdot h$
② 557.6kcal/$m^2 \cdot h$
③ 450.7kcal/$m^2 \cdot h$
④ 435.2kcal/$m^2 \cdot h$

🔍 방열량 = 6.8×(82−18) = 435.2

32 증기난방에서 저압증기 환수관이 진공펌프의 흡입구보다 낮은 위치에 있을 때 응축수를 원활히 끌어올리기 위해 설치하는 것은?

① 하트포드 접속(hartford connection)
② 플래시 레그(flash leg)
③ 리프트 피팅(lift fitting)
④ 냉각관(cooling leg)

🔍
- 리프트 피팅 : 진공환수식에서 환수주관 보다 높게 분기하여 펌프를 설치하여 적은 힘으로 응축수를 끌어올리기 위한 배관방식
- 1단 높이 : 1.5m 이내

33. 온수보일러에 팽창탱크를 설치하는 주된 이유로 옳은 것은?

① 물의 온도 상승에 따른 체적팽창에 의한 보일러의 파손을 막기 위한 것이다.
② 배관 중의 이물질을 제거하여 연료의 흐름을 원활히 하기 위한 것이다.
③ 온수 순환펌프에 의한 맥동 및 캐비테이션을 방지하기 위한 것이다.
④ 보일러, 배관, 방열기 내에 발생한 스케일 및 슬러지를 제거하기 위한 것이다.

🔍 팽창탱크 : 물의 온도 상승에 따른 체적팽창압력을 흡수, 완화하고 부족수를 보충 급수하기 위해 설치

34. 포밍, 플라이밍의 방지 대책으로 부적합한 것은?

① 정상 수위로 운전할 것
② 급격한 과연소를 하지 않을 것
③ 주증기 밸브를 천천히 개방할 것
④ 수저 또는 수면 분출을 하지 말 것

🔍 포밍, 플라이밍의 원인 및 방지 : 관수의 농축에 의한 현상이므로 분출을 하여 농축을 방지한다.

35. 보일러 급수처리 방법 중 5000ppm 이하의 고형물 농도에서는 비경제적이므로 사용하지 않고, 선박용 보일러에 사용하는 급수를 얻을 때 주로 사용하는 방법은?

① 증류법
② 가열법
③ 여과법
④ 이온교환법

🔍 증류법 : 증발기로 물을 증류하여 용존 고형물을 처리하는 방법으로 5000ppm 이하의 고형물 농도에서는 비경제적이므로 사용하지 않는다.

36. 보일러 설치·시공 기준상 유류보일러의 용량이 시간당 몇 톤 이상이면 공급 연료량에 따라 연소용 공기를 자동 조절하는 기능이 있어야 하는가?(단, 난방 보일러인 경우이다.)

① 1t/h
② 3t/h
③ 5t/h
④ 10t/h

🔍 공기량 자동조절기능 : 용량 5t/h(난방전용은 10t/h)이상의 유류보일러에 설치

37. 온도 25℃의 급수를 공급받아 엔탈피가 725kcal/kg의 증기를 1시간당 2310kg을 발생시키는 보일러의 상당 증발량은?

① 1500kg/h
② 3000kg/h
③ 4500kg/h
④ 6000kg/h

🔍 상당증발량 $= \dfrac{2310 \times (725-25)}{539} = 3000$

38. 다음 중 가스관의 누설검사 시 사용하는 물질로 가장 적합한 것은?

① 소금물
② 증류수
③ 비눗물
④ 기름

🔍 가스누설 시험 : 비눗물을 사용

39. 중력순환식 온수난방법에 관한 설명으로 틀린 것은?

① 소규모 주택에 이용된다.
② 온수의 밀도차에 의해 온수가 순환한다.
③ 자연순환이므로 관경을 작게 하여도 된다.
④ 보일러는 최하위 방열기보다 더 낮은 곳에 설치한다.

🔍 자연(중력)순환식 : 관경을 작게 하면 마찰 저항이 증가하여 물 순환이 나빠진다.

40. 보일러를 장기간 사용하지 않고 보존하는 방법으로 가장 적당한 것은?

① 물을 가득 채워 보존한다.
② 배수하고 물이 없는 상태로 보존한다.
③ 1개월에 1회씩 급수를 공급 교환한다.
④ 건조 후 생석회 등을 넣고 밀봉하여 보존한다.

🔍 장기보존 : 석회밀폐건조법, 질소가스봉입법, 소다만수보존법 등

41 진공환수식 증기 난방장치의 리프트 이음 시 1단 흡상 높이는 최고 몇 m 이하로 하는가?

① 1.0 　　② 1.5
③ 2.0 　　④ 2.5

🔍 리프트 이음 시 1단 높이는 1.5m 이내로 3단까지 가능하다.

42 보일러드럼 및 대형헤더가 없고 지름이 작은 전열관을 사용하는 관류보일러의 순환비는?

① 4 　　② 3
③ 2 　　④ 1

🔍 · 관류보일러 : 순환비가 1인 보일러로 벤슨 보일러와 슐처 보일러가 있다.
　· 순환비 = 순환수량/발생증기량

43 연료의 연소 시, 이론 공기량에 대한 실제공기량의 비 즉, 공기비(m)의 일반적인 값으로 옳은 것은?

① m = 1
② m < 1
③ m < 0
④ m > 1

🔍 · 공기비(m) = $\dfrac{\text{실제공기량}}{\text{이론공기량}}$
　· m < 1 이면 : 공기부족으로 불완전연소를 초래

44 가스보일러에서 가스폭발의 예방을 위한 유의사항으로 틀린 것은?

① 가스압력이 적당하고 안정되어 있는지 점검한다.
② 화로 및 굴뚝의 통풍, 환기를 완벽하게 하는 것이 필요하다.
③ 점화용 가스의 종류는 가급적 화력이 낮은 것을 사용한다.
④ 착화 후 연소가 불안정할 때는 즉시 가스공급을 중단한다.

🔍 점화 : 화력이 강한 것으로 빠르게 해야 한다.

45 온수난방설비에서 온수, 온도차에 의한 비중력차로 순환하는 방식으로 단독주택이나 소규모 난방에 사용되는 난방방식은?

① 강제순환식 난방
② 하향순환식 난방
③ 자연순환식 난방
④ 상향순환식 난방

🔍 자연순환식 난방 : 순환펌프 없이 비중량 차(대류현상)를 이용한 소규모 난방

46 압축기 진동과 서징, 관의 수격작용, 지진 등에서 발생하는 진동을 억제하기 위해 사용되는 지지장치는?

① 벤드벤 　　② 플랩 밸브
③ 그랜드 패킹 　　④ 브레이스

🔍 브레이스 : 펌프, 압축기 등의 진동 또는 충격을 흡수 완화시키는 장치

47 보일러 사고의 원인 중 제작상의 원인에 해당되지 않는 것은?

① 구조의 불량
② 강도부족
③ 재료의 불량
④ 압력초과

🔍 취급상 원인 : 압력초과, 저수위, 불착화 및 노내폭발, 역화, 부식 등

48 열팽창에 대한 신축이 방열기에 영향을 미치지 않도록 주로 증기 및 온수난방용 배관에 사용되며, 2개 이상의 엘보를 사용하는 신축 이음은?

① 벨로즈 이음
② 루프형 이음
③ 슬리브 이음
④ 스위블 이음

🔍 스위블 이음 : 방열기 입구에 설치하며 2~4개의 엘보를 연결하여 신축을 조절하는 장치

49 보일러수 내처리 방법으로 용도에 따른 청관제로 틀린 것은?

① 탈산소제 - 염산, 알콜
② 연화제 - 탄산소다, 인산소다
③ 슬러지 조정제 - 탄닌, 리그닌
④ pH 조정제 - 인산소다, 암모니아

🔍 탈산소제 : 히드라진, 아황산소다, 탄닌 등

50 하트포드 접속법(hart-ford connection)을 사용하는 난방방식은?

① 저압 증기난방
② 고압 증기난방
③ 저온 온수난방
④ 고온 온수난방

🔍 하트포드 접속법 : 저압 증기난방에서의 접속법으로, 환수관을 균형관에 접속하여 환수관 파손시 보일러 수의 역류를 방지하기 위한 배관법

51 난방부하를 구성하는 인자에 속하는 것은?

① 관류 열손실
② 환기에 의한 취득열량
③ 유리창으로 통한 취득 열량
④ 벽, 지붕 등을 통한 취득열량

🔍 난방부하 = 열관류율×벽체면적×(실내온도 - 외기온도)

52 증기관이나 온수관 등에 대한 단열로서 불필요한 방열을 방지하고 인체에 화상을 입히는 위험방지 또는 실내 공기의 이상온도 상승방지 등을 목적으로 하는 것은?

① 방로
② 보냉
③ 방한
④ 보온

53 보일러 급수 중의 용존(용해) 고형물을 처리하는 방법으로 부적합한 것은?

① 증류법
② 응집법
③ 약품 첨가법
④ 이온 교환법

🔍 현탁질 고형물 처리방법 : 여과법, 침강법, 응집법

54 증기보일러에는 2개 이상의 안전밸브를 설치하여야 하는 반면에 1개 이상으로 설치 가능한 보일러의 최대 전열면적은?

① $50m^2$
② $60m^2$
③ $70m^2$
④ $80m^2$

🔍 전열면적
• $50m^2$ 미만 : 1개 이상 부착
• $50m^2$ 초과 : 2개 이상 부착

55 에너지이용합리화법상 에너지진단기관의 지정기준은 누구의 령으로 정하는가?

① 대통령
② 시·도지사
③ 시공업자단체장
④ 산업통상자원부장관

🔍 에너지진단기관의 지정기준은 대통령령으로 정하고, 진단기관의 지정절차와 그 밖에 필요한 사항은 산업통상자원부령으로 정한다.

56 에너지법에서 정한 지역에너지계획을 수립·시행하여야 하는 자는?

① 행정안전부장관
② 산업통상자원부장관
③ 한국에너지공단 이사장
④ 특별시장·광역시장·도지사 또는 특별자치도지사

🔍 지역에너지계획 : 시·도지사가 5년 마다 5년 계획기간으로 수립한다.

57 열사용기자재 중 온수를 발생하는 소형온수보일러의 적용범위로 옳은 것은?

① 전열면적 12m² 이하, 최고사용압력 0.25MPa 이하의 온수를 발생하는 것
② 전열면적 14m² 이하, 최고사용압력 0.25MPa 이하의 온수를 발생하는 것
③ 전열면적 12m² 이하, 최고사용압력 0.35MPa 이하의 온수를 발생하는 것
④ 전열면적 14m² 이하, 최고사용압력 0.35MPa 이하의 온수를 발생하는 것

🔍 소형온수보일러의 적용범위 : 전열면적 14m² 이하, 최고사용압력 0.35MPa 이하의 온수를 발생하는 것

58 효율관리기자재가 최저소비효율기준에 미달하거나 최대사용량기준을 초과하는 경우 제조·수입·판매업자에게 어떠한 조치를 명할 수 있는가?

① 생산 또는 판매금지
② 제조 또는 설치금지
③ 생산 또는 세관금지
④ 제조 또는 시공금지

🔍 기준미달 효율관리기자재의 생산 또는 판매금지명령에 위반한 자 : 산업통상자원부장관의 명으로, 위반시 2000만원 이하의 벌금

59 에너지이용 합리화법에 따라 산업통상자원부령으로 정하는 광고매체를 이용하여 효율관리기자재의 광고를 하는 경우에는 그 광고 내용에 에너지소비효율, 에너지소비효율등급을 포함시켜야 할 의무가 있는 자가 아닌 것은?

① 효율관리기자재의 제조업자
② 효율관리기자재의 광고업자
③ 효율관리기자재의 수입업자
④ 효율관리기자재의 판매업자

🔍 효율관리기자재의 제조업자·수입업자 또는 판매업자가 광고매체를 이용하여 효율관리기자재의 광고를 하는 경우에는 그 광고내용에 에너지소비효율등급 또는 에너지소비효율을 포함하여야 한다.

60 검사대상기기 관리범위 용량이 10t/h 이하인 보일러의 관리자 자격이 아닌 것은?

① 에너지관리기사
② 에너지관리기능장
③ 에너지관리기능사
④ 인정검사대상기기관리자 교육이수자

🔍 검사대상기기관리자의 자격 및 관리범위

관리자의 자격	관리범위
에너지관리기능장 또는 에너지관리기사	용량이 30t/h를 초과하는 보일러
에너지관리기능장, 에너지관리기사 또는 에너지관리산업기사	용량이 10t/h를 초과하고 30t/h 이하인 보일러
에너지관리기능장, 에너지관리기사, 에너지관리산업기사 또는 에너지관리기능사	용량이 10t/h 이하인 보일러
에너지관리기능장, 에너지관리기사, 에너지관리산업기사, 에너지관리기능사 또는 인정검사대상기기관리자의 교육을 이수한 자	1. 증기보일러로서 최고사용압력이 1MPa 이하이고, 전열면적이 10m² 이하인 것 2. 온수 발생 또는 열매체를 가열하는 보일러로서 출력이 581.5kW 이하인 것 3. 압력용기

정답 2016년 1회

01 ①	02 ①	03 ④	04 ③	05 ④
06 ②	07 ④	08 ②	09 ①	10 ②
11 ②	12 ②	13 ②	14 ①	15 ②
16 ④	17 ④	18 ①	19 ①	20 ①
21 ④	22 ④	23 ②	24 ③	25 ③
26 ①	27 ③	28 ②	29 ③	30 ③
31 ②	32 ③	33 ①	34 ③	35 ①
36 ④	37 ②	38 ③	39 ③	40 ④
41 ②	42 ④	43 ④	44 ③	45 ③
46 ④	47 ④	48 ④	49 ①	50 ①
51 ①	52 ④	53 ②	54 ①	55 ①
56 ④	57 ④	58 ①	59 ②	60 ④

2016년 2회 기출문제

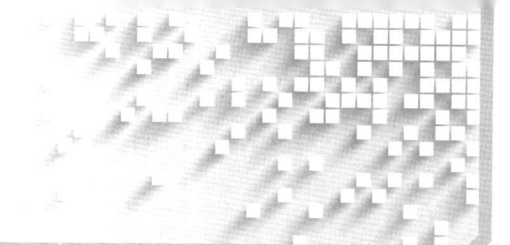

01 압력에 대한 설명으로 옳은 것은?

① 단위 면적당 작용하는 힘이다.
② 단위 부피당 작용하는 힘이다.
③ 물체의 무게를 비중량으로 나눈 값이다.
④ 물체의 무게에 비중량을 곱한 값이다.

🔍 압력
• 단위면적당 수직으로 작용하는 힘
• $\dfrac{\text{힘(중량, kg)}}{\text{면적(m}^2\text{)}}$

02 유류버너의 종류 중 기압(MPa)의 분무매체를 이용하여 연료를 분무하는 방식의 버너로서 2유체 버너라고도 하는 것은?

① 고압기류식 버너
② 유압식 버너
③ 회전식 버너
④ 환류식 버너

🔍 2유체 분무식 버너 : 공기 또는 증기압을 이용하여 중유를 무화시키는 기류분무식 버너

03 증기 보일러의 효율 계산식을 바르게 나타낸 것은?

① 효율(%) = $\dfrac{\text{상당증발량} \times 538.8}{\text{연료소비량} \times \text{연료발열량}} \times 100$

② 효율(%) = $\dfrac{\text{증기소비량} \times 538.8}{\text{연료소비량} \times \text{연료의 비중}} \times 100$

③ 효율(%) = $\dfrac{\text{급수량} \times 538.8}{\text{연료소비량} \times \text{연료발열량}} \times 100$

④ 효율(%) = $\dfrac{\text{급수사용량}}{\text{증기발열량}} \times 100$

🔍 상당증발량 = $\dfrac{\text{실제증발량} \times (h''-h')}{539(\text{kg/h})}$

04 보일러 열효율 정산방법에서 열정산을 위한 액체 연료량을 측정할 때 측정의 허용오차는 일반적으로 몇 %로 하여야 하는가?

① ± 1.0%
② ± 1.5%
③ ± 1.6%
④ ± 2.0%

🔍 • 연료사용량 측정 허용
 - 액체연료 : ± 1.0 %
 - 기체연료 : ± 1.6 %
• 급수량 측정허용오차 : ± 1.0 %

05 중유 예열기의 가열하는 열원의 종류에 따른 분류가 아닌 것은?

① 전기식
② 가스식
③ 온수식
④ 증기식

🔍 오일프리히터의 열원에 따른 종류 : 전기식, 증기식, 온수식

06 공기비를 m, 이론 공기량을 A_0라고 할 때, 실제 공기량 A를 구하는 식은?

① $A = m \cdot A_0$
② $A = m/A_0$
③ $A = 1/(m \cdot A_0)$
④ $A = A_0 - m$

🔍 공기비(m) = $\dfrac{\text{실제공기량}(A)}{\text{이론공기량}(A_0)}$

07 보일러 급수장치의 일종인 인젝터 사용시 장점에 관한 설명으로 틀린 것은?

① 급수 예열 효과가 있다.
② 구조가 간단하고 소형이다.
③ 설치에 넓은 장소를 요하지 않는다.
④ 급수량 조절이 양호하고 급수의 효율이 높다.

🔍 인젝터의 단점 : 급수조절이 어렵고, 양수능력이 부족하다.

08 다음 중 슈미트 보일러는 보일러 분류에서 어디에 속하는가?

① 관류식
② 간접가열식
③ 자연순환식
④ 강제순환식

🔍 간접가열 보일러 : 슈미트 보일러, 레플러 보일러

09 보일러의 안전장치에 해당되지 않는 것은?

① 방폭문
② 수위계
③ 화염검출기
④ 가용마개

🔍 수위계 : 계측(지시)장치로 액면측정장치

10 보일러의 시간당 증발량 1100kg/h, 증기엔탈피 650kcal/kg, 급수온도 30℃일 때, 상당증발량은?

① 1050 kg/h
② 1265 kg/h
③ 1415 kg/h
④ 1733 kg/h

🔍 상당증발량 = $\dfrac{1100 \times (650-30)}{539}$ = 1265.3kg/h

11 보일러의 자동연소제어와 관련이 없는 것은?

① 증기압력 제어
② 온수온도 제어
③ 노내압 제어
④ 수위 제어

🔍 수위제어 : 급수제어

12 보일러의 과열방지장치에 대한 설명으로 틀린 것은?

① 과열방지용 온도퓨즈는 373K 미만에서 확실히 작동하여야 한다.
② 과열방지용 온도퓨즈가 작동한 경우 일정시간 후 재점화 되는 구조로 한다.
③ 과열방지용 온도퓨즈는 봉인을 하고 사용자가 변경할 수 없는 구조로 한다.
④ 일반적으로 용해전은 369~371K에 용해되는 것을 사용한다.

🔍 과열방지장치가 작동한 경우 : 과열 원인 제거 후 프리퍼지 등 재점화 되는 구조

13 보일러 급수처리의 목적으로 볼 수 없는 것은?

① 부식의 방지
② 보일러수의 농축방지
③ 스케일의 생성 방지
④ 역화 방지

🔍 역화 : 노내 폭발이나 착화가 늦어졌을 때, 연료의 인화점이 낮을 때 발생하는 현상

14 배기가스 중에 함유되어 있는 CO_2, O_2, CO의 3가지 성분을 순서대로 측정하는 가스 분석계는?

① 전기식 CO_2 계
② 헴펠식 가스분석계
③ 오르자트 가스 분석계
④ 가스 크로마토그래피 가스 분석계

🔍 오르자트 : 흡수액을 이용하여 배기가스 성분 중 CO_2, O_2, CO를 순서에 의해 분석하여 공기량을 조절하는 장치

15 보일러 부속장치에 관한 설명으로 틀린 것은?

① 기수분리기 : 증기 중에 혼입된 수분을 분리하는 장치
② 슈트 블로워 : 보일러 동 저면의 스케일, 침전물 등을 밖으로 배출하는 장치
③ 오일 스트레이너 : 연료속의 불순물 방지 및 유량계, 펌프 등의 고장을 방지하는 장치
④ 스팀 트랩 : 응축수를 자동으로 배출하는 장치

🔍 슈트 블로워 : 증기나 공기를 분사하여 전열면에 부착된 그을음을 제거하여 전열을 좋게 하기 위한 장치

16 일반적으로 보일러 판넬 내부온도는 몇 ℃를 넘지 않도록 하는 것이 좋은가?

① 60℃
② 70℃
③ 80℃
④ 90℃

17 함진 배기가스를 액방울이나 액막에 충돌시켜 분진 입자를 포집 분리하는 집진장치는?

① 중력식 집진장치
② 관성력식 집진장치
③ 원심력식 집진장치
④ 세정식 집진장치

🔍 세정식(습식)집진장치 : 분진입자가 포함된 배기가스를 액방울이나 액막에 충돌시켜 분진 입자를 포집하는 집진장치

18 보일러 인터록과 관련이 없는 것은?

① 압력초과 인터록
② 저수위 인터록
③ 불착화 인터록
④ 급수장치 인터록

🔍 인터록의 종류
  • 저수위 인터록
  • 압력초과 인터록
  • 불착화 인터록
  • 저연소 인터록
  • 프리퍼지 인터록 등

19 상태변화 없이 물체의 온도변화에만 소요되는 열량은?

① 고체열
② 현열
③ 액체열
④ 잠열

🔍 잠열 : 온도변화 없이 물체의 상태변화에 필요한 열량

20 보일러용 오일 연료에서 성분분석 결과 수소 12.0%, 수분 0.3%라면, 저위발열량은?(단, 연료의 고위발열량은 10600kcal/kg 이다.)

① 6500 kcal/kg
② 7600 kcal/kg
③ 8950 kcal/kg
④ 9950 kcal/kg

🔍 $H_\ell = H_h - 600 \times (9H+W)$
  $= 10600 - 600 \times (9 \times 0.12 + 0.003)$
  $= 9950.2$ kcal/kg

21 보일러에서 보염장치의 설치목적에 대한 설명으로 틀린 것은?

① 화염의 전기전도성을 이용한 검출을 실시한다.
② 연소용 공기의 흐름을 조절하여 준다.
③ 화염의 형상을 조절 한다.
④ 확실한 착화가 되도록 한다.

🔍 플레임 로드 화염검출기 : 화염의 전기전도성을 이용한 화염을 검출하는 장치

22 증기사용압력이 같거나 또는 다른 여러 개의 증기사용설비의 드레인 관을 하나로 묶어 한 개의 트랩으로 설치한 것을 무엇이라고 하는가?

① 플로트 트랩
② 버킷트랩핑
③ 디스크트랩
④ 그룹트랩핑

🔍 그룹트랩핑 : 증기사용설비의 온도저하로 증기 손실이 크다.

23 보일러 윈드박스 주위에 설치되는 장치 또는 부품과 가장 거리가 먼 것은?

① 공기예열기
② 화염검출기
③ 착화버너
④ 투시구

🔍 윈드박스의 주위 설치장치 : 점화버너, 화염검출기, 투시구 등

24 보일러 운전 중 정전이나 실화로 인하여 연료의 누설이 발생하여 갑자기 점화되었을 때 가스폭발방지를 위해 연료공급을 차단하는 안전장치는?

① 폭발문
② 수위검출기
③ 화염검출기
④ 안전밸브

🔍 화염검출기 : 운전 중 불착화나 실화 시 가스폭발을 방지하기 위해 연료공급을 차단하는 장치

25 다음 중 보일러에서 연소가스의 배기가 잘 되는 경우는?

① 연도의 단면적이 작을 때
② 배기가스 온도가 높을 때
③ 연도에 굴곡이 있을 때
④ 연도에 공기가 많이 침입 될 때

> 연돌의 통풍력이 증가되는 경우
> • 배기가스 온도가 높을 때
> • 연돌의 높이를 높게
> • 연도에 굴곡이 적을 때
> • 연도의 단면적이 클 때

26 전열면적이 40m²인 수직보일러를 2시간 연소시킨 결과 4000kg의 증기가 발생하였다. 이 보일러의 증발량은?

① 40 kg/m²h
② 30 kg/m²h
③ 60 kg/m²h
④ 50 kg/m²h

> 전열면의 증발율 = $\frac{4000}{40 \times 2}$ = 50kg/m²h

27 다음 중 보일러 스테이(stay)의 종류로 가장 거리가 먼 것은?

① 거싯(gusset)스테이
② 바(bar)스테이
③ 튜브(tube)스테이
④ 너트(nut)스테이

> 스테이(stay)의 종류 : 거싯, 바, 튜브, 볼트, 행거, 도그 버팀 등

28 과열기의 종류 중 열가스 흐름에 의한 구분방식에 속하지 않는 것은?

① 병류식
② 접촉식
③ 향류식
④ 혼류식

> 전열방식에 따른 종류 : 복사형, 대류형(접촉형), 복사대류형 등

29 고체연료의 고위발열량으로부터 저위발열량을 산출할 때 연료속의 수분과 다른 한 성분의 함유율을 가지고 계산하여 산출할 수 있는데 이 성분은 무엇인가?

① 산소
② 수소
③ 유황
④ 탄소

> $H_ℓ = H_h - 600 \times (9H+W)$에서 H는 수소 함량, W는 수분의 함량을 의미한다.

30 상용 보일러의 점화전 준비 사항에 관한 설명으로 틀린 것은?

① 수저분출밸브 및 분출 콕의 기능을 확인하고, 조금씩 분출되도록 약간 개방하여 둔다.
② 수면계에 의하여 수위가 적정한지 확인한다.
③ 급수배관의 밸브가 열려있는지, 급수펌프의 기능은 정상인지 확인한다.
④ 공기빼기 밸브는 증기가 발생하기 전까지 열어 놓는다.

> 수저분출밸브 및 분출 콕은 빠르게 분출을 하고 만개한다.

31 도시가스 배관의 설치에서 배관의 이음부(용접이음매 제외)의 전기점멸기 및 전기접속기와의 거리는 최소 얼마 이상 유지해야 하는가?

① 10 cm
② 15 cm
③ 30 cm
④ 60 cm

> 배관 이음부와의 거리
> • 전기계량기 및 전기개폐기와 거리 : 60cm 이상
> • 굴뚝, 전기점멸기 및 전기접속기와 거리 : 30cm 이상
> • 절연전선과 거리 : 10cm 이상

32 증기보일러에는 2개 이상의 안전밸브를 설치하여야 하지만 전열면적 몇 m² 이하인 경우에는 1개 이상으로 해도 되는가?

① 80 m²
② 70 m²
③ 60 m²
④ 50 m²

> 전열면적 50 m² 이하 : 1개 이상 부착

33 배관 보온재의 선정 시 고려해야 할 사항으로 가장 거리가 먼 것은?

① 안전사용 온도 범위
② 보온재의 가격
③ 해체의 편리성
④ 공사현장의 작업성

> 보온재의 선정 시 고려 사항
> • 열전도율이 적고 안전사용범위에 적합할 것
> • 물리적, 화학적으로 안정되고 가격이 저렴할 것
> • 공사 현장에 적응성이 좋고 시공이 용이할 것
> • 불연성이며 사용수명이 길 것

34 증기주관의 관말트랩 배관의 드레인 포켓과 냉각관 시공 요령이다. 다음 ( )안에 적절한 것은?

> 증기주관에서 응축수를 건식환수관에 배출하려면 주관과 동경으로 (㉠)mm 이상 내리고 하부로 (㉡)mm 이상 연장하여 (㉢)을(를) 만들어준다. 냉각관은 (㉣) 앞에서 1.5m 이상 나관으로 배관한다.

① ㉠ 150 ㉡ 100 ㉢ 트랩 ㉣ 드레인 포켓
② ㉠ 100 ㉡ 150 ㉢ 드레인 포켓 ㉣ 트랩
③ ㉠ 150 ㉡ 100 ㉢ 드레인 포켓 ㉣ 드레인 포켓
④ ㉠ 100 ㉡ 150 ㉢ 드레인 밸브 ㉣ 드레인포켓

> • 건식환수관 : 응축수를 배출하기 위해 하부에 150mm 연장하여 드레인 포켓을 설치한다.
> • 냉각관은 트랩 앞에서 1.5m 이상 나관으로 배관한다.

35 파이프와 파이프를 홈 조인트로 체결하기 위하여 파이프 끝을 가공하는 기계는?

① 띠톱 기계
② 파이프 벤딩기
③ 동력파이프 나사절삭기
④ 그루빙 조인트 머신

36 보일러 보존 시 동결사고가 예상될 때 실시하는 밀폐식 보존법은?

① 건조 보존법
② 만수 보존법
③ 화학적 보존법
④ 습식 보존법

> 만수 보존법 : 드럼 내에 물을 가득 채워 밀폐 보존하는 방법으로 동파의 위험이 있어 겨울철은 피하고, 여름철 보존 방법

37 온수난방 배관 시공시 이상적인 기울기는 얼마인가?

① 1/100 이상 ② 1/150 이상
③ 1/200 이상 ④ 1/250 이상

> • 온수난방의 기울기 : 1/250
> • 증기난방의 기울기 : 1/200

38 온수난방 설비의 내림구배 배관에서 배관 아랫면을 일치시키고자 할 때 사용되는 이음쇠는?

① 소켓   ② 편심 레듀셔
③ 유니언   ④ 이경엘보

> 편심 레듀셔 : 관경을 줄이는 이음쇠로 내림구배시 관 아랫면을 기준하고, 상향구배를 할 때 관의 윗면을 일치시킨다.

39 두께 150mm, 면적이 15m²인 벽이 있다. 내면온도는 200℃, 외면온도가 20℃일 때 벽을 통한 손실열량은?(단, 열전도율은 0.25 kcal/mh℃ 이다.)

① 101 kcal/h   ② 675 kcal/h
③ 2345 kcal/h ④ 4500 kcal/h

> 벽을 통한 손실열 = $\frac{0.25}{0.15} \times 15 \times (200-20) = 4500$ kcal/h

40 보일러수에 불순물이 많이 포함되어 보일러수의 비등과 함께 수면부근에 거품의 층을 형성하여 수위가 불안정하게 되는 현상은?

① 포밍   ② 프라이밍
③ 캐리오버   ④ 공동현상

> • 포밍 : 보일러수의 농축으로 수면부근에 거품의 층을 형성하여 수위가 불안정하게 되는 현상
> • 캐리오버 : 프라이밍, 포밍 등에 의해 발생 증기 중에 물방울이 포함되어 송기되는 현상

41 수질이 불량하여 보일러에 미치는 영향으로 가장 거리가 먼 것은?

① 보일러의 수명과 열효율에 영향을 준다.
② 고압보다 저압일수록 장애가 더욱 심하다.
③ 부식현상이나 증기의 질이 불순하게 된다.
④ 수질이 불량하면 관계통에 관석이 발생한다.

🔍 수질의 장애 : 저압보다 고압일수록 장애가 더욱 심하다.

42 다음 보온재 중 유기질 보온재에 속하는 것은?

① 규조토
② 탄산마그네슘
③ 유리섬유
④ 기포성수지

🔍 유기질 보온재 : 콜크, 펠트, 기포성수지

43 관의 접속상태·결합방식의 표시방법에서 용접이음을 나타내는 그림기호로 맞는 것은?

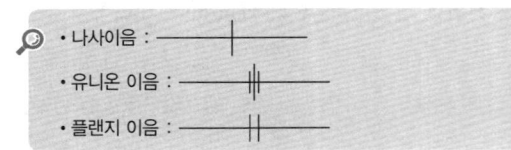

44 보일러 점화불량의 원인으로 가장 거리가 먼 것은?

① 댐퍼작동 불량
② 파일로트 오일 불량
③ 공기비 조정 불량
④ 점화용 트랜스의 전기 스파크 불량

45 다음 방열기 도시기호 중 벽걸이 종형 도시기호는?

① W – H
② W – V
③ W – Ⅱ
④ W – Ⅲ

🔍 • W – H : 벽걸이 가로형
• W – V : 벽걸이 세로형

46 배관 지지구의 종류가 아닌 것은?

① 파이프 슈
② 콘스탄트 행거
③ 리지드 서포트
④ 소켓

🔍 소켓 : 동일직경의 관을 직선이음 할 때 사용하는 관 이음쇠

47 보온시공 시 주의사항에 대한 설명으로 틀린 것은?

① 보온재와 보온재의 틈새는 되도록 적게 한다.
② 겹침부의 이음새는 동일 선상을 피해서 부착한다.
③ 테이프 감기는 물, 먼지 등의 침입을 막기 위해 위에서 아래쪽으로 향하여 감아 내리는 것이 좋다.
④ 보온의 끝 단면은 사용하는 보온재 및 보온목적에 따라서 필요한 보호를 한다.

🔍 테이프 감기는 물, 먼지 등의 침입을 막기 위해 아래쪽에서 위로 향하여 감아올리는 것이 좋다.

48 온수난방에 관한 설명으로 틀린 것은?

① 단관식은 보일러에서 멀어질수록 온수의 온도가 낮아진다.
② 복관식은 발열량의 변화가 일어나지 않고 밸브의 조절로 방열량을 가감할 수 있다.
③ 역귀환 방식은 각 방열기의 방열량이 거의 일정하다.
④ 증기난방에 비하여 소요방열면적과 배관경이 작게 되어 설비비를 비교적 절약할 수 있다.

🔍 온수난방 : 증기난방에 비해 방열량이 적어 방열면적과 배관경을 크게 해야 한다.

49 온수보일러에서 팽창탱크를 설치할 경우 주의사항으로 틀린 것은?

① 밀폐식 팽창탱크의 경우 상부에 물빼기 관이 있어야 한다.
② 100℃의 온수에도 충분히 견딜 수 있는 재료를 사용하여야 한다.
③ 내식성 재료를 사용하거나 내식 처리된 탱크를 설치하여야 한다.
④ 동결우려가 있는 경우에는 보온을 한다.

🔍 물빼기 관 : 팽창탱크 하부에 부착한다.

50 보일러 내부부식에 속하지 않는 것은?

① 점식　　　② 저온부식
③ 구식　　　④ 알칼리부식

🔍 저온부식 : 연료성분 중 S(황분)에 의한 외부 부식

51 보일러 내부의 건조방식에 대한 설명 중 틀린 것은?

① 건조제로 생석회가 사용된다.
② 가열장치로 서서히 가열하여 건조시킨다.
③ 보일러 내부 건조 시 사용되는 기화성 부식억제제(VCI)는 물에 녹지 않는다.
④ 보일러 내부 건조 시 사용되는 기화성 부식억제제(VCI)는 건조제와 병용하여 사용할 수 있다.

🔍 기화성 부식억제제(VCI) : 물에 조금씩 녹아 부식 억제효과를 높여 완전히 건조되지 않은 보일러 보존에 효과적이다.

52 증기 난방시공에서 진공환수식으로 하는 경우 리프트 피팅(lift fiting)을 설치하는데, 1단의 흡상높이로 적합한 것은?

① 1.5 m 이내　　② 2.0 m 이내
③ 2.5 m 이내　　④ 3.05 m 이내

🔍 • 리프트 피팅(lift fiting) : 진공환수식 증기난방에서 환수주관보다 높게 분기하여 진공펌프를 설치하여 적은 힘으로 응축수를 흡상시키기 위한 배관방식
• 1단 높이 : 1.5m 이내로 3단까지 가능

53 배관의 나사이음과 비교한 용접이음에 관한 설명으로 틀린 것은?

① 나사 이음부와 같이 관의 두께에 불균일한 부분이 없다.
② 돌기부가 없어 배관상의 공간 효율이 좋다.
③ 이음부의 강도가 적고, 누수의 우려가 크다.
④ 변형의 수축, 잔류응력이 발생할 수 있다.

🔍 용접이음 : 나사이음 보다 이음부의 강도가 크고, 누수의 우려가 적으며 돌기부가 없어 보온시공이 용이하나, 잔류응력이 발생한다.

54 보일러 외부부식의 한 종류인 고온부식을 유발하는 주된 성분은?

① 황　　　② 수소
③ 인　　　④ 바나듐

🔍 외부부식
• 고온부식 : 연료성분 중 회분(바나듐 : V)에 의한 부식
• 저온부식 : 연료성분 중 황분(S)에 의한 부식

55 에너지이용합리화법에 따라 고시한 효율관리기자재 운용규정에 따라 가정용 가스보일러의 최저소비효율 기준은 몇 %인가?

① 63%　　　② 68%
③ 76%　　　④ 86%

56 에너지다소비사업자는 산업통상자원부령이 정하는 바에 따라 전년도 분기별 에너지사용량·제품생산량을 그 에너지사용시설이 있는 지역을 관할하는 시·도지사에게 매년 언제까지 신고해야 하는가?

① 1월 31일까지
② 3월 31일까지
③ 5월 31일까지
④ 9월 30일까지

🔍 에너지다소비사업자는 매년 1월 31일까지 그 에너지사용시설이 있는 지역을 관할하는 시·도지사에게 신고하여야 하며, 신고를 받은 시·도지사는 이를 매년 2월 말일까지 산업통상자원부장관에게 보고하여야 한다.

57 저탄소 녹색성장 기본법에서 사람의 활동에 수반하여 발생하는 온실가스가 대기 중에 축적되어 온실가스 농도를 증가시킴으로서 지구전체적으로 지표 및 대기의 온도가 추가적으로 상승하는 현상을 나타내는 용어는?

① 지구온난화 ② 기후변화
③ 자원순환 ④ 녹색경영

> · 지구온난화 : 온실가스 농도가 대기 중에 증가됨으로써 지구 전체적으로 지표 및 대기의 온도가 추가적으로 상승하는 현상
> · 온실가스 : 이산화탄소(CO_2), 메탄(CH_4), 아산화질소(N_2O), 수소불화탄소(HFCs), 과불화 탄소(PFCs), 육불화황(SF_6) 등

58 에너지이용합리화법에 따라 산업통상자원부장관 또는 시·도지사로부터 한국에너지공단에 위탁된 업무가 아닌 것은?

① 에너지사용계획의 검토
② 고효율시험기관의 지정
③ 대기전력경고표지대상제품의 측정결과 신고의 접수
④ 대기전력저감대상제품의 측정결과 신고의 접수

> 한국에너지공단에 위탁된 업무
> · 공공 및 민간 사업주관자의 에너지사용계획의 검토
> · 효율관리기자재의 제조업자 또는 수입업자는 에너지 사용량 등 효율관리기자재의 측정결과 신고의 접수
> · 에너지절약전문기업의 등록
> · 에너지다소비사업자의 에너지사용량 등 신고의 접수
> · 검사대상기기의 검사
> · 검사대상기기의 폐기, 사용 중지, 설치자 변경 및 검사의 전부 또는 일부가 면제된 검사대상기기의 설치에 대한 신고의 접수
> · 검사대상기기관리자의 선임·해임 또는 퇴직신고의 접수
> · 대기전력저감대상제품의 측정결과 신고의 접수
> · 온실가스배출 감축실적의 등록 및 관리
> · 고효율에너지기자재의 인증 및 취소 또는 인증사용 정지명령
> · 진단기관의 관리·감독
> · 에너지관리지도(에너지관리기준의 이행을 위한 지도)
> · 냉난방온도의 유지·관리 여부에 대한 점검 및 실태 파악

59 에너지이용합리화법에서 효율관리기자재의 제조업자 또는 수입업자가 효율관리기자재의 에너지 사용량을 측정 받는 기관은?

① 산업통상자원부장관이 지정하는 시험기관
② 제조업자 또는 수입업자의 검사기관
③ 환경부장관이 지정하는 진단기관
④ 시·도지사가 지정하는 측정기관

> 효율관리기자재의 에너지사용량을 측정하는 기관 : 산업통상자원부장관이 지정하는 시험기관

60 에너지법에서 정한 에너지위원회의 위원장은?

① 산업통산자원부장관
② 국토교통부장관
③ 국무총리
④ 대통령

> 에너지위원회는 주요 에너지정책 및 에너지 관련 계획에 관한 사항을 심의하기 위하여 산업통상자원부장관 소속으로 위원장 1명을 포함한 25명 이내의 위원으로 구성(위원장은 산업통상자원부장관)된다.

정답 2016년 2회

01 ①	02 ①	03 ①	04 ①	05 ②
06 ①	07 ④	08 ②	09 ②	10 ②
11 ④	12 ②	13 ④	14 ③	15 ②
16 ①	17 ②	18 ④	19 ②	20 ④
21 ①	22 ④	23 ①	24 ③	25 ②
26 ④	27 ④	28 ②	29 ②	30 ①
31 ①	32 ③	33 ③	34 ③	35 ④
36 ①	37 ③	38 ②	39 ④	40 ①
41 ②	42 ④	43 ③	44 ②	45 ②
46 ④	47 ③	48 ④	49 ①	50 ②
51 ③	52 ①	53 ③	54 ④	55 ③
56 ①	57 ①	58 ②	59 ①	60 ①

2016년 3회 기출문제

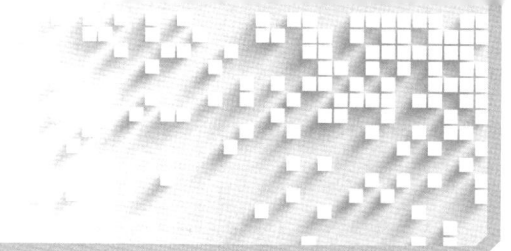

01 유류연소 버너에서 기름의 예열온도가 너무 높은 경우에 나타나는 현상으로 옳은 것은?

① 버너 화구의 탄화물 축적
② 버너용 모터의 마모
③ 진동, 소음 발생
④ 점화불량

🔍 기름의 예열온도가 높을 경우
• 기름의 분해가 일어난다.
• 분사각도가 흐트러진다.
• 탄화물이 생성된다.

02 대형보일러의 경우에 송풍기가 작동하지 않으면 전자밸브가 열리지 않고, 점화를 저지하는 인터록은?

① 프리퍼지 인터록
② 불착화 인터록
③ 압력초과 인터록
④ 저수위 인터록

🔍 프리퍼지 : 점화전 통풍

03 가압수식을 이용한 집진장치가 아닌 것은?

① 제트 스크레버
② 충격식 스크레버
③ 벤튜리 스크레버
④ 사이클론 스크레버

🔍 • 습식 집진장치 : 유수식, 회전식, 가압수식
• 회전식 : 타이젠 와셔, 충격식 스크레버

04 절탄기에 대한 설명으로 옳은 것은?

① 절탄기의 설치방식은 혼합식과 분배식이 있다.
② 절탄기의 급수예열 온도는 포화온도 이상으로 한다.
③ 연료의 절약과 증발량의 감소 및 열효율을 감소시킨다.
④ 급수와 보일러수의 온도차 감소로 열응력을 줄여준다.

🔍 절탄기 : 급수를 포화온도보다 약간 낮게 예열하여 연료절감 및 열효율을 높이며, 동판의 열응력을 방지하는 장치

05 분진가스를 집진기내에 충돌시키거나 열가스의 흐름을 반전시켜 급격한 기류의 방향전환에 의해 분진을 포집하는 집진장치는?

① 중력식 집진장치
② 관성력식 집진장치
③ 사이클론식 집진장치
④ 멀티사이클론식 집진장치

🔍 관성력식 집진장치 : 분진가스를 집진기 내에 충돌시키거나 열가스의 흐름을 반전시켜 분진을 포집하는 집진장치로 충돌식과 반전식이 있다.

06 비열 0.6kcal/kg · ℃인 어떤 연료 30kg을 15℃에서 35℃까지 예열하고자 할 때 필요한 열량은 몇 kcal인가?

① 180
② 360
③ 450
④ 600

🔍 $30 \times 0.6 \times (35-15) = 360$ kcal

07 습증기의 엔탈피를 구하는 식으로 옳은 것은?(단, h : 포화수 엔탈피, χ : 건조도, γ : 증발 잠열, V : 포화수 비체적)

① $h_\chi = h + \chi$
② $h_\chi = h + \gamma$
③ $h_\chi = h + \chi\gamma$
④ $h_\chi = V + h + \chi\gamma$

🔍 습포화증기 엔탈피 = 포화수 엔탈피+증발열 × 건조도 (kcal/kg)

08 보일러의 자동제어에서 제어량에 따른 조작량의 대상으로 옳은 것은?

① 증기온도 : 연소가스량
② 증기압력 : 연료량
③ 보일러 수위 : 공기량
④ 노내압력 : 급수량

> • 증기온도 : 전열량
> • 증기압력 : 연료량, 공기량
> • 보일러 수위 : 급수량
> • 노내압력 : 연소가스량

09 화염검출기의 종류 중 화염의 이온화 현상에 따른 전기 전도성을 이용하여 화염의 유무를 검출하는 것은?

① 플레임 로드
② 플레임 아이
③ 스택스위치
④ 광전관

> • 플레임 로드 : 이온화(전기적 성질)
> • 플레임 아이 : 발광체(광학적 성질)
> • 스택스위치 : 발열체(열적 성질)

10 원심형 송풍기에 해당하지 않는 것은?

① 터보형
② 다익형
③ 플레이트형
④ 프로펠러형

> 원심 송풍기 : 터보형, 다익형, 플레이트형

11 석탄의 함유 성분이 많을수록 연소에 미치는 영향에 대한 설명으로 틀린 것은?

① 수분 : 착화성이 저하된다.
② 회분 : 연소 효율이 증가된다.
③ 고정탄소 : 발열량이 증가된다.
④ 휘발분 : 검은 매연이 발생하기 쉽다.

> 회분 : 연소효율 저하, 발열량이 감소되고 고온부식의 원인이 된다.

12 보일러 수위제어 검출방식에 해당되지 않는 것은?

① 유속식
② 전극식
③ 차압식
④ 열팽창식

> 자동급수제어장치 : 플로트식, 전극식, 열팽창식, 차압식 등

13 다음 중 보일러의 손실열 중 가장 큰 것은?

① 연료의 불완전연소에 의한 손실열
② 노내 분입증기에 의한 손실열
③ 과잉 공기에 의한 손실열
④ 배기가스에 의한 손실열

> 손실열 중 가장 큰 값은 배기가스에 의한 손실열이다.

14 증기의 압력에너지를 이용하여 피스톤을 작동시켜 급수를 행하는 펌프는?

① 워싱턴 펌프
② 기어 펌프
③ 볼류트 펌프
④ 디퓨져 펌프

> 왕복식 펌프 : 워싱턴 펌프, 웨어 펌프, 플런져 펌프 등

15 다음 중 보일러수 분출의 목적이 아닌 것은?

① 보일러수의 농축을 방지한다.
② 프라이밍, 포밍을 방지한다.
③ 관수의 순환을 좋게 한다.
④ 포화증기를 과열증기로 증기의 온도를 상승시킨다.

> 과열기 : 포화증기를 과열증기로 증기의 온도를 높이기 위한 장치

16 화염 검출기에서 검출되어 프로텍터 릴레이로 전달된 신호는 버너 및 어떤 장치로 다시 전달되는가?

① 압력제한 스위치
② 저수위 경보장치
③ 연료차단 밸브
④ 안전밸브

> 프로텍터 릴레이 : 오일버너의 주 안전제어장치로 고온차단, 저온점화의 회로를 형성한다.

17 기체연료의 특징으로 틀린 것은?

① 연소조절 및 점화나 소화가 용이하다.
② 시설비가 적게 들며 저장이나 취급이 용이하다.
③ 회분이나 매연발생이 없어서 연소 후 청결하다.
④ 연료 및 연소용 공기도 예열되어 고온을 얻을 수 있다.

🔍 기체연료의 단점
• 저장 및 수송이 어렵다.
• 시설비가 비싸다.
• 누설시 폭발 및 화재의 위험이 있다.

18 다음 중 수관식 보일러의 종류가 아닌 것은?

① 다꾸마 보일러
② 가르베 보일러
③ 야로우 보일러
④ 하우덴 존슨 보일러

🔍 하우덴 존슨 보일러는 노통연관식 보일러에 해당된다.

19 보일러 1마력을 열량으로 환산하면 약 몇 kcal/h 인가?

① 15.65
② 539
③ 1078
④ 8435

🔍 1 보일러마력
• 상당증발량 : 15.65 kg/h
• 열량 : 8435 kcal/h

20 연관보일러에서 연관에 대한 설명으로 옳은 것은?

① 관의 내부로 연소가스가 지나가는 관
② 관의 외부로 연소가스가 지나가는 관
③ 관의 내부로 증기가 지나가는 관
④ 관의 내부로 물이 지나가는 관

🔍 연관
• 내부 유체 : 연소가스
• 외부 유체 : 물

21 90℃의 물 1000kg에 15℃의 물 2000kg을 혼합시키면 온도는 몇 ℃가 되는가?

① 40 ② 30
③ 20 ④ 10

🔍 평균온도 $= \dfrac{G_1 \times C_1 \times t_1 + G_2 \times C_2 \times t_2}{G_1 \times C_1 + G_2 \times C_2}$

$= \dfrac{1000 \times 1 \times 90 + 2000 \times 1 \times 15}{1000 \times 1 + 2000 \times 1} = 40℃$

22 유류 보일러 시스템에서 중유를 사용할 때 흡입측의 여과망 눈 크기로 적합한 것은?

① 1 ~ 10 mesh   ② 20 ~ 60 mesh
③ 100 ~ 150 mesh ④ 300 ~ 500 mesh

🔍 흡입측 여과망
• 중유 : 20 ~ 60 mesh
• 경유 : 80 ~ 120 mesh

23 보일러 효율 시험방법에 관한 설명으로 틀린 것은?

① 급수온도는 절탄기가 있는 것은 절탄기 입구에서 측정한다.
② 배기가스의 온도는 전열면의 최종출구에서 측정한다.
③ 포화증기의 압력은 보일러 출구의 압력으로 부르돈관식 압력계로 측정한다.
④ 증기온도의 경우 과열기가 있을 때는 과열기 입구에서 측정한다.

🔍 과열 증기 온도는 과열기 출구에서 측정한다.

24 비교적 많은 동력이 필요하나 강한 통풍력을 얻을 수 있어 통풍저항이 큰 대형 보일러나 고성능 보일러에 널리 사용되고 있는 통풍방법은?

① 자연통풍 방식   ② 평형통풍 방식
③ 직접흡입 통풍 방식 ④ 간접흡입 통풍 방식

🔍 평형통풍 : 압입통풍과 흡입통풍을 병용한 방식으로 대용량 보일러에 적합하다.

25 고체연료에 대한 연료비를 잘 설명한 것은?

① 고정탄소와 휘발분의 비
② 회분과 휘발분의 비
③ 수분과 회분의 비
④ 탄소와 수소와 비

> 연료비 = $\dfrac{고정탄소}{휘발분}$

26 보일러의 최고사용압력이 0.1MPa 이하일 경우 설치 가능한 과압 방지 안전장치의 크기는?

① 호칭지름 5mm
② 호칭지름 10mm
③ 호칭지름 15mm
④ 호칭지름 20mm

> 과압방지안전장치(=안전밸브) : 최고사용압력 0.1MPa 이하일 경우 호칭지름을 20mm 이하로 할 수 있다.

27 보일러 부속장치에서 연소가스의 저온부식과 가장 관계가 있는 것은?

① 공기예열기
② 과열기
③ 재생기
④ 재열기

> 저온부식 : 주로 연도에서 발생하는 부식으로 절탄기나 공기예열기 등에 발생한다.

28 비점이 낮은 물질인 수은, 다우섬 등을 사용하여 저압에서도 고온을 얻을 수 있는 보일러는?

① 관류식 보일러
② 열매체식 보일러
③ 노통연관식 보일러
④ 자연순환 수관식 보일러

> 열매체 보일러 : 저압에서 고온을 얻기 위한 보일러로 다우섬, 수은 카네크롤, 모빌썸, 세큐리티 등이 있다.

29 어떤 보일러의 연소효율이 92%, 전열효율이 85% 이면 보일러 효율은?

① 73.2%   ② 74.8%
③ 78.2%   ④ 82.8%

> 0.92×0.85×100 = 78.2%

30 온수온돌 방수처리에 대한 설명으로 적절하지 않은 것은?

① 다층건물에 있어서도 전층의 온수온돌에 방수처리를 하는 것이 좋다.
② 방수처리는 내식성이 있는 루핑, 비닐, 방수 몰탈로 하며, 습기가 스며들지 않도록 완전히 밀봉한다.
③ 벽면으로 습기가 올라오는 것을 대비하여 온돌 바닥보다 약 10cm 이상 위까지 방수처리를 하는 것이 좋다.
④ 방수처리를 함으로서 열손실을 감소시킬 수 있다.

> 다층건물의 경우 전층에 방수처리를 할 필요가 없다.

31 압력배관용 탄소강관의 KS 규격기호는?

① SPPS   ② SPLT
③ SPP   ④ SPPH

> • SPLT : 저온배관용 탄소강관
> • SPP : 배관용 탄소강관
> • SPPH : 고압배관용 탄소강관

32 중력환수식 온수난방법의 설명으로 틀린 것은?

① 온수의 밀도차에 의해 온수를 순환한다.
② 소규모 주택에 이용한다.
③ 보일러는 최하위 방열기보다 더 낮은 곳에 설치한다.
④ 자연순환식이므로 관경은 작게 하여도 된다.

> 자연순환식 : 관경을 크게 하여야 마찰저항이 적어져 물의 순환을 좋게 할 수 있다.

33 전열면적 12m² 인 보일러의 급수밸브의 크기는 호칭 몇 A 이상이어야 하는가?

① 15
② 20
③ 25
④ 32

🔍 급수밸브
• 전열면적 10m² 이하 : 호칭 15A 이상
• 전열면적 10m² 초과 : 호칭 20A 이상

34 보온재의 열전도율과 온도와의 관계를 맞게 설명한 것은?

① 온도가 낮아질수록 열전도율은 커진다.
② 온도가 높아질수록 열전도율은 작아진다.
③ 온도가 높아질수록 열전도율은 커진다.
④ 온도에 관계없이 열전도율은 일정하다.

🔍 보온재의 열전도율은 온도, 비중, 흡습성 등에 비례한다.

35 글랜드 패킹의 종류에 해당되지 않는 것은?

① 편조 패킹
② 액상 합성수지 패킹
③ 플라스틱 패킹
④ 메탈 패킹

🔍 액상 합성수지 패킹 : 나사용 패킹

36 배관 중간이나 밸브, 펌프, 열교환기 등의 접촉을 위해 사용되는 이음쇠로서 분해, 조립이 필요한 경우에 사용 되는 것은?

① 밴드
② 리듀서
③ 플랜지
④ 슬리브

🔍 • 밴드 : 유체의 흐름방향을 전환
• 리듀서 : 관 줄이개
• 슬리브 : 신축이음

37 급수 중 불순물에 의한 장애나 처리방법에 대한 설명으로 틀린 것은?

① 현탁고형물의 처리방법에는 침강분리, 여과, 응집침전 등이 있다.
② 경도성분은 이온 교환으로 연화시킨다.
③ 유지류는 거품의 원인이 되나 이온교환수지의 능력을 향상시킨다.
④ 용존산소는 급수계통 및 보일러 본체의 수관을 산화 부식시킨다.

🔍 유지류 : 거품의 원인이 되고 이온교환수지를 오염시켜 이온교환 반응속도를 저하시킨다.

38 난방설비 배관이나 방열기에서 높은 위치에 설치해야 하는 밸브는?

① 공기빼기밸브
② 안전밸브
③ 전자밸브
④ 플로트 밸브

🔍 공기빼기밸브 : 공기의 비중이 가벼워 배관 중 높은 곳에 설치하여 공기를 배출한다.

39 기름 보일러에서 연소 중 화염이 점멸 하는 등 연소 불안정이 발생하는 경우가 있다. 그 원인으로 가장 거리가 먼 것은?

① 기름의 점도가 높을 때
② 기름 속에 수분이 혼입되었을 때
③ 연료의 공급상태가 불안정한 때
④ 노내가 부압(負壓)인 상태에서 연소했을 때

🔍 노내가 부압(負壓)이면, 흡입통풍으로 연소상태는 양호해 진다.

40 배관의 관 끝을 막을 때 사용하는 부품은?

① 엘보　　② 소켓
③ 티　　　④ 캡

🔍 • 배관의 관 끝을 막을 때 : 캡
• 엘보, 티 등을 막을 때 : 플러그

41 어떤 강철제 증기보일러의 최고사용압력이 0.35MPa 이면 수압시험 압력은?

① 0.35MPa ② 0.5MPa
③ 0.7MPa ④ 0.95MPa

> 🔍 수압시험 : 최고사용압력이 0.45 MPa 이하인 경우 최고사용압력의 2배로 시험한다.

42 온수난방 설비의 밀폐식 팽창탱크에 설치되지 않는 것은?

① 수위계 ② 압력계
③ 배기관 ④ 안전밸브

> 🔍 배기관 : 공기빼기 관으로 개방식 팽창탱크에 설치한다.

43 다른 보온재에 비하여 단열효과가 낮으며, 500℃ 이하의 파이프, 탱크, 노벽 등에 사용하는 보온재는?

① 규조토 ② 암면
③ 기포성 수지 ④ 탄산마그네슘

> 🔍 규조토
> • 물반죽 보온재로 단열효과가 낮아 두껍게 시공을 한다.
> • 안전사용온도 500℃

44 진공환수식 증기난방 배관시공에 관한 설명으로 틀린 것은?

① 증기주관은 흐름방향에 1/200~1/300의 앞내림 기울기로 하고 도중에 수직 상향부가 필요한 때 트랩장치를 한다.
② 방열기 분기관 등에서 앞단에 트랩장치가 없을 때에는 1/50~1/100의 앞올림 기울기로 하여 응축수를 주관에 역류시킨다.
③ 환수관에 수직 상향부가 필요한 때에는 리프트 피팅을 써서 응축수기 위쪽으로 배출되게 한다.
④ 리프트 피팅은 될 수 있으면 사용개소를 많게 하고 1단은 2.5m 이내로 한다.

> 🔍 리프트 피팅 : 1단 높이 1.5m 이내

45 보일러의 내부부식에 속하지 않는 것은?

① 점식
② 구식
③ 알칼리 부식
④ 고온부식

> 🔍 고온부식 : 외부부식으로 연료성분 중 회분(바나듐)에 의한 부식

46 보일러 성능시험에서 강철제 증기보일러의 증기건도는 몇 % 이상이어야 하는가?

① 89
② 93
③ 95
④ 98

47 보일러 사고 원인 중 보일러 취급상의 사고원인이 아닌 것인?

① 재료 및 설계불량
② 사용압력 초과 운전
③ 저수위 운전
④ 급수처리 불량

> 🔍 사고 원인
> • 제작상 원인 : 재료불량, 설계 및 구조불량, 강도부족, 용접불량 등
> • 취급상 원인 : 압력초과, 저수위, 노내 폭발 및 역화, 과열, 급수처리 불량, 부식 등

48 실내의 천장 높이가 12m인 극장에 대한 증기난방설비를 설계 하고자 한다. 이때의 난방부하 계산을 위한 실내평균온도는?(단, 호흡선 1.5m 에서의 실내온도는 18℃ 이다)

① 23.5℃
② 26.1℃
③ 29.8℃
④ 32.7℃

> 🔍 실내평균온도 = $t + 0.05 \times t \times (h-3)$
> $= 18 + 0.05 \times 18 \times (12-3) = 26.1$

49 보일러 강판의 가성취화 현상의 특징에 관한 설명으로 틀린 것은?

① 고압보일러에서 보일러수의 알칼리 농도가 높은 경우에 발생한다.
② 발생하는 장소로는 수면상부의 리벳과 리벳사이에 발생하기 쉽다.
③ 발생하는 장소로는 관 구멍 등 응력이 집중하는 곳의 틈이 많은 곳이다.
④ 외견상 부식성이 없고, 극히 미세한 불규칙적인 방사상 형태를 하고 있다.

🔍 가성취화 : 보일러수의 알칼리도가 높은 경우에 리벳 이음판의 중첩부의 틈새 사이나 리벳 머리의 아래쪽에 보일러수가 침입하여 알칼리 성분이 가열에 의해 농축되고, 이 알칼리와 이음부 등의 반복 응력의 영향으로 재료의 결정입계에 따라 균열이 생기는 열화 현상을 말한다.

50 보일러에서 발생한 증기를 송기할 때의 주의사항으로 틀린 것은?

① 주증기관 내의 응축수를 배출시킨다.
② 주증기 밸브를 서서히 연다.
③ 송기한 후에 압력계의 증기압 변동에 주의한다.
④ 송기한 후에 밸브의 개폐상태에 대한 이상 유무를 점검하고 드레인 밸브를 열어 놓는다.

🔍 증기를 송기 후 드레인 밸브는 닫아 놓는다.

51 증기트랩을 기계식, 온도조절식, 열역학적 트랩으로 구분할 때 온도조절식 트랩에 해당하는 것은?

① 버킷 트랩
② 플로트 트랩
③ 열동식 트랩
④ 디스크형 트랩

🔍 • 기계식 : 플로트식, 버켓식
• 온도조절식 : 바이메탈, 벨로즈(열동식)
• 열역학적 성질 : 디스크, 오리피스

52 보일러 전열면의 과열 방지대책으로 틀린 것은?

① 보일러 내의 스케일을 제거한다.
② 다량의 불순물로 인해 보일러수가 농축되지 않게 한다.
③ 보일러의 수위가 안전 저수위 이하가 되지 않도록 한다.
④ 화염을 국부적으로 집중 가열한다.

🔍 화염을 국부적으로 집중 가열하면 전열면의 과열을 초래한다.

53 난방부하가 2250 kcal/h인 경우 온수방열기의 방열면적은?(단, 방열기의 방열량은 표준방열량으로 한다)

① $3.5m^2$
② $4.5m^2$
③ $5.0m^2$
④ $8.3m^2$

🔍 방열면적 = $\frac{난방부하}{방열량}$ = $\frac{2250}{450}$ = $5m^2$

54 증기난방에서 환수관의 수평배관에서 관경이 가늘어지는 경우 편심 리듀셔를 사용하는 이유로 적합한 것은?

① 응축수의 순환을 억제하기 위하여
② 관의 열팽창을 방지하기 위해
③ 동심 리듀셔보다 시공을 단축하기 위해
④ 응축수의 체류를 방지하기 위해

🔍 편심 리듀셔를 사용하면 선 상향구배로 하여 응축수의 체류를 방지하고 물의 순환을 좋게 한다.

55 에너지이용 합리화법상 시공업자의 단체설립, 정관의 기재사항과 감독에 관하여 필요한 사항을 누구의 령으로 정하는가?

① 대통령령
② 산업통상자원부령
③ 고용노동부령
④ 환경부령

🔍 시공업자는 품위 유지, 기술 향상, 시공방법 개선, 그 밖에 시공업의 건전한 발전을 위하여 산업통상자원부장관의 인가를 받아 시공업자단체를 설립할 수 있으며, 시공업자단체의 설립, 정관의 기재사항과 감독에 관하여 필요한 사항은 대통령령으로 정한다.

56 에너지이용 합리화법상 열사용기자재가 아닌 것은?

① 강철제보일러
② 구멍탄용 온수보일러
③ 전기순간 온수기
④ 2종 압력용기

🔍 열사용기자재 : 강철제보일러, 주철제보일러, 가스용 온수보일러, 압력용기, 철금속 가열로 등

57 다음 에너지이용 합리화법의 목적에 관한 내용이다. ( )안의 A, B에 각각 들어갈 용어로 옳은 것은?

> 에너지이용 합리화법은 에너지의 수급을 안정시키고 에너지의 합리적이고 효율적인 이용을 증진하며 에너지 소비로 인한 (A)을(를) 줄임으로서 국민경제의 건전한 발전 및 국민복지의 증진과 (B)의 최소화에 이바지함을 목적으로 한다.

① A = 환경파괴, B = 온실가스
② A = 자연파괴, B = 환경피해
③ A = 환경피해, B = 지구온난화
④ A = 온실가스배출, B = 환경파괴

58 에너지이용 합리화법에 따라 고효율 에너지 인증대상 기자재에 포함되지 않는 것은?

① 펌프
② 전력용 변압기
③ LED 조명기기
④ 산업건물용 보일러

🔍 고효율에너지인증대상기자재
 • 펌프
 • 산업건물용 보일러
 • 무정전전원장치
 • 폐열회수형 환기장치
 • 발광다이오드(LED) 등 조명기기

59 에너지법에 따라 에너지기술개발 사업비의 사업에 대한 지원항목에 해당되지 않는 것은?

① 에너지기술의 연구 · 개발에 관한 사항
② 에너지기술에 관한 국내협력에 관한 사항
③ 에너지기술의 수요조사에 관한 사항
④ 에너지에 관한 연구인력 양성에 관한 사항

🔍 에너지기술개발사업비의 사업에 대한 지원항목
 • 에너지기술의 연구 · 개발에 관한 사항
 • 에너지기술의 수요 조사에 관한 사항
 • 에너지사용기자재와 에너지공급설비 및 그 부품에 관한 기술개발에 관한 사항
 • 에너지기술 개발 성과의 보급 및 홍보에 관한 사항
 • 에너지기술에 관한 국제협력에 관한 사항
 • 에너지에 관한 연구인력 양성에 관한 사항
 • 에너지 사용에 따른 대기오염을 줄이기 위한 기술개발에 관한 사항
 • 온실가스 배출을 줄이기 위한 기술개발에 관한 사항
 • 에너지기술에 관한 정보의 수집 · 분석 및 제공과 이와 관련된 학술활동에 관한 사항
 • 한국에너지기술평가원의 에너지기술개발사업 관리에 관한 사항

60 에너지이용 합리화법에 따라 검사에 합격하지 아니한 검사대상기기를 사용한 자에 대한 벌칙은?

① 6개월 이하의 징역 또는 5백만원 이하의 벌금
② 1년 이하의 징역 또는 1천만원 이하의 벌금
③ 2년 이하의 징역 또는 2천만원 이하의 벌금
④ 3년 이하의 징역 또는 3천만원 이하의 벌금

🔍 1년 이하의 징역 또는 1천만원 이하의 벌금
 • 검사대상기기의 검사를 받지 아니한 자
 • 불합격 검사대상기기를 사용한 자
 • 검사를 받지 않고 검사대상기기를 수입한 자

정답 2016년 3회

01 ①	02 ①	03 ②	04 ④	05 ②
06 ②	07 ③	08 ②	09 ①	10 ④
11 ②	12 ①	13 ④	14 ①	15 ④
16 ③	17 ②	18 ④	19 ④	20 ①
21 ①	22 ②	23 ②	24 ②	25 ①
26 ④	27 ①	28 ②	29 ③	30 ①
31 ①	32 ④	33 ②	34 ③	35 ②
36 ③	37 ③	38 ②	39 ④	40 ④
41 ③	42 ③	43 ①	44 ④	45 ④
46 ④	47 ①	48 ②	49 ②	50 ④
51 ③	52 ④	53 ②	54 ④	55 ①
56 ③	57 ③	58 ②	59 ②	60 ②

CHAPTER 03

Craftsman Energy Management

CBT 대비
적중모의고사

1회 CBT 대비 적중모의고사

01 증기의 과열도를 옳게 표현한 것은?

① 과열도 = 포화증기온도 − 과열증기온도
② 과열도 = 포화증기온도 − 압축수의 온도
③ 과열도 = 과열증기온도 − 압축수의 온도
④ 과열도 = 과열증기온도 − 포화증기온도

🔍 과열도 : 과열증기온도와 포화증기온도와의 차

02 물체의 온도를 변화시키지 않고 상(相) 변화를 일으키는데만 사용되는 열량은?

① 감열   ② 비열
③ 현열   ④ 잠열

🔍 • 잠열 : 온도변화 없이 상태변화에 필요한 열
• 현열 : 상태변화 없이 온도변화에 필요한 열

03 압력에 대한 설명으로 옳은 것은?

① 단위 면적당 작용하는 힘이다.
② 단위 부피당 작용하는 힘이다.
③ 물체의 무게를 비중량으로 나눈 값이다.
④ 물체의 무게에 비중량을 곱한 값이다.

🔍 압력 : 단위 면적당 작용하는 힘(= $\frac{하중}{면적}$)
($kg/m^2 = kg/m^3 \times m$, 압력 = 비중량 × 높이)

04 보일러의 상당증발량이 1265kg/h, 증기엔탈피 650 kcal/kg, 급수온도 30℃일 때, 시간당 실제증발량(kg/h)은?

① 1000kg/h   ② 1100kg/h
③ 1200kg/h   ④ 1300kg/h

🔍 • 상당증발량 = $\frac{실제증발량 \times (h'' - h')}{539}$
• 실제증발량 = $\frac{1265 \times 539}{650 - 30}$ = 1099.7 kg/h

05 보일러 1마력에 대한 표시로 옳은 것은?

① 전열면적 15.65m^2
② 상당증발량 15.65kg/h
③ 실제증발량 15.65kg/h
④ 열량 15.65kcal/h

🔍 1보일러 마력
• 상당증발량 : 15.65kg/h
• 열량 : 8435kcal/h

06 보일러 윈드박스 주위에 설치되는 장치 또는 부품과 가장 거리가 먼 것은?

① 공기예열기   ② 화염검출기
③ 착화버너   ④ 투시구

🔍 공기예열기 : 배기가스의 손실열을 이용하여 연소용 공기를 예열하는 장치로 연도에 설치된다.

07 연관보일러에서 연관에 대한 설명으로 옳은 것은?

① 관의 내부로 연소가스가 지나가는 관
② 관의 외부로 연소가스가 지나가는 관
③ 관의 내부로 증기가 지나가는 관
④ 관의 내부로 물이 지나가는 관

🔍 연관 : 관 내부의 연소가스로 관 외부의 물을 가열시키는 관

08 벽체의 열전도율이 0.02kcal/mh℃, 벽체의 두께 13mm, 벽체의 면적 10m^2일 때, 벽체의 내·외부온도 차가 180℃이다. 이 벽체의 전열량(kcal/h)은?

① 155kcal/h   ② 277kcal/h
③ 576kcal/h   ④ 1027kcal/h

🔍 $Q = \frac{\lambda}{\ell} \times A \times (t_1 - t_2)$
$= \frac{0.02}{0.013} \times 10 \times 180 = 276.92 kcal/h$

09 고압관과 저압관 사이에 설치하여 고압 측의 압력 변화 및 증기 사용량 변화에 관계없이 저압 측의 압력을 일정하게 유지시켜 주는 밸브는?

① 감압 밸브 ② 온도조절 밸브
③ 안전 밸브 ④ 플로트 밸브

🔍 감압밸브 : 고압의 증기를 저압으로 낮추어 저압측의 압력을 일정기 유지하기 위한 장치

10 급유장치에서 보일러 가동 중 연소의 소화, 압력초과 등 이상 현상 발생 시 긴급히 연료를 차단하는 것은?

① 압력조절 스위치 ② 압력제한 스위치
③ 감압밸브 ④ 전자밸브

🔍 전자밸브(긴급연료차단밸브) : 보일러운전 중 저수위, 압력초과, 불착화 등 이상이 발생하였을 때 연료공급을 자동으로 차단하는 장치

11 증기, 물, 기름배관 등에 사용되며 관내의 이물질, 찌꺼기 등을 제거할 목적으로 사용되는 것은?

① 플로트 밸브 ② 스트레이너
③ 세정 밸브 ④ 분수 밸브

🔍 스트레이너(여과기) : 부속장치의 입구에 설치하여 유체 중 이물질 등을 제거하여 부속 장치를 보호하기 위해 설치

12 보일러 분출작업 시의 주의사항으로 틀린 것은?

① 안전저수위 이하로 내려가지 않도록 한다.
② 2인 1조가 되어 분출작업을 한다.
③ 2대의 보일러를 동시에 분출시켜서는 안 된다.
④ 연속운전인 보일러에는 부하가 가장 클 때 실시한다.

🔍 분출 : 계속 운전 중인 보일러는 부하가 가장 가벼울 때 실시한다.

13 전열면적이 10m² 이상 15m² 미만인 강철제 온수발생 보일러의 방출관의 안지름은 몇 mm 이상으로 해야 하는가?

① 25 ② 30
③ 40 ④ 50

🔍 방출관의 안지름
- 전열면적 10m² 미만 : 관경 25mm 이상
- 전열면적 10m² 이상 15m² 미만 : 관경 30mm 이상
- 전열면적 15m² 이상 20m² 미만 : 관경 40mm 이상
- 전열면적 20m² 이상 : 관경 50mm 이상

14 열가스 흐름에 의한 과열기의 종류 중 연소가스와 포화증기가 동일방향으로 접촉되는 형식은?

① 병류식 ② 접촉식
③ 향류식 ④ 혼류식

🔍 열가스 흐름에 의한 과열기의 종류
- 병류형 : 연소가스와 증기가 동일 방향으로 접촉되는 형식
- 향류형 : 연소가스와 증기가 반대 방향으로 접촉되는 형식

15 보일러 급수 중 Fe, Mn, CO_2를 많이 함유하고 있는 경우의 급수처리 방법으로 가장 적합한 것은?

① 분사법 ② 기폭법
③ 침강법 ④ 가열법

🔍
- 기폭법 : 수 중의 CO_2 및 금속성분(Fe, Mn) 등을 처리하는 방법
- 탈기법 : 수 중의 용존산소(O_2) 처리방법
- 현탁질 고형분 처리방법 : 여과법, 침강법, 응집법

16 기름예열기에 대한 설명 중 옳은 것은?

① 가열온도가 낮으면 기름분해와 분무상태가 불량하고 분사각도가 나빠진다.
② 가열온도가 높으면 불길이 한 쪽으로 치우쳐 그을음, 분진이 일어나며 무화상태가 나빠진다.
③ 서비스탱크에서 점도가 떨어진 기름을 무화에 적당한 온도로 가열시키는 장치이다.
④ 기름예열기에서의 가열온도는 인화점보다 약간 높게 한다.

🔍 기름예열기(오일프리히터) : 중유를 예열하여 점도를 낮추고 무화를 좋게하기 위해 설치
- 가열온도가 낮으면 : 불길이 한 쪽으로 치우쳐 그을음, 분진이 일어나며 무화상태가 나빠진다.
- 가열온도가 높으면 : 기름분해와 분무상태가 불량하고 분사각도가 나빠진다.

17 가동 중인 보일러를 정지시킬 때 일반적으로 가장 마지막에 조치해야 할 사항은?

① 증기 밸브를 닫고, 드레인 밸브를 연다.
② 연료의 공급을 정지한다.
③ 공기의 공급을 정지한다.
④ 댐퍼를 닫는다.

> • 정지 시 가장 먼저 취할 조치 : 연료의 공급을 먼저 정지하고, 공기의 공급을 정지한다.
> • 정지 시 가장 나중에 취할 조치 : 연도댐퍼를 닫는다.

18 공기예열기의 종류에 속하지 않는 것은?

① 전열식   ② 재생식
③ 증기식   ④ 방사식

> 공기예열기의 종류
> • 전열방식에 따라 : 전열식, 재생식, 히트파이프식
> • 열매에 따라 : 전기식, 증기식, 가스식

19 집진 효율이 대단히 좋고, 0.5μm 이하 정도의 미세한 입자도 처리할 수 있는 집진장치는?

① 관성력 집진기
② 전기식 집진기
③ 원심력 집진기
④ 멀티사이크론식 집진기

> 전기식 집진장치 : 집진효율이 높고, 미세입자의 제거가 용이하다.

20 보일러의 연소장치에서 통풍력을 크게 하는 조건으로 틀린 것은?

① 연돌의 높이를 높인다.
② 배기가스 온도를 높인다.
③ 연도의 굴곡부를 줄인다.
④ 연돌의 단면적을 줄인다.

> 통풍력을 높게 하는 조건
> • 연돌의 높이를 높인다.
> • 배기가스 온도를 높인다.
> • 연돌의 단면적을 크게 한다.
> • 연도의 길이는 짧게, 굴곡부는 적게 한다.

21 보일러 자동연소제어(A.C.C)의 조작량에 해당하지 않는 것은?

① 연소 가스량   ② 공기량
③ 연료량   ④ 급수량

> 자동연소제어의 조작량 : 연료량, 공기량, 연소 가스량

22 다음 중 수트 블로워의 종류가 아닌 것은?

① 장발형   ② 건타입형
③ 정치회전형   ④ 콤버스터형

> 슈트 블로워의 종류 : 롱 랙트렉터블형(장발형), 쇼트 랙트렉터블형, 건타입형, 로터리(회전)형, 공기예열기 크리너형 등

23 보일러의 자동연소제어와 관련이 없는 것은?

① 증기압력 제어   ② 온수온도 제어
③ 노내압 제어   ④ 수위 제어

> 수위 제어 : 급수제어(F.W.C)에 적용된다.

24 제어장치에서 인터록(inter lock)이란?

① 정해진 순서에 따라 차례로 동작이 진행되는 것
② 구비조건에 맞지 않을 때 작동을 정지시키는 것
③ 증기압력의 연료량, 공기량을 조절하는 것
④ 제어량과 목표치를 비교하여 동작시키는 것

> 인터록
> • 어떤 조건이 충족되지 않을 때 다음 동작을 멈추게 하는 장치
> • 종류 : 압력초과, 저수위, 불착화, 저연소, 프리퍼지 인터록 등

25 액체연료 중 경질유에 주로 사용하는 기화연소 방식의 종류에 해당하지 않는 것은?

① 포트식   ② 심지식
③ 증발식   ④ 무화식

> 액체연료 연소방법
> • 경질유 : 증발연소
> • 중질유 : 무화연소

26 연료의 인화점에 대한 설명으로 가장 옳은 것은?

① 가연물을 공기 중에서 가열했을 때 외부로부터 점화원 없이 발화하여 연소를 일으키는 최저온도
② 가연성 물질이 공기 중의 산소와 혼합하여 연소할 경우에 필요한 혼합가스의 농도 범위
③ 가연성 액체의 증기 등이 불씨에 의해 불이 붙는 최저온도
④ 연료의 연소를 계속시키기 위한 온도

- 인화점 : 가연성 액체의 증기 등이 불씨에 의해 불이 붙는 최저온도
- 착화점 : 가연물을 공기 중에서 가열했을 때 외부로부터 점화원 없이 발화하여 연소를 일으키는 최저온도

27 보일러 연료의 구비조건으로 틀린 것은?

① 공기 중에 쉽게 연소할 것
② 단위 중량당 발열량이 클 것
③ 연소 시 회분 배출량이 많을 것
④ 저장이나 운반, 취급이 용이할 것

연료 중 회분이 많으면 고온부식, 매연발생, 발열량 저하 등의 장애가 발생한다.

28 링겔만 농도표는 무엇을 계측하는데 사용되는가?

① 배출가스의 매연 농도
② 중유 중의 유황 농도
③ 미분탄의 입도
④ 보일러 수의 고형물 농도

링겔만 농도표 : 배출가스의 매연 농도 측정 결과로 공기량을 조절하여 연소상태를 좋게 하기 위한 장치(종류 : 6종류)

29 공기비를 m, 이론 공기량을 A_0라고 할 때, 실제 공기량 A를 계산하는 식은?

① $A = m \cdot A_0$
② $A = m / A_0$
③ $A = 1 / (m \cdot A_0)$
④ $A = A_0 - m$

공기비(m) $= \dfrac{A}{A_0}$ ∴ $A = m \cdot A_0$

30 배기가스 중에 함유되어 있는 CO_2, O_2, CO 등 3가지 성분을 순서대로 측정하는 가스 분석계는?

① 전기식 CO_2계
② 헴펠식 가스 분석계
③ 오르자트 가스 분석계
④ 가스크로마토그래피 가스 분석계

오르자트 가스 분석계 : 흡수액을 이용하여 $CO_2 - O_2 - CO$의 순서로 분석하는 화학적 가스 분석기

31 보일러용 오일 연료에서 성분분석 결과 수소 12.0%, 수분 0.3%라면, 저위발열량은?(단, 연료의 고위발열량은 10600kcal/kg이다.)

① 6500kcal/kg
② 7600kcal/kg
③ 8950kcal/kg
④ 9950kcal/kg

$H_\ell = H_h - 600 \times (9h + w)$
$= 10600 - 600 \times (9 \times 0.12 + 0.003)$
$= 9950.2$ kcal/kg

32 보일러 급수 중의 용존(용해) 고형물을 처리하는 방법으로 부적합한 것은?

① 증류법
② 응집법
③ 약품 첨가법
④ 이온 교환법

현탁질 고형분 처리방법 : 여과법, 침강법, 응집법

33 증기 보일러의 효율 계산식을 바르게 나타낸 것은?

① 효율(%) $= \dfrac{\text{상당증발량} \times 538.8}{\text{연료소비량} \times \text{연료의 발열량}} \times 100$
② 효율(%) $= \dfrac{\text{실제증발량} \times 538.8}{\text{연료소비량} \times \text{연료의 비중}} \times 100$
③ 효율(%) $= \dfrac{\text{상당증발량} \times \text{증기엔탈피}}{\text{연료소비량} \times \text{연료의 발열량}} \times 100$
④ 효율(%) $= \dfrac{\text{발생증기 보유열}}{\text{연료 사용량}} \times 100$

효율(%) $= \dfrac{\text{실제증발량} \times (h'' - h')}{\text{연료사용량} \times \text{연료발열량}} \times 100$
$= \dfrac{\text{상당증발량} \times 538.8}{\text{연료사용량} \times \text{연료의 발열량}} \times 100$

34 고체연료와 비교하여 액체연료 사용 시의 장점을 잘못 설명한 것은?

① 인화의 위험성이 없으며 역화가 발생하지 않는다.
② 그을음이 적게 발생하고 연소효율도 높다.
③ 품질이 비교적 균일하며 발열량이 크다.
④ 저장 및 운반 취급이 용이하다.

🔍 액체연료 : 인화점이 낮고 역화의 위험이 크다.

35 가스버너 연소방식 중 예혼합 연소방식이 아닌 것은?

① 저압버너
② 포트형 버너
③ 고압버너
④ 송풍버너

🔍 • 예혼합 연소방식 : 저압버너, 고압버너, 송풍버너
• 확산연소방식 : 버너형, 포트형 등

36 연료의 완전연소를 위한 구비조건으로 틀린 것은?

① 연소실 내의 온도는 가급적 낮게 유지할 것
② 연료와 공기의 혼합이 잘 이루어지도록 할 것
③ 연료와 연소장치가 맞을 것
④ 공급 공기를 충분히 예열시킬 것

🔍 완전연소의 조건 : 연소실 내의 온도는 높게 유지할 것

37 보일러를 계획적으로 관리하기 위해서는 연간계획 및 일상보전계획을 세워 이에 따라 관리를 하는데 연간계획에 포함할 사항과 가장 거리가 먼 것은?

① 급수계획
② 점검계획
③ 정비계획
④ 운전계획

🔍 일상보전계획 : 운전계획, 점검계획, 정비계획 등의 계획으로 수명연장을 도모한다.

38 보일러 운전 중 연도 내에서 폭발이 발생하면 제일 먼저 해야 할 일은?

① 급수를 중단한다.
② 증기밸브를 잠근다.
③ 송풍기 가동을 중지한다.
④ 연료공급을 차단하고 가동을 중지한다.

🔍 연도 내에서 폭발이 발생하면 사고를 방지하기 위해 연료공급을 차단하고 가동을 중지한다.

39 일반적으로 보일러 동(드럼) 내부에는 물이 드럼의 어느 정도로 채워야 하는가?

① $\frac{1}{4} \sim \frac{1}{3}$
② $\frac{1}{6} \sim \frac{1}{5}$
③ $\frac{1}{4} \sim \frac{2}{5}$
④ $\frac{2}{3} \sim \frac{4}{5}$

🔍 보일러 내의 수부 : 보일러 동체 안지름의 2/3 ~ 4/5 정도이다.

40 벨로즈형 신축이음쇠에 대한 설명으로 틀린 것은?

① 설치 공간을 넓게 차지하지 않는다.
② 고온, 고압의 옥내배관에 적당하다.
③ 일명 팩레스(packless)신축이음쇠 라고도 한다.
④ 벨로우즈는 부식되지 않는 스테인리스, 청동 제품 등을 사용한다.

🔍 벨로즈형 : 설치에 장소를 크게 차지하지 않고 응력발생은 없으나, 고온 고압배관에 부적당하다.

41 다음 중 수면계의 기능시험을 실시해야 할 시기로 옳지 않은 것은?

① 보일러를 가동하기 전
② 2개의 수면계의 수위가 동일할 때
③ 수면계 유리의 교체 또는 보수를 행하였을 때
④ 프라이밍, 포밍 등이 생길 때

🔍 수면계의 기능시험 시기 : 2개의 수면계의 수위가 서로 차이가 날 때

42 보일러 단기보존법으로 맞는 것은?

① 소다 만수보존
② 가열 건조보존
③ 석회 밀폐 건조보존
④ 질소가스 봉입법

🔍 단기보존법 : 보통 만수보존, 가열 건조보존

43 밀폐식 팽창탱크에 대한 설명으로 틀린 것은?

① 밀폐형 팽창탱크는 주로 고온수 난방에서 사용한다.
② 밀폐형 팽창탱크 상부에는 배기관을 구비한다.
③ 밀폐형 팽창탱크에는 수면계를 구비한다.
④ 밀폐형 팽창탱크는 개방식 팽창탱크에 비하여 적어도 된다.

🔍 개방형 팽창탱크인 경우 상부에 배기관을 구비하여야 한다.

44 보일러에서 포밍이 발생하는 경우로 거리가 먼 것은?

① 증기의 부하가 너무 적을 때
② 보일러수가 너무 농축되었을 때
③ 수위가 너무 높을 때
④ 보일러수 중에 유지분이 다량 함유되었을 때

🔍 프라이밍, 포밍 : 보일러 부하가 과부하일 때 발생한다.

45 보일러설치기술규격(KBI)에 따라 열매체유 팽창탱크의 공간부에는 열매체의 노화를 방지하기 위해 N_2가스를 봉입하는데 이 가스의 압력이 너무 높게 되지 않도록 설정하는 팽창탱크의 최소체적(V_T)을 구하는 식으로 옳은 것은?(단, V_ε는 승온시 시스템 내의 열매체유 팽창량(L)이고, V_M은 상온시 탱크내 열매체유 보유량(L)이다)

① $V_T = V_\varepsilon + 2V_M$
② $V_T = 2V_\varepsilon + V_M$
③ $V_T = =2V_\varepsilon + 2V_M$
④ $V_T = 3V_\varepsilon + V_M$

🔍 • 팽창탱크의 최소체적(V_T) = $2V_\varepsilon + V_M$
• 팽창탱크의 연결배관은 열매체유 순환펌프의 흡입배관에 연결한다.

46 보일러 내처리 중 가성취화방지, 탈산소, 슬러지 조정을 목적으로 하는 약품이 아닌 것은?

① 탄닌
② 수산화나트륨
③ 질산나트륨
④ 인산나프륨

🔍 수산화나트륨 : 과잉으로 사용하면 알칼리 성분이 농축되어 가성취화가 발생한다.

47 가동 보일러의 스케일과 부식물 제거를 위한 산세척 처리 순서로 올바른 것은?

① 전처리 → 수세 → 산액처리 → 수세 → 중화·방청처리
② 수세 → 산액처리 → 전처리 → 수세 → 중화·방청처리
③ 전처리 → 중화·방청처리 → 수세 → 산액처리 → 수세
④ 전처리 → 수세 → 중화·방청처리 → 수세 → 산액처리

🔍 전처리 → 수세 → 산액처리 → 수세 → 중화·방청처리

48 수격작용을 방지하기 위한 조치로 거리가 먼 것은?

① 송기에 앞서서 관을 충분히 데운다.
② 송기할 때 주증기 밸브는 급히 열지 않고 천천히 연다.
③ 증기관은 증기가 흐르는 방향으로 경사가 지도록 한다.
④ 증기관에 드레인이 고이도록 중간을 낮게 배관한다.

🔍 수격작용의 방지 조치 : 증기관에 드레인이 고이지 않도록 증기가 흐르는 방향으로 경사가 지도록 한다.

49 보일러수의 수압시험을 하는 주된 목적은?

① 제한압력을 결정하기 위하여
② 열효율을 측정하기 위하여
③ 균열의 여부를 알기 위하여
④ 설계의 양부를 알기 위하여

🔍 수압시험 : 배관 및 용접이음의 변형 및 균열의 여부를 알기 위하여

50 다음의 보온재의 종류 중 안전사용(최고)온도(℃)가 가장 낮은 것은?

① 펄라이트 보온판·통
② 탄화코르 판
③ 글라스울 블랭킷
④ 내화단열벽돌

> 보온재의 안전사용온도
> • 펄라이트 보온판·통 : 600℃
> • 탄화코르크 판 : 130℃
> • 글라스울 블랭킷 : 300℃
> • 내화단열벽돌 : 900~1500℃

51 배관 보온재의 선정 시 고려해야 할 사항으로 가장 거리가 먼 것은?

① 안전사용 온도 범위   ② 보온재의 가격
③ 해체의 편리성   ④ 공사 현장의 작업성

> 보온재의 선정 시 고려해야 할 사항
> • 안전사용 온도 범위
> • 보온재의 가격
> • 공사 현장의 작업성
> • 내구성 및 가공성
> • 비중이 가볍고, 흡수성이 적을 것

52 관의 접속상태·결합방식의 표시방법에서 용접이음을 나타내는 그림기호로 맞는 것은?

① ——|—— ② ——|||——
③ ——●—— ④ ——||——

> 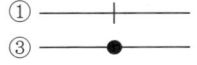 : 나사이음
>  : 유니온
> 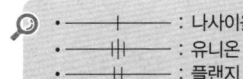 : 플랜지

53 파이프 커터로 관을 절단하면 안으로 거스러미(burr)가 생기는데 이것을 능률적으로 제거하는데 사용되는 공구는?

① 다이 스토크   ② 사각줄
③ 파이프 리머   ④ 체인 파이프렌치

> 파이프 리머 : 절단면의 관내에 발생하는 거스러미(burr)를 제거하는 공구

54 콘크리트 벽이나 바닥 등의 배관이 관통하는 곳에 관의 보호를 위하여 사용하는 것은?

① 슬리브
② 보온재료
③ 행거
④ 신축곡관

> 슬리브 : 배관이 벽이나 바닥 등에 관통할 때 콘크리트를 하기 전 관의 보호를 위하여 슬리브를 설치한다. 슬리브의 내경은 관통하는 관의 외경에 피복되는 재료의 두께보다 크게 한다.

55 에너지이용 합리화법규상 냉난방온도제한 건물에 냉난방 제한온도를 적용할 때의 기준으로 옳은 것은?
(단, 판매시설 및 공항의 경우는 제외한다)

① 냉방 : 24℃ 이상, 난방 : 18℃ 이하
② 냉방 : 24℃ 이상, 난방 : 20℃ 이하
③ 냉방 : 26℃ 이상, 난방 : 18℃ 이하
④ 냉방 : 26℃ 이상, 난방 : 20℃ 이하

> 냉난방온도의 제한온도 기준
> • 냉방 : 26℃ 이상(판매시설 및 공항의 경우는 25℃ 이상)
> • 난방 : 20℃ 이하

56 에너지이용 합리화법상 산업통상자원부장관이 에너지다소비사업자에게 개선명령을 할 수 있는 경우는 에너지관리 지도 결과 몇 % 이상 에너지 효율개선이 기대되는 경우인가?

① 2%   ② 3%
③ 5%   ④ 10%

> 산업통상자원부장관이 에너지다소비사업자에게 개선명령을 할 수 있는 경우는 에너지관리지도 결과 10% 이상의 에너지효율 개선이 기대되고 효율 개선을 위한 투자의 경제성이 있다고 인정되는 경우로 한다.

57 에너지이용합리화법상 대기전력 경고표지를 하지 아니한 자에 대한 벌칙은?

① 2년 이하의 징역 또는 2천만원 이하의 벌금
② 1년 이하의 징역 또는 1천만원 이하의 벌금
③ 5백만원 이하의 벌금
④ 1천만원 이하의 벌금

- 500만원 이하의 벌금
  - 효율관리기자재에 대한 에너지사용량의 측정결과를 신고하지 아니한 자
  - 대기전력경고표지대상제품에 대한 측정결과를 신고하지 아니한 자
  - 대기전력경고표지를 하지 아니한 자
  - 대기전력저감우수제품임을 표시하거나 거짓 표시를 한 자
  - 대기전력저감대상제품의 사후관리와 관련한 시정명령을 정당한 사유 없이 이행하지 아니한 자
  - 고효율에너지기자재의 인증을 받지 않고 인증 표시를 한 자

58 에너지법에 의거 지역에너지계획을 수립한 시·도지사는 이를 누구에게 제출하여야 하는가?

① 대통령
② 산업통상자원부장관
③ 국토교통부장관
④ 에너지관리공단 이사장

- 지역에너지계획
  - 수립 : 5년 마다, 5년 계획기간 – 시·도지사
  - 제출 : 산업통상자원부장관

59 에너지합리화법에 따라 에너지다소비사업자가 매년 1월 31일까지 신고해야 할 사항과 관계없는 것은?

① 전년도의 분기별 에너지사용량
② 전년도의 분기별 제품생산량
③ 에너지사용기자재의 현황
④ 해당 연도의 에너지관리진단 현황

- 에너지다소비사업자의 신고 사항
  - 전년도의 분기별 에너지사용량·제품생산량
  - 해당 연도의 분기별 에너지사용예정량·제품생산예정량
  - 에너지사용기자재의 현황
  - 전년도의 분기별 에너지이용 합리화 실적 및 해당 연도의 분기별 계획
  - 에너지관리자의 현황

60 에너지이용합리화법상 검사대상기기관리자를 반드시 선임해야함에도 불구하고 선임하지 아니 한 자에 대한 벌칙은?

① 2천만원 이하의 벌금
② 2년 이하의 징역 또는 2천만원 이하의 벌금
③ 1년 이하의 징역 또는 1천만원 이하의 벌금
④ 1천만원 이하의 벌금

- 벌칙
  - 2년 이하의 징역 또는 2천만원 이하의 벌금
    - 에너지저장시설의 보유 또는 저장의무의 부과시 정당한 이유 없이 이를 거부하거나 이행하지 아니한 자
    - 에너지 수급안전을 위한 조정·명령 등의 조치를 위반한 자
    - 공단의 임직원으로 근무하거나 근무하였던 사람이 직무상 알게 된 비밀을 누설하거나 도용한 자
  - 1년 이하의 징역 또는 1천만원 이하의 벌금
    - 검사대상기기의 검사를 받지 아니한 자
    - 불합격한 검사대상기기를 사용한 자
    - 검사를 받지 않고 검사대상기기를 수입한 자
  - 2천만원 이하의 벌금
    - 기준미달 효율관리기자재의 생산 또는 판매금지명령에 위반한 자
  - 1천만원 이하의 벌금
    - 검사대상기기관리자를 선임하지 아니한 자
  - 500만원 이하의 벌금
    - 효율관리기자재에 대한 에너지사용량의 측정결과를 신고하지 아니한 자
    - 대기전력경고표지대상제품에 대한 측정결과를 신고하지 아니한 자
    - 대기전력경고표지를 하지 아니한 자
    - 대기전력저감우수제품임을 표시하거나 거짓 표시를 한 자
    - 대기전력저감대상제품의 사후관리와 관련한 시정명령을 정당한 사유 없이 이행하지 아니한 자
    - 고효율에너지기자재의 인증을 받지 않고 인증 표시를 한 자

정답 CBT 대비 적중모의고사 – 1회

01 ④	02 ④	03 ①	04 ②	05 ②
06 ①	07 ①	08 ②	09 ①	10 ④
11 ②	12 ④	13 ②	14 ①	15 ②
16 ③	17 ④	18 ④	19 ②	20 ④
21 ④	22 ④	23 ④	24 ②	25 ④
26 ③	27 ②	28 ①	29 ①	30 ②
31 ④	32 ②	33 ①	34 ①	35 ②
36 ①	37 ①	38 ②	39 ④	40 ②
41 ②	42 ②	43 ②	44 ①	45 ②
46 ②	47 ①	48 ④	49 ③	50 ②
51 ③	52 ④	53 ③	54 ①	55 ④
56 ④	57 ①	58 ②	59 ④	60 ④

2회 CBT 대비 적중모의고사

01 SI 단위표시에서 압력단위 표시방법으로 옳은 것은?

① $mmHg/cm^2$ ② cm^2/kg
③ kg/at ④ N/m^2

> 압력 : 단위 면적당 수직으로 작용하는 힘
> $\dfrac{\text{하중}}{\text{면적}} = \dfrac{kg}{m^2}, \dfrac{kg}{cm^2}, \dfrac{N}{m^2}$
> • $1at = 1kg/cm^2 = 735.6mmHg = 10mH_2O = 14.2Lb/in^2$

02 물을 가열하여 증기를 발생시키는 경우 압력을 높이면 그 값이 작아지는 것은?

① 비등점   ② 현열
③ 포화수 엔탈피   ④ 잠열

> 증기압력이 높아지면 : 포화온도가 증가, 포화수 엔탈피 증가, 잠열은 감소, 증기엔탈피는 증가 후 감소

03 -10℃의 얼음 50kg을 100℃의 증기로 만드는데 소요 열량(kcal)은?

① 26950 kcal   ② 31950 kcal
③ 36200 kcal   ④ 41200 kcal

> • 현열 : 50×0.5×10 = 250 kcal
> • 융해잠열 : 50×80 = 4000 kcal
> • 현열 : 50×1×100 = 5000 kcal
> • 증발잠열 : 50×539 = 26950 kcal
> ∴ ① + ② + ③ + ④ = 36200 kcal

04 보일러 마력이란?

① 0℃의 물 539kg을 1시간에 100℃의 증기로 바꿀 수 있는 능력이다.
② 100℃의 물 539kg을 1시간에 같은 온도의 증기로 바꿀 수 있는 능력이다.
③ 100℃의 물 15.65kg을 1시간에 같은 온도의 증기로 바꿀 수 있는 능력이다.
④ 0℃의 물 15.65kg을 1시간에 100℃의 증기로 바꿀 수 있는 능력이다.

> • 보일러 마력 = $\dfrac{\text{상당증발량}}{15.65}$
> • 상당증발량 : 100℃의 포화수 1kg을 100℃의 포화증기로 발생한 증기

05 원통형 보일러의 일반적인 특징 설명으로 틀린 것은?

① 보일러 내 보유 수량이 많아 부하변동에 의한 압력 변화가 적다.
② 고압 보일러나 대용량 보일러에는 부적당하다.
③ 구조가 간단하고 정비, 취급이 용이하다.
④ 전열면적이 커서 증기 발생시간이 짧다.

> 원통형 보일러 : 보유수량에 비해 전열면적이 적어 증발이 느리고 열효율이 낮다.

06 보일러 운전 중 팽출이 발생하기 쉬운 곳은?

① 횡형 노통 보일러의 노통
② 입형 보일러의 연소실
③ 횡연관 보일러의 동(drum) 저부
④ 수관 보일러의 연도

> • 팽출
> – 보일러 동체가 과열로 내부압력에 견디지 못하고 외부로 부풀어 나오는 현상
> – 수관 또는 횡연관 보일러의 동 저부에 발생
> • 압궤 : 노통 보일러의 노통에 발생

07 열매체 보일러의 열매체로 사용되지 않는 것은?

① 프레온   ② 모빌썸
③ 수은   ④ 카네크롤

> 열매체의 종류 : 다우삼, 카네크롤, 모빌썸, 수은, 세큐리티 등

08 유류용 온수보일러가 직립형인 경우 연관을 통한 열손실을 방지하기 위하여 연관 내부에 설치하는 것은?

① 배플 플레이트
② 겔로웨이 튜브
③ 프라이밍 관
④ 스테이

> 배플 플레이트 : 연관 내부에 설치하여 연소 가스를 선회시켜 전열을 좋게 하고, 그을음 부착을 방지하고, 가압연소를 위한 장치

09 수직의 다수 강관이나 주철관을 사용하며 배기가스는 관 외부를 공기는 관 내부를 직각으로 흐르게 하여 관의 열전도로 공기를 가열하는 공기예열기는?

① 판형 공기예열기
② 회전식 공기예열기
③ 관형 공기예열기
④ 증기식 공기예열기

> 공기예열기의 종류
> • 전도식 : 관형, 판형
> • 재생식 : 융그스트룸식
> • 히트 파이프식

10 강철제 증기보일러의 최고사용압력이 0.4MPa인 경우 수압시험 압력은?

① 0.16MPa
② 0.2MPa
③ 0.8MPa
④ 1.2MPa

> 최고사용압력 0.43MPa 이하 → 최고사용압력 × 2배
> • 0.4 × 2 = 0.8MPa

11 보일러의 자동제어 중 제어동작이 연속동작에 해당하지 않는 것은?

① 비례동작
② 적분동작
③ 미분동작
④ 다위치 동작

> • 연속동작 : 비례동작, 적분동작, 미분동작
> • 불연속동작 : on – off 동작(2위치 동작)

12 보일러에서 사용하는 급유펌프에 대한 일반적인 설명으로 틀린 것은?

① 급유펌프는 점성을 가진 기름을 이송하므로 기어 펌프나 스크루펌프 등을 주로 사용한다
② 급유탱크에서 버너까지 연료를 공급하는 펌프를 수송펌프(supply pump)라 한다.
③ 급유펌프의 용량은 서비스 탱크를 1시간내에 급유할 수 있는 것으로 한다.
④ 펌프 구동용 전동기는 작동유의 정도를 고려하여 30% 정도 여유를 주어 선정한다.

> • 이송펌프 : 메인탱크의 연료를 서비스 탱크로 운반시키기 위한 펌프
> • 급유펌프 : 서비스탱크의 연료를 버너에 공급하기 위한 펌프.

13 보일러 연료로 사용되는 LNG의 성분 중 함유량이 가장 많은 것은?

① CH_4
② C_2H_6
③ C_3H_8
④ C_4H_{10}

> LNG주성분 : 메탄(CH_4 : 90%) + 에탄(C_2H_6 : 10%)

14 자동제어의 블록선도 중 어떤 장치에서 제어량에 대한 희망값 또는 외부로부터 이 제어계에 부여된 값이라고 불리는 것은?

① 조작량
② 검출량
③ 목표값
④ 동작신호 값

> 목표값 : 제어하기 위해 외부로부터 주어진 값

15 다음 중 매연 발생 원인과 가장 거리가 먼 것은?

① 공기비가 1.0 이하일 때
② 공기가 부족한 상태로 연소할 때
③ 연소실의 온도가 현저하게 낮았을 때
④ 프리퍼지가 부족할 때

> 프리퍼지가 부족 : 미연가스로 인한 노내폭발의 원인

16 열정산의 방법에서 입열 항목에 속하지 않는 것은?

① 발생증기의 흡수열
② 연료의 연소열
③ 연료의 현열
④ 공기의 현열

> • 출열 : 유효열 + 손실열
> • 유효열 : 발생증기의 흡수열

17 유류 보일러 점화 자동장치의 점화방법 순서로 옳은 것은?

① 송풍기 가동 → 연료펌프 가동 → 프리퍼지 → 점화용 버너 착화 → 주버너 착화
② 연료펌프 가동 → 프리퍼지 → 송풍기 가동 → 점화용 버너 착화 → 주버너 착화
③ 프리퍼지 → 송풍기 가동 → 연료펌프 가동 → 점화용 버너 착화 → 주버너 착화
④ 프리퍼지 → 연료펌프 가동 → 송풍기 가동 → 주버너 착화 → 점화용 버너 착화

> 자동점화의 순서
> 송풍기 가동 → 연료펌프 가동 → 프리퍼지 → 점화용 버너 착화 → 주버너 착화(고연소→저연소)

18 연료를 연소시키는데 필요한 실제공기량과 이론 공기량의 비, 즉 공기비를 m 이라 할 때 다음 식이 뜻하는 것은?

$$(m - 1) \times 100 \, (\%)$$

① 과잉 공기율
② 과소 공기율
③ 이론 공기율
④ 실제 공기율

> • 과잉 공기율 = $(m - 1) \times 100 \, (\%)$
> • 과잉 공기량 = $(m - 1) \times A_0$(이론 공기량)

19 다음의 보기를 참조하여 보일러의 상당증발량을 구하시오.

> • 증발량 : 3500kg/h
> • 증기 엔탈피 : 640kcal/kg
> • 급수온도 : 20℃

① 3396 kg/h
② 3505 kg/h
③ 4026 kg/h
④ 4156 kg/h

> 상당증발량 = $\dfrac{\text{실제증발량} \times (\text{증기엔탈피} - \text{급수엔탈피})}{539}$
> = $\dfrac{3500 \times (640 - 20)}{539}$ = 4026kg/h

20 가스연료의 연소에서 불꽃이 염공으로 역화 되는 원인을 표현한 것으로 맞는 것은?

① 가스압이 높을 때
② 1차 공기의 흡인이 적을 때
③ 버너가 과열되었을 때
④ 염공이 작게 되었을 때

> • 염공으로 역화 되는 원인
> – 가스압력이 낮은 경우
> – 버너가 과열된 경우
> – 1차 공기의 흡입이 너무 많은 경우
> – 염공이 크게 된 경우
> • 리프팅 : 염공이 작거나 가스압력이 높을 때 발생

21 다음 중 탄성식 압력계가 아닌 것은?

① 브로돈관식
② 다이어프램식
③ 환상평형식
④ 벨로우즈식

> 액주식 압력계 : U자관식, 경사관식, 단관식, 침종식, 환상평형식

22 주철제 보일러인 섹셔널 보일러의 일반적인 조합방법이 아닌 것은?

① 전후조합
② 좌우조합
③ 맞세움 조합
④ 상하조합

> 조합방법 : 전후조합, 좌우조합, 맞세움 조합 등

23 어떤 물질 500kg을 20℃에서 50℃로 올리는데 3000kcal의 열량이 필요하였다. 이 물질의 비열은?

① 0.1 kcal/kg · ℃
② 0.2 kcal/kg · ℃
③ 0.3 kcal/kg · ℃
④ 0.4 kcal/kg · ℃

> 비열 = kcal/kg℃ = $\frac{3000}{500 \times (50-20)}$ = 0.2

24 보일러 집진장치의 형식과 종류를 서로 짝지은 것으로 틀린 것은?

① 가압수식 – 벤튜리 스크러버
② 여과식 – 타이젠 와셔
③ 원심력식 – 사이클론
④ 전기식 – 코트렐

> · 여과식 : 원통식, 평판식, 역기류분사식
> · 타이젠 와셔 : 회전식 습식 집진장치

25 보일러 보존방법 중 동결의 우려가 있는 경우 사용하는 밀폐식 보존법은?

① 건식보존
② 습식보존
③ 만수보존
④ 화학적 보존

> 만수 보존법 : 드럼 내에 물을 가득 채워 밀폐 보존하는 방법으로 동파의 위험이 있어 겨울철은 피하고, 여름철 보존 방법

26 자동제어장치 조절기의 에너지 공급원에 따른 분류에 속하지 않는 것은?

① 전기식
② 공기식
③ 유압식
④ 기계식

> 자동제어의 신호전달방법 : 전기식, 유압식, 공기압식

27 케비테이션의 발생 원인이 아닌 것은?

① 흡입양정이 지나치게 클 때
② 흡입관의 저항이 작은 경우
③ 유량의 속도가 빠른 경우
④ 관로 내의 온도가 상승되었을 때

> 캐비테이션 : 관내 마찰저항이 큰 경우에 발생하는 현상으로 양수능력이 저하되고, 소음, 진동이 발생한다.

28 보일러에서 수압시험을 하는 목적으로 틀린 것은?

① 분출 증기압력을 측정하기 위하여
② 각종 덮개를 장치한 후 기밀도를 확인하기 위하여
③ 수리한 경우 그 부분의 강도나 이상 유무를 판단하기 위하여
④ 구조상 내부검사를 하기 어려운 곳에는 그 상태를 판단하기 위하여

> 수압시험 : 배관 및 용접 이음부의 변형 및 이상 유무, 누수 등을 검사하기 위해

29 보일러에서 포밍의 발생 원인이 아닌 것은?

① 보일러 수중에 가스분이 많이 포함될 때
② 보일러 수가 너무 농축되었을 때
③ 수위가 너무 높을 때
④ 보일러수 중에 유지분이 다량 함유될 때

> 포밍의 발생원인
> · 관수의 농축
> · 수중의 유지분
> · 고수위 또는 과부하

30 보일러 점화불량의 원인으로 가장 거리가 먼 것은?

① 댐퍼작동 불량
② 파일로트 오일 불량
③ 공기비 조정 불량
④ 점화용 트랜스의 전기 스파크 불량

31 도시가스 배관의 설치에서 배관의 이음부(용접 이음매 제외)의 전기점멸기 및 전기접속기와의 거리는 최소 얼마 이상 유지해야 하는가?

① 10cm
② 15cm
③ 30cm
④ 60cm

🔍 배관 이음부와 거리
- 전기계량기 및 전기개폐기와 거리 : 60cm 이상
- 굴뚝, 전기점멸기 및 전기접속기와 거리 : 30cm 이상
- 절연전선과 거리 : 10cm 이상

32 천연가스의 설명으로 틀린 것은?

① 탄화수소(메탄)를 주성분으로 한다.
② 화염전파속도가 크고 폭발범위가 매우 크다
③ 성상에 의해 건성가스, 습성가스로 구분된다.
④ -162℃에서 냉각 액화한 LNG라는 것도 있다.

🔍 천연가스 : 발열량이 높고, 황 성분이 거의 없는 무독성이며, 폭발범위가 좁고 가스비중이 가벼워 위험성이 적은 특징이 있다.

33 보일러 부속장치에 관한 설명으로 틀린 것은?

① 기수분리기 : 증기 중에 혼입된 수분을 분리하는 장치
② 슈트 블로워 : 보일러 동 저면의 스케일, 침전물 등을 밖으로 배출하는 장치
③ 오일 스트레이너 : 연료속의 불순물 방지 및 유량계, 펌프 등의 고장을 방지하는 장치
④ 스팀 트랩 : 응축수를 자동으로 배출하는 장치

🔍 슈트 블로워 : 증기나 공기를 분사하여 전열면에 부착된 그을음을 제거하여 전열을 좋게 하기 위한 장치

34 상당증발량 6000kg/h, 연료소비량 400kg/h인 보일러의 효율은?(단, 연료의 저위발열량 9700kcal/kg이다)

① 81.5%
② 83.4%
③ 86.3%
④ 92.8%

🔍 보일러 효율 = $\dfrac{상당증발량 \times 539}{연료사용량 \times 연료발열량} \times 100(\%)$
= $\dfrac{6000 \times 539}{400 \times 9700} \times 100(\%) = 83.4\%$

35 보일러 운전 중에 연소실에서 연소가 급히 중단되는 현상은?

① 실화
② 역화
③ 무화
④ 매화

🔍
- 실화 : 불이 꺼지는 것
- 역화 : 노 내의 화염이 버너쪽으로 나오는 것
- 무화 : 액체 상태를 안개 모양으로 기체화 시키는 것
- 매화 : 불씨를 묻어 두는 것

36 A, B, C 중유를 분류하는 기준이 무엇인가?

① 인화점
② 착화성
③ 점도
④ 비점

🔍 중유의 분류
- 점도에 따라 : A 중유, B 중유, C 중유로 분류
- A 중유는 점도가 낮아 예열하지 않고, C 중유는 점도가 높아 예열이 필요함

37 보일러 안전관리상 가장 중요한 것은?

① 벙커 C유의 예열
② 안전 저수위 이하로 감수되는 것을 방지
③ 2차 공기의 조절
④ 연도의 저온부식 방지

🔍 저수위 : 안전저수면 이하로 이상감수 되는 현상으로 전열면이 과열된다.

38 유류 보일러 시스템에서 중유를 사용할 때 흡입측의 여과망 눈 크기로 적합한 것은?

① 1~10mesh
② 20~60mesh
③ 100~150mesh
④ 300~500mesh

🔍 흡입측 여과망
- 중유 : 20~60mesh
- 경유 : 80~120mesh

39 보일러 강판의 가성취화 현상의 특징에 관한 설명으로 틀린 것은?

① 고압보일러에서 보일러수의 알칼리 농도가 높은 경우에 발생한다.
② 발생하는 장소로는 수면상부의 리벳과 리벳사이에 발생하기 쉽다.
③ 발생하는 장소로는 관 구멍 등 응력이 집중하는 곳의 틈이 많은 곳이다.
④ 외견상 부식성이 없고, 극히 미세한 불규칙적인 방사상 형태를 하고 있다.

🔍 가성취화 : 농축알칼리에 의해 수면 아래 물과 접촉에 발생하는 미세한 균열현상

40 다음은 증기보일러를 성능시험하고 결과를 산출하였다. 보일러 효율은?

- 급수온도 : 12℃
- 연료의 저위 발열량 : 10500kcal/Nm³
- 발생증기의 엔탈피 : 663.8kcal/kg
- 연료 사용량 : 373.9Nm³/h
- 증기 발생량 : 5120kg/h
- 보일러 전열면적 : 102m²

① 78%
② 80%
③ 82%
④ 85%

🔍 $\eta = \dfrac{5120 \times (663.8 - 12)}{373.9 \times 10500} \times 100 = 85\%$

41 가스보일러에서 가스폭발의 예방을 위한 유의사항으로 틀린 것은?

① 가스압력이 적당하고 안정되어 있는지 점검한다.
② 화로 및 굴뚝의 통풍, 환기를 완벽하게 하는 것이 필요하다.
③ 점화용 가스의 종류는 가급적 화력이 낮은 것을 사용한다.
④ 착화 후 연소가 불안정할 때는 즉시 가스공급을 중단한다.

🔍 점화 : 화력이 강한 것으로 빠르게 해야 한다.

42 가스연료 연소장치(버너)의 분류방식이 아닌 것은?

① 연소용 공기 공급 방식
② 공기와 가스의 혼합방식
③ 가스의 예열방식
④ 자동 및 반자동의 운전방식

🔍 가스버너의 분류
- 운전방식에 따라 : 자동과 반자동
- 연소용 공기의 공급 : 적화식과 분젠식
- 공기와 가스의 혼합방식 : 내부혼합식 과 외부 혼합식

43 프로판가스를 완전연소 시킬 때 발생하는 것은?

① CO 및 C_3H_8
② CH_4과 CO_2
③ CO_2 및 H_2O
④ CO와 CO_2

🔍 프로판가스(C_3H_8)의 연소반응식
$C_3H_8 + 5O_2 \rightarrow 3CO_2 + 4H_2O$

44 고온수난방방식의 연결방법에 따른 분류에 속하지 않는 것은?

① 고온수 직결방식
② 블리드인 방식
③ 증기가압방식
④ 열교환방식

🔍 고온수난방의 연결방법에 따른 분류
- 직결방식 : 120℃ 이하에 적용
- 블리드인(Bleed in) 방식 : 2차측 환수, by Pass, 가압, 감압, 유량제어밸브 설치
- 열교환기 방식 : 1차 고온수로 2차측 온수 또는 증기발생, 1차 수온, 150℃ 이상 시 유리

45 연료 1kg의 발열량이 6800kcal/kg이다. 이 열이 전부 일로 전환된다고 가정할 때 시간당 30kg의 연료가 소비된다면 발생동력은 몇 마력(ps)인가?

① 157
② 203
③ 323
④ 425

> PS = $\frac{30 \times 6800}{632}$ = 322.8
> 1PS = 632 kcal/h

46 노내 미연가스 폭발을 대비한 안전사항으로 옳은 것은?

① 방폭문을 설치한다.
② 그을음을 제거한다.
③ 화염검출기를 설치한다.
④ 연돌높이를 높게 한다.

> • 노내 폭발을 대비한 안전장치 : 방폭문
> • 노내 폭발을 방지하기 위한 안전장치 : 화염검출기

47 중력환수식 온수난방법의 설명으로 틀린 것은?

① 온수의 밀도차에 의해 온수를 순환한다.
② 소규모 주택에 이용한다.
③ 보일러는 최하위 방열기보다 더 낮은 곳에 설치한다.
④ 자연 순환식 이므로 관경은 작게 하여도 된다.

> 자연순환식 : 관경을 크게 하여야 마찰저항이 작아져 물의 순환을 좋게 할 수 있다.

48 하트포드 배관에서 환수주관과 균형관(balanc pipe)의 연결 위치는 보일러 사용수위(표준수위)에서 몇 mm 아래 위치하는가?

① 30   ② 50
③ 70   ④ 100

> 환수주관과 균형관의 연결 위치
> • 표준수위 보다 50mm 낮게
> • 안전저수위 보다 약간 높게

49 아래 방열기 도시기호에 대한 설명으로 잘못된 것은?

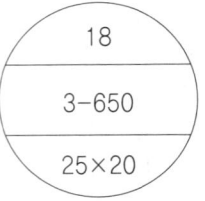

① 3 : 3세주형
② 18 : 쪽수
③ 650 : 방열기 길이
④ 25 : 유입관경

> 650 : 방열기 높이(mm)

50 매연분출장치 중에서 롱 리트랙터블(Long Retractable) 형의 주요 사용 장소에 대해 올바르게 설명 한 것은?

① 보일러의 고온부인 과열기나 고온의 열가스 통로부분에 사용한다.
② 보일러의 연소실 노벽 등에 부착하여 타고 남은 찌꺼기를 제거한다.
③ 보일러 전열면, 절탄기 등에 사용하며 자동식과 수동식이 있다.
④ 관형의 공기예열기에 사용되며 원격조작이 가능하다.

> 슈트브로워의 종류 및 용도
> • 롱 리트랙터블형 : 과열기 등 고온 전열면에 사용
> • 쇼트 리트랙터블형 : 보일러 연소노벽 등에 사용
> • 건타입형 : 보일러 전열면 등에 사용
> • 로터리형 : 절탄기 등 저온전열면에 사용

51 금속 특유의 복사열에 대한 특성을 이용한 대표적인 금속질 보온재는?

① 세라믹 화이버   ② 실리카 화이버
③ 알루미늄 박   ④ 규산칼슘

> 금속질 보온재 : 재질이 알루미늄 박으로 복사열의 반사특성을 이용 보온효과를 얻는다.

52 파이프 벤더에 의한 구부림 작업 시 관에 주름이 생기는 원인으로 가장 옳은 것은?

① 압력조정이 세고 저항이 크다.
② 굽힘 반지름이 너무 작다.
③ 받침쇠가 너무 나와 있다.
④ 바깥지름에 비하여 두께가 너무 얇다.

> 주름이 생기는 원인
> • 관이 미끄러진다.
> • 받침쇠가 너무 들어갔다
> • 굽힘형의 홈이 관경보다 크거나 작다.
> • 바깥지름에 비하여 두께가 너무 얇다.

53 배관에 나사가공을 하는 동력 나사 절삭기의 형식이 아닌 것은?

① 오스터식
② 호브식
③ 로터리식
④ 다이헤드식

> 동력 나사 절삭기의 종류 : 오스터식, 호브식, 다이헤드식

54 사무실에서 증기난방을 할 때 필요한 전체 방열량이 20000kcal/h 이라면 5세주 650mm 주철제 방열기로 난방을 할 때 필요한 방열기 쪽수는?(단, 5세주 650mm 주철제 방열기의 쪽당 방열면적은 $0.26m^2$이다)

① 119쪽
② 129쪽
③ 139쪽
④ 150쪽

> 방열기 쪽수 계산 = $\dfrac{난방부하}{방열량 \times 1쪽당 방열면적}$
> = $\dfrac{20000}{650 \times 0.26}$ = 118.3
> • 증기방열량 : 650 kcal/m^2h

55 보일러 설치, 시공상 보일러용량이 MW로 표시된 경우 몇 MW를 1T/h 로 환산하는가?

① 0.35
② 0.58
③ 0.7
④ 1.2

> 1톤(t/h) 보일러 = 60만 kcal/h = 0.7MW

56 정부는 국가전략을 효율적·체계적으로 이행하기 위하여 몇 년마다 저탄소 녹색성장 국가전략 5개년 계획을 수립하는가?

① 2년
② 3년
③ 4년
④ 5년

> 저탄소 녹색성장 국가전략 : 5년마다, 5년 계획기간으로

57 에너지이용 합리화법령상 검사대상기기의 계속사용검사 신청서는 유효기간 만료 며칠 전까지 제출해야 하는가?

① 10일
② 15일
③ 20일
④ 30일

> 검사대상기기의 계속사용검사를 받으려는 자는 검사대상기기 계속사용검사신청서를 검사유효기간 만료 10일 전까지 한국에너지공단이사장에게 제출하여야 한다.

58 에너지이용합리화법에 따라 국내외 에너지 사정의 변동에 의한 에너지 수급안정을 위하여 산업통상자원부 장관이 필요한 조치를 취할 수 있는 사항이 아닌 것은?

① 에너지의 배급
② 에너지 판매시설의 확충
③ 에너지의 비축과 저장
④ 에너지의 양도·양수의 제한 또는 금지

> 수급안정을 위한 조정·명령, 그밖에 필요한 조치 내용
> • 지역별·주요 수급자별 에너지 할당
> • 에너지공급설비의 가동 및 조업
> • 에너지의 비축과 저장
> • 에너지의 도입·수출입 및 위탁가공
> • 에너지공급자 상호 간의 에너지의 교환 또는 분배 사용
> • 에너지의 유통시설과 그 사용 및 유통경로
> • 에너지의 배급
> • 에너지의 양도·양수의 제한 또는 금지
> • 에너지사용의 시기·방법 및 에너지사용기자재의 사용 제한 또는 금지 등 대통령령으로 정하는 사항
> • 그 밖에 에너지수급을 안정시키기 위하여 대통령령으로 정하는 사항

59 다음 중 효율관리 기자재가 아닌 것은?

① 전기냉장고
② 자동차
③ 압력용기
④ 조명기기

> 효율관리기자재
> • 전기냉장고
> • 전기냉방기
> • 전기세탁기
> • 조명기기
> • 삼상유도전동기
> • 자동차
> • 그 밖에 산업통상자원부장관이 그 효율의 향상이 특히 필요하다고 인정하여 고시하는 기자재 및 설비

60 에너지이용합리화법에 따른 개조검사에 해당되지 않는 것은?

① 온수보일러를 증기보일러로 개조
② 보일러 섹션의 증가에 의한 용량의 변경
③ 연료 또는 연소방법의 변경
④ 철금속가열로로서 산업통상자원부장관이 정하여 고시하는 경우의 수리

> 개조검사
> • 증기보일러를 온수보일러로 개조
> • 보일러 섹션의 증가에 의한 용량의 변경
> • 연료 또는 연소방법의 변경
> • 철금속가열로로서 산업통상자원부장관이 정하여 고시하는 경우의 수리

정답 CBT 대비 적중모의고사 – 2회

01 ④	02 ④	03 ③	04 ③	05 ④
06 ③	07 ①	08 ①	09 ③	10 ③
11 ④	12 ②	13 ①	14 ②	15 ④
16 ①	17 ①	18 ①	19 ③	20 ③
21 ③	22 ④	23 ②	24 ②	25 ①
26 ④	27 ②	28 ①	29 ③	30 ②
31 ③	32 ②	33 ③	34 ②	35 ①
36 ①	37 ②	38 ②	39 ②	40 ④
41 ③	42 ③	43 ②	44 ③	45 ③
46 ①	47 ④	48 ②	49 ③	50 ①
51 ③	52 ④	53 ③	54 ①	55 ③
56 ④	57 ①	58 ②	59 ③	60 ①

3회 CBT 대비 적중모의고사

01 액체 및 고체인 물체의 비중은 어떤 물질을 기준으로 하는가?

① 수은
② 톨루엔
③ 알콜
④ 물

> 비중
> • 고체 및 액체 : 물(4℃)과 비교
> • 기체 : 공기와 비교

02 10℃의 물 15kg을 100℃ 물로 가열하였을 때 물이 흡수하는 열량은?

① 800kcal   ② 800kcal
③ 1200kcal ④ 1350kcal

> 열량(Q) = G · C · ΔT = 15 × 1 × (100 − 10) = 1350kcal

03 보일러 급수장치인 인젝터의 급수불량 원인이 아닌 것은?

① 인젝터 자체의 온도가 낮을 때
② 흡입 급수관에 공기가 누입될 때
③ 증기가 너무 건조할 때
④ 급수온도가 너무 높을 때

> 인젝터의 급수불량 원인
> • 증기압력이 낮을 때(0.2 MPa 이하)
> • 급수온도가 너무 높을 때(50℃ 이상)
> • 흡입변에 공기가 누입될 때

04 보일러에 가장 많이 사용되는 안전밸브의 종류는?

① 중추식 안전밸브   ② 지렛대식 안전밸브
③ 중력식 안전밸브   ④ 스프링식 안전밸브

> 보일러에 사용되는 안전밸브 : 스프링식 안전밸브로 저양정식, 고양정식, 전양정식, 전량식 등이 있다.

05 보일러 급수펌프인 터빈펌프의 특징이 아닌 것은?

① 효율이 높고 안정된 성능을 얻을 수 있다.
② 구조가 간단하고 취급이 용이하므로 보수관리가 편리하다.
③ 토출 흐름이 고르고, 운전상태가 조용하다.
④ 저속회전에 적합하고, 소형 경량이다.

> 터빈 펌프 : 원심식 펌프로 고속회전에 적합하고 보일러 급수펌프로 사용된다.

06 보일러 부속장치의 설명 중 잘못된 것은?

① 기수분리기 – 증기 중에 흡입된 수분을 분리하는 장치
② 슈트 블로워 – 보일러 동 저면의 스케일, 침전물 등 물 밖으로 배출하는 장치
③ 오일 스트레이너 – 연료속의 불순물 방지 및 유량계, 펌프 등의 고장방지 장치
④ 스팀트랩 – 응축수를 자동으로 배출하는 장치

> 슈트 블로워 : 고압의 증기 또는 공기를 분사하여 전열면에 부착된 그을음(매연)을 제거하는 장치

07 증기트랩이 갖추어야 할 조건이 아닌 것은?

① 동작이 확실할 것
② 마찰저항이 클 것
③ 내구성이 있을 것
④ 공기를 뺄 수 있을 것

> 증기트랩 : 마찰저항이 적고 공기빼기가 가능할 것

08 보일러에서 실제 증발량(kg/h)을 연료 소비량(kg/h)으로 나눈 값은?

① 증발배수　　② 전열면 증발량
③ 연소실 열부하　④ 상당 증발량

🔍 증발배수 = $\dfrac{실제증발량}{연료사용량}$ = 연료 1kg 당 증발량(kg/kg)

09 증발량 3500kg/h인 보일러의 증기 엔탈피가 640kcal/kg이고, 급수온도는 20℃이다. 이 보일러의 상당 증발량은?

① 3786kg/h　　② 4156kg/h
③ 2760kg/h　　④ 4026kg/h

🔍 상당증발량 = $\dfrac{실제증발량 \times (증기엔탈피 - 급수엔탈피)}{539}$
= $\dfrac{3500 \times (640 - 20)}{539}$ = 4026kg/h

10 보일러의 용량을 표시하는 방법이 아닌 것은?

① 보일러 마력　② 전열면적
③ 난방부하　　④ 상당증발량

🔍 보일러 용량 표시 방법 : 시간당 증발량(상당증발량), 보일러 마력, 전열면적 등

11 연소에 있어서 환원염이란?

① 과잉산소가 많이 포함되어 있는 화염
② 공기비가 커서 완전 연소된 상태의 화염
③ 과잉공기가 많아 연소가스가 많은 상태의 화염
④ 산소부족으로 불완전 연소하여 미연분이 포함된 화염

🔍 환원염 : 불완전 연소로 화염 중 미연소 가스(CO)가 포함된 화염

12 과잉공기계수(공기비)로 옳은 것은?

① 연소가스량과 이론공기량과의 비
② 실제공기량과 이론공기량과의 비
③ 배기가스량과 사용공기량과의 비
④ 이론공기량과 배기가스량과의 비

🔍 공기비(m) = $\dfrac{실제공기량}{이론공기량}$ > 1

13 연료의 연소 시 발생하는 매연 성분 중 검댕(그을음)의 성분은?

① 무수황산　　② 일산화탄소
③ 유리탄소　　④ 아황산가스

🔍 유리탄소 : 연소 시 발생하는 잔류탄소분으로 검댕(그을음) 성분

14 LNG에 관한 설명으로 옳은 것은?

① 프로판가스를 기화(氣化)한 것이다.
② 부탄 및 에탄이 주성분인 천연가스이다.
③ 수송 및 취급이 어렵고 독성이 있다.
④ 공기보다 가볍다.

🔍 LNG(액화천연가스) : 메탄(CH_4)이 주성분인 천연가스로 -162℃에서 액화시키며, 공기보다 가볍다.

15 물의 임계점에 대한 설명으로 옳은 것은?

① 현열이 0인 상태로서 응고점과 같은 뜻이다.
② 열을 가해도 온도의 상승이 없는 상태로 잠열이 최대인 점이다.
③ 더 이상 열을 흡수할 수 없는 상태로 증기의 비중량이 포화수보다 더 큰 상태이다.
④ 증발 현상이 없이 포화수가 증기로 변하여, 증발잠열이 0인 상태의 압력 및 온도이다.

🔍 ・임계점 : 물이 증발현상 없이 기체로 변하는 상태 점으로 이때의 증발잠열은 0이다.
・임계압력 : 225.65kg/cm^2(22.57MPa)
・임계온도 : 374.15℃

16 보일러 자동제어의 목적과 관계없는 것은?

① 보다 경제적인 증기를 얻는다.
② 보일러의 운전을 안전하게 한다.
③ 효율적인 운전으로 연료비를 증가시킨다.
④ 인건비가 절약된다.

🔍 자동제어의 목적 : 설비의 생산성을 높이고, 안전 및 위생관리를 도모하고, 연료비와 인건비를 절약할 수 있다.

17 보일러 연돌의 자연 통풍력이 증가하는 경우가 아닌 것은?

① 연돌이 높을수록
② 배기가스의 온도가 낮을수록
③ 연돌의 단면적이 클수록
④ 공기의 습도가 낮을수록

🔍 자연통풍 : 배기가스 온도가 높거나 외기 온도가 낮을수록 증가한다.

18 증기보일러의 송기장치에 속하지 않는 것은?

① 증기트랩
② 기수분리기
③ 급수내관
④ 주증기 밸브

🔍 급수내관 : 급수장치로 보일러 동판의 열응력을 방지하기 위해 설치한다.

19 보일러 연료를 완전 연소시키기 위한 방법 설명으로 잘못된 것은?

① 연료와 연소용 공기를 적절히 예열한다.
② 적량의 공기를 공급하여 연료와 잘 혼합할 것
③ 연소실 내의 온도를 되도록 높게 유지할 것
④ 연소실 용적을 되도록 적게 할 것

🔍 완전연소의 조건 : 연소실의 용적을 크게하고, 노 내의 온도를 높게 유지한다.

20 노통에 아담슨 조인트를 하는 목적은?

① 노통 제작을 쉽게 하기 위해
② 재료가 절감되기 때문에
③ 열에 대한 신축을 조절하기 위해서
④ 물 순환을 촉진하기 위해서

🔍 아담슨 조인트 : 노통에 신축을 조절하기 위한 이음 (평형노통에 설치)

21 원통형 보일러에서 입형 보일러는?

① 코르니쉬 보일러
② 코크란 보일러
③ 랭카셔 보일러
④ 케와니 보일러

🔍 입형 보일러 : 입형 횡관식, 입형 연관식, 코크란 보일러 등

22 석탄가스 구성의 주성분은?

① 이산화탄소
② 일산화탄소
③ 질소
④ 수소

🔍 석탄가스의 주성분 – H_2 : 51%, CH_4 : 32%, CO : 8% 등

23 자동제어 계통의 요소나, 그 요소 집단의 출력 신호를 입력신호로 계속해서 되돌아오게 하는 폐회로 제어는?

① 시퀀스 제어
② 피드 백 제어
③ 프로세스 제어
④ 서보 제어

🔍 피드백 제어 : 출력신호를 입력신호에 맞게 수정을 계속하는 폐회로 제어방식

24 다음 중 물리량의 측정 기본단위 기호가 잘못된 것은?

① 광도 : cd
② 온도 : T
③ 질량 : kg
④ 전류 : A

🔍 기본단위 : 질량(kg), 길이(m), 시간(sec), 온도(k), 광도(cd), 전류(A), 물질의 량(mol) 등 7가지

25 저압 증기보일러에 사용되는 하트포드 배관접속법은 어느 부분에 적용하는 배관법인가?

① 보일러의 증기관과 환수관 사이
② 고압배관과 저압배관 사이
③ 관말트랩 장치 배관
④ 방열기 주위 배관

🔍 하트포드 배관법 : 저압 증기보일러의 환수관을 균형관에 접속하여 보일러수의 역류를 방지하기 위한 접속법

26 보일러 설치 검사기준에서 안전밸브의 작동시험은 안전밸브가 2개 이상인 경우 그 중 1개는 최고사용압력 이하 기타는 최고사용압력의 몇 배 이하에서 분출해야 하는가?

① 1.03배
② 1.4배
③ 1.3배
④ 1.5배

🔍 안전밸브의 분출압력 조정 : 최고사용 압력 이하 또는 최고사용압력의 1.03배 이하로 조정

27 증기 보일러 안전밸브는 2개 이상 설치하여야 하는 데 전열면적이 얼마 이하이면 1개 이상으로 해도 되는가?

① $25m^2$
② $50m^2$
③ $75m^2$
④ $100m^2$

🔍 • 전열면적 $50m^2$ 초과 : 2개 이상 부착
• 전열면적 $50m^2$ 이하 : 1개 이상 부착

28 최고사용압력이 0.4MPa인 강철제 증기보일러의 수압시험 압력은?

① 0.8MPa
② 0.75MPa
③ 0.4MPa
④ 1.0MPa

🔍 최고사용압력 0.4MPa 이하 : 최고사용압력 × 2 배

29 보일러를 옥내에 설치할 경우 보일러 동체 최상부로부터 천정, 배관 등 보일러 동체 상부에 있는 구조물까지의 거리는 일반적으로 몇 m 이상이어야 하는가?

① 1.0m
② 1.2m
③ 1.5m
④ 1.8m

🔍 보일러 최상부와 천정과의 거리
• 강철제 보일러 : 1.2 m 이상
• 소용량 보일러 : 0.6 m 이상

30 보일러 및 압력용기 기술규격에서 강철제 보일러 설치 시 보일러 외벽온도는 주위온도보다 몇 ℃를 초과해서는 안 되도록 되어 있는가?

① 15℃
② 20℃
③ 30℃
④ 40℃

🔍 보일러의 외벽온도 : 주위온도보다 30℃(303k)를 초과해서는 안 된다.

31 보일러 산세정 후 중화방청제로 사용되는 약품이 아닌 것은?

① 히드라진
② 인산소다
③ 탄산소다
④ 구연산

🔍 유기산 세관제 : 옥살산, 구연산, 설파민산 등

32 보일러 점화시의 주의사항으로 잘못 설명된 것은?

① 버너가 2개일 때는 동시 점화할 때
② 노내의 통풍압을 제일 먼저 조절할 것
③ 프리퍼지를 한 후 점화할 것
④ 점화 후에는 정상연소가 되는지 확인할 것

🔍 버너가 여러 대 일 경우 취급자의 먼 곳부터 점화한다.

33 보일러 용수처리의 목적이 아닌 것은?

① 스케일 생성 및 고착을 방지한다.
② 연소장치의 손상을 방지한다.
③ 가성취화의 발생을 감소시킨다.
④ 포밍과 프라이밍의 발생을 방지한다.

🔍 용수처리 : 연소관리와 무관하다.

34 보일러를 비상 정지시키는 경우의 조치사항으로 잘못된 것은?

① 압력은 자연히 떨어지게 한다.
② 연소공기의 공급을 멈춘다.
③ 주증기 밸브를 열어 놓는다.
④ 연료공급을 중단한다.

🔍 보일러 정지 시 주증기 밸브를 닫아 보일러의 압력저하 및 프라이밍을 방지한다.

35 보일러에서 포밍이 발생하는 경우가 아닌 것은?

① 급수가 너무 농축되었을 때
② 증기부하가 과대할 때
③ 관수 중에 유지분이 다량 함유되었을 때
④ 수위가 너무 낮을 때

🔍 수위가 낮을 때 : 전열면의 과열

36 산업 재해에 속하지 않는 것은?

① 운반 재해   ② 기계장치 재해
③ 풍수해   ④ 원동기 재해

🔍 풍수해 : 자연재해

37 보일러 수압시험 시의 시험수압은 규정 압력의 몇 % 이상을 초과하지 않도록 해야 하는가?

① 3%   ② 4%
③ 5%   ④ 6%

🔍 수압시험 : 시험수압에 도달한 후 30분 경과 후 실시하고 시험압력의 6%를 초과해서는 안된다.

38 일반적으로 보일러의 상용수위는 수면계의 어느 위치와 일치시키는가?

① 수면계의 최상단부   ② 수면계의 2/3 위치
③ 수면계의 1/2 위치   ④ 수면계의 최하단부

🔍 수면계
 • 1/2 : 상용수위
 • 하단부 : 안전저수면

39 화염 검출기에서 검출되어 프로텍터 릴레이로 전달된 신호는 버너 및 어느 장치로 다시 전달되는가?

① 압력제한 스위치   ② 저수위 경보장치
③ 연료차단 밸브   ④ 안전밸브

🔍 프로텍터 릴레이 : 오일버너의 주 안전 제어장치로 온수온도를 감지하여 고온차 단, 저온점화를 이행하는 장치

40 보일러 급수 중의 탄산가스(CO_2)를 제거하는 급수 처리 방법으로 가장 적합한 것은?

① 기폭법   ② 침강법
③ 응집법   ④ 여과법

🔍 기폭법 : 수 중의 탄산가스(CO_2) 및 철, 망간 등 금속성분을 제거하는 방법

41 지역난방의 특징에 대한 설명 중 틀린 것은?

① 열효율이 좋고, 연료비가 절감된다.
② 건물 내의 유효면적이 증대된다.
③ 온수는 저온수를 사용한다.
④ 대기오염을 감소시킬 수 있다.

🔍 지역난방의 열매 : 120~140℃의 고온수와 0.1~1MPa(1~10 kg/cm²)의 고압증기를 열매로 이용한 난방방식

42 보일러를 옥내에 설치하는 경우 급기구 및 환기구와 조명시설에 대한 설명으로 틀린 것은?

① 연소 및 환경을 유지하기에 충분한 급기구 및 환기구가 설치되어야 한다.
② 천연가스를 사용하는 경우 환기구를 가능한 한 낮게 설치되어야 한다.
③ 급기구는 보일러 배기가스 닥트(duct)의 유효단면적 이상이어야 한다.
④ 보일러에 설치된 계기들을 육안으로 관찰하는 데 지장이 없도록 충분한 조명시설이 되어야 한다.

🔍 천연가스 : 공기보다 가벼워 환기구는 높게 설치한다.

43 일반적으로 연수와 경수는 경도 얼마를 기준으로 구분하는가?

① 5   ② 10
③ 50   ④ 100

🔍 • 경도 10도 이상 : 경수
 • 경도 10도 이하 : 연수

44 보일러 사고의 원인 중 보일러 취급상의 사고 원인이 아닌 것은?

① 재료 및 설계 불량 ② 사용압력 초과 운전
③ 저수위 운전 ④ 미연소가스 폭발사고

> 보일러 사고원인
> • 취급상 원인과 재료 불량 원인으로 구분된다.
> • 재료불량 원인 ; 재료 및 설계 불량, 구조불량, 강도부족, 용접불량 등

45 강판재 캐비넷 속에 핀튜브형의 가열기가 들어있어 캐비넷 속에서 대류작용을 일으켜 난방하는 것으로 설치 높이가 낮은 대류방열기는?

① 주형방열기 ② 베이스보드 히터
③ 길드 방열기 ④ 벽걸이 방열기

> 베이스보드 히터 : 철제 캐비닛 속에 장치된 핀 튜브 등의 가열기로 대류작용에 의해 공기를 예열하는 장치

46 다음 중 압력계의 종류가 아닌 것은?

① 브루돈관 압력계 ② 벨로즈 압력계
③ 유니버셜 압력계 ④ 다이어프램 압력계

> 탄성식 압력계 : 브루돈관 압력계, 벨로즈 압력계, 다이어프램 압력계 등

47 보일러의 손상에서 팽출(膨出)을 옳게 설명한 것은?

① 보일러 본체가 화염에 과열되어 외부로 불록하게 튀어나오는 현상
② 노통이나 화실이 외측의 압력에 의해 눌려 쭈그러져 찢어지는 현상
③ 강판에 가스가 포함된 것이 화염의 접촉으로 양쪽으로 오목하게 되는 현상
④ 고압보일러 드럼 이음에 주로 생기는 응력 부식균열의 일종

> 과열에 의한 사고
> • 압궤 : 외압에 의해 안으로 쭈그러지는 현상
> • 팽출 : 내 압에 의해 밖으로 불록 튀어 나오는 현상

48 보일러 내부 청소방법으로 틀린 것은?

① 급수는 간헐적으로 반복하고 침강한 슬러지를 배출한다.
② 보일러 냉각은 온도차가 작은 물을 공급해 응력을 방지한다.
③ 슬러지 배출 후 부착된 스케일은 바닥 블로어를 계속하여 제거한다.
④ 스케일이 기계적인 방법으로 제거가 되지 않을 때는 산세척을 한다.

> 스케일 : 관석으로 보일러 분출작업으로 제거 되지 않는다.

49 동관의 경우 배관길이 몇 m 당 1개의 신축 이음쇠를 설치하는 것이 좋은가?

① 20m
② 30m
③ 40m
④ 50m

> 강관 : 30m 간격

50 동관의 절단부에 생긴 변형을 원형으로 교정하는데 사용되는 공구는?

① 플레어링 툴
② 스웨징 툴
③ 익스펜더
④ 사이징 툴

> • 플레어링 툴 : 동관 끝을 나팔관 모양으로 확관 시키는 공구
> • 익스펜더 : 동관 끝을 소켓용으로 확관시키는 공구

51 증기난방 방식에서 팩레스 밸브를 방열기밸브로 사용하는 난방법은?

① 중력 환수식 ② 기계 환수식
③ 진공 환수식 ④ 자연 환수식

> 방열기 밸브 : 진공환수식 증기난방에서는 팩레스 밸브를 사용하여 방열량 조절을 쉽게 한다.

52 루프형 신축이음의 곡관부의 굽힘 반경은?

① R ≧ 2 D
② R ≧ 4 D
③ R ≧ 6 D
④ R ≧ 8 D

> 곡관부의 굽힘 반경 : 관경의 6배 정도로 하여 관내 마찰저항을 줄일 수 있다.

53 사용압력 20kg/cm², 허용 인장강도가 10kg/mm²일 때 사용해야할 관의 스케쥴 번호는?

① 5
② 10
③ 15
④ 20

> 스케쥴번호 = $10 \times \dfrac{사용압력}{허용인장응력} = 10 \times \dfrac{20}{10} = 20$

54 지역난방에서 열매가 온수일 때 보다 증기일 경우 유리한 점은?

① 지형의 고저
② 부하에 따른 온도조절
③ 난방의 지역범위
④ 배관의 구배

> 증기를 사용할 경우
> • 지형의 고저에 대한 영향이 크다.
> • 부하에 따른 온도조절이 곤란하다.
> • 배관의 구배에 대한 영향이 크다.
> • 마찰저항이 적어 난방의 지역범위가 넓다
> • 예열부하가 적다.

55 에너지이용합리화법의 목적이 아닌 것은?

① 에너지의 수급 안정
② 에너지의 합리적이고 효율적인 이용 증진
③ 에너지 소비로 인한 환경피해를 줄임
④ 에너지 소비촉진 및 자원 개발

> 에너지이용 합리화법의 목적
> 에너지의 수급(需給)을 안정시키고 에너지의 합리적이고 효율적인 이용을 증진하며 에너지소비로 인한 환경피해를 줄임으로써 국민경제의 건전한 발전 및 국민복지의 증진과 지구온난화의 최소화에 이바지함을 목적으로 한다.

56 에너지이용합리화법에서 효율관리 기자재의 제조업자 또는 수입업자가 에너지 소비효율 또는 사용량 등을 측정 받는 기관은?

① 과학기술처장관이 지정하는 진단기관
② 산업통상자원부장관이 지정하는 시험기관
③ 시도지사가 지정하는 측정기관
④ 제조업자 또는 수입업자의 검사기관

> 효율관리 기자재의 소비효율 측정 : 산업통상자원부장관이 지정하는 시험기관에서 측정

57 열사용기자재 관리규칙에서의 검사대상기기에 포함되지 않는 특정열사용기자재는?

① 강철제 보일러
② 태양열 집열기
③ 주철제 보일러
④ 2종 압력용기

> 태양열 집열기 : 특정열사용기자재에는 포함되지만 검사대상기기에는 제외된다.

58 열사용기자재 관리규칙에 의한 특정열사용기자재 중 검사를 받아야 할 검사대상기기의 검사 종류가 아닌 것은?

① 설치검사
② 유효검사
③ 제조검사
④ 개조검사

> 검사의 종류
> • 설치검사　　• 제조검사
> • 개조검사　　• 계속사용검사
> • 설치장소 변경검사

59 검사대상기기관리자의 선임 신고는 신고사유가 발생한 날부터 며칠 이내에 해야 하는가?

① 20일
② 30일
③ 15일
④ 7일

> 검사대상기기관리자의 선임
> • 해임 또는 퇴직 이전에
> • 사유가 발생한 경우 : 30일 이내에

60 열사용기자재 관리규칙에 의한 검사대상기기인 보일러의 계속사용검사 중 재사용검사의 유효기간은?

① 1년 ② 1.5년
③ 2년 ④ 3년

> 보일러 계속사용검사의 유효기간 : 1년

정답 CBT 대비 적중모의고사 – 3회					
01 ④	02 ④	03 ①	04 ④	05 ④
06 ②	07 ②	08 ①	09 ④	10 ③
11 ④	12 ②	13 ③	14 ②	15 ④
16 ③	17 ②	18 ③	19 ④	20 ③
21 ②	22 ④	23 ②	24 ②	25 ①
26 ①	27 ②	28 ①	29 ②	30 ③
31 ④	32 ①	33 ②	34 ③	35 ④
36 ③	37 ④	38 ③	39 ③	40 ①
41 ③	42 ②	43 ②	44 ①	45 ②
46 ③	47 ①	48 ③	49 ②	50 ④
51 ③	52 ③	53 ④	54 ③	55 ④
56 ②	57 ②	58 ②	59 ②	60 ①

4회 CBT 대비 적중모의고사

01 수관식 보일러에서 건조증기를 얻기 위하여 설치하는 것은?

① 급수 내관
② 기수 분리기
③ 수위 경보기
④ 과열 저감기

> 기수분리기 : 발생증기 중 수분을 제거하여 건조도가 높은 증기를 얻기 위한장치

02 어떤 보일러의 증발량이 50t/h이고, 보일러 본체의 전열면적이 730m²일 때 보일러 전열면의 증발율은 약 얼마인가?

① 68.5kgf/m²h
② 49.4kgf/m²h
③ 14.6kgf/m²h
④ 43.7kgf/m²h

> 전열면의 증발율 = $\frac{50000}{730}$ = 68.49kgf/m²h

03 드럼 없이 초임계압력 이상에서 고압증기를 발생하는 보일러는?

① 복사 보일러
② 야로우 보일러
③ 슬져 보일러
④ 다쿠마 보일러

> 관류 보일러 : 드럼이 없고 초고압용 보일러로 벤숀 보일러, 슬져 보일러 등이 있다.

04 물을 가열하여 증기를 발생시키는 경우 압력을 높이면 그 값이 작아지는 것은?

① 비등점
② 현열
③ 포화수 엔탈피
④ 잠열

> 증기압력이 높아지면 포화온도가 증가, 포화수 엔탈피 증가, 잠열은 감소, 포화증기 엔탈피는 증가 후 감소.

05 보일러 제어계에서 자동연소제어에 해당하는 약호는?

① A.C.C
② A.B.C
③ S.T.C
④ F.W.C

> • ② : 보일러 자동제어
> • ③ : 증기온도제어
> • ④ : 급수제어

06 다음 물질 중 비열이 가장 큰 것은?

① 동
② 수은
③ 아연
④ 물

> 물질의 비열(kcal/kg℃)
> • 동 : 0.092
> • 수은 : 0.068
> • 아연 : 0.0915
> • 물 : 1

07 보일러 인터록 장치에서 프리퍼지 인터록은 무엇이 작동하지 않으면 전자밸브가 열리지 않아 점화가 저지되는가?

① 유량조절밸브
② 송풍기
③ 증기압력
④ 저수위

> 프리퍼지 인터록 : 점화전 송풍기가 작동되지 않으면 전자밸브가 열리지 않아 점화가 되지 않는다.

08 매연분출장치에서 보일러의 고온부인 과열기나 수관부용으로 고온 열가스 통로에 사용할 때만 사용되는 매연분출장치는?

① 정치 회전형
② 롱 레트랙터블형
③ 쇼트 레트랙터블형
④ 이동 회전형

> • 회전형 : 절탄기 등 저온전열면에 사용
> • 쇼트 레트랙터블형 : 보일러 전열면 또는 연소노벽 등에 사용
> • 롱 레트랙터블형 : 과열기 등 고온전열 면에 사용

09 노통연관식 보일러의 특징 설명으로 틀린 것은?

① 전열면적이 크고 효율이 높다.
② 증기의 발생속도가 빠르다.
③ 증기량에 비해 소형이며 고성능이다.
④ 제작과 취급이 어렵다.

🔍 노통연관식 보일러 : 전열면적이 넓어 증발이 빠르고 열효율이 높고 제작 및 취급이 쉽다.

10 각종 보일러에 대한 특징 설명으로 옳은 것은?

① 노통 보일러는 내부청소가 힘들고 고장이 자주 생겨 수명이 짧다.
② 원통형 보일러는 본체 구조가 간단한 형식으로 파열시 피해가 크다.
③ 수관 보일러는 전열면적이 작아 소용량 보일러에 적합하다.
④ 코르니시 및 란카샤 보일러의 노통은 2개 이상이다.

🔍 • 노통보일러 : 원통형 보일러로 구조가 간단하고 청소가 쉬우며 수명이 길다.
• 노통
  – 1개 : 코르니시 보일러
  – 2개 : 란카샤 보일러
• 수관식 보일러 : 전열면적이 넓고 고압 대용량 보일러에 적합하다.

11 보일러 집진장치의 형식과 종류를 서로 짝지은 것으로 틀린 것은?

① 가압수식 – 벤튜리 스크레버
② 여과식 – 타이젠 와셔
③ 원심력식 – 사이크론식
④ 전기식 – 코트넬

🔍 • 여과식 : 백 필터(건식)
• 타이젠 와셔 : 회전식(습식)

12 보일러 부속장치에 관한 설명으로 틀린 것은?

① 배기가스로 급수를 예열하는 장치를 절탄기라 한다.
② 배기가스의 열로 연소용 공기를 예열하는 것을 공기예열기라 한다.
③ 고압증기 터빈에서 팽창되어 압력이 저하된 증기를 재 과열하는 장치를 과열기라 한다.
④ 오일프리히타는 기름을 예열하여 점도를 낮추고 연소를 원활히 하는 데 목적이 있다.

🔍 과열기 : 포화증기의 압력변화 없이 온도만 높이기 위한 장치

13 포화온도상태에서 증기의 건조도가 1이면 어떤 증기인가?

① 습포화증기   ② 포화수
③ 과열증기   ④ 건포화증기

🔍 포화온도상태에서
• 건조도(x) = 1 : 건포화증기
• 건조도(x) = 0 : 포화수
• 0 < 건조도(x) < 1 : 습포화증기

14 보일러 급수장치의 원리를 설명한 것으로 틀린 것은?

① 환원기 : 수두압과 증기압을 이용한 급수장치
② 인젝터 : 보일러의 증기 에너지를 이용한 급수 장치
③ 워싱턴펌프 : 기어의 회전력을 이용한 급수장치
④ 회전펌프 : 날개의 회전에 의한 원심력을 이용한 급수장치

🔍 워싱턴 펌프 : 증기압을 이용한 비동력 왕복식 급수장치

15 보일러 분출장치의 설치 목적과 가장 무관 한 것은?

① 불순물로 인한 보일러수의 농축방지
② 발생증기의 압력 조절
③ 스케일, 슬러지의 생성 방지
④ 보일러 관수의 pH 조절

🔍 분출의 목적 : 고수위 방지 및 프라이밍, 포밍 방지(①, ③, ④ 포함)

16 대기 압력을 구하는 옳은 식은?

① 절대압력 + 게이지 압력
② 게이지 압력 − 절대압력
③ 절대압력 − 게이지 압력
④ 진공도 × 대기압력

> 절대압력 = 게이지압력 + 대기압
> ∴ 대기압 = 절대압력 − 게이지 압력

17 프로판가스를 완전연소 시킬 때 발생하는 것은?

① CO 및 C_3H_8
② C_4H_{10}과 CO_2
③ CO_2 및 H_2O
④ CO와 CO_2

> 탄화수소(C_nH_m)인 성분이 연소를 하면 CO_2와 H_2O가 생성된다.

18 다음 중 LPG의 주성분이 아닌 것은?

① 부탄
② 프로판
③ 프로필렌
④ 메탄

> 메탄(CH_4) : LNG (액화천연가스)의 주성분

19 보일러 압력계 부착방법 설명으로 틀린 것은?

① 압력계의 콕은 그 핸들을 수직인 증기관과 동일한 방향에 놓은 경우 열려 있어야 한다.
② 압력계에는 안지름이 12.7mm 이상의 사이폰관(동관)을 설치한다.
③ 압력계는 원칙적으로 보일러의 증기실에 눈금판이 잘 보이는 위치에 부착한다.
④ 증기온도가 483K(210℃)를 넘을 때에는 황동관 또는 동관을 사용하여서는 안된다.

> 사이폰관의 구분 : 증기온도 483k(210℃) 이상일 때 12.7 mm 이상의 강관을 사용

20 어떤 보일러의 매시 연료사용량이 150kg/h이고 연소실 체적이 30m³일 때 연소실의 열부하는?(단, 연료의 저위발열량은 9800kcal/kg이고, 공기 및 연료의 현열은 무시한다.)

① 50kcal/m³h
② 327kcal/m³h
③ 1960kcal/m³h
④ 49000kcal/m³h

> 연소실 열부하 = $\frac{연료사용량 \times 연료발열량}{연소실의 용적}$
> = $\frac{150 \times 9800}{30}$ = 49000kcal/m³h

21 보일러 연소 자동제어 조작량에 해당되는 것은?

① 급수량
② 연료량
③ 전열량
④ 증기온도

> 자동연소제어의 조작량 : 연료량, 공기량, 연소가스량

22 보일러 1마력에 대한 설명으로 옳은 것은?

① 0℃의 물 15.65kgf을 1시간 동안 같은 온도의 증기로 변화시킬 수 있는 능력
② 100℃의 물 1kgf을 1시간 동안 같은 온도의 증기로 변화시킬 수 있는 능력
③ 0℃의 물 1kgf을 1시간 동안 같은 온도의 증기로 변화시킬 수 있는 능력
④ 100℃의 물 15.65kgf을 1시간 동안 같은 온도의 증기로 변화시킬 수 있는 능력

> • 1 보일러 마력
>   − 상당증발량 : 15.65kgf/h
>   − 열량 : 8435kcal/h
> • 상당증발량 : 100℃의 포화수를 100℃의 포화증기로 발생한 것

23 보일러 효율이 85%, 실제증발량이 5t/h이고 발생증기의 엔탈피 656kcal/kgf, 급수온도 56℃, 연료의 저위발열량 9750kcal/kgf일 때 연료소비량은 약 얼마인가?

① 298kgf/h
② 362kgf/h
③ 389kgf/h
④ 405kgf/h

> 연료소비량 = $\frac{5000 \times (656 - 56)}{0.85 \times 9750}$ = 362 kgf/h

24 유류보일러의 수동조작 점화방법 설명으로 틀린 것은?

① 연소실 내의 통풍압을 조절한다.
② 점화봉에 불을 붙여 연소실 내 버너 끝에 전방하부 1m 정도에 둔다.
③ 증기분사식은 응축수를 배출한다.
④ 버너의 기동스위치를 넣거나 분무용 증기 또는 공기를 분사시킨다.

🔍 수동조작 점화방법 : 점화봉에 불을 붙여 연소실내 버너 끝의 전방하부 10cm 정도에 둔다.

25 증기난방과 비교한 온수난방의 특징 설명으로 틀린 것은?

① 물의 잠열을 이용하여 난방하는 방식이다.
② 예열에 시간이 걸리지만 쉽게 냉각되지 않는다.
③ 방열면의 표면온도가 증기의 경우에 비하여 낮다.
④ 동일방열량에 대해 방열면적이 많이 필요하다.

🔍 온수난방 : 물의 현열을 이용

26 보일러 운전에 있어서 에너지 절감을 위한 방법으로 부적합한 것은?

① 전열면을 청결히 유지시켜 전열효율을 높인다.
② 수질관리를 철저히 하여 전열면 내부에 스케일이 축적되지 않도록 한다.
③ 공기비를 높게 유지한다.
④ 배기가스 출구 온도를 가능한 낮춘다.

🔍 공기비가 클 경우 : 배기가스에 의한 열손실이 증가하여 열효율이 저하된다.

27 보온재로 사용되는 규조토의 최고안전사용 온도는?

① 1000℃ ② 500℃
③ 200℃ ④ 100℃

🔍 규조토 : 무기질 보온재로서 안전사용온도가 500℃ 정도이다.

28 보일러 건식보존법에서 건조제로 사용되는 것이 아닌 것은?

① 생석회 ② 염화나트륨
③ 실리카 겔 ④ 염화칼슘

🔍 흡습제(건조제)의 종류 : 생석회, 염화칼슘, 실리카 겔, 활성알루미나 등

29 보일러 발생증기의 송기 시 워터햄머 발생방지를 위한 조치로 틀린 것은?

① 증기를 보내기 전에, 주 증기관의 드레인 밸브를 열어 응축수를 완전히 배출시킨다.
② 주 증기관 내에 소량의 증기를 보내어 관을 따뜻하게 한다.
③ 바이패스밸브가 설치되어 있는 경우에는 먼저 바이패스밸브를 열어 주 증기관을 예열한다.
④ 관이 따뜻해지면 주 증기밸브를 단번에 완전히 열어둔다.

🔍 수격작용(워터해머)의 방지 : 관을 예열하고 주 증기밸브는 서서히 연다.

30 다음 중 난방부하 계산과 거리가 먼 것은?

① 건물의 벽체에 의한 열손실
② 건물내 에어컨 사용에 의한 열손실
③ 건물의 유리창에 의한 열손실
④ 건물의 천장 및 바닥에 의한 열손실

🔍 • 난방부하 : 열관류율 × 면적 × (실내온도 − 외기온도)kcal/h
• 면적 : 벽체면적 + 바닥면적 + 천정면적 + 창문 및 문의 면적

31 주 증기관으로 증기와 함께 수분 및 불순물이 함께 취출 되는 현상은?

① 수격작용 ② 프라이밍
③ 캐리오버 ④ 포밍

🔍 캐리오버(기수공발) : 발생증기 중에 수분이 포함되어 송기되는 현상으로 관수의 농축, 주 증기밸브의 급개시, 고수위일 때 발생한다.

32 보일러에서 라미네이션(lamination) 이란?

① 보일러 본체나 수관 등이 사용 중에 내부에서 2장의 층을 형성한 것
② 보일러 강판이 화염에 닿아 불룩 튀어 나온 것
③ 보일러 등에 적용하는 응력의 불균일로 동의 일부가 함몰된 것
④ 보일러 강판이 화염에 접촉하여 점식된 것

33 방열기 설치 시 외기에 접한 창문 아래에 설치하는 이유로서 알맞은 사항은?

① 설비비가 싸기 때문에
② 실내의 공기가 대류작용에 의해 순환되도록 하기 위해서
③ 시원한 공기가 필요하기 때문에
④ 더운 공기 커텐 형성으로 온수의 누입을 방지 하기 위해서

🔍 방열기의 설치 ; 외기의 직접 침입을 방지하고대류현상을 활발 하게 하기 위해 외기와 접한 창문 아래에 설치한다.

34 벽걸이 횡형 주철제 방열기의 호칭기호는?

① W-H
② W-V
③ H×W
④ H×V

🔍 ② : 벽걸이 수직형

35 증기난방 방식에서 응축수 환수방법의 종류에 해당되지 않는 것은?

① 중력 환수식
② 습식 환수식
③ 기계 환수식
④ 진공 환수식

🔍 응축수 환수방법에 따른 분류 : 중력환수식, 기계환수식, 진공 환수식

36 중앙집중식 난방의 간접난방기기에 해당되는 것은?

① 난로
② 증기보일러
③ 온수보일러
④ 공기조화기

🔍 중앙집중식 난방의 구분
• 직접난방 : 방열기를 이용
• 간접난방 : 온풍기를 이용
• 복사난방 : 바닥에 묻힌 방열관을 이용

37 증기난방의 분류로 틀린 것은?

① 증기압력
② 배관방식
③ 응축수 환수법
④ 송수관의 배관법

🔍 증기난방의 분류
• 증기압력
• 배관방식
• 증기공급방식
• 응축수 환수방식
• 환수관의 접속방식

38 보일러 연소 중에 발생하는 맥동연소의 원인이 아닌 것은?

① 연료속에 수분이 많은 경우
② 연료량이 심히 고르지 못한 경우
③ 공급공기량에 심한 과부족이 생긴 경우
④ 연도 단면의 변화가 적은 경우

🔍 맥동연소 : 연도에 공기포켓이 있거나 굴곡이 심한 경우

39 보일러 용수처리 중 관외처리 방법이 아닌 것은?

① 이온교환법
② 침전법
③ 탈기법
④ 청관제 투입법

🔍 청관제 투입법 : 관내(2차)처리

40 보일러 가동 중 실화(失火)가 되거나, 압력이 규정치를 초과하는 경우 연료 공급이 자동적으로 차단하는 장치는?

① 광전관
② 화염검출기
③ 전자밸브
④ 안전밸브

41 보일러 파열사고 중 구조상의 결함에 의한 파열사고가 아닌 것은?

① 취급불량　　② 설계불량
③ 재료불량　　④ 공작불량

> 보일러의 사고원인 : 제작상 원인(구조상 원인)과 취급상 원인으로 구분된다.

42 개방형 팽창탱크는 최고층 방열기에서 탱크수면까지의 높이가 몇 m 이상인 곳에 설치하는가?

① 1m　　② 2m
③ 3m　　④ 6m

> 개방형 팽창탱크 : 최고소 방열관보다 1m 이상 높게 설치한다.

43 연료발열량은 9750kcal/kg, 연료의 시간당 사용량은 300kg/h인 보일러의 상당증발량이 5000kg/h일 때 보일러 효율은 약 몇 % 인가?

① 83　　② 85
③ 87　　④ 92

> 효율 = $\dfrac{\text{상당 증발량} \times 539}{\text{연료사용량} \times \text{연료발열량}} \times 100$
> = $\dfrac{5000 \times 539}{300 \times 9750} \times 100 = 92.137\%$

44 연관식 보일러의 특징으로 틀린 것은?

① 동일용량인 노통 보일러에 비해 설치면적이 적다.
② 전열면적이 커서 증기발생이 빠르다.
③ 외분식은 연료선택 범위가 좁다.
④ 양질의 급수가 필요하다.

> 연관식 보일러 : 외분식 보일러는 저질탄 연소에도 용이하므로 연료선택 범위가 넓다.

45 공기량이 지나치게 많을 때 나타나는 현상 중 틀린 것은?

① 연소실 온도가 떨어진다.
② 열효율이 저하한다.
③ 연료소비량이 증가한다.
④ 배기가스 온도가 높아진다.

> 공기량이 지나치게 많을 때 : 연소실 온도가 낮아지고 배기가스량이 많아져 열손실이 증가한다.

46 배관용접 작업시 안전사항 중 산소용기는 일반적으로 몇 ℃ 이하의 온도로 보관하여야 하는가?

① 100℃ 이하　　② 80℃ 이하
③ 60℃ 이하　　④ 40℃ 이하

> 산소용기 : 화기로부터 5m 이상 거리를 두고 직사광선이 없는 곳에 40℃ 이하로 보관한다.

47 유리솜 또는 암면의 용도와 관계없는 것은?

① 보온재　　② 보냉재
③ 단열재　　④ 방습재

> • 단열재, 보온재, 보냉재 : 안전사용온도로 구분한다.
> • 고온용 보온재 : 유리솜, 암면

48 보온재 중 흔히 스티로폴이라고도 하며, 체적의 97~98%가 기공으로 되어있어 열 차단 능력이 우수하고, 내수성도 뛰어난 보온재는?

① 폴리스티렌 폼　　② 경질 우레탄 폼
③ 코르크　　④ 그라스 울

> 폴리스티렌 폼 : 스티로폴, 발포폴리스티렌이라고도 하며 체적의 98%가 공기이고 나머지 2%가 수지인 자원 절약형 소재이고, 흡수성이 거의 없고 열 차단성이 우수한 보온재로 아이스박스 등에 사용되나 재활용이 되지 않는다.

49 압력배관용 탄소강 강관의 KS 규격기호는?

① SPP　　② SPPH
③ SPPS　　④ SPHT

> • SPP : 배관용 탄소강관
> • SPPH : 고압 배관용 탄소강관
> • SPHT : 고온 배관용 탄소강관

50 가스버너에서 리프팅 현상이 발생하는 경우는?

① 가스압이 너무 높은 경우
② 버너 부식으로 염공이 커진 경우
③ 버너가 과열된 경우
④ 1차공기의 흡인이 많은 경우

> 역화의 원인
> • 가스압이 낮은 경우 또는 노즐이나 팁이 막힌 경우
> • 1차공기의 흡인이 너무 많은 경우
> • 버너가 과열된 경우
> • 버너의 부식으로 염공이 크게된 경우

51 수관식 보일러에서 연돌에 가장 가까이 배치하는 열교환기는?

① 증발관 ② 과열기
③ 절탄기 ④ 공기예열기

> 열교환기의 설치순서
> 버너 – 증발관 – 과열기 – 절탄기 – 공기예열기 – 연돌

52 관성력식 집진법과 관계가 있는 것은?

① 송풍기의 회전을 이용하여 물방울, 수막, 기포 등을 형성시킨다.
② 함진가스를 방해판 등에 충돌시키거나 기류의 방향전환을 시킨다.
③ 크기가 다른 집진기에 비하여 작고, 펌프의 마모도 적다.
④ 집진실 내에 들어온 함진가스의 유속을 감소시켜 관성력을 작게 한다.

> 관성력식 집진법 : 함진가스를 방해판 등에 충돌시키거나 기류의 방향전환을 시켜 분진을 제거하는 방법.

53 가스보일러의 점화 시 주의사항으로 틀린 것은?

① 점화용 가스는 화력이 좋은 것을 사용하는 것이 필요하다.
② 연소실 및 굴뚝의 환기는 완벽하게 하는 것이 필요하다.
③ 착화 후 연소가 불안정할 때에는 즉시 가스공급을 중단한다.
④ 콕크, 밸브에 소다수를 이용하여 가스가 새는지 확인한다.

> 가스의 누설검사 : 비눗물을 이용

54 개방식 팽창탱크에서 온수의 팽창량을 계산하는 데 필요 없는 것은?

① 장치내의 전체수량 ② 압력
③ 온수의 밀도   ④ 급수의 밀도

> 온수팽창량
> $= \left(\dfrac{1}{\text{온수의 밀도}} - \dfrac{1}{\text{급수의 밀도}}\right) \times$ 장치내의 전수량(ℓ)

55 에너지이용합리화법에 규정된 특정열사용기자재 구분 중 기관에 포함되지 않는 것은?

① 온수보일러   ② 태양열 집열기
③ 1종 압력용기 ④ 구멍탄용 온수보일러

> • 특정열사용기자재 : 기관, 압력용기, 요업요로, 금속요로 등
> ※ 기관 : 보일러 및 태양열 집열기

56 특정열사용기자재 중 산업통상자원부령으로 정하는 검사대상기기의 계속사용검사 신청서는 검사 유효기간 만료 며칠 전까지 제출해야 하는가?

① 10일 전까지 ② 15일 전까지
③ 20일 전까지 ④ 30일 전까지

> 계속사용검사 신청 : 유효기간 만료 10일전, 한국에너지공단이사장에게 제출한다.

57 에너지법에서 지역에너지계획을 수립하여야 하는 자는?

① 한국에너지공단 이사장
② 산업통상자원부 장관
③ 행정자치부 장관
④ 특별시장, 광역시장 또는 도지사

> 지역에너지 기본계획 : 5년마다 5년 이상을 계획기간으로 하여 시·도지사가 수립

58 에너지 사용자의 에너지사용량이 대통령령이 정하는 기준량 이상인 자는(이하 에너지다소비업자라 한다) 산업통상자원부령이 정하는 바에 따라 전년도 에너지사용량 등을 매년 언제 까지 신고를 해야 하는가?

① 1월 31일　　② 3월 31일
③ 7월 31일　　④ 12월 31일

> 에너지 다소비업자(에너지 관리대상자) : 에너지사용량을 매년 1월 31일 까지 시·도지사에게 신고

59 에너지이용합리화법상 국민의 책무는?

① 에너지 절약형기기 생산을 위해 노력
② 대체에너지의 개발을 위해 노력
③ 에너지의 합리적인 이용을 위해 노력
④ 에너지의 생산을 위해 노력

> 국민의 책무 : 일상생활에서 에너지를 합리적으로 이용하고 이를 통하여 온실가스의 배출을 줄이도록 노력하여야 한다.

60 검사에 합격하지 아니한 검사대상기기를 사용한 자에 대한 벌칙은?

① 5 백만원 이하의 벌금
② 1년 이하의 징역 또는 1 천만원 이하의 벌금
③ 2년 이하의 징역 또는 2 천만원 이하의 벌금
④ 3 백만원 이하의 벌금

> 1년 이하의 징역 또는 1천만원 이하의 벌금
> • 검사대상기기의 검사를 받지 아니한 자
> • 불합격한 검사대상기기를 사용한 자
> • 검사를 받지 않고 검사대상기기를 수입한 자

정답 CBT 대비 적중모의고사 – 4회

01 ②	02 ①	03 ③	04 ④	05 ①
06 ④	07 ②	08 ②	09 ④	10 ②
11 ②	12 ③	13 ④	14 ③	15 ②
16 ②	17 ③	18 ④	19 ③	20 ④
21 ②	22 ④	23 ②	24 ②	25 ①
26 ③	27 ②	28 ②	29 ④	30 ②
31 ③	32 ①	33 ②	34 ①	35 ②
36 ④	37 ④	38 ④	39 ④	40 ③
41 ①	42 ①	43 ④	44 ③	45 ④
46 ④	47 ④	48 ①	49 ③	50 ①
51 ④	52 ②	53 ④	54 ②	55 ③
56 ①	57 ④	58 ①	59 ③	60 ②

5회 CBT 대비 적중모의고사

01 보일러 열손실 종류 중 일반적으로 손실량이 가장 큰 것은?

① 불안전 연소에 의한 열손실
② 미연소 연료분에 의한 열손실
③ 복사 및 전도에 의한 열손실
④ 배기가스에 의한 열손실

🔍 가장 큰 열손실 : 배기가스에 의한 열손실

02 탄소 5kg을 완전 연소시키는데 필요한 산소량은 약 몇 kg인가?

① 13.3   ② 26.7
③ 2.6   ④ 44.0

🔍 C + O₂ → CO₂
12kg 32kg 44kg
1kg   2.67kg 3.67kg
∴ 5 × 2.67 = 13.35kg

03 상당증발량을 계산하는 식으로 맞는 것은?(단, G_e : 상당증발량, G : 매시발생증기량, h_2 : 발생증기엔탈피, h_1 : 급수엔탈피)

① $G_e = G(h_2 - h_1) \div 539$
② $G_e = G(h_1 - h_2) \div 539$
③ $G_e = G(h_2 - h_1) \div 639$
④ $G_e = G(h_1 - h_2) \div 639$

🔍 상당증발량 = $\dfrac{실제증발량 \times (증기엔탈피 - 급수엔탈피)}{539}$

04 보일러 통풍장치에서 흡입통풍방식은?

① 연도의 끝이나 연돌하부에 송풍기를 설치한 방식
② 보일러 노의 입구에 송풍기를 설치한 방식
③ 연소용 공기를 연소실로 밀어 넣는 방식
④ 배가스와 외기의 비중차를 이용한 통풍방식

🔍 압입통풍 : 보일러 노의 입구에 송풍기를 설치하여 연소용 공기를 연소실로 밀어 넣는 방식

05 주철제 보일러의 특징 설명으로 틀린 것은?

① 내열성과 내식성이 우수하다.
② 대용량의 저압 보일러에 적합하다.
③ 열에 의한 부동팽창으로 균열이 발생하기 쉽다.
④ 쪽수의 증감에 따라 용량조절이 편리하다.

🔍 주철제 보일러 : 소용량 저압보일러

06 도시가스의 연소 상태는?

① 확산연소
② 표면연소
③ 분해연소
④ 증발연소

🔍 • 기체연료 : 확산연소
• 코우크스, 목탄 : 표면연소
• 석탄, 중유 : 분해연소
• 액체연료 : 증발연소

07 보일러 급수제어의 3요소식과 관련이 없는 것은?

① 연소량
② 수위
③ 증기유량
④ 급수유량

🔍 3요소식 급수제어 : 수위, 증기량, 급수량

08 보일러 방폭문이 설치되는 위치로 가장 적합한 것은?

① 연소실 후부 또는 좌, 우측
② 노통 또는 화실 천정부
③ 증기드럼 내부 또는 주증기 배관 내
④ 연도

🔍 방폭문 : 노 내 폭발사고를 대비하기 위한 안전장치로 연소실 후부에 설치

09 동작유체의 상태변화에서 에너지의 이동이 없는 변화는?

① 등온변화
② 정적변화
③ 정압변화
④ 단열변화

🔍 단열변화 : 에너지의 이동이 없는 변화

10 하나의 물체를 구성하고 있는 물질 부분을 차례차례로 열이 전해지던가 또는 직접 접촉하고 있는 2개의 물체의 하나에서 다른 것으로 열이 전해지는 현상?

① 열전도
② 열대류
③ 열복사
④ 열방사

🔍 • 열대류 : 비중량차에 의한 열이동
• 열복사 : 어떤 물질을 통하지 않고 열이 직접 이동하는 방법

11 부르돈관 압력계를 부착할 때 사용되는 사이펀관 속에 넣는 물질은?

① 수은
② 증기
③ 공기
④ 물

🔍 사이폰관 : 관내에 물을 가득 채워 압력계를 보호한다.

12 중유 보일러의 연소 보조 장치에 속하지 않는 것은?

① 여과기
② 인젝터
③ 오일 프리히터
④ 화염 검출기

🔍 인젝터 : 증기압을 이용한 비동력 급수장치

13 분사관이 짧으며 1개의 노즐을 설치하여 연소노벽에 부착되어 있는 이 물질을 제거하는 매연분출 장치는?

① 쇼트레트랙블형
② 롱레트랙블형
③ 공기예열기 크리너
④ 로타리형

🔍 • 쇼트레트랙터블형 : 보일러 전열면 및 연소 노벽에 사용
• 롱 레트랙터블형 : 과열기와 같은 고온 전열면에 사용

14 여과식 집진장치의 분류가 아닌 것은?

① 유수식
② 원통식
③ 평판식
④ 역기류 분사식

🔍 • 여과식 집진장치 : 원통식, 평판식, 역기류 분사식
• 유수식 : 습식 집진장치

15 중유 첨가제 중에서 분무를 순조롭게 하는 것은?

① 회분개질제
② 유동점 강하제
③ 슬러지 분산제
④ 연소 촉진제

🔍 • 회분개질제 : 회분의 융점을 높여 고온부식을 방지
• 슬러지분산제 : 슬러지생성을 방지

16 유류용 온수보일러에서 버너가 정지하고 리셋버튼이 돌출하는 경우는?

① 오일 배관 내의 공기가 빠지지 않고 있다.
② 연소용 공기량이 부적당하다.
③ 연통의 길이가 너부 길다.
④ 실내 온도조절기의 설정온도가 실내 온도보다 낮다.

🔍 리셋버튼의 돌출 : 연료배관 내에 공기가 차 있어 버너 가동 정지

17 전열면적 12m^2인 강철제 또는 주철제 증기 보일러의 급수밸브의 크기는 호칭 몇 A 이상이어야 하는가?

① 15
② 20
③ 25
④ 32

🔍 • 전열면적 10m^2 이하 : 호칭 15A 이상
• 전열면적 10m^2 초과 : 호칭 20A 이상

18 보일러 연소시 매연발생 원인과 가장 거리가 먼 것은?

① 공기의 공급량이 부족 또는 과대한 경우
② 무리한 연소를 한 경우
③ 연소장치가 부적당한 경우
④ 배기가스 온도가 낮은 경우

🔍 배기가스 온도가 낮으면 저온부식이 발생한다.

19 온수난방 설비에서 팽창탱크를 바르게 설명한 것은?

① 고온수 난방설비에는 개방식 팽창탱크를 사용한다.
② 개방식 팽창탱크에는 반드시 방열기보다 높은 위치에 설치한다.
③ 밀폐식 팽창탱크에는 일수관, 통기관을 등을 설치한다.
④ 팽창탱크에는 반드시 밸브를 설치한다.

🔍 밀폐식 팽창탱크 : 고온수 난방에 설치하며 압력계, 수면계, 방출밸브, 압축공기 주입관, 배수관, 급수관 등이 부착된다.

20 온수온돌의 난방방열 특성을 설명한 것으로 맞는 것은?

① 저온직사열에 의한 난방
② 저온대류에 의한 난방
③ 저온복사에 의한 난방
④ 저온전도에 의한 난방

🔍 온수온돌 난방 : 저온복사에 의한 난방

21 보일러의 계속사용검사기준에서 사용 중 검사에 대한 설명으로 틀린 것은?

① 보일러 지지대의 균열, 내려앉음, 지지부재의 변형 또는 파손 등 보일러의 설치상태에 이상이 없어야 한다.
② 보일러와 접속된 배관, 밸브 등 각종 이음부에는 누기, 누수가 없어야 한다.
③ 연소실 내부가 충분히 청소된 상태이어야 하고, 축로의 변형 및 이탈이 없어야 한다.
④ 보일러 동체는 보온 및 케이싱이 분해되어 있어야 하며, 손상이 약간 있는 것은 사용해도 관계가 없다.

🔍 보일러 보온 : 동체의 보온과 케이싱은 손상이 없어야 한다.

22 저압 증기난방에 사용하는 증기의 압력(kgf/cm²)은?

① 5~10　　② 1~5
③ 0.35~1　④ 0.15~0.35

🔍 • 고압증기난방 : 1kg/cm² 이상
　• 저압증기난방 : 0.15~0.35kg/cm²

23 보일러 용량을 결정하는 정격출력에 포함되어 고려할 사항이 아닌 것은?

① 배관부하　② 급탕부하
③ 채광부하　④ 예열부하

🔍 온수보일러의 정격부하 = 난방부하 + 급탕부하 + 배관부하 + 예열부하

24 신설 보일러의 사용 전 내부점검 사항으로 틀린 것은?

① 기수분리기, 기타 부품의 부착사항을 확인하고 공구나 볼트, 너트, 헝겊조각 등이 보일러에 들어 있는지 점검한다.
② 내부에 이상이 없는지 확인하고 맨홀, 검사구 등에 수압시험에 사용한 평판 등이 제거되어 있는지 각 구멍을 점검한 후 닫혀있는 뚜껑을 전부 열어 개방 한다.
③ 내부의 공기를 빼고 밸브를 열어 놓은 상태로 급수하고 수위가 상승할 때 저수위 경보기 또는 연료차단장치 등의 인터록이 정확하게 작동하는지 확인한다.
④ 만수시킨 후 공기가 완전히 빠졌는지 확인한 뒤 공기 빼기 밸브를 닫고 정상사용압력보다 10% 이상의 수압을 가하여 각부가 새지 않는지 확인한다.

🔍 내부검사 : 수압시험 후 뚜껑을 전부 닫고 밀폐시킨다.

25 신축곡관이라고도 하며 고온, 고압용 증기관 등의 옥외배관에 많이 쓰이는 신축 이음은?

① 벨로우즈형　　② 슬리브형
③ 스위블형　　　④ 루프형

> 루프형 : 고압 · 옥외배관용에 사용되는 신축 곡관으로 응력이 발생한다.

26 난방부하가 36900kcal/h인 경우 온수방열기의 방열면적은 몇 m²가 되어야 하는가?(단, 방열기 방열량은 표준방열량으로 한다.)

① 66　　② 82
③ 95　　④ 46

> 방열면적 = $\dfrac{\text{난방부하}}{\text{방열기 방열량}}$ = $\dfrac{36900}{450}$ = 82m²

27 온수보일러 시공업자는 시공한 설비에 대하여 설치·시공도면을 작성하여 보존해야 하는데 이 도면에 표시해야 할 사항으로 관계가 없는 것은?

① 모든 배관의 크기
② 안전장치의 설치위치
③ 밸브의 종류 및 설치 위치
④ 연도 및 굴뚝의 높이

> 도면의 표시사항
> • 모든 배관의 크기
> • 안전장치의 설치위치
> • 밸브의 종류 및 설치 위치
> • 단열방식 및 단열재 종류
> • 전기사용기기의 규격 및 배전도
> • 보일러의 규격 및 용량, 제조업체명

28 보일러 수면계의 개수와 관련된 사항 중 잘못 설명된 것은?

① 증기보일러에는 2개 이상의 유리수면계를 부착한다.
② 소용량 및 소형관류보일러에는 2개 이상의 유리수면계를 부착한다.
③ 최고의 사용압력 1MPa 이하로서 동체 안지름이 750mm 미만인 경우에 있어서는 수면계 중 1개는 다른 종류의 수면측정 장치로 할 수 있다.
④ 2개 이상의 원격지시 수면계를 시설하는 경우에 한하여 유리 수면계를 1개 이상으로 할 수 있다.

> 소용량 및 소형 관류 보일러 : 수면계를 1개 이상 설치한다.

29 보일러 비상 정지시 맨 먼저 조치해야 할 사항은?

① 댐퍼를 닫는다.
② 공기투입을 정지한다.
③ 연료공급을 차단한다.
④ 증기밸브를 닫고 스위치를 내린다.

> 보일러의 운전정지 순서
> ① 연료공급 정지 - ② 공기공급 정지 - ③ 급수를 한 후 압력 저하 후 급수밸브를 닫고, 급수펌프를 정지 - ④ 증기밸브를 닫고, 드레인 밸브를 연다 - ⑤ 댐퍼를 닫는다.

30 다음 중 용어별 사용단위가 틀린 것은?

① 열전도율 : kcal/mh℃
② 열관류율 : kcal/m²h℃
③ 열전달율 : kcal/mh℃
④ 열저항 : m²h℃/kcal

> 열전달율 : kcal/m²h℃

31 보일러설치규격에서 저수위 차단장치의 설치 시 주의사항으로 틀린 것은?

① 가급적 2개를 별도의 통수관에 각기 연결하여 사용하는 것이 좋다.
② 분출관과 수면계의 분출관을 통합 연결한다.
③ 통수관 크기는 호칭지름 25mm 이상이 되도록 하여야 한다.
④ 통수관에 부착되는 밸브는 개폐상태를 명확히 표시하여야 한다.

> 분출관과 수면계 분출관의 설치 : 보일러수의 누수 확인을 위해 분리하여 연결한다.

32 보일러 강판의 가성취하 특징 설명으로 틀린 것은?

① 고압보일러에서 보일러수의 알칼리 농도가 높은 경우에 발생한다.
② 발생하는 장소로는 수면상부의 리벳과 리벳사이에 발생하기 쉽다.
③ 발생하는 장소로는 관구멍 등 응력이 집중하는 곳의 틈이 많은 곳이다.
④ 외견상 부식성이 없고, 미세한 불규칙적인 방사상 형태를 하고 있다.

🔍 가성취화 : 보일러수의 농축 알칼리에 의해 보일러 동판에 발생하는 균열현상

33 보일러 수에 함유된 산소(O_2)가 유발시키는 1차적인 장해는?

① 고온부식
② 그루빙
③ 점식
④ 가성취하

🔍 용존가스체(O_2, CO_2) : 점식

34 증기압이 오르기 시작할 때의 보일러 취급방법으로 맞지 않는 것은?

① 분출장치의 누설유무를 확인한다.
② 가열에 다른 팽창으로 수위의 변동을 확인한다.
③ 공기 배제 후 공기빼기 밸브를 연다.
④ 급수장치의 기능을 확인한다.

🔍 공기빼기 밸브 : 급수 시작할 때 열고, 증기압이 오르기 시작할 때 닫는다.

35 증기난방의 분류 중 응축수 환수방식에 의한 분류에 해당되지 않는 것은?

① 중력환수방식
② 기계환수방식
③ 진공환수방식
④ 건식환수방식

🔍 응축수 환수방법에 따른 분류 : 중력환수식, 기계환수식, 진공환수식

36 전극식 수위 검출부는 전극봉에 스케일이 부착 되어 기능을 못하는 경우가 있으므로 어느 정도기간마다 전극봉을 샌드페이퍼로 닦는 것이 좋은가?

① 9개월
② 6개월
③ 12개월
④ 3개월

🔍 전극봉의 청소 : 6개월 마다

37 중유연소장치에서 사용되는 버너의 종류에 해당되지 않는 것은?

① 유압분사식
② 저압공기 분사식
③ 교차분사식
④ 고압기류식

🔍 중유버너의 종류 : 유압분무식, 고압공기분무식(고압기류식), 저압공기분무식, 회전분무식

38 보일러의 안전장치에 해당되지 않는 것은?

① 방폭문
② 수위계
③ 화염검출기
④ 가용마개

🔍 수위계 : 액면을 지시하는 계측장치

39 보일러 자동제어의 종류에 해당되지 않는 것은?

① 급수자동제어
② 연소자동제어
③ 증기온도자동제어
④ 용량자동제어

🔍 보일러 자동제어 : 자동연소제어, 급수제어, 증기온도제어

40 코르니쉬 보일러의 노통 길이가 4500mm이고, 외경이 3000mm, 두께가 10mm일 때 전열면적은 약 몇 m^2인가?

① 54.0
② 45.7
③ 46.4
④ 42.4

🔍 코르니시 보일러의 전열면적 = $\pi D \cdot \ell$
= $3.14 \times 3 \times 4.5 = 42.39 m^2$

41 노통의 전열면적을 증가시키고, 이로 인한 강도 보강, 관수순환을 양호하게 하는 역할을 위해 설치하는 것은?

① 겔로웨이관   ② 아담슨조인트
③ 브레이징 스페이스   ④ 반구형 경판

> 겔로웨이관 : 물의 순환을 좋게 하고, 전열면적을 넓게 하고, 화실벽을 보강 한다.

42 외부에서 전해진 열을 물과 증기에 전하는 보일러 부위의 명칭은?

① 전열면   ② 동체
③ 노   ④ 연도

> 전열면 : 한쪽면에 물이 닿고, 다른쪽면에 연소가스가 접촉할 때, 연소가스가 닿는 면적

43 보일러 급수펌프의 구비조건으로 틀린 것은?

① 고온, 고압에도 충분히 견딜 것
② 회전식은 고속 회전에 지장이 있을 것
③ 급격한 부하변동에 신속히 대응할 수 있을 것
④ 작동이 확실하고 조작이 간편할 것

> 급수펌프 : 회전식으로 고속회전에 지장이 없을 것

44 다음 중 1J(Joule)과 같은 값은?

① 1N · m   ② 1cal
③ 1mol   ④ 1erg

> 1J(Joule) = 0.24 cal = 1N · m

45 보일러 내부에 아연판을 매다는 가장 적당한 이유는?

① 기수공발을 방지하기 위하여
② 보일러 판의 부식을 방지하기 위하여
③ 스케일 생성을 방지하기 위하여
④ 프라이밍을 방지하기 위하여

> 보일러 동체의 부식방지 : 아연판이 철(Fe)에 비해 이온화 현상이 빠르게 이루어져 동체의 부식을 방지한다.

46 보일러의 수위제어 검출방식의 종류로 가장 거리가 먼 것은?

① 피스톤식   ② 전극식
③ 플로트식   ④ 열팽창관식

> 수위검출방식(저수위경보기)의 종류 : 플로트식(부자식), 전극식, 열팽창식, 차압식

47 중유의 첨가제 중 슬러지의 생성방지제 역할을 하는 것은?

① 회분개질제   ② 탈수제
③ 연소촉진제   ④ 안정제

> • 안정제(슬러지) : 슬러지의 생성방지
> • 회분개질제 : 회분의 융점을 높여 고온부식을 방지
> • 탈수제 : 수분을 분리 제거
> • 연소촉진제 : 분무상태를 양호하게 하기 위해

48 보일러 유류연료 연소시에 가스폭발이 발생하는 원인이 아닌 것은?

① 연소 도중에 실화되었을 때
② 프리퍼지 시간이 너무 길어졌을 때
③ 소화 후에 연료가 흘러들어 갔을 때
④ 점화가 잘 안되는데 계속 급유했을 때

> 프리퍼지
> • 짧으면 : 노내폭발 및 역화
> • 너무 길면 : 연소실의 냉각

49 온수보일러 시공업자가 보일러를 설치한 후 가동 전에 적합여부를 확인하여야 할 사항과 무관한 것은?

① 부식방지용 페인트 도색 상태
② 수압 및 안전장치
③ 자동제어에 의한 성능 관계
④ 보일러의 연소 및 배기 성능 관계

> 설치 확인 항목
> • 수압시험 및 온수 순환 시험
> • 연소가스 누설 유무 검사
> • 연소 상태 및 연소 조절 검사
> • 보일러 연소 및 배기 성능 검사
> • 연료계통의 누설 상태 검사
> • 자동제어에 의한 성능 관계 검사

50 보일러의 중심에서 최상층 방열기의 중심까지 높이가 15m이고 송수온도의 비중량 961kg/m³, 환수온도의 비중량은 973kg/m³이다. 자연 순환 수두는 몇 mmH₂O인가?

① 173
② 180
③ 190
④ 197

🔍 $p(kg/m^2) = \gamma(kg/m^3) \times H(m)$
∴ $(973 - 961) \times 15 = 180 mmH_2O$

51 방사난방코일의 온수관의 접합방법으로 브레이징이라고도 하는 동관 연결법은?

① 플레어접합   ② 연납접합
③ 경납접합   ④ 타이톤접합

🔍 동관의 이음
• 플레어접합 : 압축이음
• 솔더링(soldering joint) : 연납땜 접합
• 브레이징(brazing joint) : 경납땜 접합

52 압축기 진동과 서징, 관의 수격작용, 지진 등에서 발생하는 진동을 억제하기 위해 사용되는 지지장치는?

① 벤드벤   ② 플랩 밸브
③ 그랜드 패킹   ④ 브레이스

🔍 브레이스 : 펌프, 압축기 등의 진동 또는 충격을 흡수 완화시키는 장치

53 배관 보온재의 선정 시 고려해야 할 사항으로 가장 거리가 먼 것은?

① 안전사용 온도 범위
② 보온재의 가격
③ 해체의 편리성
④ 공사현장의 작업성

🔍 보온재의 선정 시 고려 사항
• 열전도율이 적고 안전사용범위에 적합할 것
• 물리적, 화학적으로 안정되고 가격이 저렴할 것
• 공사 현장에 적응성이 좋고 시공이 용이할 것
• 불연성이며 사용수명이 길 것

54 파이프와 파이프를 홈 조인트로 체결하기 위하여 파이프 끝을 가공하는 기계는?

① 띠톱 기계
② 파이프 벤딩기
③ 동력파이프 나사절삭기
④ 그루빙 조인트 머신

🔍 • 그루빙 조인트 머신 : 홈 조인트로 체결하기 위하여 파이프 끝을 가공하는 기계
• 홈 조인트(groove joint) : 나사, 용접, 플랜지배관 등에 비해 조립속도가 3배 정도 빠르고 시공이 빠르고 인건비가 절약된다.

55 에너지이용합리화법상 에너지를 사용하여 만드는 제품의 단위당 에너지사용목표량 또는 건축물의 단위면적당 에너지사용목표량을 정하여 고시하는 자는?

① 산업통상자원부장관
② 노동부장관
③ 시·도지사
④ 에너지공단이사장

🔍 목표 에너지원단위 : 산업통상자원부장관 고시

56 특정열사용기자재 중 검사대상기기를 설치하거나 개조하여 사용하려는 자는 누구의 검사를 받아야 하는가?

① 검사대상기기 제조업자
② 시·도지사
③ 한국에너지공단이사장
④ 시공업자단체의 장

🔍 검사대상기기의 검사 : 한국에너지공단이사장

57 에너지이용합리화법상 에너지의 효율적인 수행과 특정 열사용기자재의 안전관리를 위하여 교육을 받아야 하는 대상이 아닌 자는?

① 에너지관리자
② 시공업의 기술인력
③ 검사대상기기 관리자
④ 효율관리기자재 제조자

🔍 • 실시 : 산업통상자원부장관
• 대상 : 에너지관리자, 시공업의 기술인력, 검사대상기기 관리자

58 에너지 관리 대상자가 에너지 손실요인 개선명령을 받은 때는 개선명령일 부터 며칠 이내에 개선계획을 수립하여 제출해야 하는가?

① 20일 ② 30일
③ 50일 ④ 60일

> 개선명령을 받은 자는 개선명령을 받은 날부터 60일 이내에 개선명령 이행계획을 수립하여 산업통상자원부장관에게 제출하여야 한다.

59 에너지이용합리화법 시행규칙에서 에너지사용자가 수립하여야 하는 자발적 협약의 이행계획에 포함되어야 할 사항이 아닌 것은?

① 온실가스 배출증가 현황 및 투자방법
② 협약 체결 전년도의 에너지소비현황
③ 효율향상목표 등의 이행을 위한 투자계획
④ 에너지관리체제 및 관리방법

> 자발적 협약의 이행계획(에너지사용자 및 공급자)
> • 협약 체결 전년도의 에너지소비 현황
> • 에너지를 사용하여 만드는 제품, 부가가치 등의 단위당 에너지이용효율 향상목표 또는 온실가스배출 감축목표(이하 "효율향상목표 등") 및 그 이행 방법
> • 에너지관리체제 및 에너지관리방법
> • 효율향상목표 등의 이행을 위한 투자계획
> • 그 밖에 효율향상목표 등을 이행하기 위하여 필요한 사항

60 에너지다소비업자가 매년 1월31일까지 신고해야 할 사항에 포함되지 않는 것은?

① 전년도의 에너지 이용합리화 실적 및 해당 연도의 계획
② 에너지사용기자재의 현황
③ 해당연도의 에너지사용예정량, 제품 생산예정량
④ 전년도의 손익계산서

> 신고사항
> • 전년도의 분기별 에너지사용량 · 제품생산량
> • 해당 연도의 분기별 에너지사용예정량 · 제품생산예정량
> • 에너지사용기자재의 현황
> • 전년도의 분기별 에너지이용 합리화 실적 및 해당 연도의 분기별 계획
> • 에너지관리자의 현황

정답 CBT 대비 적중모의고사 – 5회

01 ④	02 ①	03 ①	04 ①	05 ②
06 ①	07 ①	08 ①	09 ④	10 ①
11 ④	12 ②	13 ①	14 ①	15 ④
16 ①	17 ②	18 ④	19 ④	20 ③
21 ④	22 ④	23 ③	24 ②	25 ④
26 ②	27 ①	28 ②	29 ③	30 ②
31 ②	32 ①	33 ③	34 ①	35 ④
36 ②	37 ③	38 ②	39 ④	40 ④
41 ①	42 ①	43 ②	44 ①	45 ②
46 ①	47 ④	48 ②	49 ①	50 ②
51 ②	52 ④	53 ③	54 ④	55 ①
56 ③	57 ④	58 ④	59 ①	60 ④

6회 CBT 대비 적중모의고사

01 이상기체 상태 방정식에서 "모든 가스는 온도가 일정할 때 가스의 비체적은 압력에 반비례 한다"는 법칙은?

① 보일의 법칙
② 샤를의 법칙
③ 줄의 법칙
④ 보일-샤를의 법칙

- 보일의 법칙 : 온도가 일정할 때 가스의 비체적은 압력에 반비례한다.
- 샤를의 법칙 : 압력이 일정할 때 가스의 비체적은 절대온도에 비례한다.

02 열전도율이 다른 여러 층의 매체를 대상으로 정상 상태에서 고온측으로부터 저온측으로 열이 이동할 때의 평균 열통과율을 의미하는 것은?

① 엔탈피
② 열복사율
③ 열관류율
④ 열용량

- 열관류 : 벽체를 통한 유체에서 유체로의 열 이동 (단위 : kcal/m²h℃)
- 열전달 : 유체에서 고체로, 고체에서 유체로의 열 이동 (단위 : kcal/m²h℃)

03 보온면의 손실열이 150kcal이고, 나관의 손실열이 600kcal 일 때 보온효율(%)을 구하시오.

① 25%
② 50%
③ 75%
④ 90%

- 보온효율 $= \dfrac{Q_1 - Q_2}{Q_1} \times 100$
  $= \dfrac{600 - 150}{600} \times 100 = 75\%$

04 다음 그림과 같은 동력 나사절삭기의 종류의 형식으로 맞는 것은?

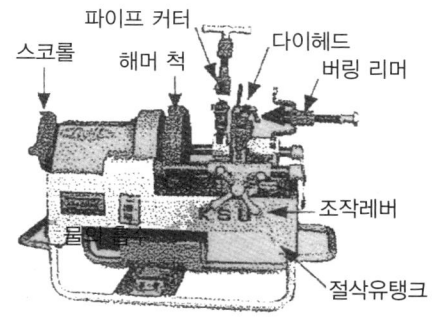

① 오스터형
② 호브형
③ 다이헤드형
④ 파이프형

- 다이헤드형 동력 나사절삭기의 기능 : 나사 절삭, 관의 절단, 거스러미 제거

05 보일러 구성 중 부속장치가 아닌 것은?

① 안전장치
② 폐열회수장치
③ 연소장치
④ 통풍장치

- 보일러의 3대 구성요소 : 기관본체, 연소장치, 부속장치

06 다음 유류 중 인화점이 가장 낮은 것은?

① 가솔린
② 등유
③ 경유
④ 중유

- 인화점이 낮은 순서 : 가솔린 – 등유 – 경유 – 중유

07 보일러의 운전정지 시 가장 뒤에 조작하는 작업은?

① 연료의 공급을 정지시킨다.
② 연소용 공기의 공급을 정지시킨다.
③ 댐퍼를 닫는다.
④ 급수펌프를 정지시킨다.

> 보일러 정지 시 : 가장 먼저 연료공급을 정지하고, 가장 나중에 연도 댐퍼를 닫는다.

08 보일러의 점화조작 시 주의사항에 대한 설명으로 잘못된 것은?

① 유압이 낮으면 점화 및 분사가 불량하고 유압이 높으면 그을음이 축적되기 쉽다.
② 연료의 예열온도가 낮으면 무화불량, 화염의 편류, 그을음, 분진이 발생하기 쉽다.
③ 연료가스의 유출속도가 너무 빠르면 역화가 일어나고, 너무 늦으면 실화가 발생하기 쉽다.
④ 프리퍼지 시간이 너무 길면 연소실의 냉각을 초래하고, 너무 짧으면 역화가 발생하기 쉽다.

> 연료가스의 유출속도가 너무 빠르면 실화가 일어나고, 너무 늦으면 역화가 발생하기 쉽다.

09 급수 중 불순물에 의한 장애나 처리방법에 대한 설명으로 틀린 것은?

① 현탁고형물의 처리방법에는 침강분리, 여과, 응집 침전 등이 있다.
② 경도성분은 이온 교환으로 연화시킨다.
③ 유지류는 거품의 원인이 되나 이온교환수지의 능력을 향상시킨다.
④ 용존산소는 급수계통 및 보일러 본체의 수관을 산화 부식시킨다.

> 유지류 : 거품의 원인이 되고 이온교환수지를 오염시켜 이온교환 반응속도를 저하시킨다.

10 보일러의 정상 운전 시 수면계에 나타나는 수위의 위치로 가장 적당한 것은?

① 수면계의 최상위
② 수면계의 최하위
③ 수면계의 중간
④ 수면계 하부의 1/3 위치

> • 상용수위 : 보일러 운전 중 유지하는 기준 수위로 수면계의 1/2 위치를 말한다.
> • 안전저수면 : 수면계의 유리판 하단부

11 에너지이용 합리화법규상 냉난방온도제한 건물에 냉난방 제한온도를 적용할 때의 기준으로 옳은 것은? (단, 판매시설 및 공항의 경우는 제외한다.)

① 냉방 : 24℃ 이상, 난방 : 18℃ 이하
② 냉방 : 24℃ 이상, 난방 : 20℃ 이하
③ 냉방 : 26℃ 이상, 난방 : 18℃ 이하
④ 냉방 : 26℃ 이상, 난방 : 20℃ 이하

> 건물의 냉난방 제한온도 기준
> • 냉방 : 26℃ 이상
> • 난방 : 20℃ 이하

12 캐리오버로 인하여 나타날 수 있는 결과로 거리가 먼 것은?

① 수격작용
② 프라이밍
③ 열효율 저하
④ 배관의 부식

> 캐리오버 : 프라이밍, 포밍에 의해 또는 증기 밸브를 급히 열었을 때 발생하는 현상

13 증기보일러에는 2개 이상의 안전밸브를 설치하여야 하는 반면에 1개 이상으로 설치 가능한 보일러의 최대 전열면적은?

① $50m^2$
② $60m^2$
③ $70m^2$
④ $80m^2$

> 안전밸브 : 원칙적으로 2개 이상 설치한다.(단, 전열면적 $50m^2$ 이하의 경우 1개 이상으로 할 수 있다.)

14 보일러에 사용되는 안전밸브 및 압력방출장치 크기를 20A 이상으로 할 수 있는 보일러가 아닌 것은?

① 소용량 강철제 보일러
② 최대 증발량 5t/h 이하의 관류 보일러
③ 최고사용압력 1MPa($10kgf/cm^2$) 이하의 보일러로 전열면적 $5m^2$ 이하의 것
④ 최고사용압력 0.1MPa($1kgf/cm^2$) 이하의 보일러

> 관경을 20A 이상으로 할 수 있는 경우 : 최고 사용압력 0.5MPa($5kgf/cm^2$) 이하로 전열 면적 $2m^2$ 이하인 때

15 증기보일러의 압력계 부착에 대한 설명으로 틀린 것은?

① 압력계와 연결된 관의 크기는 강관을 사용할 때에는 안지름이 6.5mm 이상이어야 한다.
② 압력계는 눈금판의 눈금이 잘 보이는 위치에 부착하고 얼지 않도록 하여야 한다.
③ 압력계는 사이폰관 또는 동등한 작용을 하는 장치가 부착되어야 한다.
④ 압력계의 콕크는 그 핸들을 수직인 관과 동일 방향에 놓은 경우에 열려 있는 것이어야 한다.

🔍 사이폰관 : 증기온도 210℃ 초과 시 12.7mm 이상의 강관을 사용하고, 이하 시 6.5mm 이상의 동관을 사용한다.

16 프라이밍 발생 원인으로 거리가 먼 것은?

① 보일러 수위가 낮을 때
② 보일러수가 농축되어 있을 때
③ 송기 시 증기밸브를 급개 할 때
④ 증발능력에 비하여 보일러수의 표면적이 적을 때

🔍 • 저수위 : 전열면의 과열의 원인
　• 고수위 : 프라이밍 또는 포밍의 원인

17 온수보일러에서 배플 플레이트(baffle plate)의 설치 목적으로 맞는 것은?

① 급수를 예열하기 위하여
② 연소효율을 감소시키기 위하여
③ 강도를 보강하기 위하여
④ 그을음 부착량을 감소시키기 위하여

🔍 배플 플레이트 : 연관 내부에 설치하여 전열을 좋게 하고, 그을음의 부착을 방지하고, 연소율을 높게 하는 장치

18 집진장치의 종류 중 건식 집진장치의 종류가 아닌 것은?

① 가압수식 집진기　② 중력식 집진기
③ 관성력식 집진기　④ 원심력식 집진기

🔍 가압수식 : 습식(세정식) 집진장치로 사이클론 스크러버, 벤튜리 스크러버, 제트 스크러버, 충전탑 등이 있다.

19 보일러 건조보존 시에 사용되는 건조제가 아닌 것은?

① 암모니아　② 생석회
③ 실리카 겔　④ 염화칼슘

🔍 건조제의 종류 : 생석회, 염화칼슘, 실리카겔, 활성알루미나 등

20 보일러 내부의 건조방식에 대한 설명 중 틀린 것은?

① 건조제로 생석회가 사용된다.
② 가열장치로 서서히 가열하여 건조시킨다.
③ 보일러 내부 건조 시 사용되는 기화성 부식억제제(VCI)는 물에 녹지 않는다.
④ 보일러 내부 건조 시 사용되는 기화성 부식억제제(VCI)는 건조제와 병용하여 사용할 수 있다.

🔍 기화성 부식억제제(VCI) : 물에 조금씩 녹아 부식 억제효과를 높여 완전히 건조되지 않은 보일러 보존에 효과적이다.

21 보일러와 관련한 기초 열역학에서 사용하는 용어에 대한 설명으로 틀린 것은?

① 절대압력 : 완전 진공상태를 0으로 기준하여 측정한 압력
② 비체적 : 물체의 단위체적당 중량을 가르킨다.
③ 현열 : 물질 상태의 변화없이 온도가 변화하는 데 필요한 열량
④ 잠열 : 온도의 변화없이 물질 상태가 변화하는 데 필요한 열량

🔍 비중량 = kg/m³(비체적 = 비중량의 역수)

22 라몬트(Lamont) 보일러에 관한 설명으로 옳은 것은?

① 강제순환식 노통 연관보일러
② 자연순환식 노통 연관보일러
③ 강제순환식 수관보일러
④ 자연순환식 수관보일러

🔍 강제순환식 수관보일러 : 벨록스, 라몬트

23 보일러의 수위제어에 영향을 미치는 요인 중에서 보일러 수위제어시스템으로 제어할 수 없는 것은?

① 급수온도
② 급수량
③ 수위검출
④ 증기량 검출

> 3요소식 자동급수제어장치의 검출요소 : 수위, 증기량, 급수량

24 육상용 보일러의 열정산 방식에서 환산 증발배수에 대한 설명으로 맞는 것은?

① 증기의 보유열량을 실제연소열로 나눈 값이다.
② 발생 증기엔탈피와 급수엔탈피의 차를 539로 나눈 값이다.
③ 매시 환산 증발량을 매시 연료 소비량으로 나눈 값이다.
④ 매시 환산 증발량을 전열면적으로 나눈 값이다.

> 환산 증발배수 = $\dfrac{\text{매시 상당증발량}}{\text{매시 연료사용량}}$ (kg/kg)
> • 증발계수 : 발생 증기엔탈피와 급수엔탈피의 차를 539로 나눈 값이다.
> • 증발배수 : 매시 실제 증발량을 매시 연료 소비량으로 나눈 값이다.

25 증기난방과 비교한 온수난방의 특징 설명으로 틀린 것은?

① 예열시간이 길다.
② 건물 높이에 제한을 받지 않는다.
③ 난방부하 변동에 따른 온도조절이 용이하다.
④ 실내 쾌감도가 높다.

> 온수난방 : 증기난방에 비해 소규모 난방으로 건물 높이에 제한을 받는다.

26 보일러수 내 처리 방법으로 용도에 따른 청관제로 틀린 것은?

① 탈산소제 – 염산, 알코올
② 연화제 – 탄산소다, 인산소다
③ 슬러지 조정제 – 탄닌, 리그닌
④ pH 조정제 – 인산소다, 암모니아

> 탈산소제 : 히드라진, 아황산소다, 탄닌 등

27 보일러 수 처리에서 순환계통의 처리방법 중 용해 고형물 제거 방법이 아닌 것은?

① 약제 첨가법
② 이온교환법
③ 증류법
④ 여과법

> 현탁질 고형분 처리방법 : 여과법, 침강법, 응집법

28 보일러 운전이 끝난 후 노내와 연도에 체류하고 있는 가연성 가스를 배출시키는 작업은?

① 페일 세이프(fail safe)
② 풀 프루프(fool proof)
③ 포스트 퍼지(post-purge)
④ 프리 퍼지(pre-purge)

> • 포스트 퍼지 : 작업 종료 후 통풍
> • 프리 퍼지 : 점화 전 통풍

29 보일러 기수공발(carry over)의 원인이 아닌 것은?

① 보일러의 증발능력에 비하여 보일러수의 표면적이 너무 넓다.
② 보일러의 수위가 높아지거나 송기 시 증기밸브를 급개하였다.
③ 보일러수 중의 가성소다, 인산소다, 유지분 등의 함유비율이 많았다.
④ 부유 고형물이나 용해 고형물이 많이 존재하였다.

> 보일러수의 표면적이 넓으면 수위의 안정으로 프라이밍, 포밍을 방지할 수 있다.

30 보일러에서 C 중유를 사용할 경우 중유예열장치로 예열할 때 적정 예열 범위는?

① 40℃ ~ 45℃
② 80℃ ~ 105℃
③ 130℃ ~ 160℃
④ 200℃ ~ 250℃

> • 중유의 예열온도 : 80℃~90℃(80℃~105℃)
> • 중유의 예열온도가 너무 높으면 기름이 분해가 되고, 너무 낮으면 무화상태가 불량해진다.

31 공기량이 지나치게 많을 때 나타나는 현상 중 틀린 것은?

① 연소실 온도가 떨어진다.
② 열효율이 저하한다.
③ 연료소비량이 증가한다.
④ 배기가스 온도가 높아진다.

🔍 공기량이 과다하면 연료소비량 및 열손실이 증가하고 열효율이 저하한다. 연소실 온도가 낮아진다.

32 보일러 내부 부식에 속하지 않는 것은?

① 점식　　② 저온부식
③ 구식　　④ 알칼리부식

🔍 저온부식 : 연료성분 중 S(황분)에 의한 외부 부식으로 주로 연도에서 발생한다.

33 세정식 집진장치 중 하나인 회전식 집진장치의 특징에 관한 설명으로 가장 거리가 먼 것은?

① 구조가 대체로 간단하고 조작이 쉽다.
② 급수 배관을 따로 설치할 필요가 없으므로 설치 공간이 적게 든다.
③ 집진물을 회수할 때 탈수, 여과, 건조 등을 수행 할 수 있는 별도의 장치가 필요하다.
④ 비교적 큰 압력손실을 견딜 수 있다.

🔍 회전식 : 습식(세정식)이므로 급수배관을 설치하여 탈수, 여과, 건조 등의 별도의 장치가 필요하다.

34 다음 중 세정식 집진장치를 나타내는 것은?

① 백필터　　② 스크러버
③ 코트렐　　④ 사이클론

🔍
• 세정식(습식) : 사이클론 스크러버, 벤튜리, 스크러버, 충전탑 등
• 건식 : 사이클론, 멀티크론, 백필터
• 전기식 : 코트넬

35 제어동작 중 제어편차의 시간적분에 비례한 속도로 조작량을 가감하는 것으로 잔류편차가 남지 않는 것은?

① 2 위치동작　　② 비례동작
③ 미분동작　　④ 적분동작

🔍
• 적분(i)동작 : 잔류편차가 남지 않는 연속동작
• 비례(p)동작 : 잔류편차가 발생하는 연속동작

36 가스버너에서 리프팅(Lifting) 현상이 발생하는 경우는?

① 가스압이 너무 높은 경우
② 버너부식으로 염공이 커진 경우
③ 버너가 과열된 경우
④ 1차 공기의 흡인이 많은 경우

🔍 리프팅(Lifting) : 가스압이 높거나 가스 속도가 빠른 경우 또는 염공이 적은 경우에 발생한다.

37 중유의 연소 상태를 개선하기 위한 첨가제의 종류가 아닌 것은?

① 연소촉진제
② 회분개질제
③ 탈수제
④ 슬러지 생성제

🔍 중유의 첨가제 : 연소 촉진제, 슬러지 분산제, 회분 개질제, 탈수제, 유동점 강하제 등

38 매연 분출장치에서 보일러의 고온부인 과열기나 수관부용으로 고온의 열가스 통로에 사용할 때만 사용되는 매연분출장치는?

① 정치 회전형　　② 롱래트랙터블형
③ 쇼트 래트랙터블형　　④ 로타리형

🔍
• 롱래트랙터블형 : 과열기 등 고온 전열면에 사용
• 쇼트 래트랙터블형 : 연소노벽, 보일러 전열면에 사용
• 로타리형 : 절탄기 등 저온 전열면에 사용

39 보일러 전열면의 그을음을 제거하는 장치는?

① 수저분출장치　　② 수트 블로어
③ 배플 플레이트　　④ 사이크론 스크레버

🔍 수트블로워 : 고압의 증기나 공기를 분사하여 전열면에 부착된 매연(그으름)을 불어내는 장치

40 다음 중 LNG의 주성분은?

① 부탄
② 프로판
③ 프로필렌
④ 메탄

> • LNG의 주성분 : 메탄(CH_4 : 90%) + 에탄(C_2H_6 : 10%)
> • LPG의 주성분 : 프로판(C_3H_8 : 60~70%) + 부탄(C_4H_{10} : 20~30%)

41 어떤 보일러의 5시간 동안 증발량이 5000kg이고, 그때의 급수엔탈피가 25kcal/kg, 증기엔탈피가 675kcal/kg이라면 상당증발량은 약 몇 kg/h인가?

① 1106
② 1206
③ 1304
④ 1451

> 상당증발량 = $\dfrac{실제증발량 \times (증기엔탈피 - 급수엔탈피)}{539}$
> = $\dfrac{\frac{5000}{5} \times (675 - 25)}{539}$ = 1205.9kg/h

42 지역난방에서 열매로 증기를 사용하는 경우와 비교하여 온수를 사용하였을 경우의 특징 설명으로 옳은 것은?

① 관내 저항손실이 크다.
② 배관설비비가 적게 든다.
③ 넓은 지역난방에 적당하다.
④ 공급열량의 계량이 쉽다.

> 지역난방에서 열매로 온수를 사용할 경우
> • 지형의 고·저에 대한 영향이 적다.
> • 난방부하에 따른 온도조절이 쉽다.
> • 관로저항이 커서 넓은 지역의 난방에 부적당하다.
> • 배관설비비가 비싸다.
> • 배관구배의 영향이 적다.
> • 예열 부하에 대한 손실이 크다.

43 보일러 연소용 공기조절장치 중 착화를 원활하게 하고 화염의 안정을 도모하는 장치는?

① 윈드박스(Wind Box)
② 보염기(Stabilizer)
③ 버너타일(Burner tile)
④ 플레임 아이(Flame eye)

> • 보염기 : 공급 공기량을 조절하여 점화를 쉽게 하고 화염을 안정시켜주는 장치
> • 윈드박스 : 송풍기로 유입된 연소용 공기와 버너에서 분사된 연료와 혼합을 좋게 하는 장치

44 지역난방의 일반적인 장점으로 거리가 먼 것은?

① 각 건물마다 보일러 시설이 필요 없고, 연료비와 인건비를 줄일 수 있다.
② 시설이 대규모이므로 관리가 용이하고 열효율 면에서 유리하다.
③ 지역 난방설비에서 배관의 길이가 짧아 배관에 의한 열 손실이 적다.
④ 고압증기나 고온수를 사용하여 관의 지름을 작게 할 수 있다.

> 지역난방 : 배관의 길이가 길어 배관에 의한 열손실이 크지만, 열효율이 좋고 도시매연이 감소한다.

45 배관 중간이나 밸브, 펌프, 열교환기 등의 접속을 위해 사용되는 이음쇠로서 분해, 조립이 필요한 경우에 사용 되는 것은?

① 벤드
② 리듀셔
③ 플랜지
④ 슬리브

> 분해, 조립을 하여 점검, 교체를 쉽게 하기 위한 이음쇠 : 유니언, 플랜지

46 보일러효율 시험방법에 관한 설명으로 틀린 것은?

① 급수온도는 절탄기가 있는 것은 절탄기 입구에서 측정한다.
② 배기가스의 온도는 전열면의 최종 출구에서 측정한다.
③ 포화증기의 압력은 보일러 출구의 압력으로 부르동관식 압력계로 측정한다.
④ 증기온도의 경우 과열기가 있을 때는 과열기 입구에서 측정한다.

> 과열 증기온도 : 과열기 출구에서 측정한다.

47 보일러의 점화 조작 시 주의사항으로 틀린 것은?

① 연료가스의 유출속도가 너무 빠르면 실화 등이 일어나고 너무 늦으면 역화가 발생한다.
② 연소실의 온도가 낮으면 연료의 확산이 불량해지며 착화가 잘 안 된다.
③ 연료의 예열온도가 낮으면 무화불량, 화염의 편류, 그을음, 분진이 발생한다.
④ 유압이 낮으면 점화 및 분사가 양호하고 높으면 그을음이 없어진다.

🔍 유압이 높으면 그을음이 축적되고, 낮으면 점화 및 분사가 불량해진다.

48 수질이 불량하여 보일러에 미치는 영향으로 가장 거리가 먼 것은?

① 보일러의 수명과 열효율에 영향을 준다.
② 고압보다 저압일수록 장애가 더욱 심하다.
③ 부식현상이나 증기의 질이 불순하게 된다.
④ 수질이 불량하면 관계통에 관석이 발생한다.

🔍 수질의 장애 : 저압보다 고압일수록 장애가 더욱 심하다.

49 온수발생 보일러에서 보일러의 전열면적이 15m²~20m² 미만일 경우 방출관의 안지름은 몇 mm 이상으로 해야 하는가?

① 25 ② 30
③ 40 ④ 50

🔍 방출관의 관경
• 전열면적 10m² : 25mm 이상
• 전열면적 10~15m² : 30mm 이상
• 전열면적 15~20m² : 40mm 이상
• 전열면적 20m² 이상 : 50mm 이상

50 보일러는 검사기준에 따라 주 펌프 세트와 보조펌프 세트를 갖춘 급수장치가 있어야 하는데, 특정 조건에 따라 보조펌프 세트를 생략할 수 있다. 다음 중 보조펌프를 생략할 수 없는 경우는?

① 전열면적 10m²인 보일러
② 전열면적 8m²인 가스용 보일러
③ 전열면적 16m²인 가스용 온수보일러
④ 전열면적 50m²인 관류보일러

🔍 보조펌프 세트를 생략할 수 있는 경우
• 전열면적 12m² 이하인 증기 보일러
• 전열면적 14m² 이하인 가스용 온수 보일러
• 전열면적 100m² 이하인 관류 보일러

51 동일 직경의 관을 직선으로 연결하는 부속이 아닌 것은?

① 소켓 ② 니플
③ 레듀서 ④ 유니온

🔍 동일 직경의 관을 직선으로 연결하는 관이음쇠 : 소켓, 니플, 유니온, 플랜지

52 배관의 높이를 관의 중심을 기준으로 표시한 기호는?

① TOP ② GL
③ BOP ④ EL

🔍
• TOP : 관의 바깥쪽 윗면을 기준으로 한 경우
• GL : 지(地)표면을 기준으로 표시한 경우
• BOP : 관의 바깥쪽 아랫면을 기준으로 한 경우
• EL : 관의 중심을 기준으로 표시한 경우

53 배관계에 설치한 밸브의 오작동 방지 및 배관계 취급의 적정화를 도모하기 위해 배관에 식별(識別)표시를 하는데 관계가 없는 것은?

① 지지하중 ② 식별색
③ 상태표시 ④ 물질표시

🔍 배관의 식별표시 : 식별색, 물질표시, 상태표시, 안전표시(소화표시, 위험표시 등)

54 고압, 중압 보일러 급수용 및 고양정 급수용으로 쓰이는 것으로 임팰러에 안내날개가 있는 펌프는?

① 볼류트 펌프 ② 터빈 펌프
③ 워싱턴 펌프 ④ 웨어 펌프

🔍
• 터빈펌프 : 안내날개가 있는 고양정 원심펌프
• 볼류트 펌프 : 안내날개가 없는 저양정 원심펌프

55 에너지법에 따르면 정부는 에너지기술개발계획을 수립하여야 한다. 이에 대해 옳은 것은?

① 5년 이상을 계획기간으로 하는 에너지기술개발계획을 3년마다 수립하여야 한다.
② 5년 이상을 계획기간으로 하는 에너지기술개발계획을 5년마다 수립하여야 한다.
③ 10년 이상을 계획기간으로 하는 에너지기술개발계획을 5년마다 수립하여야 한다.
④ 10년 이상을 계획기간으로 하는 에너지기술개발계획을 10년마다 수립하여야 한다.

> 정부는 10년 이상을 계획기간으로 하는 에너지기술개발계획을 5년마다 수립하고, 이에 따른 연차별 실행계획을 수립·시행(관계 중앙행정기관의 장의 협의와 국가과학기술자문회의의 심의를 거쳐서 수립)하여야 한다.

56 에너지이용합리화법에 따라 고시한 효율관리기자재 운용규정에 따라 가정용 가스보일러의 최저 소비효율 기준은 몇 %인가?

① 63%
② 68%
③ 76%
④ 86%

> 가정용 가스보일러의 최저 소비 효율기준 : 76% 이상

57 에너지이용합리화법상 법을 위반하여 검사대상기기 관리자를 선임하지 아니한 자에 대한 벌칙 기준으로 옳은 것은?

① 2년 이하의 징역 또는 2천만원 이하의 벌금
② 2천만원 이하의 벌금
③ 1천만원 이하의 벌금
④ 500만원 이하의 벌금

> • 검사대상기기관리자를 선임하지 아니한 경우 : 1천만원 이하의 벌금
> • 기준미달 기자재의 생산 및 판매금지 위반 : 2천만원 이하의 벌금
> • 에너지 저장의무를 정당한 사유 없이 이행 하지 아니 한 경우 : 2년 이하의 징역 또는 2천만원 이하의 벌금

58 에너지이용합리화법에서 검사의 종류 중 계속사용 검사에 해당하는 것은?

① 설치검사
② 개조검사
③ 용접검사
④ 안전검사

> 계속사용검사 : 유효기간을 연장하기 위한 검사로 안전검사와 성능검사가 있다.

59 다음 중 한국에너지공단 이사장의 위탁사항이 아닌 것은?

① 검사대상기기 관리자의 선, 해임 보고
② 에너지 절약형 시설투자 확인신청
③ 에너지 절약전문기업의 등록 신청
④ 효율관리 기자재에 대한 측정결과 통보

> 에너지 절약형 시설투자 확인신청 : 산업통상자원부장관에게 신청

60 에너지법에서 에너지공급자가 아닌 자는?

① 에너지를 수입하는 사업자
② 에너지를 저장하는 사업자
③ 에너지를 전환하는 사업자
④ 에너지를 개발하는 사업자

> 에너지공급자란 에너지를 생산·수입·전환·수송·저장 또는 판매하는 사업자를 말한다.

정답 CBT 대비 적중모의고사 – 6회

01 ①	02 ①	03 ③	04 ③	05 ③
06 ①	07 ③	08 ③	09 ③	10 ③
11 ④	12 ②	13 ①	14 ③	15 ①
16 ①	17 ④	18 ①	19 ③	20 ③
21 ②	22 ③	23 ①	24 ③	25 ②
26 ①	27 ④	28 ③	29 ①	30 ②
31 ④	32 ②	33 ③	34 ②	35 ④
36 ①	37 ④	38 ③	39 ③	40 ④
41 ②	42 ③	43 ②	44 ③	45 ③
46 ④	47 ④	48 ③	49 ③	50 ③
51 ③	52 ④	53 ①	54 ②	55 ③
56 ③	57 ③	58 ④	59 ②	60 ④

01 과열증기에서 과열도는 무엇인가?

① 과열증기온도와 포화증기온도와의 차이다.
② 과열증기온도에 증발열을 합한 것이다.
③ 과열증기압력과 포화증기의 압력 차이다.
④ 과열증기온도에 증발열을 뺀 것이다.

🔍 과열도 = 과열증기온도 - 포화증기온도

02 원통형 보일러 중 외분식 보일러는?

① 횡연관식 보일러
② 노통 보일러
③ 입형 보일러
④ 노통연관 보일러

🔍 외분식 보일러 : 연소실이 보일러 본체 외부에 설치된 보일러로 수관식 보일러와 횡연관식 보일러가 해당된다.

03 보일러에서 안전밸브의 분출압력은 고압일수록 저압일 때 보다 어떠한가?

① 좁아야 한다.   ② 넓어야 한다.
③ 일정하다.   ④ 무관하다.

🔍 안전밸브의 관경 : 압력에 반비례하고, 전열 면적에 비례한다.

04 소용량 온수보일러에 사용되는 화염검출기 중 화염의 발열현상을 이용한 것으로 연소온도에 의해 화염의 유무를 검출하는 것은?

① 플레임 아이   ② 플레임 로드
③ 스택 스위치   ④ CDs 셀

🔍 화염검출기의 종류
• 플레임 아이 : 화염의 발광체를 이용
• 플레임 로드 : 화염의 이온화를 이용
• 스택 스위치 : 화염의 발열체를 이용

05 수관식 보일러의 구성을 설명한 것으로 틀린 것은?

① 수관식 보일러는 상부드럼과 하부드럼으로 구성되어 있다.
② 수관식 보일러는 강수관과 승수관으로 구성되어 있다.
③ 수관식 보일러는 내분식으로 효율이 좋다.
④ 수관식 보일러는 화실과 수관, 관모음관(헤더) 등으로 구성되어 있다.

🔍 수관식 보일러 : 외분식으로 효율이 좋다.

06 탄소(C) 1kmol이 완전 연소하여 탄산가스(CO_2)가 될 때 발생하는 발열량은 몇 kcal 인가?

① 97200   ② 29200
③ 68000   ④ 8100

🔍 • 탄소 1kmol : 97200kcal
• 탄소 1kg : 8100kcal

07 보일러 계속사용검사 중 운전성능 검사는 어떤 부하상태에서 실시하는가?

① 사용부하   ② 최저부하
③ 최대부하   ④ 시험부하

🔍 • 계속사용검사 시 보일러 부하 : 사용부하
• 열정산의 경우 보일러 부하 : 정격부하

08 점화전 댐퍼를 열고 노내와 연도에 체류하고 있는 가연성가스를 송풍기로 취출 시키는 작업은?

① 분출   ② 송풍
③ 프리 퍼지   ④ 포스트 퍼지

🔍 • 점화전 통풍 : 프리 퍼지
• 소화 후 통풍 : 포스트 퍼지

09 보일러 자동제어에서 시퀀스(sequence)제어를 가장 옳게 설명한 것은?

① 결과가 원인으로 되어 제어단계를 진행하는 제어이다.
② 목표값이 시간적으로 변화되는 제어이다.
③ 목표값이 변화하지 않고 일정한 값을 갖는 제어이다.
④ 제어의 각 단계를 미리 정해진 순서에 따라 진행하는 제어이다.

> • 시퀀스 제어 : 제어의 각 단계를 미리 정해진 순서에 따라 진행하는 제어
> • 피드백 제어 : 결과가 원인으로 되어 제어단계를 진행하는 제어

10 보일러 자동 연소제어의 조작량에 해당되는 것은?

① 급수량
② 연료량
③ 전열량
④ 증기온도

> 자동 연소제어의 조작량 : 공기량, 연료량, 연소가스량

11 보일러 통풍방식에서 연소용 공기를 송풍기로 노 입구에서 대기압보다 높은 압력으로 밀어 넣고 굴뚝의 통풍작용과 같이 통풍을 유지하는 방식은?

① 자연통풍
② 평형통풍
③ 흡입통풍
④ 압입통풍

> 강제통풍의 종류
> • 압입통풍 : 송풍기를 연소실 입구에 설치
> • 흡입통풍 : 송풍기를 연도(연돌 밑)에 설치
> • 평형통풍 : 압입 + 흡입

12 응축수 환수방식 중 환수관내의 유속이 타 방식에 비해 빠르고 방열기내의 공기도 배제할 수 있을 뿐아니라 방열량을 광범위하게 조절 할 수 있어 대규모 난방에 적합한 방식은?

① 중력환수식
② 진공환수식
③ 급기환수식
④ 기계환수식

> 진공환수식 : 진공펌프를 사용하여 응축수를 환수하는 방법으로 증기의 순환이 빠르고, 배관 내의 진공도가 100 ~ 250mmHg 정도이며, 방열량 조절이 광범위하고 대규모 난방에 적합한 증기난방

13 보일러를 본체의 구조에 따라 분류하면 원통형 보일러와 수관식 보일러로 크게 나눌 수 있다. 수관식 보일러에 속하지 않는 것은?

① 스코치 보일러
② 다쿠마 보일러
③ 라몽트 보일러
④ 슐쳐 보일러

> 스코치 보일러 : 원통형으로 노통연관식 보일러

14 보일러의 긴급연료 차단밸브(전자밸브)를 작동시키는 연계장치가 아닌 것은?

① 압력차단 스위치
② 스테이 빌라이져
③ 저수위경보기
④ 화염검출기

> 스테이 빌라이져 : 보염장치로 공기량을 조절하여 점화를 쉽게 하고 화염의 안정을 도모하기 위한 장치

15 15℃의 물을 급수하여 압력 0.35MPa의 증기를 500 kgf/h 발생시키는 보일러의 마력은 얼마인가?(단, 발생증기의 엔탈피는 655.2kcal/kgf이다)

① 37.9
② 42.3
③ 28.8
④ 48.7

> 보일러 마력 = $\dfrac{500 \times (655.2 - 15)}{539 \times 15.65}$ = 37.9kg/h

16 보일러의 부속설비 중 연료공급 계통에 해당하는 것은?

① 콤버스터
② 버너타일
③ 슈트 블로우
④ 오일 프리히터

> 오일 프리히터 : 연료(기름)공급장치로 중유를 예열하여 점도를 낮추고 유동성 및 무화상태를 좋게 하기 위한 장치

17 보일러의 수면계와 관련된 설명 중 틀린 것은?

① 증기보일러에는 2개 이상(소용량 및 소형관류 보일러는 1개 이상)의 유리수면계를 부착하여야 한다. 다만, 단관식 관류보일러는 제외한다.
② 유리수면계는 보일러 동체에만 부착하여야 하며 수주관에 부착하는 것은 금지하고 있다.
③ 2개 이상의 원격지시 수면계를 시설하는 경우에 한하여 유리수면계를 1개 이상으로 할 수 있다.
④ 유리수면계는 상·하에 밸브 또는 콕크를 갖추어야하며, 한눈에 그것의 개·폐 여부를 알 수 있는 구조이어야 한다. 다만, 소형 관류보일러에서는 밸브 또는 콕크를 갖추지 아니할 수 있다.

🔍 유리수면계 : 수면계 하단부와 안전저수면을 일치되게 하여 수주관에 부착한다.

18 보일러의 수위검출기 작동시험 및 보수에 대한 설명으로 가장 거리가 먼 것은?

① 검출기 하단의 취출밸브를 열어 검출기 수위를 서서히 저하시키며 급수펌프의 작동여부를 확인한다.
② 보일러에 간헐적으로 블로우를 할 때에는 수위를 서서히 저하 시켜서 수위검출기 작동을 확인한다.
③ 플로트식은 6개월 마다 수은 스위치의 상태와 접점 단자의 상태를 조사한다.
④ 전극식은 1년마다 전극봉을 샌드페이퍼로 스케일을 제거한다.

🔍 전극식 : 3개월 마다 전극봉을 샌드페이퍼로 스케일을 제거한다.

19 재의 부착으로 생기는 고온부식이 잘 일어나는 장치는?

① 공기예열기
② 과열기
③ 증발 전열면
④ 절탄기

🔍 · 고온부식 : 과열기 등 고온 전열면에 발생
· 저온부식 : 절탄기나 공기예열기 등 저온 전열면에 발생

20 하나의 물체를 구성하고 있는 물질 부분을 차례로 열이 전해지던가 또는 직접 접촉하고 있는 2개 물체의 하나에서 다른 것으로 열이 전해지는 현상?

① 열전도
② 열대류
③ 열복사
④ 열방사

🔍 열의 이동방법
· 전도 : 매질을 통한 열 이동
· 대류 : 비중량 차에 의한 열 이동
· 복사 : 매질 없이 열의 직접 이동

21 다음의 집진장치 중 가압수를 이용한 것은?

① 충돌식
② 중력식
③ 벤튜리 스크레버
④ 반전식

🔍 가압수식 습식 집진장치 : 사이크론 스크레버, 벤튜리 스크레버, 제트 스크레버, 충진탑

22 보일러에 연소가스의 폐열을 이용한 과열기를 설치할 때 얻어지는 장점으로 틀린 것은?

① 증기관 내의 마찰저항을 감소시킬 수 있다.
② 증기관의 이론적 열효율을 높일 수 있다.
③ 같은 압력의 포화증기에 비해 보유열량이 많은 증기를 얻을 수 있다.
④ 연소가스의 저항으로 압력손실을 줄일 수 있다.

🔍 과열기 : 연도에 과열기를 설치하면 통풍저항이 증가하고 압력손실이 커진다.

23 보일러 열효율 정산방법에서 열정산을 위한 급수량을 측정할 때 그 오차는 일반적으로 몇 %로 하여야 하는가?

① 1.0
② 3.0
③ 5.0
④ 7.0

🔍 급수량의 측정 오차 : 1.0%

24 보일러 동 내부 안전저수위보다 약간 높게 설치하여 유지분, 부유물 등을 제거하는 장치로서 연속분출 장치에 해당하는 것은?

① 수면분출장치 ② 수저분출장치
③ 수중분출장치 ④ 압력분출장치

- 수저분출장치 : 동 저부의 침전물, 슬러지분을 제거하여 관수의 농축을 방지하는 장치로 단속 분출 또는 간헐분출장치라 한다.
- 수면분출장치 = 연속분출장치

25 연료의 연소 시 공기량이 지나치게 과대할 경우 나타나는 장해(障害)로 맞는 것은?

① 연소온도가 높아진다.
② 열전달이 증대한다.
③ 열손실이 증대한다.
④ 연소에서 배출되는 가스량이 적어진다.

- 공기량이 과다하면 배기가스량이 증가하여 열손실이 증가하고 열효율이 저하된다.

26 저압 증기난방에 사용하는 증기압력(kgf/cm²)은?

① 5 ~ 10 ② 1 ~ 5
③ 0.35 ~ 1 ④ 0.15 ~ 0.35

- 증기압력 1 kgf/cm² 이상은 고압증기난방, 이하는 저압증기난방으로 구분하며, 저압 증기 난방은 0.15~0.35 kgf/cm²을 사용한다.

27 보일러의 수관에 대한 설명으로 가장 적합한 것은?

① 관의 내부에서 연소가스가 접촉하는 관
② 관의 외부에서 물이 흐르는 관
③ 관의 외부에서 연소가스가 접촉하고 관내로 물이 흐르는 관
④ 관의 내부에는 연소가스가 접촉하고 외부로는 물이 흐르는 관

- 수관 : 관의 외부에서 연소가스가 접촉하고 관내로 물이 흐르는 관
- 연관 : 관의 내부에는 연소가스가 접촉하고 외부로는 물이 흐르는 관

28 보일러의 전열면적이 클 때의 설명으로 틀린 것은?

① 증발량이 많다.
② 예열이 빠르다.
③ 용량이 적다.
④ 효율이 높다.

- 보일러의 전열면적이 크면 예열이 빠르고 증발량이 많아지고 용량이 증가하고 열효율이 높아진다.

29 보일러 자동제어 동작 중 불연속동작의 종류가 아닌 것은?

① 2위치 동작
② 다위치 동작
③ 불연속 속도 동작
④ 비례동작

- 연속동작 : 비례동작, 적분동작, 미분동작

30 온수난방의 특징 설명으로 틀린 것은?

① 취급이 용이하고 연료비가 적게 든다.
② 예열에 시간이 걸리지만 쉽게 냉각되지 않는다.
③ 방열량이 커서 방열면적이 좁다.
④ 난방부하의 변동에 따른 온도조절이 쉽다.

- 온수난방 : 방열량이 적어 방열면적이 넓어야 한다. 비열이 커서 예열이 느리다.

31 온수보일러에 팽창탱크를 설치하는 이유로 옳은 것은?

① 물의 온도상승에 따른 체적팽창에 의한 보일러의 파손을 막기 위한 것이다.
② 배관 중의 이물질을 제거하여 연료의 흐름을 원활히 하기 위한 것이다.
③ 온수 순환펌프에 의한 맥동 및 캐비테이션을 방지하기 위한 것이다.
④ 보일러, 배관, 방열기 내에 발생한 스케일 및 슬러지를 제거하기 위한 것이다.

- 팽창탱크의 설치목적 : 온수 온도상승에 따른 팽창압을 흡수 완화하고, 부족수를 급수하고, 열손실을 방지하기 위해 설치한다.

32 최고사용압력이 0.7MPa인 강철제 보일러의 안전 밸브의 크기는 호칭지름 몇 mm 이상으로 하는가?

① 25
② 30
③ 15
④ 20

🔍 호칭지름 20mm 이상인 경우 : 최고사용압력이 0.1MPa 이하인 경우

33 보일러 용량을 결정하는 정격출력에 포함되어 고려할 사항이 아닌 것은?

① 배관부하
② 급탕부하
③ 채광부하
④ 예열부하

🔍 온수보일러의 정격부하 = 난방부하 + 급탕부하 + 배관부하 + 예열부하

34 보일러 가동상태 점검사항 중 매우 중요하기 때문에 가장 수시로 점검해야 할 것은?

① 급수의 pH
② 일정한 수위 유지상태
③ 스케일의 부착상태
④ 연료유 예열상태

🔍
- 보일러 수위 : 보일러를 가동하기 직전 또는 가동 중 수시로 점검을 해야 한다.
- 상용수위 : 수면계의 1/2

35 보일러 수면계의 개수와 관련된 사항 중 잘못 설명된 것은?

① 증기보일러에는 2개 이상의 유리수면계를 부착한다.
② 소용량 및 소형관류보일러에는 2개 이상의 유리 수면계를 부착한다.
③ 최고사용압력 1MPa 이하로서 동체 안지름 750mm 미만의 경우에 있어서는 수면계 중 1개는 다른 종류의 수면측정 장치로 할 수 있다.
④ 2개 이상의 원격지시 수면계를 시설하는 경우에 한하여 유리수면계를 1개 이상으로 할 수 있다.

🔍 소용량 및 소형관류보일러에는 1개 이상의 유리 수면계를 부착한다.

36 다음 중 용어별 사용단위가 틀린 것은?

① 열전도율 : kcal/mh℃
② 열관류율 : kcal/m²h℃
③ 열전달율 : kcal/mh℃
④ 열저항 : m²h℃/kcal

🔍 열전달율 : kcal/m²h℃

37 특정열사용기자재 중 검사대상기기를 설치하거나 개조하여 사용하려는 자는 누구의 검사를 받아야 하는가?

① 산업통상자원부 장관
② 시·도지사
③ 에너지공단 이사장
④ 시공업자단체 장

🔍 검사대상기기의 검사
- 실시 : 에너지공단 이사장
- 검사신청 : 유효기간 만료 10일 전

38 증기 보일러 취급 방법으로 틀린 것은?

① 역화의 위험을 막기 위해 댐퍼는 닫아 놓아야 한다.
② 점화 후 화력의 급상승을 금지해야 한다.
③ 압력계, 수면계 등 부속장치의 점검을 게을리 하지 않는다.
④ 송시 시 주증기 밸브는 급개 하지 않는다.

🔍 역화의 원인 : 통풍이 부족하거나 댐퍼가 닫힌 경우

39 보일러 연소 중에 발생하는 맥동연소의 원인이 아닌 것은?

① 연료 속에 수분이 많은 경우
② 연소량이 심히 고르지 못한 경우
③ 공급공기량에 심한 과부족이 생긴 경우
④ 연도 단면의 변화가 적은 경우

🔍 맥동현상 : 연소가 불안정할 때 발생되므로 연도의 변화가 큰 경우에 발생한다.

40 보일러 내부의 건조방식에 쓰이는 건조제가 아닌 것은?

① 염화칼슘
② 실리카 겔
③ 탄산칼슘
④ 생석회

> 건조제(흡습제)의 종류 : 생석회, 염화칼슘, 실리카 겔, 활성알루미나 등

41 보일러에서 불완전연소의 원인으로 틀린 것은?

① 버너로 부터의 분무불량 즉, 분무입자가 클 때
② 연소용 공기량이 부족할 때
③ 분무연료와 보일러 열량과 혼합이 불량할 때
④ 연소속도가 적정하지 않을 때

> 불완전연소의 원인 : 분무연료와 연소용 공기와 혼합이 불량할 때

42 보일러 수처리 방법 중에서 부유, 유기물의 제거법에 해당되지 않는 것은?

① 여과법
② 이온교환법
③ 침전법
④ 응집법

> 이온교환법 : 수 중의 용해고용물(Ca, Mg 등)을 처리하는 방법

43 보일러 주위의 배관에서 하트포드 접속법이란?

① 증기관과 환수관 사이에 표준수위에서 50mm 아래로 균형관을 설치한 배관방법이다.
② 보일러 주위에서 증기관과 환수관을 역으로 설치하는 관이음 방법이다.
③ 환수주관을 보일러 안전저수면 50mm 아래에 설치하는 이음 방법이다.
④ 증기압력으로 물이 역류하지 않도록 하는 배관방법이다.

> • 하트포드 접속법 : 환수주관을 균형관에 연결하여 환수관 파손 시 보일러 수의 역류를 방지하기 위한 배관방식
> • 연결위치
> – 표준수위보다 50mm 정도 낮게
> – 안전저수면 보다 약간 높게

44 코르니시 보일러의 노통 길이가 4500mm이고, 외경이 3000mm, 두께가 10mm일 때 전열면적은 약 몇 m^2인가?

① 54.0
② 45.7
③ 46.4
④ 42.4

> 코르니시 보일러의 전열면적(m^2)
> $\pi \cdot D \cdot l = 3.14 \times 3 \times 4.5 = 42.39m^2$

45 보일러 급수 중에 함유되어 있는 칼슘(Ca) 및 마그네슘(Mg)의 농도를 나타내는 척도는?

① 탁도
② 수소이온 농도
③ 경도
④ 산도

> • 경도 : 수 중에 함유되어 있는 칼슘(Ca) 및 마그네슘(Mg)의 농도를 나타내는 척도
> • 경도 10도
> – 이상 : 경수
> – 이하 : 연수

46 강철제 증기보일러의 최고사용압력이 2MPa일 때 수압시험압력은?

① 2MPa
② 2.9MPa
③ 3MPa
④ 4MPa

> 수압시험압력
> 최고사용압력이 1.6MPa 이상 일 때 = 최고사용압력 × 1.5

47 다음 보온재 중 무기질 보온재는?

① 암면
② 펠트
③ 코르크
④ 기포성 수지

> 암면 : 안산암, 현무암에 석회석을 첨가하여 용융시켜 섬유 모양으로 만든 무기질 보온재로 안전사용온도가 400~500℃ 정도이다.

48 에너지이용합리화법 시행령상 산업통상자원부장관 또는 시·도지사의 업무 중 한국에너지공단에 위탁된 업무가 아닌 것은?

① 효율관리기자재의 측정결과 신고접수
② 검사대상기기의 검사
③ 검사대상기기의 검사기준 제정
④ 검사대상기기관리자 선임 및 해임신고 접수

🔍 검사대상기기의 검사기준 제정 : 산업통상자원부 장관

49 건물을 구성하는 구조체 즉 바닥, 벽 등에 난방용 코일을 묻고 열매체를 통과시켜 난방을 하는 것은?

① 대류난방
② 복사난방
③ 간접난방
④ 전도난방

🔍 복사난방 : 건물의 바닥, 벽 등에 방열관을 묻고 관내에 온수를 통과시켜 난방 하는 방식으로 가정집의 난방방법이다.

50 증기난방의 분류에서 응축수 환수방식에 해당하는 것은?

① 고압식
② 상향 공급식
③ 기계 환수식
④ 단관식

🔍 응축수 환수방법에 따른 분류방법 : 중력환수식, 기계환수식, 진공환수식

51 보일러 동 내부에 스케일(scale)이 부착된 경우 발생하는 현상으로 옳은 것은?

① 전열면 국부과열 현상을 일으킨다.
② 관수의 순환이 촉진된다.
③ 연료 소비량이 감소된다.
④ 보일러 효율이 증가한다.

🔍 스케일의 장애 : 전열면의 과열, 연료사용량 및 열손실 증가, 열효율 저하, 관수의 순환불량 등의 현상이 발생한다.

52 보일러 강판이나 강관을 제조할 때 제질 내부에 가스체 등이 함유되어 두 장의 층을 형성하고 있는 상태의 흠은?

① 브리스터
② 팽출
③ 압궤
④ 라미네이션

🔍 ・라미네이션 : 강판 내부가 기포에 의해 2장의 층을 형성하는 현상
・브리스터 : 강판 내부의 기포에 의해 표면이 부풀어 오르는 현상

53 사용 중인 보일러의 점화전에 점검해야 될 사항으로 가장 거리가 먼 것은?

① 급수장치, 급수계통 점검
② 보일러 동내 물 때 점검
③ 연소장치, 통풍장치의 점검
④ 수면계의 수위확인 및 조정

🔍 보일러 동내 물 때 점검 : 급수처리 방법으로 일정기간을 정해 주기적으로 실시한다.

54 증기배관 내에 응축수가 고여 있을 때 증기밸브를 급격히 열어 증기를 빠른 속도로 보냈을 때 발생하는 현상으로 가장 적합한 것은

① 압궤가 발생한다.
② 팽출이 발생한다.
③ 브리스터가 발생한다.
④ 수격작용이 발생한다.

🔍 수격작용의 방지 : 증기트랩을 설치하여 관내 응축수를 배출 제거한다.

55 대기전력저감대상제품의 제조업자 또는 수입업자가 대기전력저감대상제품이 대기전력저감 기준에 미달하는 경우 그 시정명령을 이행하지 아니하였을 때 그 사실을 공표할 수 있는 자는 누구인가?

① 산업통상자원부 장관
② 국무총리
③ 한국에너지공단 이사장
④ 환경부 장관

🔍 기준에 미달되는 제품의 시정명령 : 산업통상자원부 장관

56 에너지기본법상 지역에너지계획은 몇 년마다 몇 년 이상을 계획기간으로 수립 시행하는가?

① 2년 마다, 2년 이상
② 5년 마다, 5년 이상
③ 10년 마다, 10년 이상
④ 1년 마다, 1년 이상

> 지역에너지계획은 특별시장·광역시장·특별자치시장·도지사 또는 특별자치도지사(이하 "시·도지사"라 한다.)가 관할 구역의 지역적 특성을 고려하여 5년마다 5년 이상을 계획기간으로 하여 수립·시행한다.

57 에너지이용합리화법에서 효율관리기자재의 제조업자 또는 수입업자가 효율관리기자재의 에너지 사용량을 측정 받는 기관은?

① 환경부 장관이 지정하는 진단기관
② 산업통상자원부 장관이 지정하는 시험기관
③ 시, 도지사가 지정하는 측정기관
④ 제조업자 또는 수입업자의 검사기관

> 효율관리기자재의 시험기관 : 산업통상자원부 장관이 지정

58 에너지다소비사업자가 산업통상자원부령으로 정하는 바에 따라 시·도지사에게 신고해야 하는 사항과 관련이 없는 것은?

① 전년도 에너지사용량, 제품생산량
② 전년도 에너지이용합리화 실적 및 해당년도 계획
③ 에너지사용기자재의 현황
④ 다음연도의 에너지사용예정량 및 제품생산예정량

> 신고사항
> • 전년도의 분기별 에너지사용량·제품생산량
> • 해당 연도의 분기별 에너지사용예정량·제품생산예정량
> • 에너지사용기자재의 현황
> • 전년도의 분기별 에너지이용 합리화 실적 및 해당 연도의 분기별 계획
> • 에너지관리자의 현황

59 에너지법상 에너지위원회의 구성과 운영 등에 관하여 필요한 사항은 (　)령으로 정한다. (　) 안에 들어갈 사람은 누구인가?

① 대통령
② 산업통상자원부장관
③ 한국에너지공단이사장
④ 고용노동부장관

> 에너지위원회
> • 주요 에너지정책 및 에너지 관련 계획에 관한 사항을 심의하기 위하여 산업통상자원부장관 소속으로 위원장 1명을 포함한 25명 이내의 위원으로 구성(위원장은 산업통상자원부장관)
> • 위원회 및 전문위원회의 구성·운영 등에 관하여 필요한 사항은 대통령령으로 정한다.

60 에너지이용합리화법상 에너지다소비사업자는 에너지사용기자재의 현황을 산업통상자원령이 정하는 바에 따라 매년 1월 31일 까지 그 에너지사용시설이 있는 지역을 관할하는 누구에게 신고하여야 하는가?

① 한국에너지공단이사장
② 도지사, 구청장
③ 시장, 군수
④ 시·도지사

> 에너지 사용량 신고 : 시·도지사

정답 CBT 대비 적중모의고사 – 7회

01 ①	02 ①	03 ①	04 ③	05 ③
06 ①	07 ①	08 ③	09 ④	10 ②
11 ④	12 ②	13 ①	14 ②	15 ①
16 ④	17 ②	18 ④	19 ③	20 ①
21 ③	22 ④	23 ①	24 ①	25 ③
26 ④	27 ③	28 ③	29 ④	30 ③
31 ①	32 ①	33 ③	34 ③	35 ②
36 ③	37 ③	38 ①	39 ④	40 ③
41 ③	42 ②	43 ①	44 ④	45 ③
46 ③	47 ①	48 ③	49 ②	50 ③
51 ①	52 ④	53 ②	54 ④	55 ①
56 ②	57 ②	58 ②	59 ①	60 ④

에너지관리기능사 필기
기출문제(기출 + 적중모의고사)

2026년 01월 05일 인쇄
2026년 01월 20일 발행

저자	서문훈, 이종관
발행처	(주)도서출판 책과상상
등록번호	제2020-000205호
발행인	이강복
주소	경기도 고양시 일산동구 장항로 203-191
대표전화	(02)3272-1703~4
팩스	(02)3272-1705
홈페이지	www.sangsangbooks.co.kr
ISBN	979-11-6967-283-2

값 16,000원
Copyright© 2026
Book & SangSang Publishing Co.

※저자와의 협의하에 인지를 생략합니다.